中国疾病预防控制中心
环境与健康相关产品安全所 组织编写

饮用水污染物
短期暴露健康风险
与应急处理技术

主 编 张 岚 张晓健
副主编 高圣华 赵 灿
编 委（以姓氏笔画为序）

叶必雄 邢方潇 吕 佳 张宏伟 张振伟
陈 超 陈永艳 岳银玲 段 链 钱 乐
董梦萌 韩嘉艺 温 馨

人民卫生出版社

图书在版编目（CIP）数据

饮用水污染物短期暴露健康风险与应急处理技术/中国疾病预防控制中心环境与健康相关产品安全所组织编写. —北京：人民卫生出版社，2020

ISBN 978-7-117-29531-4

Ⅰ.①饮… Ⅱ.①中… Ⅲ.①饮用水 - 水污染防治 - 研究 Ⅳ.①X520.5

中国版本图书馆 CIP 数据核字（2020）第 025574 号

人卫智网	www.ipmph.com	医学教育、学术、考试、健康，购书智慧智能综合服务平台
人卫官网	www.pmph.com	人卫官方资讯发布平台

饮用水污染物短期暴露健康风险与应急处理技术

组织编写：中国疾病预防控制中心环境与健康相关产品安全所
出版发行：人民卫生出版社（中继线 010-59780011）
地　　址：北京市朝阳区潘家园南里 19 号
邮　　编：100021
E - mail：pmph @ pmph.com
购书热线：010-59787592　010-59787584　010-65264830
印　　刷：北京铭成印刷有限公司
经　　销：新华书店
开　　本：787×1092　1/16　**印张：**20
字　　数：499 千字
版　　次：2020 年 8 月第 1 版　2020 年 8 月第 1 版第 1 次印刷
标准书号：ISBN 978-7-117-29531-4
定　　价：85.00 元
打击盗版举报电话：010-59787491　**E-mail：**WQ @ pmph.com
质量问题联系电话：010-59787234　**E-mail：**zhiliang @ pmph.com

前　言

　　供水安全是人类的生命线,应急供水工作是紧急时刻保障这条生命线安全的重要防线。近年来,随着"水污染防治行动计划"的发布和新版《中华人民共和国水污染防治法》的实施,水环境持续恶化的态势得到了一定程度的缓解和控制。但现阶段我国仍面临着淡水资源不足、水质有待改善、突发水污染事件频发等诸多问题和挑战。突发水污染事件不仅会对供水安全造成威胁,同时还会给公众生活和社会秩序带来困扰,直接影响公众的获得感、幸福感和安全感。近年来,虽然我国在饮用水突发污染事件应急处置工作中积累了一定经验,但同时也暴露出了技术支撑不充分的问题,如缺乏科学的应急管控程序、有效的应急处理技术以及污染物短期暴露健康风险评价方法等。这些问题正是我国卫生和供水行业在突发水污染事件发生后的应急供水过程中迫切需要解决的重点问题。

　　针对当前我国应急供水工作的实际需求,国家"十二五"水体污染控制与治理科技重大专项专门设立了"突发事件供水短期暴露风险与应急管控技术研究"课题(2015ZX07402-002)。该课题承担单位是中国疾病预防控制中心环境与健康相关产品安全所,合作单位是清华大学和中国城市规划设计研究院。课题着眼于当前卫生和供水行业面临的重大挑战,围绕突发水源污染事件应急处置工作需求,开展了针对性、多层次的研究,取得了四个方面的研究成果。

　　一是在污染物短期暴露健康风险方面。课题组在世界卫生组织、美国环保局、欧盟和日本厚生劳动省等国际权威机构和组织相关研究的基础上,结合我国实际情况,研究建立了我国饮用水中污染物短期暴露健康风险的评估框架。在此框架下,课题组针对《生活饮用水卫生标准》(GB 5749—2006)中的部分污染物指标及其他环境风险污染物,结合我国近年来饮用水污染事件发生情况,采用文献研究与毒理实验相结合的方法提出了污染物短期暴露条件下的饮水水质安全浓度,在一定程度上与《生活饮用水卫生标准》(GB 5749—2006)中确定的污染物终生暴露健康风险形成互补。二是在水源水质监测方面。课题组建立了适应突发污染风险管理的原水水质风险识别与监督管理配套制度,从原有的仅根据污染物存在风险来确定饮用水水质检测项目和频率的管理办法发展为根据污染物存在风险、水厂净化能力和短期暴露健康风险三个方面进行综合考虑的管理体系。三是在应急处置技术方面。课题组通过研究建立了由多种关键技术组成的应急净水技术体系,建立了不同类型污染物应急处理特性预测模型,开发了移动式应急加药装置等关键设备。四是在应急管控方面。课题组建立了按影响程度确定应急处置措施的应急管控思路,把原有的"不达标就停水"的质量控制决策体系提升到"按影响确定对策"的风险控制决策体系。

　　在上述研究成果基础上,课题组将污染物短期暴露健康风险及应急净水技术两方面的主要研究成果进行了整合,编制完成了《饮用水污染物短期暴露健康风险与应急处理技术》

一书。本书提供了污染物短期暴露饮水水质安全浓度、应急水处理技术及应急期公众用水指导等技术内容,给出了风险控制的详细依据和技术资料,希望可以为我国饮用水应急管理和日常监测工作提供技术参考。

感谢国家水体污染控制与治理科技重大专项"突发事件供水短期暴露风险与应急管控技术研究"课题(2015ZX07402-002)对本书出版的支持;感谢全体编委的共同努力和辛苦付出。

为了进一步提高本书的质量,以供再版时修改完善,恳请各位读者、专家提出宝贵意见。

编写组

2020 年 4 月

目　录

目 录

目 录

第一章

总　论

水是生命之源,饮用水安全与人民生活息息相关。随着我国社会经济的发展,人民的生活水平日益提高,公众对饮水水质提出了越来越高的要求,饮用水安全的重要性越发突显。2006年12月29日,全文强制性国家标准《生活饮用水卫生标准》(GB 5749—2006)正式发布,与上一版标准相比,水质指标数量大幅提升,由35项提升至106项,增加了71项;部分水质指标的限值要求越发严格。2015年4月16日,"水污染防治行动计划"(水十条)正式发布,明确提出了2020年、2030年及21世纪中叶水环境质量的阶段性工作目标,同时要求各级地方人民政府对水源、出厂水及龙头水水质开展定期监测、检测和评估。2018年1月1日,新版《中华人民共和国水污染防治法》开始实施,法条中进一步明确了供水单位作为供水安全第一责任人的法定职责。上述标准、政策、法律法规的贯彻实施对我国的饮用水安全均起到了积极的推动作用,近年来我国的饮用水安全保障能力得到了较大幅度的提升。中国城市规划设计研究院网站资料显示,全国城市供水水质达标率从2009年的58.2%已提高至96%以上;全国农村集中式供水受益人口比例2010年底为58%,2015年底提升至82%,农村自来水普及率达到76%,"十二五"期间共解决了2.98亿农村居民和4 133万农村学校师生的饮用水安全问题。但同时,我国饮用水安全仍面临着很多严峻的问题和挑战:淡水资源短缺、水环境堪忧、突发性水污染事件频发等水安全问题仍十分突出,水处理工艺的局限性问题和管网输送及二次供水贮存等过程带来的二次污染问题也不容小觑。

第一节　水资源短缺带来的挑战

淡水是饮用水的主要水源。根据水资源公报发布的信息,2017年我国淡水资源总量为28761.2亿立方米,与2016年相比下降了11.4%。我国年均淡水资源总量约占全球淡水资源总量的6%,仅次于巴西、俄罗斯和加拿大,居世界第四位。但是我国人均淡水资源占有量只有2 300立方米,仅为世界平均水平的1/4,扣除难以利用的洪水泾流和散布在偏远地区的地下水资源后,我国现实可利用的人均淡水资源量进一步下降,约为900立方米/人,被列为世界上13个最贫水的国家之一。

我国淡水资源不仅短缺,且分布极不均衡。大量淡水资源集中在南方,北方淡水资源量只有南方淡水资源量的四分之一。长江流域及其以南地区国土面积虽然只占全国的36.5%,但水资源量却占到全国水资源总量的81%。此外,我国水资源年内、年际分配也不均衡,旱涝灾害频繁发生等实际情况更进一步加剧了淡水资源短缺带来的问题。

第二节　水环境质量面临的挑战

改革开放以来,我国经济快速发展,环境问题也日益突出。在部分地区,大量污染物被排放到环境中,天然水体受到了不同程度的污染,水环境中的污染物种类日益增多,水质恶化严重。水环境的恶化使原本就十分匮乏的淡水资源更加紧张,部分地区甚至出现了水质性缺水。水环境的恶化给饮用水水源及饮用水安全带来隐患。

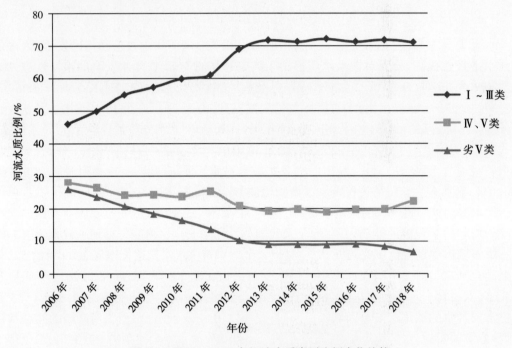

图 1-1　2006—2018 年河流水质类别比例变化趋势

河流状况:根据中国环境状况公报发布的数据,2006 年,长江、黄河、珠江、松花江、淮河、海河和辽河七大流域和浙闽片河流、西北诸河、西南诸河的国控监测断面中仅有 46% 达到《地表水环境质量标准》(GB 3838—2002)Ⅲ类及以上的水质要求;Ⅳ类和Ⅴ类水比例为28%;26% 的断面水质处于劣Ⅴ类的状况,完全丧失了水体的使用功能。近年来,在各方的共同努力之下,我国的环境水质状况有所好转,由图 1-1 可见,长江、黄河、珠江、松花江、淮河、海河及辽河七大流域和浙闽片河流、西北诸河、西南诸河的国控监测断面中Ⅲ类水以上的比例从 2006 年的 46% 提升到了 2018 年的 71%,提升了 25 个百分点;但仍有 29% 的断面水质不能达到Ⅲ类水的要求;6.7% 的断面水质仍处于劣Ⅴ类的水平,辽河、海河劣Ⅴ类断面比例更是高达 20% 以上,情况不容乐观。2018 年各流域及内陆诸河国控监测断面的水质状况详见图 1-2。

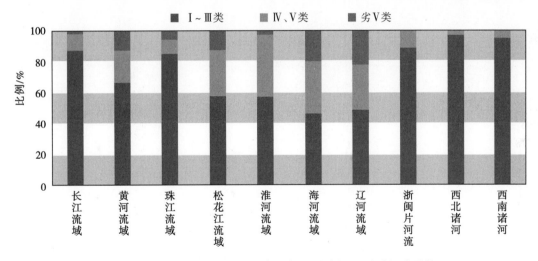

图 1-2　2018 年七大流域和浙闽片河流、西北诸河、西南诸河水质状况

湖库状况：根据中国环境状况公报发布的数据，2006 年我国国控重点湖库中仅有 29% 满足Ⅲ类及以上的水质要求，Ⅳ类和Ⅴ类水质占到 23%，48% 的湖库处于劣Ⅴ类水质的状况。近年来，我国的湖库水质状况同样有所好转，由图 1-3 可见，国控重点湖库中Ⅲ类水及以上的比例从 2006 年的 29% 提升到了 2018 年的 67%，提升了 38 个百分点，但仍有 33% 的湖库不能达到Ⅲ类水的要求，8.1% 的湖库仍处于劣Ⅴ类的水平。2018 年各国控重点湖库的水质状况详见表 1-1。我国湖库面临的主要问题是水体富营养化，且普遍存在。2018 年监测营养状态的 107 个湖泊（水库）中，贫营养状态的湖泊（水库）仅为 10 个，占比为 9.3%；中营养状态的为 66 个，占比为 61.7%；25 个湖泊（水库）处于轻度富营养状态，占比为 23.4%；6 个湖泊（水库）处于中度富营养状态，占比达到 5.6%。

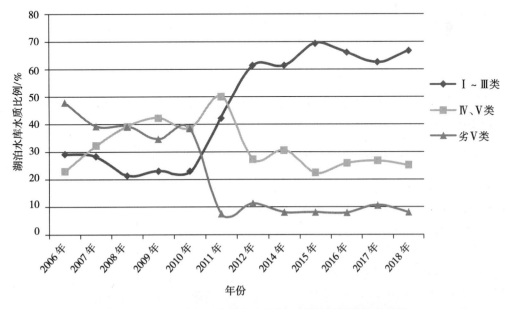

图 1-3　2006—2018 年湖泊（水库）水质类别比例变化趋势

表 1-1 2018 年重点湖泊（水库）水质状况

水质类别	三湖	重要湖泊	重要水库
Ⅰ类、Ⅱ类	–	班公错、红枫湖、香山湖、高唐湖、花亭湖、柘林湖、抚仙湖、泸沽湖、洱海、邛海	云蒙湖、大伙房水库、密云水库、昭平台水库、瀛湖、王瑶水库、南湾水库、大广坝水库、龙岩滩水库、水丰湖、高州水库、里石门水库、大隆水库、石门水库、龙羊峡水库、怀柔水库、长潭水库、双塔水库、丹江口水库、解放村水库、黄龙滩水库、鲇鱼山水库、隔河岩水库、千岛湖、太平湖、松涛水库、党河水库、东江水库、湖南镇水库、漳河水库、新丰江水库
Ⅲ类	–	色林错、骆马湖、衡水湖、东平湖、斧头湖、瓦埠湖、东钱湖、梁子湖、南四湖、百花湖、武昌湖、阳宗海、万峰湖、西湖、博斯腾湖、赛里木湖	于桥水库、察尔森水库、三门峡水库、崂山水库、鹤地水库、磨盘山水库、鸭子荡水库、红崖山水库、山美水库、小浪底水库、鲁班水库、尔王庄水库、董铺水库、白龟山水库、白莲河水库、富水水库、铜山源水库
Ⅳ类	太湖、滇池	白洋淀、白马湖、沙湖、阳澄湖、焦岗湖、菜子湖、南漪湖、鄱阳湖、镜泊湖、乌梁素海、小兴凯湖、洞庭湖、黄大湖	松花湖、玉滩水库、莲花水库、峡山水库
Ⅴ类	巢湖	杞麓湖、龙感湖、仙女湖、淀山湖、高邮湖、洪泽湖、洪湖、兴凯湖	–
劣Ⅴ类*	–	艾比湖、呼伦湖、星云湖、异龙湖、大通湖、程海、乌伦古湖、纳木错、羊卓雍错	–

* 程海、乌伦古湖和纳木错氟化物天然背景值较高,程海和羊卓雍错 pH 天然背景值较高

地下水质状况:地下水是我国北方地区重要的饮用水水源。同样来自于中国环境状况公报的数据显示,2010 年全国地下水监测点水质达到优良 - 良好 - 较好级的监测点仅占全部监测点的 42.8%,即 57.2% 的监测点水质处于较差 - 极差级的水平。近年来我国地下水质量状况仍未得到改善,甚至呈现进一步下降的趋势;与 2010 年相比,2017 年全国地下水水质处于优良 - 良好 - 较好级的监测点比例下降了 9.4 个百分点,水质类别降为较差 - 极差级水平。2010—2017 年地下水水质变化趋势见图 1-4。从超标指标来看,在以往的以地质化学背景因素为主的总硬度、锰、铁、溶解性总固体、硫酸盐、氟化物、氯化物等指标超标的基础上,近年来在个别监测点还出现了六价铬、铅、汞等重金属指标超标的现象,部分地区"三氮"指标污染严重。

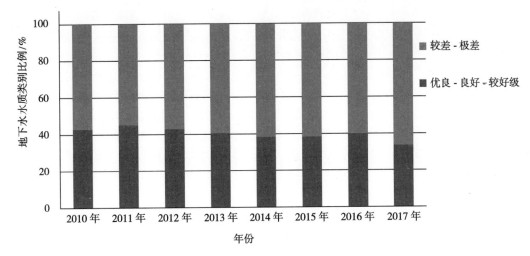

图 1-4 2010—2017 年地下水水质类别比例

第三节 给水处理工艺面临的挑战

目前,传统的常规水处理技术仍为我国自来水厂的主流水处理工艺。以地表水为水源的自来水厂多采用混凝 - 沉淀 - 过滤 - 消毒的传统工艺,以地下水为水源的水厂一般采用直接消毒后出厂的处理方式。百余年的实践证明,混凝 - 沉淀 - 过滤 - 消毒的传统工艺对水体的浑浊度、色度、微生物等具有较好的控制效果;但是随着水源水中污染物种类的不断增多,特别是有机物、农药、藻、重金属以及一些新兴污染物的出现,给传统水处理工艺带来了巨大的挑战;此外,由于原水污染导致的消毒副产物的风险问题也日益突出。

水源水中的有机物往往具有质量浓度低、危害大的特点,用常规的水处理工艺难以去除。有研究表明,常规处理工艺对水中有机物的平均去除率仅为 30%,且由于溶解性有机物的存在,不利于破坏胶体的稳定性而使常规工艺对原水浊度的去除效果也明显下降。

我国是最大的农药生产国和使用国。传统的常规水处理工艺对农药的去除效果有限,甚至有文献报道,经传统水处理工艺处理后,部分农药的质量浓度非但没有减少,在过滤和消毒等环节还出现质量浓度回升的现象。

水体富营养化带来的藻类问题也不容小觑。藻类一般带负电,具有较高的稳定性,难于混凝,且藻类比重小,沉淀效果差,水处理效果不佳;此外,藻类在代谢过程中还可能产生土臭素、2- 甲基异莰醇等多种嗅味物质,对水的感官性状产生直接影响;再者,某些藻类,如蓝藻还能释放出藻毒素,对公众健康构成威胁;第四,藻类还是氯化消毒副产物的前驱物质,在后续消毒过程中与氯作用可生成有机卤代烃等致癌物质及其他有害副产物。

重金属污染是近年来饮用水水源突发污染事件中发生频次最高的。重金属类污染物主要包括汞、镉、铬、铅、锑、铊等,主要来源于工业生产。重金属类污染物在水体中具有稳定性高、难降解的特性,可通过食物链富集影响人体健康。常规水处理工艺对重金属类污染物难以有效去除。

随着检测技术的提升,一些低质量浓度水平的新兴污染物在水体中不断被发现。如持久性有机污染物(POPs),这类污染物大多具有难降解性、生物蓄积性和生物毒性,危害较大,但常规水处理工艺同样难以有效去除。

氯化消毒是我国沿用多年并普遍采用的消毒技术,具有经济、有效、使用方便等优势,消毒对控制饮用水的生物风险发挥了巨大的作用。但是,20世纪70年代有科学家发现在氯化消毒杀灭致病微生物的同时会产生一系列消毒副产物,其中部分消毒副产物对人体健康构成潜在威胁。文献报道现已发现的氯化消毒副产物有600余种,已有研究证明一些副产物在动物实验中表现出致突变性和(或)致癌性,有的还有致畸性和(或)神经毒性作用。常见的三卤甲烷类消毒副产物如三氯甲烷、一溴二氯甲烷、二溴一氯甲烷和三溴甲烷均对实验动物有致癌性,可诱发肝、肾和肠道肿瘤;卤代乙酸类中的二氯乙酸、三氯乙酸、二溴乙酸等也能诱发小鼠肝肿瘤。因此在保证有效消毒、杀灭水中微生物、确保水质生物安全性的同时,控制消毒副产物带来的健康风险也是目前供水行业面临的问题与挑战。

深度处理技术一般被认为是在常规处理工艺(混凝、沉淀、过滤和消毒)基础上增加的处理单元,用来去除常规处理单元不能有效去除的污染物。深度处理技术主要包括预氧化和高级氧化技术、臭氧生物活性炭技术、膜处理技术和生物预处理技术等,也包括各种技术的联合使用。大量实践表明,深度处理技术在一定程度上可提高水中有机物等污染物的去除效果,提升饮用水出水水质。除预氧化技术之外,臭氧生物活性炭技术和膜处理技术相对研究较多。臭氧生物活性炭技术是首先利用臭氧将大分子有机物氧化成小分子有机物,提高水的可生化性,生成的小分子有机物后续再被生物活性炭吸附降解,从而达到有效去除有机物的目的;臭氧生物活性炭技术还可以去除水体嗅味、色度,改善水质口感。膜处理技术是一种通过物理截留将水体中微生物、颗粒物甚至是溶解盐分离出去的方法,具有基本不需要使用化学药剂,产水水质稳定,受进水波动影响小等优点。虽然深度处理技术在水质净化过程中显示出较好的性能,但由于运行成本高、运行管理要求高等实际问题,该技术尚未在我国得到广泛的推广和使用。

第四节 输送及二次供水带来的挑战

经自来水厂净化后,出厂水还需要经过较长的输配管道才能送达用户龙头。由于物理、化学、电化学、微生物等的作用,长时间使用后输水管道的内壁会逐渐形成不规则的"生长环",且"生长环"会随着管龄的增长而不断增厚,使过水断面面积逐渐减小、输水能力逐渐降低。此外,"生长环"的存在还会对饮用水安全带来一定程度的影响。2004年专项调查表明,城市饮用水由自来水厂流经管网到用户龙头时,水质合格率下降了约10个百分点。某水务公司2000年1月至2002年9月210起用户水质投诉报告的调查表明,由自来水管网输送引发的问题占到近50%,其中约25%的问题是由于管网内水流向的变化引起的水质问题;约16%的问题是因为内管质量低劣引起的水质问题;约5%的问题是生物污染造成的;约2%的问题是由于施工造成污水进入管网对水质造成了影响。

此外,随着我国城市化的发展,高层建筑迅速增加。高层建筑的供水设施与低层建筑不同,低层建筑是由自来水厂通过管道直接供水,而高层建筑供水则往往需要通过二次供水设施才能完成。传统的二次供水设施包括高/低位水箱、水泵、输水管道等设施。自来水首先进入低位水箱,然后通过水泵输送到高位水箱,再通过重力作用供给高层的住户使用。公众多次投诉由于二次供水设施管理不善、清洗消毒不及时、存水时间过长等问题引发的二次污染问题。某市卫生部门公布数据显示,2009—2011 年,该市共抽检自来水厂、二次供水和分质供水等单位水样 2 579 件,结果显示该市生活饮用水不达标率为 1.85%,引起水质不达标的主要原因就是二次供水设施的清洁消毒不到位,甚至有小区和单位出现人群群体性腹泻。二次供水污染的原因是多方面的,既与水本身的性质有关,又与同水接触的截面性质有关,也与外界许多条件相联系。二次污染的实质是污染物在水中的迁移转化,这种迁移转化是一种物理、化学和生物学的综合作用过程。从目前调查的情况来看,造成二次供水污染的原因主要有:输水管道或贮水设备内表面涂层渗出有害物质;贮水设备的设计大小不合理,使水在设备中的停留时间过长;贮水设备的结构不合理;泄水管与下水管连接不合理,溢、泄水管与下水或雨水管线直接联通;贮水设备的位置选择不合适,周围环境脏、乱、差;贮水设备的配套不完善,通气孔无防污染措施、人孔盖板密封不严密、埋地部分无防渗漏措施,溢、泄水管出口无网罩以及二次供水设施管理不善,未定期按规范进行清洗、消毒及水质检验等。

第五节　突发水污染事件带来的挑战

我国目前仍处于水环境突发污染事件高发期。中国环境状况公报资料显示,从 2001 年到 2004 年,我国共发生水污染事故 3 988 起,平均每天 2.7 起。2005 年 11 月和 12 月接连发生的松花江硝基苯污染事件和北江镉污染事件更是引起了政府和社会各界对水污染事件的广泛关注,造成了恶劣的社会影响。自此之后,我国的水污染事件虽然有所减少(表1-2),但是每年都至少有数十起,部分事件直接影响饮用水水源,威胁饮用水安全,给公众生活和社会秩序带来了困扰。

表 1-2　2005—2011 年全国突发环境污染及水污染事件情况统计

年度	突发环境事件数量 / 起	水污染事件数量 / 起	占比 /%
2005	76	41	53.9
2006	161	95	59.0
2007	110	61	55.5
2008	135	71	52.6
2009	171	80	46.8
2010	156	65	41.7
2011	106	39	36.8

数据来源:环保部接报处置的环境事件

部分造成水源水污染的突发环境事件摘录如下:

2005 年 11 月,中石油吉林石化公司双苯厂爆炸事故造成了松花江流域硝基苯污染,直接导致哈尔滨市近 400 万市民停水 4 天。

2005 年 12 月,广东韶关冶炼厂向北江违法排放含镉废水,造成韶关、英德等市的水源污染,事故造成南华水厂停水 15 天,影响人口 16 万人。

2007 年 5 月,江苏太湖暴发严重的蓝藻污染,厌氧分解过程中产生了大量的 NH_3、硫醇、硫醚以及硫化氢等异味物质,造成无锡市 200 万市民停水 2 天。

2009 年 2 月,江苏盐城市某化工厂趁大雨期间偷排含酚废水,污染了蟒蛇河,进而污染了市区城西、越河两个水厂的水源,导致市区 20 多万市民停水 66 小时 40 分。

2010 年 7 月,福建上杭县紫金矿业紫金山铜矿湿法厂污水池发生污水渗漏事故,引发福建汀江流域污染,造成沿江上航、永定鱼类大面积死亡和水质污染,事故对当地的饮用水安全造成了严重影响。

2012 年 1 月,广西龙江河宜州市怀远镇河段水质出现异常,调查发现龙江河拉浪电站坝首前 200 米处镉含量超标约 80 倍。因担心饮用水遭到污染,处于下游的柳州市市民出现恐慌性囤水购水,超市内瓶装水一度被市民抢购一空。

2014 年 4 月,兰州市某水司检测发现 10 日 17 时出厂水苯含量、10 日 22 时和 11 日 2 时自流沟苯含量超标,系管道泄漏所致,此次事件造成兰州市部分地区停水 3 天,主城区降压供水。

2015 年 11 月,甘肃省陇南市某矿业公司发生尾矿库损坏事故导致锑泄漏,造成嘉陵江污染,波及陕西、四川等地,对四川广元市饮用水安全造成了严重威胁。

2017 年 5 月,监测发现嘉陵江入川断面出现水质异常,西湾水厂水源地水质铊元素超标 4.6 倍,对公众饮用水安全造成威胁。

第六节 小 结

饮用水安全是一个系统工程,用户龙头水的安全与否取决于水源、制水、输水及贮水等全过程的有效管理和控制。现阶段,我国在水资源、水环境、水处理、水输送和水贮存等关键环节仍面临着一些实际问题和挑战,水污染事件频发的现状更是加剧了水安全的严峻形势。在饮用水污染事件发生时,采用什么样的应急管控程序、什么样的应急水处理技术、该技术处理效果和最大处理能力如何,如何评价人群针对不同污染物的饮用水短期暴露带来的健康风险,都是急需解决的关键技术问题,这些问题正是本书的研究重点。

第二章

污染物健康风险评估技术与方法

第一节　污染物健康风险评估相关概念

通过对饮用水中的污染物进行健康风险评估,进而推导其在不同暴露时长的饮水水质安全浓度。饮水水质安全浓度推导过程中涉及的定义和术语如下。

健康效应分离点:指从人群资料或实验动物的观察指标的剂量-反应关系得到的剂量值,即剂量-反应关系曲线上的效应起始点或参考点,包括未观察到有害作用剂量(NOAEL)、最小观察到有害作用剂量(LOAEL)和基准剂量(BMD)等。

剂量-反应关系:指一个生物、系统或(亚)人群摄入或吸收某种物质的量与其发生的针对该物质的毒理学效应改变之间的关系。

未观察到有害作用剂量(NOAEL):指通过人体资料或动物试验资料,以现有的技术手段和检测指标未观察到任何与某种物质有关的有害作用的最大作用剂量,单位为 mg/(kg·d)。

最小观察到有害作用剂量(LOAEL):指在规定的条件下,某种物质能引起对人群或实验动物组织形态、功能、生长发育等产生有害效应的最小作用剂量,单位为 mg/(kg·d)。

基准剂量(BMD):指依据剂量-反应关系研究的结果,利用统计学模型求得的某种物质引起某种特定反应的改变或较低健康风险发生率(通常计量资料为 5%,计数资料为 10%)的剂量,单位为 mg/(kg·d)。

基准剂量下限(BMDL):指基准剂量 95% 可信区间下限值,单位为 mg/(kg·d)。

不确定系数(UF):指在推导饮水水质安全浓度时,用于数据外推(如将实验动物数据外推到人或将部分个体数据外推到一般人群等)、数据不充分等情况下的调整系数。

致癌性评估分级:国际癌症研究机构(IARC)和美国环境保护局(USEPA)分别对化学物质的致癌性进行了分组。IARC 的分组如下:1 组,对人类有确认的致癌性;2A 组,对人类很可能有致癌性,对动物有确认的致癌性;2B 组,有可能对人类和动物致癌;3 组,尚不能确定其是否对人体致癌;4 组,对人体基本无致癌作用。USEPA 1986 年分组方法为:A 组,人类致癌物;B 组,可能的人类致癌物(其中 B1 组,有限的人类证据;B2 组,有充足的动物证据,有不充分的或根本没有人类证据);C 组,可能的人类致癌物(有限动物证据);D 组,不能定为对人类有致癌性;E 组,证实对人类无致癌性。USEPA 2005 年分组方法为:H 组,人类致癌物;L 组,可能为人类致癌;L/N 组,高于特定剂量可能致癌,低于此剂量不致癌;S 组,有潜在致癌的暗示性证据;I 组,评估潜在致癌性的信息不足;N 组,不是人类致癌物。

饮用水相对贡献率(RSC):指在所有外暴露途径中,污染物通过饮用水途径摄入的量与总摄入量之间的比值。

伤残调整寿命年（DALY）：指从发病到死亡所损失的全部健康寿命年，包括因早死所致的寿命损失年和伤残所致的健康寿命损失年两部分。

个人剂量标准（IDC）：指辐射防护权威部门对确定的实践及经常与持续的照射建立的一个剂量水平，高于该水平的照射对个人的后果被视为不可接受，单位为 mSv/y。

第二节　饮水水质安全浓度的确定

对于饮用水中不同类型的污染物指标，确定水质安全浓度的方法也不尽相同。

一、微生物

微生物定量风险评估（QMRA）是制定微生物水质安全浓度的基础方法，QMRA 方法的具体步骤如下：

（一）形成问题和查明危害

查明与饮用水有关的损害公众健康的各种可能危害，以及公众的感染途径。

（二）暴露评估

确定暴露群体的大小和特征，以及暴露的途径、暴露量和暴露时间等。

（三）确定剂量 - 反应关系

表征暴露与健康危害之间的关系。

（四）风险表征

基于病原微生物的暴露、剂量反应、发病率和严重程度等方面的数据，计算伤残调整寿命年（DALY）。世界卫生组织将病原微生物的疾病负担可接受水平定义为每人每年上限为 10^{-6} DALY，由 DALY 值逆向推导该微生物的可接受暴露水平，将其作为该微生物指标的安全浓度。

二、化学物质

（一）致癌物质

致癌物质的饮水水质安全浓度通常是根据致癌增量和选定的可接受致癌风险水平（10^{-6}~10^{-4}），并在设定的人体体重、日均饮水摄入量以及致癌物质的饮用水相对贡献率等情况下推导得出的。因致癌物在饮用水中的实际水平极低，在此质量浓度下通常默认剂量与癌症反应呈线性关系，故一般选用致癌物的线性法来推导。通过动物毒性数据推导出低剂量致癌强度，然后计算可接受致癌风险（10^{-6}~10^{-4}）所对应的剂量或者质量浓度，将其作为该致癌物质的安全质量浓度。可接受致癌风险的选择通常需要考虑降低致癌物质所需要承担的经济成本和技术承受能力。饮水水质安全浓度的推导公式如下：

$$WSC = RSD \times \frac{BW}{DI} \qquad (2-1)$$

式中：WSC——饮水水质安全浓度，mg/L；

　　　BW——人体体重，kg；

　　　DI——日均饮水摄入量，L/d；

　　　RSD——特定风险剂量，mg/（kg·d），计算公式如下：

$$RSD = \frac{目标增额致癌风险}{SF}$$

（2-2）

式中：目标增额致癌风险——$10^{-6} \sim 10^{-4}$，无量纲；

　　SF——致癌斜率因子，$[mg/(kg \cdot d)]^{-1}$。

（二）非致癌物质

非致癌物质饮水水质安全浓度的确定主要按照以下四个步骤进行：收集和分析相关数据；确定分离点；选择不确定系数；推导饮水水质安全浓度。

1. 收集和分析相关数据　为保证结果的科学性，需遵循以下基本原则：首先，应全面、客观、广泛地收集数据；然后，应根据可靠性、相关性、充分性的评价原则对数据进行质量评价；最后，对数据进行整合利用。整合利用包括可靠性与相关性的整合、人体实验与动物实验的整合以及对不同实验结果的整合，并根据不同的情况加以利用。本书重点收集了世界卫生组织（WHO）、美国环境保护局（USEPA）、综合风险信息系统（IRIS）、国家毒理学项目（NTP）等权威机构的数据库资料和技术报告，同时还收集国内外相关文献资料。健康效应数据和毒理学资料的权重顺序依次为：流行病学资料、动物试验资料、体外实验、定量结构-反应关系。

2. 确定健康效应分离点　通过分析，确定一个可以反映目标物质健康效应或毒性特征的分离点。分离点的确定取决于测试系统和观察终点的选择、剂量设计、毒作用模式和剂量-反应模型等。常用的分离点有 NOAEL、BMDL 等。当无法获得 NOAEL 和 BMDL 时，可选择 LOAEL 作为分离点，但要考虑适当调整不确定系数。

NOAEL 通常适用于无遗传毒性物质。选择 NOAEL 作为分离点，依赖于试验的剂量设计，NOAEL 值相当于试验中的一个剂量水平。数据需满足：有充足的样本量；至少有一个受试物剂量组与对照组比较没有出现统计学显著性差异；相关品系动物要有相关的观察终点等。当一个试验系统获得多个基于不同观察终点的 NOAEL 值时，原则上应选择敏感物种的敏感终点的 NOAEL 值或该试验中最低的 NOAEL 值。对于资料权重相同的不同试验系统获得的基于相同观察终点的 NOAEL 值，可基于保守原则选择最低的 NOAEL 值。

通过计算基准剂量（BMD）方法可获得 BMDL，该方法是用现有剂量-反应数据估计总体剂量-反应关系并推导分离点。数据需满足：有充足的样本量；至少有两个剂量组，不同剂量下产生不同的毒性效应。可利用 BMD 相关软件计算 BMDL，主要步骤包括：明确数据类型，并确定一个较低但可检测出的基准反应水平（Benchmark Response, BMR）；选择备选的剂量-反应模型；拟合最佳剂量-反应模型；估计 BMD 并确定 BMDL。BMD 方法特别适用于下列情况：① NOAEL 不能确定的情况；②确定具有遗传毒性和致癌性的物质的分离点时；③能对观察流行病学资料进行剂量-反应评估。

当无法获得 NOAEL 和 BMDL 时，可选择 LOAEL 作为分离点。受试物剂量组与对照组相比较有统计学意义的差异，其最小剂量水平为 LOAEL 值。试验数据需满足：有充足的样本量；相关品系动物要有相关的观察终点等。在选择 LOAEL 作为分离点推导饮水水质安全浓度时，要考虑增加适当的不确定系数。

3. 选择不确定系数　不确定性涉及以下几个方面，一是从实验动物外推到一般人群；二是从一般人群外推到特定人群；三是数据的局限性，包括无法获得 NOAEL、暴露途径和时限存在差异以及数据不充分等引起的不确定性。

不确定系数由多个分量组成,不确定系数为各分量的乘积。一般情况下种间差异选择为10,种内差异选择为10,数据不充分选择为10。其中数据不充分的情况包括:以亚慢性试验结果外推到慢性暴露结果、无法获得 NOAEL 而用 LOAEL 代替等。不确定系数也可根据专家意见来设定。

4. 推导饮水水质安全浓度　终生暴露风险评估以成人为保护目标。理想情况下,终生暴露饮水水质安全浓度的建立应基于慢性试验研究,并能给出非致癌性健康效应终点,包括 NOAEL、LOAEL 或 BMDL 等,使用不确定系数进行校正,终身暴露饮水水质安全浓度考虑了污染物除饮用水外的其他暴露来源,运用相对贡献率(RSC)进行调整。

(1)推导参考剂量(RfD)

$$RfD = \frac{POD}{UF} \qquad (2-3)$$

式中:RfD——参考剂量,mg/(kg·d);

　　　POD——健康效应分离点,包括 NOAEL、LOAEL 或 BMDL;

　　　NOAEL——未观察到有害作用剂量,mg/(kg·d);

　　　LOAEL——最小观察到有害作用剂量,mg/(kg·d);

　　　BMDL——基准剂量下限,mg/(kg·d);

　　　UF——不确定系数。

(2)计算饮水等效水平(DWEL)

$$DWEL = \frac{RfD \times BW}{DWI} \qquad (2-4)$$

式中:DWEL——饮水等效水平,mg/L;

　　　RfD——参考剂量,mg/(kg·d);

　　　BW——成人平均体重,kg;

　　　DWI——成人每日饮用水摄入量,L/d。

(3)推导饮水水质安全浓度(WSC)

$$WSC = DWEL \times RSC \qquad (2-5)$$

式中:WSC——终生饮水水质安全浓度,mg/L;

　　　DWEL——饮水等效水平,mg/L;

　　　RSC——饮水相对贡献率。

三、放射性物质

国际辐射防护委员会(ICRP)研究发现暴露量低于 0.1mSv/y 时不会造成可检测到的放射性有害健康效应,因此将个人剂量标准(IDC)设为 0.1mSv/y,并根据 IDC 值确定饮水中各种放射性指标的饮水安全指导水平,计算公式如下:

$$GL = \frac{IDC}{h_{ing} \times q} \qquad (2-6)$$

式中:GL——放射性核素的饮水安全指导水平,Bq/L;

IDC——个人剂量标准，0.1mSv/y；

h_{ing}——成人摄入某种放射性核素的剂量转换系数，mSv/Bq；

q——成人年饮用水摄入量，L/y。

四、感官性状指标

有些污染物感官性质显著，水体中很低的质量浓度水平即可引起人的不快。这类污染物饮水安全质量浓度的推导主要借助其感官效应特征，目的是为了控制由这些污染物产生的令人不快的味道和 / 或气味。在污染物的感官性状标准和毒理学终点同时存在时，以所有阈值最低值作为指标限值。这类指标主要基于感官效应终点来进行推导，由于实际人群存在个体敏感性，考虑到敏感性差异，根据当地敏感人群的阈值概率分布，选择敏感人群累计概率（例如 5%）对应的阈值作为限值；也可以采用社会支出系统状态改变作为评估终点来估算风险，例如嗅味导致自来水处理厂家投放更多成本去除嗅味，或者公众采用购买包装水来替代自来水从而导致更多支付，最终转化为经济负担，进而选择社会可承受风险确定相应阈值。

第三节 短期暴露饮水水质安全浓度

短期暴露饮水水质安全浓度是指在短期饮水暴露条件下不会对人体健康造成有害效应的某种污染物的上限质量浓度。本书中的短期暴露特指 10 天。污染物短期暴露风险的毒理学效应主要针对的是非致癌性的效应评估，把儿童作为敏感人群的代表选定为保护对象。假定儿童的体重为 10kg，日饮水量为 1L/d，同时假定污染物的暴露全部来源于饮用水，即污染物的饮水相对贡献率为 100%。理想情况下短期暴露（10 天）饮水水质安全浓度宜从 7~30 天的人体资料或动物资料研究中推导而来，可用的健康效应终点包括 NOAEL、LOAEL 或 BMDL 等，使用不确定系数进行校正。当现有人体或动物研究资料无法满足 10 天饮水水质安全浓度的推导时，可考虑使用更长时间或终生饮水水质安全浓度作为 10 天饮水水质安全浓度的保守估计。

短期暴露饮水水质安全浓度（10 天）计算公式如下：

$$SWSC = \frac{POD \times BW}{UF \times DWI}$$

（2-7）

式中：SWSC——短期暴露饮水水质安全浓度，mg/L；

POD——健康效应分离点，包括 NOAEL、LOAEL 或 BMDL；

NOAEL——未观察到有害作用剂量，mg/（kg·d）；

LOAEL——最小观察到有害作用剂量，mg/（kg·d）；

BMDL——基准剂量下限，mg/（kg·d）；

BW——儿童平均体重，kg；

UF——不确定系数；

DWI——儿童每日饮用水摄入量，L/d。

本书针对选择的污染物指标给出了各污染物的基本信息（包括理化性质、生产使用情况、污染来源、环境介质中污染物质量浓度水平及饮水途径人群暴露状况）、健康效应（包括毒代动力学、长短期健康效应、致癌性等)、国内外饮水水质标准限值、短期暴露(10天)饮水水质安全浓度和应急处理技术及应急期居民用水建议等五部分内容。其中短期暴露(10天)饮水水质安全浓度首先给出的是美国环保局发布的污染物10天暴露健康建议值的制定依据,推导过程及推导结果,同时还给出了本课题组针对14项指标开展的相关毒理实验及其结果,将二者比较,从安全角度出发推荐将保守值作为我国饮用水中污染物短期暴露(10天)的饮水水质安全浓度的推荐值。

第三章

金属、类金属及其化合物

第一节　镉及其化合物

一、基本信息

（一）理化性质

1. 中文名称：镉
2. 英文名称：cadmium
3. CAS 号：7440-43-9
4. 元素符号：Cd
5. 相对原子质量：112.41
6. 主要化合物：氯化镉（CAS：10108-64-2）、氧化镉（CAS：1306-19-0）

镉及其主要化合物理化性质，见表 3-1。

表 3-1　镉及其主要化合物理化性质

物质名称	镉	氯化镉	氧化镉
化学式	Cd	$CdCl_2$	CdO
原子量 / 分子量	112.41	183.32	128.41
常温状态	银白色软质金属	白色晶体	棕色立方晶体
沸点 /℃	767	960	155 9（升华）
熔点 /℃	321	568	–
溶解性	不溶于水	120g /100g 水（25℃）	不溶于水

（二）生产使用情况

镉的单独矿物不多，一般作为锌的伴生矿存在，金属镉是作为副产品从锌矿石或硫镉矿中提炼出来的。金属镉在电镀工艺上主要用作防腐蚀剂，镉化合物可用于电池和电子元件制造及核反应堆中。世界上金属镉的初级生产大多数在亚洲，全球产量最多的生产国是中国、韩国和日本。二次生产的镉占全球产量的 20% 左右。镉全球消费量的 80% 以上被用于镍镉电池的生产，其余的被用于颜料、涂料、电镀、稳定剂、塑料、有色金属合金和其他用途。

（三）环境介质中质量浓度水平及饮水途径人群暴露状况

1. 环境介质中质量浓度水平　一般情况下,地表水和地下水中镉的天然质量浓度水平为 1~10μg/L。镉在水中的溶解性很大程度上受到酸度的影响,酸度增加,会使悬浮物或沉积物中结合的镉溶解。瑞典酸化土壤地区的浅井水镉质量浓度接近 5μg/L。突发环境事件会导致水体中镉质量浓度的增加,2012 年广西龙江河发生了突发环境事件,河池市拉浪水库网箱养鱼发现死鱼,经当日紧急监测,发现拉浪水库上下游河段污染严重,其中水体镉含量最高值达 0.408mg/L。

2. 饮水途径人群暴露状况　饮用水的镉污染可能来源于配件、热水器、水冷却器和水龙头等所使用的镀锌管或焊料中的溶出镉。在低 pH 的软水供水地区,由于增加了含镉的管道系统的腐蚀性,饮用水中镉质量浓度水平相对较高。在沙特阿拉伯,饮用水样品中镉平均质量浓度为 1~26μg/L,其中一些水样来自于私人水井或者腐蚀的管道。

食物是非职业性镉暴露的主要来源,每日镉的膳食摄入量在 10~35mg。饮用水的摄入量通常小于 2μg/d。荷兰一项 256 家水厂的调查结果显示,只有 1% 的水样检测到镉（ 0.1~0.2μg/L）。我国宁波市区内 36 个监测点的饮用水中镉的质量浓度的调查结果表明,镉的平均质量浓度为 0~3.2μg/L。

二、健康效应

（一）毒代动力学

1. 吸收　根据动物试验和对人体的估算,镉的吸收受多种因素影响,包括摄入剂量、年龄、饮食方式和其他金属如钙的共存情况。镉不容易通过皮肤吸收,但易通过吸入途径吸收,沉积在肺部的镉多达 96% 可能被吸收,胃肠道对镉的吸收受其化合物溶解性的影响。对于健康人,摄入的镉有 3%~7% 可被吸收;对于铁缺乏的人,这一数字可达到 15%~20%。

2. 分布　在大鼠和人体中,镉可分布于全身。肾和肝为镉主要分布器官,50%~85% 的镉累积在肾脏和肝脏,这两处能达到其他组织的 10~100 倍。

3. 代谢　镉不会代谢为其他化合物。镉一旦进入人体,容易和低分子量的金属硫蛋白结合。吸收的镉进入血液,并被输送到身体的其他部位。结合金属硫蛋白后,镉在肾脏通过肾小球过滤到原尿,然后再被近端肾小管上皮细胞吸收,其镉金属硫蛋白键断裂。未结合的镉刺激产生新的金属硫蛋白,使镉在肾小管上皮细胞被结合,从而防止自由镉的毒性作用。如果超过了金属硫蛋白生产能力,会发生近端肾小管细胞损伤,这种效应的最初迹象是低分子量蛋白尿。

4. 排泄　镉吸收后主要通过尿液排出。

（二）健康效应

1. 人体资料　人体镉急性暴露毒性症状包括恶心、呕吐、腹泻、肌肉痉挛、流涎;严重中毒时可能导致感官干扰、肝损伤和惊厥;在致命的中毒情况中,主要表现是休克和（或）肾衰竭及心肺抑制。有研究表明,成人镉盐经口急性暴露呕吐的 NOAEL 值是 0.043mg/（kg·d）。

肾脏是慢性经口暴露最敏感的器官。镉影响肾小管的吸收功能,首发症状为低分子量蛋白尿,称为肾小管性蛋白尿,更严重的损伤可能会涉及肾小球,其他可能的影响包括氨基酸尿、糖尿、磷酸盐尿等。

日本报道过多例痛痛病（骨软化症与各种程度的骨质疏松症伴有严重的肾小管疾病）和低分子量蛋白尿病例,这些人群镉暴露途径是食物和饮用水。在污染最严重的地区,镉摄入量达 600~2 000μg/d,在其他污染不太严重的地区,摄入量为 100~390μg/d。一项研究认为一个人的镉摄入量等于或超过 0.352mg/d 且暴露时间超过 50 年时,可能造成肾损害。

由于镉的超长生物代谢半衰期,FAO 和 WHO 于 2011 年将镉的 PTMI 值定为 25μg/kg,取代了之前设定的 PTWI 值 7μg/kg。

有足够的证据证明镉及镉化合物对人类有致癌性。镉及镉化合物可导致肺癌。同时,已观察到镉及其化合物暴露与肾癌和前列腺癌之间的联系。

2. 动物资料

(1)短期暴露:大鼠急性经口 LD_{50} 随镉化合物不同而不同,氰化镉为 16mg/kg,硫化镉为＞5 000mg/kg。

动物重复经口给药试验,主要效应是肾近端小管的特征性病变,导致肾小管重吸收障碍和低分子量蛋白尿。对于猕猴,这种效应的 NOAEL 值为 3mg/kg(以氯化镉形式通过食物给药)。对大鼠通过饮用水 10mg/L 经口给药,或者通过食物 10mg/kg 及以上剂量经口给药(以氯化镉形式),也产生此种效应。在剂量为 10~30mg/kg 的食物、10mg/L 及以上的饮用水给药试验中,也经常出现对骨骼的影响(如骨质疏松症)。此外,有研究表明镉对肝脏、造血系统和免疫系统也有影响。

(2)长期暴露:在肾组织病理学缺失的情况下,在动物试验中观察到镉诱导肾毒性(如蛋白尿)。一项动物试验研究中,以雄性大鼠为试验对象,开展 24 周饮水试验,共设定 0、0.84、2.15 和 6.44mg/(kg·d)四个剂量组。研究结果表明,2.15 和 6.44mg/(kg·d)的暴露质量浓度可导致大鼠出现显著的蛋白尿($P < 0.05$),而 0.84mg/(kg·d)剂量组未出现蛋白尿。该研究基于出现蛋白尿的健康效应,确定 NOAEL 值为 0.84mg/(kg·d)。

(3)生殖/发育影响:在大鼠口服给药研究中,设定 0、0.1、1 和 10mg/(kg·d)四个剂量组(以氯化镉形式),试验对象为成年雄性、雌性大鼠,给药时间为 6 周;雄性和雌性大鼠交配三周,交配期给药;怀孕雌鼠妊娠期间给药。结果表明,10mg/(kg·d)剂量组植入和活胎总数显著下降($P < 0.05$),而吸收显著增加($P < 0.01$),胎儿表现为体重下降($P < 0.05$)和胸骨尾椎骨骨化延迟;而 0.1 和 1mg/(kg·d)剂量水平经观察未见效果。

另一项对大鼠的饮用水暴露研究中,暴露水平为 100mg/L 时,在妊娠过程中观察到胎儿生长发育迟缓的现象,而暴露于 0.1 和 10mg/L 则没有观察到这一现象。

(4)致癌性:IARC 将镉列为 1 组,即对人类有确定的致癌性。镉及镉化合物可导致肺癌,但主要通过吸入途径致癌。同时,已观察到暴露于镉及其化合物与肾癌和前列腺癌之间的联系。在动物试验中,也已有足够的证据证明镉化合物的致癌性,有限的证据证明镉金属的致癌性。

USEPA 将镉致癌性(经口暴露)列为 D 组,即不能定为对人类有致癌性。USEPA 将镉通过吸入暴露途径的致癌性列入 B1 组,即有限的人类证据,给出了吸入致癌单位风险是 $1.8 \times 10^{-3} (μg/m^3)^{-1}$,肿瘤类型为肺癌、气管癌和支气管癌。

(三)本课题相关动物实验

以 SD 大鼠为实验对象,设置一个阴性对照组,5 个剂量组。阴性对照组给予去离子水;剂量组通过灌胃给予氯化镉($CdCl_2$),剂量分别为 0.4、0.8、2、5 和 12.5mg/(kg·d)(以镉计);每天一次,连续染毒 14 天。每周记录体重、进行尿常规检测。染毒 14 天后处死大鼠,腹主动脉取血,分离血清检测谷丙转氨酶(ALT)、谷草转氨酶(AST)及血尿素氮(BUN);取肝脏、肾脏、脾脏、脑和睾丸,分别称重计算脏器系数,并进行病理检测。

实验结果显示,染毒 14 天后,5 和 12.5mg/(kg·d)剂量组大鼠体重增长显著减少($P < 0.01$),以大鼠体重增长减少为健康效应,确定的 NOAEL 值为 2mg/(kg·d),LOAEL 值为 5mg/(kg·d);12.5mg/(kg·d)剂量组肾脏器系数显著降低($P < 0.01$),以肾脏器系数降低为健康效应,确定的 NOAEL 值为 5mg/(kg·d),LOAEL 值为 12.5mg/(kg·d)。染毒 14 天未引起血清 ALT、AST 及 BUN 指标的改变,各剂量组与阴性对照组相比尿常规结果无统计学差异;肾脏检查中在各剂量组观察到肾小管上皮细胞有轻微的玻璃样变,但上述病变在阴性对照组也有发现,且未见明显的剂量关系,无统计学差异;未引起大鼠肝脏、脾脏、脑和睾丸组织发生病理改变。

综合全部实验结果,以大鼠体重增长减少为健康效应指标确定的 NOAEL 值为 2mg/(kg·d),由此推导的短期暴露(十日)饮水水质安全浓度为 0.2mg/L。

三、饮水水质标准

(一)世界卫生组织水质准则

1984 年第一版《饮用水水质准则》中提出镉的准则值为 0.005mg/L。

1993 年第二版准则依据 JECFA 制定的 PTWI,将饮用水中镉的准则值调整为 0.003mg/L。

2004 年第三版、2011 年第四版及 2017 年第四版准则第一次增补版中,镉的准则值仍沿用 0.003mg/L。

(二)我国饮用水卫生标准

1985 年版《生活饮用水卫生标准》(GB 5749—85)中镉的限值为 0.01mg/L。

2001 年卫生部颁布的《生活饮用水水质卫生规范》(卫法监发〔2001〕161 号)中将饮用水中镉的限值调整为 0.005mg/L。

2006 年《生活饮用水卫生标准》(GB 5749—2006)仍然沿用 0.005mg/L 作为镉的限值。

(三)美国饮水水质标准

美国一级饮水标准中规定镉的 MCLG 是 0.005mg/L。镉的 MCL 采纳了 MCLG 的数值,也为 0.005mg/L。此值于 1992 年生效,沿用至今。

四、短期暴露饮水水质安全浓度的确定

研究表明成人镉盐经口急性暴露呕吐的 NOAEL 值为 0.043mg/(kg·d)。

短期暴露(十日)饮水水质安全浓度推导如下:

$$SWSC = \frac{NOAEL \times BW}{UF \times DWI} = \frac{0.043mg/(kg·d) \times 10kg}{10 \times 1L/d} \approx 0.04mg/L \qquad (3-1)$$

式中:SWSC——短期暴露(十日)饮水水质安全浓度,mg/L;

　　　NOAEL——基于成人呕吐为健康效应的分离点,0.043mg/(kg·d);

　　　BW——平均体重,以儿童为保护对象,10kg;

　　　UF——不确定系数,10,由于采用人群资料,只考虑种内差异;

　　　DWI——每日饮水摄入量,以儿童为保护对象,1L/d。

以成人呕吐为健康效应推导的短期暴露(十日)饮水水质安全浓度为 0.04mg/L。本课题动物实验中以大鼠体重增长减少作为健康效应推导的短期暴露(十日)饮水水质安全浓度为 0.2mg/L。可以看出,实验推导值 0.2mg/L 宽于 0.04mg/L。从安全角度考虑,保守推荐将 0.04mg/L 作为短期暴露(十日)饮水水质安全浓度值。

五、应急处理技术及应急期居民用水建议

（一）水厂应急处理技术

1. 概述　天然水体中镉的存在形式以二价镉离子（Cd^{2+}）为主。自来水厂的常规净水工艺（混凝—沉淀—过滤—消毒的工艺）和臭氧生物活性炭深度处理工艺对镉的去除均没有效果。当水源发生镉的突发污染时，需要采用除镉的应急净水处理措施。

自来水厂应急除镉技术：

（1）弱碱性化学沉淀法除镉工艺：该工艺已在突发污染的河道水质应急处理和自来水厂应急净水中多次获得成功应用。

（2）硫化物化学沉淀法：考虑到硫化物在使用中的安全问题，目前该法尚未在水厂和水环境中大规模应用。

2. 原理与参数　弱碱性化学沉淀法除镉工艺的原理是：通过调整水的 pH，在 pH ＞ 8 的条件下，水中的 Cd^{2+} 离子与碳酸根离子（CO_3^{2-}）生成了难溶于水的碳酸镉沉淀物（$CdCO_3$），然后通过混凝沉淀过滤工艺去除，再把水的 pH 回调至中性。

镉离子与碳酸镉的沉淀溶解反应式：

$$Cd^{2+}+CO_3^{2-}=CdCO_3 \downarrow \tag{3-2}$$

镉离子的溶解平衡浓度计算式：

$$[Cd^{2+}] = \frac{K_{sp}}{[CO_3^{2-}]} \tag{3-3}$$

式中：K_{sp}——溶度积常数（$CdCO_3$ 的 K_{sp}=1.6 × 10^{-13}）

Cd^{2+} 的沉淀溶解平衡浓度与 pH 的关系可用表 3-2 来说明。

表 3-2　Cd^{2+} 的沉淀溶解平衡浓度与 pH 的关系表（水的碱度为 1mmol/L）

pH	7.8	8.0	8.5	9.0
Cd^{2+}	0.005 1	0.003 2	0.001 05	0.000 36

注：此表中水的碱度为 1mmol/L，地表水的碱度一般均大于此值，即镉离子溶解平衡浓度比表中所示更低。

水中总有一些溶解的二氧化碳，在中性的水中主要以重碳酸根的形式（HCO_3^-）存在。当加入碱调高水的 pH 后，有一部分重碳酸根就变成了碳酸根（CO_3^{2-}）。由溶度积公式可见，碳酸根浓度越高，镉的溶解浓度就越低。高出溶解浓度的镉形成了不溶解的碳酸镉，可以与加入混凝剂形成的矾花一起，通过沉淀过滤去除。

除镉应急处理的试验数据见图 3-1 至图 3-4。

图 3-1 和图 3-2 是 2005 年 12 月广东北江镉污染事件的应急除镉试验结果。其中图 3-1 是用铁盐混凝剂，图 3-2 是用铝盐混凝剂。由图可见，调整 pH 达 8.5 以上可以有效除镉达标，铁盐或铝盐混凝剂均可。

图 3-3 是广西龙江河镉污染事件的应急除镉试验的结果。其中 a 图是用铁盐混凝剂，b 图是用铝盐混凝剂。由图可见，调到 pH=8.5 可以达标，调到 pH=9 效果更好。

图 3-4 是碱性化学沉淀法除镉的最大应对能力试验。试验采用自来水配水，三氯化铁投加量为 5mg/L（以 Fe 计）。由图可见，在 pH 为 9.3 的条件下可应对镉超标约 50 倍的原水。

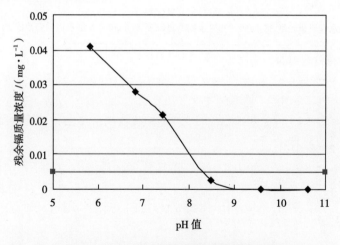

图 3-1　pH 对铁盐混凝剂除镉效果的影响

[镉初始质量浓度 0.042mg/L，三氯化铁投加量 20mg/L（以 FeCl₃ 计）]

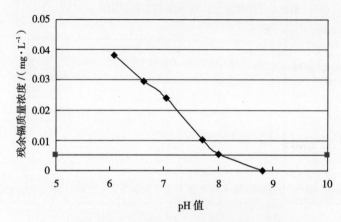

图 3-2　pH 对铝盐混凝剂除镉效果的影响

（镉初始质量浓度 0.042mg/L，聚合氯化铝投加量 50mg/L）

龙江河镉污染事件，聚合硫酸铁 10mg/L，
◆ 原水镉质量浓度 10μg/L　■ 原水镉质量浓度 15μg/L　▲ 原水镉质量浓度 25μg/L

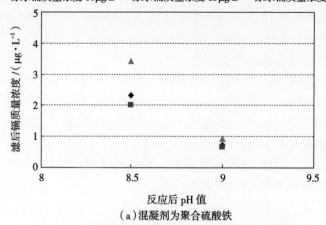

（a）混凝剂为聚合硫酸铁

图 3-3　广西龙江河镉污染事件的应急除镉试验

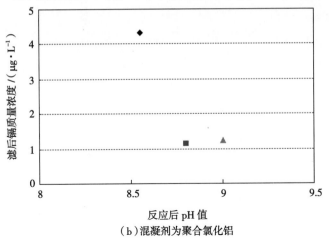

（b）混凝剂为聚合氯化铝

图3-3　广西龙江河镉污染事件的应急除镉试验（续）

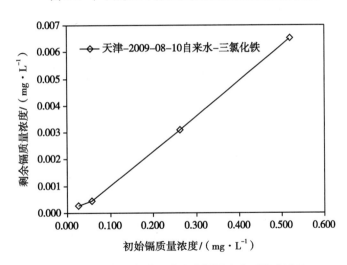

图3-4　碱性化学沉淀法除镉最大应对能力试验

3. 技术要点　原理：碱性条件下镉离子溶解性大幅降低（形成碳酸镉、氢氧化镉等沉淀物）。

自来水厂弱碱性除镉净水处理工艺：

（1）在弱碱性条件净水除镉，控制pH8.0~8.5：混凝前加碱把水调成弱碱性，在弱碱性条件下进行混凝、沉淀、过滤的净水处理，以矾花絮体吸附去除水中析出的镉沉淀物。

（2）滤后水加酸回调pH：把pH调回到7.5~7.8（生活饮用水卫生标准的pH范围为6.5~8.5），满足生活饮用水的水质要求。

（3）增加费用：加碱加酸费用在0.10元/m³以下（根据原水的pH和碱度而变化）。

自来水厂应急除镉的工艺流程，见图3-5。

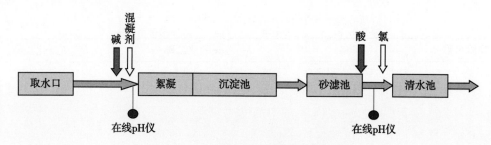

图 3-5 自来水厂应急除镉的工艺流程图

注意事项：

（1）自来水厂净水所用的酸和碱必须使用食品级产品，不得使用工业级产品，以避免从产品中带入重金属污染物。河道处置可以使用工业级产品。

（2）需要做好水厂运行中的 pH 控制，一般应加装在线 pH 计。

（3）做好酸碱药品操作的个人防护，注意人身安全。

（4）混凝剂投加量需要大于平时投量，以确保除镉净水效果。

（5）加强沉淀池排泥和滤池冲洗。

（6）含有污染物的排泥水和污泥需要妥善处置。

（二）应急期居民用水建议

人体可通过饮食、刷牙、漱口等途径经口摄入水中的镉；也可通过洗澡、洗手、洗菜、游泳等途径经皮肤接触水中的镉。具有反渗透膜、纳滤膜的净水器对镉有一定的去除效果，在镉污染事件的应急供水期，公众可选择具有上述净水组件的家用净水器，但应注意净水器说明书中注明的额定总净水量及滤芯的使用期限，超过额定总净水量或超出滤芯使用期限后，净水器对污染物的去除效果会迅速下降甚至带来二次污染，此时应及时更换滤芯。

第二节 砷及其化合物

一、基本信息

（一）理化性质

1. 中文名称：砷

2. 英文名称：arsenic

3. CAS 号：7440-38-2

4. 元素符号：As

5. 相对原子质量：74.92

砷及其主要化合物理化性质见表 3-3。

表 3-3 砷及其主要化合物理化性质

物质名称	砷	三氧化二砷	五氧化二砷
化学式	As	As_2O_3	As_2O_5
原子量 / 分子量	74.92	197.84	229.84

物质名称	砷	三氧化二砷	五氧化二砷
常温状态	存在三种同素异形体，黄色（α）、黑色（β）和灰色（γ）	白色立方晶体（砷华）	白色无定形粉末
沸点 /℃	–	460	–
熔点 /℃	814	313（白砷石），274（砷华）	315
溶解性	不溶于水，溶于硝酸和王水	溶于稀盐酸、氢氧化钠，几乎不溶于乙醇、氯仿、乙醚，在水中的溶解度为 1.7g/100g 水（16℃）	150g/100g 水（16℃）

（二）生产使用情况

金属砷主要用作合金材料。砷也被当作掺杂材料应用到一些半导体材料中。此外，砷在杀虫剂、除草剂、木材防腐剂和农药等方面也有应用，随着人们健康和环保意识的增强，砷的用量正在逐渐降低。我国的砷资源相对集中，主要分布中南及西部地区。截至 2003 年年底，我国累计探明砷矿资源储量为 397.7 万吨，保有储量为 279.6 万吨，其中 87.1% 的保有储量以共生、伴生砷矿形式存在。截至 2003 年年底，我国共采出 117.1 万吨砷，其中单一矿产砷资源采出量占总采出量的 16.7%，伴生及共生砷矿资源采出量占总采出量的 83.3%。

（三）环境介质中质量浓度水平及饮水途径人群暴露状况

1. 环境介质中质量浓度水平　砷的主要来源是工业污水，采矿废弃物和大气沉降等。此外，砷也可通过岩石、矿物和矿石的溶解进入水体。在含氧地表水体中，砷（Ⅴ）是最常见的砷价态；在还原条件下，如在深湖沉积物或地下水中砷的主要存在形式是砷（Ⅲ）。pH 增加可能会增加水中砷的溶解质量浓度。天然水体包括海水中砷的质量浓度水平一般在 1~2μg/L 之间，但是在火山岩和硫化物矿床区域，水中砷质量浓度可能会升高。据报道在含有天然来源的地区水中砷含量可高达 12mg/L。地热水体中砷平均质量浓度为 500μg/L，最大质量浓度可达到 25mg/L。

2. 饮水途径人群暴露状况　几十年来世界一些地区已被确认存在着饮用水中砷的高暴露，例如中国及中国台湾的部分地区，孟加拉国及中南美洲等一些国家和地区，这些地区的地下水源受到富含砷的地质构造的天然污染。除此之外，在日本、墨西哥等国家的一些地区，采矿、冶炼等工业活动导致当地水源砷质量浓度升高。在饮用水中已经检测到高质量浓度砷污染的国家和地区主要包括孟加拉、中国、中国台湾地区、西孟加拉邦（印度）、阿根廷、澳大利亚、智利、墨西哥、美国和越南等。根据我国饮水水质与水性疾病调查资料，我国饮水中砷质量浓度 0.030~0.049mg/L 的饮用水人口为 902 万人；水砷质量浓度为 0.050~0.099mg/L 的饮用人口为 334 万人；而水砷质量浓度 > 0.1mg/L 的饮用人口为 229 万人。全国大约有 1 460 万人受到来自饮水砷（> 0.030mg/L）的暴露，占调查区人口的 1.5%。高砷饮水主要来自地下水。

二、健康效应

（一）毒代动力学

1. 吸收　大多数无机砷化合物经口暴露后容易被吸收（约 80%~90% 是可溶性化合物，不溶性化合物的比例较小），吸入暴露后很少被吸收（小颗粒和可溶性砷吸收稍多一些），经皮肤接触吸收最少。

2. 分布 无机砷可累积在皮肤、骨骼、肝脏、肾脏和肌肉中。它在人体内的半衰期在2~40天。在小鼠中，通过饮用水砷（Ⅴ）的慢性暴露（12周）导致组织中总砷的累积质量浓度排序如下：肾＞肺＞膀胱＞皮肤＞血＞肝。

3. 代谢 砷（Ⅲ）和砷（Ⅴ）可通过尿液快速排泄消除或者连续甲基化成为一甲基砷（MMA）和二甲基砷（DMA）。研究表明，无机砷甲基化的能力是逐步进行的，每日摄入量超过0.5mg时达到饱和。3-磷酸甘油醛脱氢酶（GAPDH）为体内胞浆砷（Ⅴ）的还原酶，此外，还可能有其他酶催化。

4. 排泄 三价砷化合物主要通过胆汁去除，五价砷化合物主要通过尿排出。

（二）健康效应

1. 人体资料 许多研究试图表明砷是不可或缺的元素，但目前为止，生物作用尚未得到证实，砷还没有被证明在人类中是必不可少的。

砷化合物对人类的急性毒性主要与它们在体内的去除率有关。砷化氢被认为是毒性最大的形态，其次是亚砷酸盐类［砷（Ⅲ）］，砷酸盐类［砷（Ⅴ）］和有机砷化合物。对人类的致死剂量范围从1.5mg/kg（三氧化二砷）到500mg/kg（二甲基砷，DMA）。急性中毒的早期临床症状包括腹痛、呕吐、腹泻、肌肉疼痛和虚弱以及皮肤发红。这些症状之后往往紧接着出现四肢麻木和刺痛、肌肉痉挛和丘疹性红斑皮疹。一个月之内，症状可发展到四肢灼烧感觉、掌跖角化过度、出现指甲米尔克线及运动感觉反应逐步恶化。

在饮用水受到砷污染的人群中观察到慢性砷中毒的症状包括皮肤病变如色素沉着和色素减退、周围神经病变、皮肤癌、膀胱癌、肺癌和周围血管疾病。皮肤病变是最常见的症状，一般在暴露后约5年内发生。此外，在饮用砷污染水（平均质量浓度0.6mg/L，平均时长为7年）的儿童中还观察到其对心血管系统的影响。

2. 动物资料

（1）长期暴露：以雄性Wistar大鼠和雌性新西兰兔为试验对象，通过饮水摄入砷（Ⅲ），质量浓度为50mg/L，持续暴露时间分别为18个月和10个月，研究结果显示有心脏每搏输出量明显减少现象。大鼠摄入相同质量浓度砷（Ⅴ）的饮用水18个月后，心脏功能无影响。

（2）生殖/发育影响：有研究认为砷对小鸡、仓鼠和小鼠有致畸作用。在仓鼠怀孕第4~7天，用微泵注入砷酸盐，结果显示砷酸盐对其后代有致畸作用。有研究显示，有致畸作用的也可能是亚砷酸盐。但在一些经口暴露研究中，研究者并没有观察到致畸性，由此可见砷虽然在胃肠外途径给药时有致畸性，但经口摄入作用很小。

（3）致突变性：砷在细菌和哺乳动物试验中，似乎不会诱导点突变。在多种类型的培养细胞包括人体细胞中，可以引起染色体断裂、线性染色体畸变和姐妹染色单体交换。这些作用与剂量线性相关，砷（Ⅲ）比砷（Ⅴ）更有效。有报道称砷（Ⅲ）甲基化代谢产物的体外遗传毒性显示比砷（Ⅲ）更大。砷已被证明在体内实验中能够引起小鼠骨髓细胞染色体损伤。砷基因毒性的机制尚不清楚。

砷不与DNA直接反应，低质量浓度的砷（Ⅲ）化合物会导致细胞DNA的氧化损伤增加。砷（Ⅲ）与一甲基砷（Ⅲ）作为诱导剂会对人类泌尿道上皮细胞DNA造成氧化损伤，其毒性相同。

（4）致癌性：IARC将砷列为1组，即对人类有确定的致癌性。无机砷化合物的混合暴露对人类致癌性证据充分，包括三氧化二砷、亚砷酸和砷酸盐，会引起肺癌、膀胱癌、皮肤癌此外,还观察到砷和无机砷化合物暴露与肾癌、肝癌和前列腺癌正相关。

USEPA 将砷致癌性(经口暴露)列为 A 组,即人类致癌物。给出的经口致癌斜率因子为 $1.5[mg/(kg \cdot d)]^{-1}$,饮用水单位致癌风险为 $5 \times 10^{-5}(\mu g/L)^{-1}$,肿瘤类型为皮肤癌。吸入致癌单位风险是 $4.3 \times 10^{-3}(\mu g/m^3)^{-1}$,肿瘤类型为肺癌。

三、饮水水质标准

(一)世界卫生组织水质准则

1984 年第一版《饮用水水质准则》中提出砷的暂行准则值为 0.05mg/L。

1993 年第二版准则,将砷的暂行准则值调整为实际可定量的限值 0.01mg/L。

2004 年第三版、2011 年第四版及 2017 年第四版准则第一次增补版中,仍沿用 0.01mg/L 作为暂行准则值。

(二)我国饮用水卫生标准

1985 年版《生活饮用水卫生标准》(GB 5749—85)中规定砷的限值为 0.05mg/L。

2001 年卫生部颁布的《生活饮用水水质卫生规范》(卫法监发〔2001〕161 号)中砷的限值仍为 0.05mg/L。

2006 年《生活饮用水卫生标准》(GB 5749—2006)将饮用水中砷的限值调整为 0.01mg/L,小型集中式供水和分散式供水砷的限值可暂时放宽至 0.05mg/L。

(三)美国饮水水质标准

美国一级饮水标准中规定砷的 MCLG 值为 0。在 2001 年,根据砷法案的要求,USEPA 确定 0.01mg/L 作为砷的 MCL 值,并沿用至今。

四、短期暴露饮水水质安全浓度的确定

计算短期暴露(十日)饮水水质安全浓度的数据不充分,从安全角度考虑,保守推荐《生活饮用水卫生标准》(GB 5749—2006)的限值 0.01mg/L 作为短期暴露(十日)饮水水质安全浓度。

五、应急处理技术及应急期居民用水建议

(一)水厂应急处理技术

1. 概述　　处理含砷地表水的自来水净水技术为预氧化和铁盐混凝法的强化常规处理工艺。研究表明,铁盐混凝剂对五价砷的去除效果很好。铝盐的混凝除砷效果明显不如铁盐,因此在处理含砷水时一般不采用铝盐混凝剂。

含砷水处理的方法还有:石灰沉淀法[生成砷酸钙,$Ca_3(AsO_4)_2$,溶度积 K_{sp}=6.8×10^{-19}]、离子交换法(采用强碱性阴离子交换树脂)、吸附法(采用负载氧化铁的活性炭或者阴树脂)、活性氧化铝过滤(需要调节 pH 到 5,定期用酸再生)、铁矿石过滤法(定期用酸再生)、高铁酸盐法(集氧化和铁盐混凝法为一体,用高铁酸盐先氧化,再混凝沉淀)、膜分离法(反渗透膜或者纳滤膜)、电吸附法等,但这些方法存在设备改造工作量大、处理效果有限、经济性差、技术成熟度不高等问题,一般在平时的给水处理和突发污染的应急处理中难以应用。

2. 原理与参数　　铁盐混凝法除砷的机制:五价砷的砷酸根可以被铁盐混凝剂生成的氢氧化铁絮体络合吸附,通过混凝沉淀过滤被去除。三价砷的亚砷酸难于直接混凝沉淀去除,

必须先投加氧化剂把三价砷氧化成五价砷,然后再用铁盐混凝法沉淀去除。

三价砷很容易被氧化为五价砷,可以采用氯、二氧化氯、高锰酸钾等氧化剂。在有氧化剂的条件下,三价砷被氧化成五价砷的速度很快,一般在 1 分钟之内就可以完成反应。对于地表水的突发性砷污染事件,由于时间紧迫,一般缺少对水源水中砷的存在形态的分析结果,为了确保除砷效果,建议要采用预氧化,把可能存在的三价砷先氧化成五价砷,然后再进行铁盐混凝处理。

除砷处理的试验数据,见图 3-6 至图 3-10。

图 3-6 是 pH 对混凝沉淀去除五价砷效果的影响试验。由图可见,铁盐混凝剂除五价砷的效果好,且不受 pH 影响,对于五价砷 0.05mg/L 的水样,使用铁盐混凝剂都可以达标。铝盐混凝剂的效果比铁盐差,且在 pH 大于 8 的情况下才能达标。

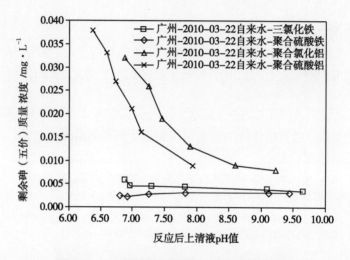

图 3-6　pH 对混凝沉淀去除五价砷效果的影响

[原水:五价砷 0.051 1mg/L,pH=7.48。混凝剂:5mg/L(以 Fe 计或以 Al 计,下同)]

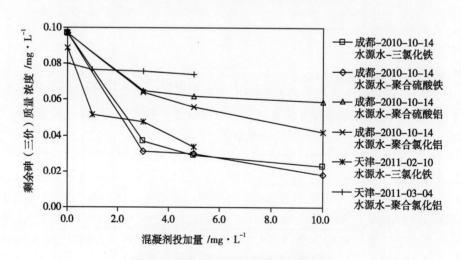

图 3-7　混凝沉淀对三价砷的去除效果

(成都水源水:三价砷质量浓度 0.097 0mg/L,pH=7.77;天津水源水:三价砷质量浓度
0.088 6mg/L,pH=8.60;天津水源水:三价砷质量浓度 0.080mg/L,pH=8.52)

图 3-7 是混凝沉淀对三价砷的去除效果。由图可见,铁盐混凝剂对三价砷有一定去除效果,约为 50%~70%;铝盐对三价砷的去除效果较差,只有 30%~40%。结果显示:对于三价砷,混凝沉淀有一定效果,但依照本试验的原水情况处理后仍不能达标。

图 3-8 是预氧化混凝沉淀对三价砷的去除效果。从图中可知,加入游离氯、二氧化氯预氧化,可以明显提高去除效果。结果显示,同样的原水质量浓度,对于三价砷,采用预氧化铁盐混凝沉淀法可以有效去除。

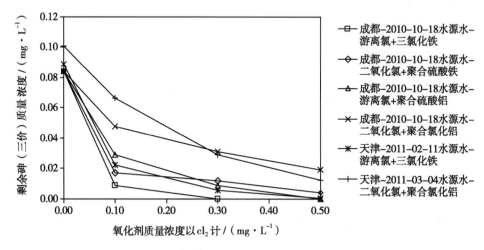

图 3-8　预氧化混凝沉淀对三价砷的去除效果

（成都水源水:三价砷质量浓度 0.084 0mg/L,混凝剂投加量 10mg/L,pH=7.88;

天津水源水:三价砷质量浓度 0.088 6mg/L,三氯化铁 5mg/L,pH=8.60;天津水

源水:三价砷质量浓度 0.101 0mg/L,聚合氯化铝 10mg/L,pH=8.52）

图 3-9 是铁盐混凝剂不同投加量对五价砷的去除效果,对于五价砷初始质量浓度 0.08~0.1mg/L 的水样,投加 1mg/L（以 Fe 计）以上的铁盐混凝剂,出水可以达到生活饮用水卫生标准。

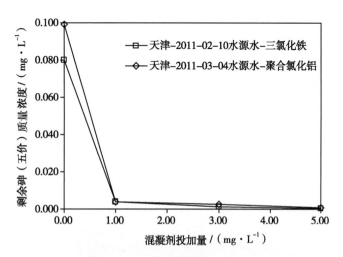

图 3-9　铁盐混凝剂不同投加量对五价砷的去除效果

（天津自来水:五价砷质量浓度 0.08mg/L;pH=8.60;天津自来水:五价砷质量浓度 0.099mg/L;pH=8.52）

图 3-10 是 5mg/L（以 Fe 计）铁盐混凝剂对不同初始砷质量浓度水样的去除效果,在该混凝剂投加量下,对于五价砷初始质量浓度 0.3mg/L 的水样,出水可以达到生活饮用水卫生标准,即可应对的超标倍数约为 30 倍。

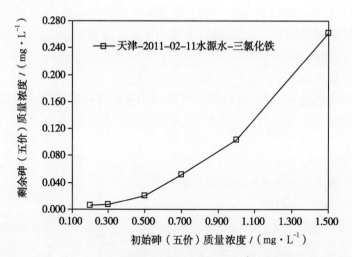

图 3-10　5mg/L（以 Fe 计）铁盐混凝剂对不同初始砷质量浓度水样的去除效果

（天津自来水：混凝剂剂量 5mg/L; pH=8.60）

3. 技术要点　原理:五价砷的砷酸根被铁盐混凝剂生成的氢氧化铁絮体吸附,从而被去除;三价砷需先被氧化成五价砷,再被铁盐混凝剂去除。

工艺要点:

（1）预氧化:如果不清楚水源水中砷的具体价态分布,为安全起见可以设置预氧化,增加对三价砷的去除作用。预氧化的氧化剂可以采用游离氯、二氧化氯、高锰酸钾等,把三价砷氧化为五价砷。如采用预氯化法,加氯量约为 2mg/L,以控制沉淀后的水中余氯大于 0.3mg/L 为准。

（2）混凝剂:铁盐混凝剂采用聚合硫酸铁或三氯化铁,投加量由现场试验确定。也可以采用已有资料估算,一般可采用投加量 5mg/L（以 Fe 计）。

（3）药剂费用:对于预氯化加氯量约 2mg/L,聚合硫酸铁投加量 5mg/L（以 Fe 计）,后氯化加氯量约 1mg/L 的条件,液氯的费用约 0.01 元 /m³,聚合硫酸铁的费用约 0.05 元 /m³,总的药剂费用约 0.06 元 /m³。

自来水厂预氧化铁盐混凝沉淀法除砷净水的工艺流程,见图 3-11。

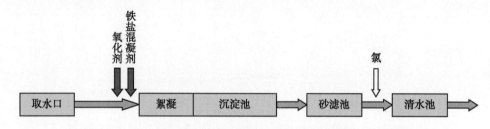

图 3-11　自来水厂预氧化铁盐混凝沉淀法除砷净水的工艺流程图

注意事项：

（1）含砷水源水中是否有三价砷需要预氧化，可以通过比较有/无预氧化的混凝沉淀除砷烧杯试验效果，由现场试验确定。如预氧化的除砷效果没有明显改善，说明原水中基本没有三价砷。

（2）氯胺的氧化能力较弱，如果含砷水源水中的氨氮质量浓度较高，采用液氯或次氯酸钠溶液预氯化时只能形成氯胺，不能形成游离氯。对此情况需要改用二氧化氯或高锰酸钾，以保证对三价砷的氧化效果。

（3）对于除砷的铁盐混凝剂的投加量，可以采用实际含砷水源水样通过混凝沉淀烧杯试验来确定。由于除砷是通过化学吸附作用，原水砷的质量浓度越高，所需要的铁盐混凝剂的投加量就越大。

（4）加强沉淀池排泥和滤池冲洗，尽可能降低出水浊度，以加强对含砷矾花的截留。

（5）含有污染物的排泥水和污泥需要妥善处置。

（二）应急期居民用水建议

人体可通过饮食、刷牙、漱口等途径经口摄入水中的砷；也可通过洗澡、洗手、洗菜、游泳等途径经皮肤接触水中的砷。具有反渗透膜、纳滤膜的净水器对砷有一定的去除效果，在砷污染事件的应急供水期，公众可选择具有上述净水组件的家用净水器，但应注意净水器说明书中注明的额定总净水量及滤芯的使用期限，超过额定总净水量或超出滤芯使用期限后，净水器对污染物的去除效果会迅速下降甚至带来二次污染，此时应及时更换滤芯。

第三节　铬及其化合物

一、基本信息

（一）理化性质

1. 中文名称：铬

2. 英文名称：chromium

3. CAS 号：7440-47-3

4. 元素符号：Cr

5. 主要化合物：氯化铬（CAS：10025-73-7）、铬酸钾（CAS：7789-00-6）

铬及其主要化合物理化性质见表 3-4。

表 3-4　铬及其主要化合物理化性质

物质名称	铬	氯化铬	铬酸钾
化学式	Cr	$CrCl_3$	K_2CrO_4
原子量/分子量	51.996	158.355	194.191
常温状态	蓝白或蓝灰色固体	紫色晶体	黄色晶体
沸点/℃	2 642	1 300（分解）	1 300（分解）
熔点/℃	1 907	1 152	975
溶解性	不溶于水	不溶于水、乙醇、丙酮、甲醇和乙醚	65.0g/100g 水（25℃）；不溶于乙醇、丙酮、苯基氰

（二）生产使用情况

铬是地壳中天然存在的元素,存在于大多数岩石和矿物中。水环境中的铬主要来源于矿物矿床的自然浸出及有色金属冶炼过程中的排污等。铬最主要的用途是以铬铁合金的形式作为冶金工业不锈钢生产的重要原料,我国自 2006 年以来一直是世界不锈钢第一生产大国,是世界上最大的铬资源消费国。但我国铬矿资源贫乏,长期依赖进口。

（三）环境介质中质量浓度水平及饮水途径人群暴露状况

1. 环境介质中质量浓度水平　地表水和地下水中都曾有检出铬的报道。大部分地表水铬的质量浓度低于 $10\mu g/L$,地下水中铬质量浓度通常低于 $1\mu g/L$。上海市饮用水水源地干流水、支流水以及水库水中铬的平均质量浓度(最小值至最大值)分别为:2.94(1.72~4.17)、0.19(0.08~0.32) 和 0.12(0.08~0.14)$\mu g/L$。西藏地区沟水、河水、泉水和溪水中铬的含量分别为(0.028±0.009)、(0.025±0.017)、(0.022±0.019) 和(0.018±0.008)mg/L。2012 年广西三家水源地一级保护区常规监测结果显示铬的检出范围分别为:未检出 ~5.0、14.0~26.0 和 11.0~34.0$\mu g/L$,铬的平均检出质量浓度分别为 2.4、19.1 和 22.6$\mu g/L$。

2. 饮水途径人群暴露状况　一般情况下,食物是铬的主要摄取来源。然而,当水中总铬含量高于 $25\mu g/L$ 时,饮水途径的贡献率可能更大。有资料显示,国内外饮用水中均有铬的检出报道。荷兰 76% 的供水中铬的质量浓度低于 $1\mu g/L$,98% 的供水中铬质量浓度低于 $2\mu g/L$。加拿大一项调查显示,饮用水中铬的平均质量浓度为 $2\mu g/L$,最大质量浓度为 $9\mu g/L$。我国兰州市水质监测结果显示,出厂水(15 个)、末梢水(5 个)、井水(4 个)和泉水(1 个)样品中铬的平均质量浓度分别为 0.008、0.009、0.013 和 0.006mg/L。洞庭湖区农村分散式饮用水调查显示,108 个水样(98 个井水水样、6 个地下水水样、4 个未经处理的饮用水水样)中铬的质量浓度为 0.001~0.26mg/L。

二、健康效应

（一）毒代动力学

1. 吸收　一般来说,六价铬比三价铬更容易吸收。在人体和实验动物中,三价铬无机盐的胃肠道吸收率约为 0.5%~3%,六价铬约为 2%~10%。六价铬在胃液作用下可转化为三价铬,显著降低口服暴露途径的吸收。

2. 分布　铬主要分布在骨、肝脏、肾脏和脾脏组织,并可通过乳汁传给婴儿。

3. 代谢　在体内,六价铬还原至三价铬已被广泛研究。口服六价铬在胃液作用下可有效转化为三价铬。此外,六价铬可在抗坏血酸和谷胱甘肽的作用下,在肺上皮层液体中还原为三价铬,抗坏血酸比谷胱甘肽还原性更迅速,导致铬在肺中停留时间较短。

4. 排泄　肾脏是铬化合物的主要排泄途径,80% 以上吸收到体内的铬经泌尿系统排泄。静脉注射后,在粪便中也有部分铬的排出。

（二）健康效应

1. 人体资料　三价铬是人类所需的微量元素,六价铬已被证明具有肝肾损害、内部出血、皮炎和呼吸系统危害,最直接症状通常是恶心、反复呕吐和腹泻。研究显示,0.5~1.5g重铬酸钾($K_2Cr_2O_7$)对人类可造成致命的伤害。估计儿童暴露 $K_2Cr_2O_7$ 的最低致死剂量为 26mg/kg(六价铬为 9.2mg/kg)。

人群流行病学研究显示吸入途径的铬暴露和肺癌发生具有相关性,主要来自于铬的职业暴露,发生在铬盐生产、电镀铬和铬颜料、铬铁生产、黄金开采、皮革鞣、铬合金生产行业等职业人群。通过尘土或空气慢性吸入六价铬可能导致呼吸困难包括鼻中隔的穿孔或溃疡、肺功能测定值下降等。2005年,对47项关于六价铬暴露工人的研究中,进行的Meta分析得到肺癌的标准死亡比为1.41(95%可信区间为1.35~1.47)。

2. 动物资料

(1)短期暴露:大鼠暴露六价铬和三价铬,经口LD_{50}分别为20~250mg/kg和185~615mg/kg。

一项动物试验研究中,以雌雄大鼠为试验对象,开展60天饮水试验,六价铬暴露剂量分别为8.3和14.4mg/(kg·d)。研究结果表明,8.3mg/(kg·d)暴露剂量下的大鼠表现正常,14.4mg/(kg·d)暴露剂量下的大鼠除"有些粗糙的外表"外,也无其他不良影响。根据此研究确定的NOAEL是14.4mg/(kg·d)。

此外,另有研究将8周龄的雄性Wistar大鼠暴露于重铬酸钠,六价铬的暴露量为0.05~0.4mg/m³,22小时/天,7天/周,暴露30~90天。结果表明铬吸入可诱发肺细胞毒性,以炎症反应为主。

(2)长期暴露:一项动物试验研究中,以大鼠为试验对象,开展一年饮水试验,饮用水含有0~25mg/L三价铬($CrCl_3$)或六价铬(K_2CrO_4),雄性大鼠暴露量为0~1.87mg/(kg·d)和雌性大鼠暴露量为0~2.41mg/(kg·d)。结果显示,在增重、血液或其他组织的外观和病理改变均无显著差异。这项研究结果确定的NOAEL值雄性为1.87mg/(kg·d),雌性为2.41mg/(kg·d)。

在为期4年的雌性犬饮用水摄入的研究中(分为五个剂量组,每组2只犬)、六价铬(K_2CrO_6)暴露质量浓度为0.45~11.2mg/L(相当于六价铬为0.012~0.30mg/(kg·d))。结果显示,在外观条件、食物消耗量、生长率、脏器重量、尿检结果和血液学分析等方面均未观察到异常。该研究得出的NOAEL为0.30mg/(kg·d)(以六价铬计)。

(3)生殖/发育影响:有报道高剂量的六价铬化合物可导致小鼠发育毒性。将小鼠在全部妊娠期间每天通过饮用水暴露于重铬酸钾,暴露质量浓度分别为250、500和1 000mg/L。结果为胎儿体重降低、再吸收增加、畸形增加(尾巴扭结,颅骨骨化延迟),研究最重要的发现是高剂量组子宫着床全部缺失,还观察到后代的前肢和皮下的出血斑。

(4)致癌性:IARC将六价铬化合物列为1组,即对人类有确定的致癌性。流行病学资料表明,吸入六价铬化合物可以导致肺癌,暴露六价铬化合物与鼻癌、鼻窦癌成正相关。

USEPA将六价铬(吸入途径)列为A组,即人类致癌物,吸入致癌单位风险是1.2×10^{-2}($\mu g/m^3$)$^{-1}$,肿瘤类型为肺癌;口服途径暴露六价铬还不能确定其潜在致癌性,因此将六价铬(经口)列为D组,即不能定为对人类有致癌性。

(三)本课题相关动物实验

以SD大鼠为实验对象,设置1个阴性对照组和5个剂量组,每组10只,雌雄各半,共60只。适应性饲养1周后进行铬酸钾(K_2CrO_4)灌胃染毒实验,剂量分别为7.2、8.3、14.4、24和28.8mg/(kg·d)(以六价铬计),每天灌胃1次。染毒开始后,每天观察受试大鼠状态、外观,以及大鼠皮毛变化情况。在染毒14天、28天各组取5只大鼠,腹主动脉采血。取全血用于血液分析;分离血清用于测定鸟谷丙转氨酶(ALT)、谷草转氨酶(AST)、碱性磷酸酶(ALP)、尿素(UREA)、肌酐(CREA)。采血前称量体重,采血后解剖取肝脏、肾脏,分别称重,计算脏器系数。另取肝左中叶、双肾、肺、脾、雄性睾丸及附睾、雌性卵巢固定于中性甲醛溶液中,进行组织病理学检查。

实验结果显示,整个实验周期内未见任何肉眼可见异常,未见皮毛粗糙现象。染毒

14天，各剂量组铬的主要效应靶器官及相应血生化指标均无明显变化。染毒28天，在24和28.2mg/（kg·d）剂量组雌性大鼠肝重出现了剂量依赖性下降（$P < 0.05$），雄性大鼠体现肝脏损伤的血生化指标ALT、ALP也出现了剂量依赖性变化（ALT升高，ALP降低）（$P < 0.05$）。以大鼠肝损伤（雌性大鼠肝重下降、雄性大鼠血清ALT升高和ALP降低）为健康效应，确定的NOAEL值为14.4mg/（kg·d），LOAEL值为24mg/（kg·d）。

综上所述，以大鼠肝损伤（雌性大鼠肝重下降、雄性大鼠血清ALT升高和ALP降低）为健康效应，确定的NOAEL值为14.4mg/（kg·d），由此推导短期暴露（十日）饮水水质安全浓度为1mg/L。

三、饮水水质标准

（一）世界卫生组织水质准则

1984年第一版《饮用水水质准则》中规定饮用水中总铬的准则值为0.05mg/L。

1993年第二版、2004年第三版、2011年第四版及2017年第四版准则的第一次增补版中，铬的准则值均保持为0.05mg/L。

（二）我国饮用水卫生标准

1985年版《生活饮用水卫生标准》（GB 5749—85）中六价铬的限值为0.05mg/L。

2001年卫生部颁布的《生活饮用水水质卫生规范》（卫法监发〔2001〕161号）中六价铬的限值仍为0.05mg/L。

2006年《生活饮用水卫生标准》（GB 5749—2006）仍然沿用0.05mg/L作为六价铬的限值。

（三）美国饮水水质标准

美国一级饮水标准中规定铬的MCLG是0.1mg/L。铬的MCL采纳了MCLG的要求，也为0.1mg/L。此值于1991年生效，沿用至今。

四、短期暴露饮水水质安全浓度的确定

一项动物试验研究中，以雌雄大鼠为试验对象，开展60天饮水试验，六价铬暴露剂量分别为8.3和14.4mg/（kg·d）。研究结果表明，8.3mg/（kg·d）暴露剂量下的大鼠表现正常，14.4mg/（kg·d）暴露剂量下的大鼠除"有些粗糙的外表"外，也无其他不良影响。此研究据此确定的NOAEL是14.4mg/（kg·d）。

短期暴露（十日）饮水水质安全浓度推导如下：

$$\text{SWSC} = \frac{\text{NOAEL} \times \text{BW}}{\text{UF} \times \text{DWI}} = \frac{14.4\text{mg/（kg·d）} \times 10\text{kg}}{100 \times 1\text{L/d}} \approx 1\text{mg/L} \tag{3-4}$$

式中：SWSC——短期暴露（十日）饮水水质安全浓度，mg/L；

　　　NOAEL——基于未观察到大鼠饮用水暴露六价铬产生不良健康影响，14.4mg/（kg·d）；

　　　BW——平均体重，以儿童为保护对象，10kg；

　　　UF——不确定系数，100，考虑种内和种间差异；

　　　DWI——每日饮水摄入量，以儿童为保护对象，1L/d。

以大鼠外表粗糙外无其他健康效应推导的短期暴露（十日）饮水水质安全浓度为1mg/L。本课题动物实验中以大鼠肝损伤（雌性大鼠肝重下降、雄性大鼠血清ALT升高和ALP降低）为健康效应指标，确定的NOAEL值14.4mg/（kg·d），由此推导短期暴露

（十日）饮水水质安全浓度为 1mg/L。可以看出，本课题实验推导值与文献资料推导值数值相一致。建议将 1mg/L 作为铬的短期暴露（十日）饮水水质安全浓度。

五、应急处理技术及应急期居民用水建议

（一）水厂应急处理技术

1. 概述　自来水厂的常规净水工艺（混凝—沉淀—过滤—消毒的工艺）和臭氧生物活性炭深度处理工艺对六价铬的去除均没有效果。当水源发生六价铬的突发污染时，需要采用除六价铬的应急净水处理措施。

自来水厂应急除六价铬的技术：在常规 pH 条件下，硫酸亚铁混凝沉淀可以有效去除六价铬污染物，除六价铬的机制是用亚铁离子将六价铬还原为三价铬，而后生成不溶的 $Cr(OH)_3$，与铁盐形成的 $Fe(OH)_3$ 矾花共沉淀。

2. 原理与参数　通过投加还原剂将六价铬还原为三价铬。由于三价铬的氢氧化物溶解度很低，$K_{sp}=5×10^{-31}$，因此可形成 $Cr(OH)_3$ 沉淀物从水中分离出来。

硫酸亚铁可以用作为除铬药剂。硫酸亚铁在除铬处理中先起还原作用，把六价铬还原成三价铬，多余的硫酸亚铁被溶解氧或加入的氧化剂氧化成三价铁，因此，硫酸亚铁投入含六价铬的水中，首先与 Cr^{6+} 产生氧化还原作用，生成的 Cr^{3+} 和 Fe^{3+} 都能形成难溶的氢氧化物沉淀，再通过沉淀过滤从水中分离出来。其化学反应式如下所示：

$$CrO_4^{2-}+3Fe^{2+}+8H^+ \rightarrow Cr^{3+}+3Fe^{3+}+4H_2O \tag{3-5}$$

$$Cr^{3+}+3OH^- \rightarrow Cr(OH)_3 \downarrow \tag{3-6}$$

$$Fe^{3+}+3OH^- \rightarrow Fe(OH)_3 \downarrow \tag{3-7}$$

投加硫酸亚铁去除六价铬的效果如表 3-5 所示，在常规的混凝剂投加量（5~10mg/L）条件下即可有效去除六价铬。此外，为了防止铁超标，过滤之前可再投加游离氯将二价铁氧化为三价铁，过滤去除。根据方程式推导和试验验证，投氯量应不小于铁盐投加量的 50%（表 3-6）。

表 3-5　硫酸亚铁去除六价铬的效果

亚铁投加量 /($mg \cdot L^{-1}$)	0	5	10	15
加氯量 /($mg \cdot L^{-1}$)	–	0.8	0.8	0.8
污染物质量浓度 /($mg \cdot L^{-1}$)	0.27	0.004	0.004	0.006

表 3-6　加氯量对去除残余铁的效果

亚铁投加量 /($mg \cdot L^{-1}$)	5	5	10	10
加氯量 /($mg \cdot L^{-1}$)	0.8	2.8	2.8	3.8
残余铁质量浓度 /($mg \cdot L^{-1}$)	1	0.18	0.67	0.32

除六价铬应急处理的试验数据见图 3-12 和图 3-13。

图 3-12 和图 3-13 是 pH 和混凝剂投加量对混凝剂去除六价铬效果的影响试验。由图可知，在常规 pH 条件下，硫酸亚铁和六价铬的反应都可以正常进行，无须调节 pH。采用硫酸亚铁混凝剂可以有效去除六价铬污染物，除六价铬的机制是用亚铁离子将六价铬还原为

三价铬,而后生成不溶的 $Cr(OH)_3$,与铁盐形成的矾花共沉淀;六价铬与亚铁反应的摩尔比是 1:3,亚铁投加量应超过这一比例。

3. 技术要点 原理:亚铁混凝沉淀法可以有效去除六价铬污染物,除六价铬的机制是用亚铁离子将六价铬还原为三价铬,而后生成不溶的 $Cr(OH)_3$,与铁盐形成的矾花共沉淀。

自来水厂应急除六价铬的工艺流程,见图 3-14。

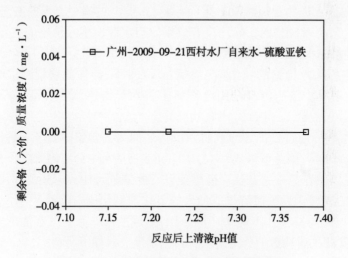

图 3-12 pH 对混凝剂去除六价铬效果的影响

[广州自来水:六价铬质量浓度 0.254mg/L,pH=7.30,硫酸亚铁 10mg/L(以 Fe 计)]

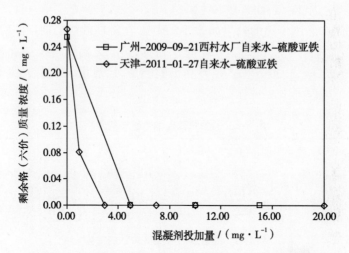

图 3-13 混凝剂投加量对铝盐混凝剂除六价铬效果的影响

(广州自来水:六价铬质量浓度 0.254mg/L;pH=7.30;天津自来水:六价铬质量浓度 0.267mg/L;pH=7.65)

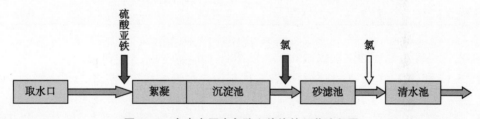

图 3-14 自来水厂应急除六价铬的工艺流程图

注意事项：

（1）注意亚铁混凝剂的投加量，应同时满足去除六价铬和除浊的要求，对多余的亚铁离子可滤前加氯，氧化过滤去除。

（2）加强沉淀池排泥和滤池冲洗。

（3）含有污染物的排泥水或污泥需要妥善处置。

（二）应急期居民用水建议

人体可通过饮食、刷牙、漱口等途径经口摄入水中的铬；也可通过洗澡、洗手、洗菜、游泳等途径经皮肤接触水中的铬。具有反渗透膜、纳滤膜的净水器对铬有一定的去除效果，在铬污染事件的应急供水期，公众可选择具有上述净水组件的家用净水器，但应注意净水器说明书中注明的额定总净水量及滤芯的使用期限，超过额定总净水量或超出滤芯使用期限后，净水器对污染物的去除效果会迅速下降甚至带来二次污染，此时应及时更换滤芯。

第四节 铅及其化合物

一、基本信息

（一）理化性质

1. 中文名称：铅

2. 英文名称：lead

3. CAS号：7439-92-1

4. 元素符号：Pb

5. 相对原子质量：207.2

6. 外观与性状：灰白色质软的粉末，切削面有光泽

7. 蒸气压：0.13kPa（970℃）

8. 熔点：327℃

9. 沸点：1 740℃

10. 溶解性：不溶于水，溶于硝酸、热浓硫酸、碱液，不溶于稀盐酸

（二）生产使用情况

铅是一种金属元素，主要用作电缆、蓄电池、铸字合金、巴氏合金、防X射线或Beta射线等的材料。现在还广泛应用于铅芯橡胶隔震支座中，有很好的耗能性。

根据美国地质调查局公布的数据，截至2016年年底，全球铅储量为20亿吨，主要集中在澳大利亚、中国、冰岛、墨西哥、秘鲁、葡萄牙、俄罗斯、美国等国；2016年中国的铅产量为240万吨，比2015年增长约6万吨。

（三）环境介质中质量浓度水平及饮水途径人群暴露状况

1. 环境介质中质量浓度水平 中国许多海洋、河流、水库等水体中都有检出铅的报道。对浙江省丽水市地表水铅含量的检测结果表明，地表水中铅质量质量浓度范围为0.005~0.032mg/L，平均值为0.010mg/L，其中有10个断面水样的铅质量质量浓度超过了0.01mg/L。对辽河流域沈阳市河流检测发现，这些河中铅含量平均值为0.39~1.96μg/L。对沈阳市主要景观区水体中铅的检测发现，铅质量浓度为0.090~0.101μg/L。对辽河支流浑河和细河中铅的分布特征研究显示，两条河中铅的质量浓度平均值分别为0.14μg/L和1.68μg/L。

对丹江口水库水质研究显示,丹江口水库所有的8个点位中,7个点位的铅含量超过210μg/L。

2. 饮水途径人群暴露状况　饮用水中的铅主要来自含铅管道系统中的水管、焊料、配件或入户连接设施中铅的溶出,有文献报道,饮用水中50%~75%的铅来自于含铅管道。美国饮用水的铅污染问题比较突出,美国2016年超过5 000个水厂饮用水中铅超标,其中犹他州的1个水厂铅质量浓度高达6 000μg/L。加拿大卫生部对其国内65个监测点的监测数据显示,冬季饮用水中铅的均值为0.9μg/L,最大值可达8.2μg/L;夏季饮用水中铅的均值为1.27μg/L,最大值可达24μg/L。食物和饮用水是成年人群铅暴露的主要来源。通过饮用水途径暴露的铅,主要考虑铅的经口摄入情况,吸入及皮肤吸收所占比例极少。

二、健康效应

(一)毒代动力学

1. 吸收　口服暴露后胃肠道对铅的吸收取决于暴露个体的生理状态(例如,年龄、是否空腹、钙和铁摄入量等)以及摄入的铅的物理化学特性(例如,粒径、铅化合物种类和溶解度等)。

2. 分布　铅被吸收后会分布在软组织中(包括血液、肝脏、肺、脾、肾脏和骨髓),也会慢慢转入骨骼中。由于成人血液和软组织中铅的半衰期为36~40天,因此血铅仅可反映3~5周前的铅暴露情况,而在骨骼中,铅的半衰期可达17~27年。对成人来说,身体中80%~95%的铅会存于骨骼中,儿童为73%。

3. 代谢　无机铅主要与蛋白质和非蛋白配体形成复合物。烷基铅化合物通过肝细胞色素P450酶的氧化脱烷基代谢,有研究发现暴露于四乙基铅工人尿中检测到多种代谢物,包括三乙基铅、二乙基铅、乙基铅和无机铅等。

4. 排泄　铅主要经尿液排泄,从外界吸收的铅大约95%会通过尿液排出体外。

(二)健康效应

1. 人体资料　当成人的血铅水平达到100~120μg/L,或儿童的血铅水平达到80~100μg/L时会产生铅急性中毒,症状主要包括迟钝、烦躁、易怒、注意力分散、头痛、肌肉震颤、腹部痉挛、肾损伤、幻觉、记忆丧失和脑病。

有明显证据表明,当成人血铅质量浓度为40~80μg/dl时会产生外围神经功能障碍。儿童神经发育效应是铅对人类健康的重要影响之一。电生理学结果表明,儿童血铅在30μg/dl时,可对神经系统造成影响。一项横断面研究表明,儿童血铅水平在30μg/dl或以上与智商下降约4个点之间有统计上的显著相关。年龄在0~5岁之间的儿童即使接触极低水平的铅也会导致发育障碍和智商下降。此外,血铅低于5μg/dl的3~18岁儿童的研究表明,铅暴露还与注意力相关行为的改变有关,如注意力缺陷多动障碍。

另有证据表明铅暴露与高血压有关,此外铅暴露还与冠心病、心率变异性和卒中死亡有关。流行病学研究表明,铅即使在血液质量浓度中低于5μg/dl时也会产生肾脏毒性,尤其是对敏感人群,例如高血压患者、糖尿病患者和已经受慢性肾脏疾病影响的人群。

铅还会对男性和女性生殖系统造成影响。男性血铅水平超过40μg/dl时可导致精子数量减少,精子体积、运动能力和形态也会发生变化。孕妇的血铅水平升高则可导致流产、早产、低出生体重和儿童发育等问题。铅能够通过胎盘进入胎儿体内,也可通过母乳进入婴儿体内,所以母亲与婴儿的血铅水平通常是相似的。

2. 动物资料

（1）神经毒性：动物研究表明，铅暴露可导致显著的行为和认知缺陷，例如造成活动、注意力、适应性、学习能力和记忆的损害，以及注意力分散的加重。

（2）生殖/发育毒性：有研究表明，血铅水平在 $30\mu g/dl$ 以上可影响雄性大鼠精子数量和睾丸（睾丸萎缩），雌性大鼠发情周期也会受到影响。

（3）致突变性：铅可诱导机体产生过量的活性氧（ROS），高度活跃的 ROS 会攻击细胞内生物大分子，导致蛋白修饰和脂质过氧化，甚至造成细胞内 DNA 链断裂，从而对细胞、器官组织产生毒害。

（4）致癌性：IARC 把金属铅列为 2B 组，即有可能对人类致癌。把无机铅化合物列为 2A 组，即对人类很可能有致癌性；把有机铅化合物列为 3 组，即尚不能确定其是否对人类致癌。

USEPA 把铅列为 B2 组，即有充足的动物致癌证据，不充分的或没有人类致癌证据。铅可引起大鼠肾肿瘤。

三、饮水水质标准

（一）世界卫生组织水质准则

1984 年第一版《饮用水水质准则》中提出铅基于健康的准则值为 0.05mg/L。

1993 年第二版准则将铅基于健康的准则值调整为 0.01mg/L。

2004 年第三版、2011 年第四版及 2017 年第四版准则的第一次增补版中，铅的准则值仍沿用了 0.01mg/L 的要求。

（二）我国饮用水卫生标准

1985 年版《生活饮用水卫生标准》（GB 5749—85）中铅的限值为 0.05mg/L。

2001 年卫生部颁布的《生活饮用水水质卫生规范》（卫法监发〔2001〕161 号）中将饮用水中铅的限值调整为 0.01mg/L。

2006 年《生活饮用水卫生标准》（GB 5749—2006）仍然沿用 0.01mg/L 作为铅的限值。

（三）美国饮水水质标准

美国铜铅法案中规定饮水中铅的限值为 0.015mg/L。如果 10% 以上的客户水龙头水样铅质量浓度超过铜铅法案规定的 0.015mg/L，系统必须采取一些额外的措施来控制腐蚀。

四、短期暴露饮水水质安全浓度的确定

铅对人体的健康影响首先是血铅质量浓度的变化，铅摄入一定时间后血铅质量浓度才会产生变化。从安全角度考虑，建议把《生活饮用水卫生标准》限值（0.01mg/L）暂列为短期暴露（十日）饮水水质安全浓度，以便于进行相关管理。

五、应急处理技术及应急期居民用水建议

（一）水厂应急处理技术

1. 概述　自来水厂的常规净水工艺（混凝—沉淀—过滤—消毒的工艺）和臭氧生物活性炭深度处理工艺对铅的去除均没有效果。

自来水厂应急除铅技术：

（1）弱碱性化学沉淀法。

（2）硫化物化学沉淀法。

2. 原理与参数

（1）弱碱性化学沉淀法除铅工艺：原理为通过调整水的pH，在弱碱性条件下，水中的Pb^{2+}离子与水中的碳酸根离子（CO_3^{2-}）生成了难溶于水的碳酸铅沉淀物（$PbCO_3$），然后通过混凝沉淀过滤工艺去除，再把水的pH回调至中性。

铅离子与碳酸根的沉淀溶解反应式：

$$Pb^{2+}+CO_3^{2-}=PbCO_3 \downarrow \qquad (3-8)$$

铅离子的溶解平衡浓度计算式：

$$[Pb^{2+}] = \frac{K_{sp}}{[CO_3^{2-}]} \qquad (3-9)$$

式中：K_{sp}——溶度积常数（$PbCO_3$的$K_{sp}=7.4 \times 10^{-14}$）

水中总有一些溶解的二氧化碳，在中性的水中主要以重碳酸根的形式（HCO_3^-）存在。当调高水的pH后，有一部分重碳酸根就变成了碳酸根（CO_3^{2-}）。由溶度积公式，碳酸根浓度越高，铅的溶解浓度就越低。高出溶解浓度的铅形成了不溶解的碳酸铅，可以与加入混凝剂形成的矾花一起，通过沉淀过滤去除。

图3-15是pH对铁盐和铝盐混凝剂去除铅污染物效果的影响试验结果。由图可见，控制反应后pH＞7.5，可以有效去除铅。

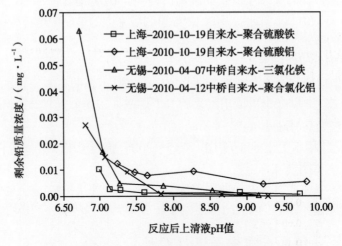

图3-15 pH对混凝除铅效果的影响

[混凝剂投量均为5mg/L（以Fe计或以Al计）；上海原水：
铅质量浓度0.041 6mg/L；无锡原水：铅质量浓度0.250mg/L]

最大应对能力的试验结果是，采用混凝沉淀法，在pH＞7.5的条件下，可以把铅含量不超过5mg/L的原水处理达标，即可应对的最大超标倍数约为500倍。

（2）硫化物沉淀法除铅工艺：原理为通过投加硫化物（如硫化钠），与铅离子形成硫化铅沉淀，再与混凝剂形成的矾花进行共沉淀，以使化学沉淀法产生的沉淀物快速沉淀分离。

铅离子与硫离子的沉淀溶解反应式：

$$Pb^{2+}+S^{2-}=PbS \downarrow \qquad (3-10)$$

铅离子的溶解平衡浓度计算式：

$$[Pb^{2+}] = \frac{K_{sp}}{[S^{2-}]} \qquad\qquad (3-11)$$

式中：K_{sp}——溶度积常数（PbS 的 K_{sp}=8.0×10^{-28}）

图 3-16 是硫化物沉淀法对铅的去除效果。由图可见，在通常水质条件下，投加少量的硫化物就可以有效去除铅。

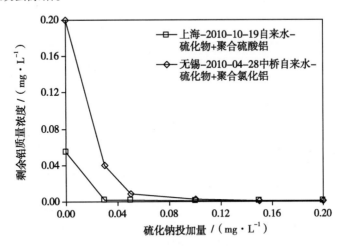

图 3-16　硫化物沉淀法对铅的去除效果试验
[混凝剂采用聚合氯化铝，5mg/L（以 Al 计）]

图 3-17 是硫化物沉淀法对铅的去除效果和最大应对能力测试试验。由图可见，投加 0.5mg/L 硫化钠，最大应对质量浓度为 2.5mg/L，即可以应对的原水最大超标倍数约为 250 倍。

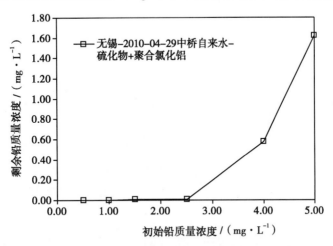

图 3-17　硫化物沉淀法对铅的最大应对能力测试结果
[聚合氯化铝 5mg/L（以 Al 计），硫化钠 0.5mg/L]

3. 技术要点

（1）自来水厂弱碱性除铅净水处理工艺：严格控制反应条件 pH 大于 7.5。此值是指混凝反应后，由于混凝剂消耗一定的碱度，混凝后水的 pH 会有所降低，所以加混凝剂之前水的 pH 还需再高一些。

自来水厂弱碱性化学沉淀法应急除铅的工艺流程,见图 3-18。

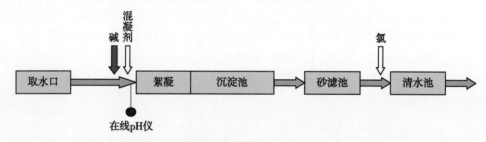

图 3-18 自来水厂弱碱性化学沉淀法应急去除铅的工艺流程图

(2)自来水厂硫化物沉淀除铅净水处理工艺

1)采用硫化钠作为沉淀剂,投加量可以根据反应式估算,并经现场试验确定。

2)硫化物溶液的投加点应设在铝盐混凝剂投加点之前。

3)铁盐混凝剂会与硫化物发生沉淀反应,使用硫化物沉淀法时不可使用铁盐混凝剂。

4)硫化物药剂在酸性条件下会产生剧毒的硫化氢气体,使用中必须特别注意,并按规程做好安全防护。

5)硫化钠没有食品级的产品,应急时可以使用分析纯的产品,售价约为每瓶(500g 九水硫酸钠,AR 级)10 元,对应于硫化物 0.1mg/L(以 S 计)的净水药剂费用约为 0.014 元 /m³。

6)由于饮用水标准对硫化物的质量浓度有要求(不大于 0.02mg/L),硫化物的投加略为过量即可。多余的二价硫离子在后续的加氯消毒中可以被迅速氧化成硫酸根离子,不会影响出水水质。

自来水厂硫化物化学沉淀法应急除铅的工艺流程,见图 3-19。

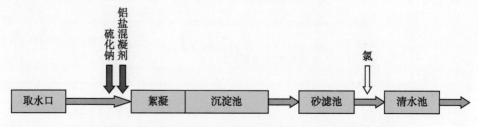

图 3-19 自来水厂硫化物化学沉淀法应急去除铅的工艺流程图

注意事项:

1)自来水厂净水所用的药剂不得使用工业级产品,以避免从产品中带入重金属污染物;河道处置可以使用工业级产品。

2)弱碱性混凝沉淀法工艺需要做好水厂运行中的 pH 控制,一般应加装在线 pH 计。

3)做好酸、碱、硫化物等药品操作的个人防护,按有关规程做好安全防护。

4)混凝剂投加量需要大于平时投量,以确保除铅净水效果。

5)加强沉淀池排泥和滤池冲洗,避免含铅污泥中铅的再溶出。

6)含有污染物的排泥水和污泥需要妥善处置。

(二)应急期居民用水建议

人体可通过饮食、刷牙、漱口等途径经口摄入水中的铅;也可通过洗澡、洗手、洗菜、游泳等途径经皮肤接触水中的铅。具有反渗透膜、纳滤膜的净水器对铅有一定的去除效果,在铅污染事件的应急供水期,公众可选择具有上述净水组件的家用净水器,但应注意净水器说明书中注明的额定总净水量及滤芯的使用期限,超过额定总净水量或超出滤芯使用期限后,净水器对污染物的去除效果会迅速下降甚至带来二次污染,此时应及时更换滤芯。

第五节 汞及其化合物

一、基本信息

(一)理化性质

1. 中文名称:汞

2. 英文名称:mercury

3. CAS 号:7439-97-6

4. 元素符号:Hg

5. 相对原子质量:200.59

6. 主要化合物:氯化汞、硫酸汞

汞及其主要化合物理化性质见表 3-7。

表 3-7 汞及其主要化合物理化性质

物质名称	汞	氯化汞	硫酸汞
化学式	Hg	$HgCl_2$	$HgSO_4$
原子量 / 分子量	200.59	271.49	296.65
常温状态	银色液体	白色粉末	白色粉末
沸点 /℃	356.58	302	−
熔点 /℃	−38.87	276	−
溶解性	不溶于水	6.9g/100g 水(20℃)	分解

(二)生产使用情况

汞主要用于制造工业用化学药物以及电子或电器产品的生产,还可以用于制造温度计,尤其是测量高温的温度计,气态汞主要用于制造日光灯。对全球汞矿山产量和保有量的统计数据显示,2014 年和 2015 年,我国汞的矿山产量大约为 1 600 万吨,并有较高的保有量。

(三)环境介质中质量浓度水平及饮水途径人群暴露状况

1. 环境介质中质量浓度水平 水环境中汞的主要来源是工业污染和含汞产品汞的释放。氯碱工业是汞的重要工业排放源,含汞的灯管、电池、电子器件、体温计等也会向环境中释放汞。自然界中,汞在地下水和地表水中的质量浓度通常低于 0.5μg/L,但局部地区由于矿物的沉积可能导致地下水中汞的质量浓度较高。美国少量地下水和浅层井水的调查结果显示汞质量浓度超过 2μg/L。对贵州省草海表层水体和沉积物间隙水中汞含量的研究结果显示,草海表层水体总汞质量浓度为 1.7~9.0ng/L,活性汞质量浓度为 0.06~1.4ng/L,总甲基汞质量浓度为 0.11~0.67ng/L;沉积物间隙水中溶解态汞质量浓度为 8.6~39.6ng/L,溶解态甲基汞质量浓度为 0.11~4.9ng/L。对雅鲁藏布江表层水中不同形态汞的分布规律及影响因素进行的初步研究结果显示,雅鲁藏布江表层水中总汞和总甲基汞的质量浓度分别为 1.46~4.99ng/L 和 0.06~0.29ng/L。

2. 饮水途径人群暴露状况　在未污染的饮用水中几乎所有的汞都可看作是无机二价汞(Hg^{2+}),人从饮用水中摄入有机汞化合物、特别是烷基汞化合物的直接风险很低。食物是非职业接触人群接触汞的主要途径;从膳食中平均摄入汞的范围是每人 2~20μg/d。

二、健康效应

(一)毒代动力学

1. 吸收　据估计,口服摄入的无机汞中 7%~15% 会被人体吸收。

2. 分布　动物试验显示,通过静脉注射方式给予大鼠汞,其主要分布于肾脏、肝脏、血液、皮肤和肌肉中,其他组织中含量较少,并且汞会在肾脏中持续累积。

3. 代谢　有研究发现,鼠、猴经口摄入甲基汞后,全部甲基汞的生物半衰期为(134 ± 2.7)天。该研究还发现,甲基汞主要在肝内代谢,生成的无机汞有蓄积于肾脏的倾向。

4. 排泄　志愿者口服含有无机汞的蛋白质 4~5 天后,约 85% 的无机汞会通过粪便排出,0.2% 通过尿液排出;50 天后,每天通过尿液和粪便排出的无机汞约为摄入剂量的 0.02%。

(二)健康效应

1. 人体资料

(1)短期暴露:6 名工人急性暴露(4~8 小时)于水平为 1.1~44mg/m³ 的金属汞蒸气中,出现了胸痛、呼吸困难、咳嗽、咯血、肺功能损伤(肺活量下降)、弥漫性肺部浸润和间质性肺炎等症状;在呼吸道症状得到改善后,6 名工人仍表现出了神经功能紊乱,推测是由于急性、高水平暴露于汞蒸气中所致。

4 人在金矿石提纯过程中急性高水平暴露于汞后,呼吸道症状最轻的表现为呼吸短促、咳嗽,有人表现出了严重的血氧不足,最严重的病人通过放射性和肺功能检查被诊断为轻度间质性肺炎,其中一名患者入院后尿液中的汞含量为 245μg/L。

(2)长期暴露

1)对神经的影响:一项研究对职业暴露于低水平汞蒸气的 26 名男性工人(平均年龄 44 岁)进行了意向性震颤的测试,其中从事日光灯制造者 7 人、氯碱厂工人 12 人、从事乙醛生产者 7 人;对照组有 25 名工人(平均年龄 44.6 岁),来自同一工厂但没有职业暴露。在暴露周期内暴露组工人所处环境空气中汞的平均质量浓度约为 0.026mg/m³,历史数据证明原暴露量可能高于此值,对照组没有进行暴露测量。平均暴露时间为 15.3 年。与对照组相比,暴露组的震颤显著增加,震颤的增加与暴露有关而与实际年龄无关。由于汞在小脑和基底核的累积而造成的神经生理损伤与上述结果一致,因此用 0.026mg/m³ 的时间加权平均质量浓度(TWA)计算 LOAEL。调整职业通风率和一周工作时间后确定的 LOAEL 为 0.009mg/m³。

一项研究中,对 98 名牙医进行横断面研究,评估他们的神经行为表现。其中女性 38 名、男性 60 名,平均年龄 32 岁,年龄范围 24~49 岁,暴露的时间加权平均质量浓度(TWA) 为 0.014mg/m³(范围是 0.000 7~0.042mg/m³);对照组 54 人(男女各 27 人,平均年龄为 34 岁,年龄范围 23~50 岁),没有职业性汞暴露史。空气中质量浓度用标准工作时间(8~10 小时)的个体采样器测定,并转换为 8 小时 TWA。以平均血汞质量浓度(9.8μg/L)为外推基础,估算的平均暴露质量浓度为 0.023mg/m³。牙医平均持续暴露时间为 5.5 年。没有测量对照组的暴露情况。暴露组与对照组在年龄、鱼类消耗量和补牙用汞合金填充物的数量等方面能充分匹配。在神经行为测试中,牙医的情况明显不如对照组,包括手指敲击、视觉扫描、视觉眼肌运动的协调性和集中力、视觉记忆以及视觉眼肌运动的协调速度,这些神经行为影响与中枢和末梢神经毒性一致。该研究以神经影响为健康效应确定的 LOAEL 值为 $0.006mg/m^3$。

一项研究中研究对象为日光灯厂的工人。暴露组平均年龄 34.2 岁,由 19 名女性和 69 名男性组成,他们在研究开始前至少在汞蒸气中暴露了 2 年时间。整个工作场所各作业点空气中汞蒸气质量浓度范围为 $0.008\sim0.085mg/m^3$,各作业点工人 8 小时 TWA 中位数为 $0.033mg/m^3$。暴露组的平均工作时间为 15.8 年,尿液排出物中检测到的平均质量浓度为 $0.025mg/L$。对照组(平均年龄为 35.1 岁)由刺绣厂的 24 名女性和 46 名男性组成。除暴露情况外,对照组在年龄、教育程度、吸烟和饮酒习惯上与暴露组相匹配。在手指敲击、心算、两位数搜索、注意力转换和视觉反应时间等测试中,暴露组明显不如对照组。在控制了实际年龄这一混杂后,上述现象依然存在。该研究基于这些神经行为影响,以神经影响为健康效应确定的 LOAEL 值为 $0.012mg/m^3$。

2)对肾脏功能的影响:对 21 名在实验室工作,暴露于 $10\sim50\mu g/m^3$ 汞的工作人员的尿汞情况检测结果表明,尿汞水平约为 $35\mu g/L$。与对照组相比,暴露组出现蛋白尿的情况有所增加。通过预防措施控制汞的暴露后,暴露组人员没有再出现蛋白尿。

对 100 名平均暴露于无机汞蒸气 8 年的氯碱工人的肾功研究发现,当平均尿汞水平为 $67\mu g/g$ 肌酐时,评价肾功的参数 [总蛋白、白蛋白、α-1- 酸性糖蛋白、β-2- 微球蛋白、N- 乙酰 -β-D- 葡萄糖苷酶(NAG)和 γ 谷氨基转移酶] 没有改变;当尿汞水平大于 $100\mu g/g$ 肌酐时,较高活性的 NAG 和 γ 谷氨基转移酶会轻微增加。

有研究发现血汞水平为 $50\mu g/L$ 的工人出现尿中 NAG 水平增高的现象。另有研究发现 20 名平均尿汞水平超过 $50\mu g/g$ 肌酐的工人尿液中刷状缘蛋白质质量浓度增高。

2. 动物资料

(1)短期暴露:一项研究中对雌雄 Broen-Norway 大鼠(每组数量不同)皮下注射氯化汞,每周注射 3 次,最多注射 12 周。给药剂量为 0、0.05、0.1、0.25、0.5、1.0 和 $2.0mg/(kg \cdot d)$。研究发现,在 $0.1mg/(kg \cdot d)$ 或更高剂量下引起了大鼠肾脏疾病,其特征是在肾小球簇和肾小动脉有抗肾小球基底膜抗体和沉积物,在这些大鼠身上还出现了蛋白尿和肾病综合征。该研究基于肾脏损伤的结果确定的 NOAEL 为 $0.05mg/(kg \cdot d)$。

对大鼠开展的一项为期两周的研究中,每组雌雄大鼠各 5 只,通过灌胃的方式给予氯化汞,剂量为 0、1.25、2.5、5.0、10 和 $20mg/(kg \cdot d)$,每周 5 天。在 $2.5mg/(kg \cdot d)$ 剂量组发现雄性大鼠出现了显著的肾脏重量增加的情况;在 $5mg/(kg \cdot d)$ 及以上剂量组发现雌性大鼠出现了严重的肾小管坏死,并有剂量反应关系。

有研究发现,暴露于金属汞蒸气中会导致动物的发情周期延长。雌性大鼠通过吸入方式暴露于平均质量浓度为 $2.5mg/m^3$ 的汞蒸气中,每天暴露 6 个小时,每周暴露 5 天,持续 21 天。与对照组相比,暴露组动物的发情周期延长。另外,同一动物暴露于汞时的发情周期比暴露前长。尽管在初始阶段发情周期会延长,但没有完全抑制。在暴露的第二周和第三周,大鼠出现了汞中毒的症状,包括:烦躁不安、癫痫和全身发抖。作者推测,汞对发情周期的影响是由于其对中枢神经系统的作用导致的。

(2)长期暴露:以大鼠为研究对象开展了分别为 26 周和两年的试验研究。在 26 周的研究中通过灌胃的方式给予大鼠含氯化汞的去离子水,汞的剂量相当于 0、0.23、0.46、0.93、

1.9 和 3.7mg/（kg·d），每周 5 天，持续 26 周。该研究根据肾脏重量增加确定的 NOAEL 为 0.23mg/（kg·d）。在两年的试验研究中，每组每个性别有 60 只大鼠，通过灌胃给予 0、2.5 和 5mg/（kg·d）的氯化汞，每周 5 天［汞的剂量相当于 0、1.9 和 3.7mg/（kg·d）］。试验结果显示，暴露组雄性大鼠的生存率低于对照组。15 个月后，暴露组雄性大鼠的肾脏重量显著增加，肾病严重性增大，但雌性大鼠没出现这一情况。雌雄大鼠均出现了胃贲门窦基底层细胞轻度增生的现象。两年后，慢性肾病发展更快，这与一系列次要影响有关。随着剂量的增加，雄性大鼠贲门窦增生的发病率增加，高剂量组雌雄大鼠鳞状细胞乳头状瘤发病率增加，鼻黏膜炎症的发病率也有所增加。该研究基于肾脏的影响确定的 LOAEL 为 1.9mg/（kg·d）。

（3）生殖 / 发育影响：一项研究中使 SD 大鼠在整个妊娠期（1~20 天）和胎儿器官形成期（10~15 天）通过吸入方式暴露于汞中，质量浓度分别为 0.1、0.5 和 1.0mg/m³，暴露方案分别为慢性和急性暴露。在任何一个暴露情况下，最低质量浓度水平的汞都未检测到副作用。在 0.5mg/m³ 水平下，急性暴露组再吸收数增多（5/41）；在慢性暴露组，115 只胎儿中有两只出现了严重的头骨缺陷。在 1.0mg/m³ 水平下，急性暴露组（7/71）和慢性暴露组（19/38）再吸收的数量都有所增加；慢性暴露组的母体和胎儿体重均有下降。基于这些结果确定的 LOAEL 为 0.5mg/m³。

（4）致癌性：IARC 将甲基汞列为 2B 组，即有可能对人类致癌。没有流行病学数据证明甲基汞与癌症相关，但其致癌性在动物试验中有充分的证据；IARC 将金属汞和无机汞列为 3 组，即尚不能确定其是否对人类致癌。

USEPA 将汞致癌性列为 D 组，即不能定为对人类有致癌性。

三、饮水水质标准

（一）世界卫生组织水质准则

1984 年第一版《饮用水水质准则》中提出汞（总汞）的准则值为 0.001mg/L。

1993 年第二版准则中，总汞准则值仍为 0.001mg/L。

2004 年第三版准则中，给出无机汞准则值为 0.006mg/L。

2011 年第四版准则及 2017 年第一次增补版中，无机汞的准则值仍维持 0.006mg/L。

（二）我国饮用水卫生标准

1985 年版《生活饮用水卫生标准》（GB 5749—85）中汞（总汞）的限值为 0.001mg/L。

2001 年卫生部颁布的《生活饮用水水质卫生规范》（卫法监发〔2001〕161 号）和 2006 年《生活饮用水卫生标准》（GB 5749—2006）沿用了该限值。

（三）美国饮水水质标准

美国一级饮水标准中规定汞的 MCLG 和 MCL 均为 0.002mg/L。此值于 1992 年生效，沿用至今。

四、短期暴露饮水水质安全浓度的确定

有研究对雌雄大鼠皮下注射氯化汞，每周注射 3 次，最多注射 12 周。每次给药剂量分别为 0、0.05、0.1、0.25、0.5、1.0 和 2.0mg/（kg·d）。研究发现，在 0.1mg/（kg·d）或更高剂量下引起了大鼠肾脏疾病，其特征是在肾小球簇和肾小动脉有抗肾小球基底膜抗体和沉积物。这些大鼠还出现了蛋白尿和肾病综合征。该研究以大鼠肾脏损伤作为健康效应确定的 NOAEL 为 0.05mg/（kg·d）。

短期暴露（十日）饮水水质安全浓度推导如下：

$$SWSC = \frac{100 \times NOAEL \times 0.739 \times 36 \times BW}{10 \times 84 \times UF \times DWI}$$

$$= \frac{100 \times 0.05 mg/(kg \cdot d) \times 0.739 \times 36 \times 10kg}{10 \times 84 \times 1\,000 \times 1L/d} \quad （3-12）$$

$$\approx 0.002 mg/L$$

式中：SWSC——短期暴露（十日）饮水水质安全浓度，mg/L；

100/10——皮下注射相对于经口摄入的吸收系数；

NOAEL——基于大鼠肾脏损伤为健康效应的分离点，0.05mg/(kg·d)；

0.739——氯化汞中汞所占的百分比；

36——注射次数；

BW——平均体重，以儿童为保护对象，10kg；

84——暴露天数；

UF——不确定系数，1 000（考虑种内、种间差异及数据不充分）；

DWI——每日饮水摄入量，以儿童为保护对象，1L/d。

基于大鼠肾脏损伤为健康效应推导的短期暴露（十日）饮水水质安全浓度为0.002mg/L。

五、应急处理技术及应急期居民用水建议

（一）水厂应急处理技术

1. 概述 天然水体中汞的存在形式以二价汞离子（Hg^{2+}）为主。自来水厂的常规净水工艺（混凝—沉淀—过滤—消毒的工艺）和臭氧生物活性炭深度处理工艺对汞的去除均没有效果。

自来水厂应急除汞技术：

（1）弱碱性化学沉淀法除汞工艺：该工艺对运行调控的要求高，费用也较高。

（2）硫化物化学沉淀法：该工艺运行费用低，调控容易，但需注意使用硫化钠药剂的安全问题。

2. 原理与参数

（1）弱碱性化学沉淀法除汞工艺：其原理是通过调整水的pH，在pH > 10的条件下，水中的Hg^{2+}离子会生成难溶于水的氢氧化汞沉淀物，然后通过混凝沉淀过滤工艺去除，再把水的pH回调至中性。

除汞应急处理的试验数据见图3-20~图3-23。

图3-20是pH对铁盐混凝剂去除汞污染物效果的影响试验。由图可见，调节pH > 10，采用铁盐混凝剂可以有效去除汞离子。

图3-21是三氯化铁投加量影响的试验，反应后pH=9.8。由图可见，三氯化铁5mg/L（以Fe计）以上均能有效去除超标4倍的原水，关键是pH控制。

pH=10的条件已经超出了铝盐混凝剂的使用范围，故铝盐混凝剂不适用于碱性化学沉淀法除汞。

（2）硫化物沉淀法除汞工艺：其原理是通过投加硫化物（如硫化钠），与Hg^{2+}形成难溶

的硫化汞沉淀物,与混凝剂形成的矾花进行共沉淀,以使化学沉淀法产生的沉淀物快速沉淀分离。

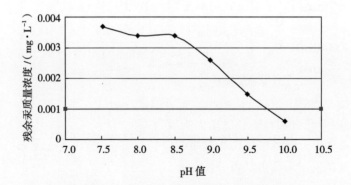

图 3-20 pH 对铁盐混凝剂除汞效果的影响

[汞初始质量浓度 0.005 2mg/L,三氯化铁投加量 10mg/L(以 Fe 计)]

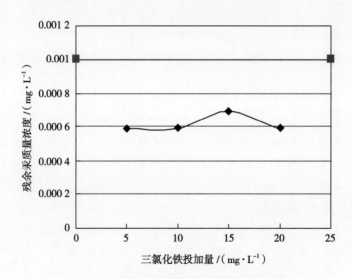

图 3-21 三氯化铁投加量对汞去除效果的影响

(汞初始质量浓度 0.005 2mg/L)

汞离子与硫离子的沉淀溶解反应式:

$$Hg^{2+}+S^{2-}=HgS \downarrow \tag{3-13}$$

硫化汞的溶解平衡质量浓度计算式:

$$[Hg^{2+}] = \frac{K_{sp}}{[S^{2-}]} \tag{3-14}$$

式中:K_{sp}——溶度积常数(HgS 的 $K_{sp}=1.6 \times 10^{-52}$)

图 3-22 是硫化物沉淀法对汞的去除效果。由图可见,对汞质量浓度 0.005 1mg/L 的原水,投加 0.02mg/L 以上的硫化物可以有效除汞。

图 3-23 是硫化物沉淀法对汞应对能力的试验。由图可见,投加硫化钠 0.2mg/L(以 S 计),可以应对汞质量浓度 0.1mg/L 的原水,最大应对倍数至少为 100 倍。

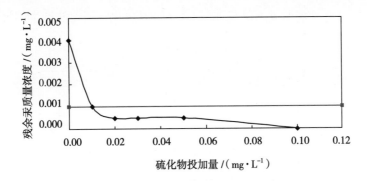

图 3-22　硫化物沉淀法对汞污染物的去除效果

[初始汞质量浓度：0.005 1mg/L，混凝剂聚合氯化铝 5mg/L（ 以 Al 计 ）]

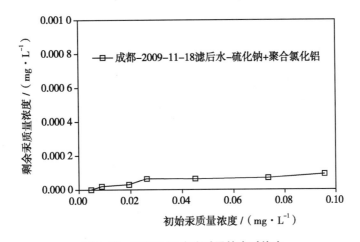

图 3-23　硫化物沉淀法对汞的应对能力

[成都滤后水，硫化钠 0.2mg/L（ 以 S 计 ），聚合氯化铝 5mg/L（ 以 Al 计 ），pH=7.75]

3. 技术要点

（1）自来水厂弱碱性混凝沉淀法除汞净水处理工艺

1）在弱碱性条件净水除汞，控制 pH > 9.5：混凝前加碱把水调成弱碱性，在弱碱性条件下进行混凝、沉淀、过滤的净水处理，与矾花絮体共沉淀去除水中析出的氢氧化汞沉淀物。

2）滤后水加酸回调 pH：把 pH 调回到 7.5~7.8（《生活饮用水卫生标准》的 pH 范围为 6.5~8.5），满足生活饮用水的水质要求。

3）只能使用铁盐混凝剂，不能使用铝盐混凝剂。

4）增加费用：加碱加酸费用在 0.20 元 /m³ 左右（ 根据原水的 pH 和碱度而变化 ）。

自来水厂弱碱性混凝沉淀应急除汞的工艺流程，见图 3-24。

（2）自来水厂硫化物沉淀法除汞净水处理工艺

1）采用硫化钠作为除汞沉淀剂。一般情况下可投加 0.1mg/L（ 以 S 计 ），也可以根据反应式先作估算，再由现场试验确定。注意，硫化物易被溶解氧氧化，投加量应高于理论值。此外，使用硫化物沉淀法时不得采用预氯化。

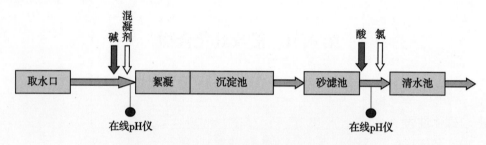

图 3-24　自来水厂弱碱性应急除汞的工艺流程图

2）硫化物溶液的投加点设在铝盐混凝剂投加点之前。

3）铁盐混凝剂会与硫化物发生沉淀反应,使用硫化物沉淀法时不得使用铁盐混凝剂。

4）硫化物药剂在酸性条件下会产生剧毒的硫化氢气体,使用中必须特别注意,并按规程做好安全防护。

5）硫化钠没有食品级的产品,应急时可以使用分析纯的产品。

自来水厂硫化物化学沉淀法应急除汞的工艺流程,见图 3-25。

注意事项:

1）自来水厂净水所用的药剂不得使用工业级产品,以避免从产品中带入重金属污染。河道处置可以使用工业级产品。

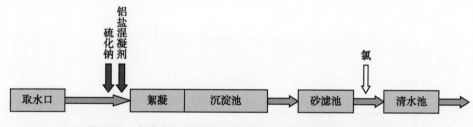

图 3-25　自来水厂硫化物化学沉淀法应急除汞的工艺流程图

2）弱碱性混凝沉淀法工艺需要做好水厂运行中的 pH 控制,一般应加装在线 pH 计。

3）做好酸、碱、硫化物等药品操作的个人防护,按有关规程做好安全防护。

4）混凝剂投加量需要大于平时投量,以确保除汞净水效果。

5）加强沉淀池排泥和滤池冲洗,避免含汞污泥中汞的再溶出。

6）含有污染物的排泥水和污泥需要妥善处置。

（二）应急期居民用水建议

人体可通过饮食、刷牙、漱口等途径经口摄入水中的汞;也可通过洗澡、洗手、洗菜、游泳等途径经皮肤接触水中的汞。具有反渗透膜、纳滤膜的净水器对汞有一定的去除效果,在汞污染事件的应急供水期,公众可选择具有上述净水组件的家用净水器,但应注意净水器说明书中注明的额定总净水量及滤芯的使用期限,超过额定总净水量或超出滤芯使用期限后,净水器对污染物的去除效果会迅速下降甚至带来二次污染,此时应及时更换滤芯。

第六节 锰及其化合物

一、基本信息

（一）理化性质

1. 中文名称：锰
2. 英文名称：managanese
3. CAS号：7439-96-5
4. 元素符号：Mn
5. 相对原子质量：54.94
6. 主要化合物：氯化锰（CAS：7773-01-5）、四氧化三锰（CAS：1317-35-7）、二氧化锰（CAS：1313-13-9）、高锰酸钾（CAS：7722-64-7）

锰及其主要化合物理化性质见表3-8。

表3-8 锰及其主要化合物理化性质

物质名称	氯化锰	四氧化三锰	二氧化锰	高锰酸钾
化学式	$MnCl_2$	Mn_3O_4	MnO_2	$KMnO_4$
分子量	125.84	228.82	86.94	158.03
常温状态	红玫瑰色的叶状结晶	棕黑色粉末	黑色或黑棕色结晶或无定形粉末	深紫色细长斜方柱状结晶，有金属光泽
沸点/℃	1 190	–	–	–
熔点/℃	650	1 567	–	–
溶解性	72.3g/100g 水（25℃）	不溶于水	不溶于水	6.38g/100g 水（20℃）

（二）生产使用情况

锰是地球表面含量最丰富的金属之一，约占地壳的0.1%，锰主要用于生产锰系铁合金，二氧化锰和其他化合物可用于电池、玻璃和烟花的生产，高锰酸钾作为氧化剂可用作清洁、漂白和消毒。截止到2017年底，我国锰矿资源储量为18.46万吨。

（三）环境介质中质量浓度水平及饮水途径人群暴露状况

1. 环境介质中质量浓度水平 由于土壤和岩石中的锰无处不在，故锰普遍存在于地表水和地下水中。我国珠江三角洲地区352组地下水样和13组地表水样的分析结果表明：珠江三角洲地区地下水的锰含量在未检出至8.32mg/L之间，地表水质量浓度在0.12~1.22mg/L。

2. 饮水途径人群暴露状况 锰有多种价态，水体中锰的存在形式以溶解态的二价锰离子（Mn^{2+}）为主。受含锰地质因素影响的地下水、处于缺氧环境的湖库底层水和受到含锰工业污染的水体，经常出现水中含有过量锰的问题。饮用水中的锰超过0.1mg/L时，会使饮用水有异味，使水的色度升高以及配水系统产生棕褐色沉淀物。此外，锰普遍存在于多种食物中，如坚果、水果、豆类、茶、多叶蔬菜等，食物是普通人群最重要的锰暴露途径。在满足水质感官的情况下，通过饮水摄入的锰远低于膳食中锰的摄入量。

二、健康效应

（一）毒代动力学

1. 吸收　价态和暴露途径会影响锰的吸收，二价形式的锰吸收最有效，通过吸入方式摄入的锰比经口途径摄入的锰吸收更迅速，吸收程度也更大，通过皮肤吸收的锰非常少。此外，锰的吸收还与其他元素相关，如：铁缺乏会促进锰的肠吸收、饮食中钙的水平与锰的吸收呈反比，摄入单宁酸、膳食纤维等可以降低锰的吸收等。

2. 分布　锰普遍存在于身体所有组织中，以富含线粒体的肝脏、肾脏、胰脏、肾上腺质量浓度最高，大脑、心脏和肺中质量浓度次之。在婴儿和年幼动物的大脑特定区域优先聚积，在骨骼和脂肪中存在质量浓度较低。

3. 代谢　锰在生物系统中可能存在几个氧化态。研究显示，锰在体内可以由 Mn（Ⅱ）转化为 Mn（Ⅲ）。小部分被吸收的锰以游离离子的形式存在。锰很容易与各种有机和无机配位体形成配合物。锰还在金属蛋白中起着结构作用，在酶促反应中也起着催化、调解作用。

4. 排泄　锰绝大部分通过粪便排出，只有一小部分（0.1%~2%）通过尿液排出。粪便中的锰是由膳食中未被吸收的锰和胆汁排泄的锰组成的。此外，汗液、头发和哺乳期女性的乳汁也是锰排泄的途径。

（二）健康效应

1. 人体资料　锰对于人类和许多生物都是重要元素，它是一些酶正常运转所必需的激活物，摄入不足或过量都会对健康产生不利影响。因为锰存在于许多常见食物中，所以锰元素的缺乏很罕见。有研究认为 1~3 岁儿童膳食中锰的摄入量为 1.2mg/d，但最高不应超过 2mg/d。

人类长期暴露在锰水平极高的环境中会带来神经学影响。一项在希腊进行的流行病学研究中，调查了长期（10 年以上）暴露含锰饮用水和神经学影响之间的相互关系。3 个不同地区饮用水中锰的水平如下：对照区为 3.6~14.6μg/L，富含锰区域分为低暴露组和高暴露组，其质量浓度水平分别为 81~253μg/L 和 1 800~2 300μg/L。三个区域人口数为 3 200~4 350 人。此项研究仅包含来自所有家庭 10% 的随机样本中 50 岁以上的个体。对照组、低暴露组和高暴露组的样本数分别为 62、49 和 77。研究者通过对虚弱/疲劳、步态障碍、颤抖、肌张力障碍的综合评分进行神经学检查。研究没有发现研究对象血液中锰含量的不同，但头发中的锰含量和神经学综合评分在高暴露组和对照组之间有统计学上显著性差异，提示高暴露组（质量浓度 1 800~2 300μg/L）出现神经学损害。但由于营养状况信息的不足和其他可能的混杂变量，所以很难估计锰的总暴露量。

2. 动物资料

（1）短期暴露：锰的急性毒性取决于化合物种类和暴露途径（灌胃/饮食摄入）。大鼠灌胃的 LD_{50} 为 331mg/（kg·d）到 1 082mg/（kg·d），但 14 天暴露于 1 300mg/（kg·d）饲料的大鼠并无死亡。此外，年龄可能是锰急性毒性的一个敏感因素。一项对大鼠进行的 $MnCl_2$ 暴露实验中发现，幼龄组和老龄组为易感群体。有研究提出老龄大鼠的易感性升高可能是其自适应响应能力降低所引起的，这是衰老过程的特性。幼龄大鼠易感性的升高可能反映了其对锰较高的肠吸收和体内蓄积。

一项 14 天锰经口暴露毒性的研究中，以 F344 大鼠为实验对象，通过饮食给予 0、3、130、6 250、12 500、25 000 和 50 000mg/kg 食物的硫酸锰，暴露期间所有大鼠存活。在

50 000mg/kg 剂量组雄性大鼠出现了体重增长减少 57% 和最终体重减少 13% 的现象,与对照组相比有显著差异,在 50 000mg/kg 食物剂量组的雄性和雌性大鼠中还观察到了白细胞和嗜中性粒细胞数量的减少以及肝脏重量的减少,在试验的第二周还出现了腹泻。在 50 000mg/kg 食物剂量组大鼠肝脏中的锰含量比对照组高两倍。此研究基于雄性大鼠体重增长减缓和血液学的变化经换算得出的 NOAEL 约为 650mg/(kg·d)。

（2）长期暴露:神经毒性是人和动物长期暴露锰的健康影响。一项研究以雄性猕猴为试验对象,暴露时长为 18 个月,经口剂量为 6.9mg/(kg·d),观察到了肌无力和下肢僵化的健康效应,尸检显示黑质神经元退化。

有研究以 F344 大鼠为研究对象,通过饮食给予硫酸锰 13 周,质量浓度分别为 0、1 600、3 130、6 250、12 500 和 25 000mg/kg 食物,对照组饮食基线剂量约为 92mg/kg 食物。经换算,雄性平均日摄入锰的范围为 32~542mg/(kg·d),雌性平均日摄入锰的范围为 37~621mg/(kg·d)。雌性在 6 250mg/kg 食物及以上剂量组表现出体重增长减缓;雄性在 1 600mg/kg 食物及以上剂量组和雌性的最高剂量组相对和绝对的肝脏重量出现下降。所有暴露组雄性均表现出中性粒细胞计数的增加。该研究基于雄性大鼠肝脏重量下降和中性白细胞计数增加,确定 LOAEL 值为 32mg/(kg·d)。

（3）生殖/发育影响:有研究发现锰对雄性生殖器官有影响,另有研究表明大鼠和小鼠摄入高剂量的锰会推迟雄性的生殖成熟,但似乎还不构成对雄性生殖功能的影响。另有研究以大鼠为研究对象,在 90~100 天的繁殖周期中暴露在 130mg/(kg·d)Mn_3O_4 的饮食中,发现怀孕大鼠数量轻微下降,但对同胎生仔数、排卵、吸收或胎儿体重没有明显影响。

（4）致癌性:IARC 未对锰的致癌性进行评估;USEPA 将锰经口暴露的致癌性列为 D 组,即不能定为对人类有致癌性。

三、饮水水质标准

（一）世界卫生组织水质准则

1984 年第一版《饮用水水质准则》中基于锰会使物体着色,提出锰的准则值为 0.1mg/L。

1993 年第二版准则提出了基于健康的暂行准则值为 0.5mg/L。

2004 年第三版准则将基于健康的准则值调整为 0.4mg/L。由于锰的健康值要远高于其在饮用水中通常发现的质量浓度值,WHO 认为没有必要为锰设定一个正式的准则值。

2011 年第四版及 2017 年第四版准则的第一次增补版中,沿用了 0.4mg/L 作为锰的健康值,但依然没有给出准则值。

（二）我国饮用水卫生标准

1985 年版《生活饮用水卫生标准》(GB 5749—85)中锰的限值为 0.1mg/L。

2001 年卫生部颁布的《生活饮用水水质卫生规范》(卫法监发〔2001〕161 号)和 2006 年《生活饮用水卫生标准》(GB 5749—2006)仍然沿用了该限值。

（三）美国饮水水质标准

美国二级饮水标准中规定锰的 MCL 为 0.05mg/L。

四、短期暴露饮水水质安全浓度的确定

有研究针对 1~3 岁儿童提出的每日锰适宜摄入量为 1.2mg/d,据此推算得出短期暴露（十日）饮水水质安全浓度。

短期暴露（十日）饮水水质安全浓度推导如下：

$$SWSC = \frac{ADI}{DWI} = \frac{1.2mg/d}{1L/d} \approx 1mg/L \qquad (3-15)$$

式中：SWSC——短期暴露（十日）饮水水质安全浓度，mg/L；

ADI——每日适宜摄入量，1.2mg/d；

DWI——每日饮水摄入量，以儿童为保护对象，1L/d；

由幼儿适宜摄入量推导得出锰的短期暴露（十日）饮水水质安全浓度为 1mg/L。

五、应急处理技术及应急期居民用水建议

（一）水厂应急处理技术

1. 概述

根据含锰水源水的特点，自来水厂除锰净水技术分为：

（1）含锰地下水的预曝气 - 过滤除锰技术。

（2）含锰地表水的预氧化除锰技术。

（3）锰含量略高的滤前加氯除锰技术。

（4）水源突发锰污染事件的高锰酸钾预氧化除锰技术。

2. 原理与参数 自来水厂除锰的基本技术原理是把处于水溶解态的二价锰氧化成不溶于水的二氧化锰，然后通过过滤（或沉淀和过滤）把颗粒态的二氧化锰去除。氧化二价锰的反应式如下：

$$Mn^{2+} \xrightarrow{\text{【O】}} MnO_2 \downarrow \qquad (3-16)$$

根据水源水的特性，可选用不同的氧化剂及其相应的工艺：

（1）含锰地下水的预曝气—过滤除锰技术：对于含锰地下水的预曝气—过滤除锰技术，所用的氧化剂为溶解氧，采用预曝气—过滤工艺除锰。由于溶解氧氧化二价锰的能力有限，除锰所用的滤料需要采用锰砂滤料（含有二氧化锰的滤料）进行催化氧化，或是采用生物除锰滤池，利用滤料表面生长的除锰生物膜除锰。此工艺适用于常年存在锰超标或铁锰超标问题地下水的净水处理，自来水厂建有专用的除铁锰设施，可应对数倍超标的原水。

（2）含锰地表水的预氧化除锰技术：对于含锰地表水的预氧化除锰技术，所用的氧化剂可以是氯、二氧化氯或是高锰酸钾，适用于存在含锰水源水问题的地表水水厂的除锰处理。氧化剂的投加点设在混凝剂的投加点处，所形成的二氧化锰颗粒被混凝剂形成的矾花所吸附，在沉淀池和滤池中被去除。此工艺适用于水源季节性锰超标的地表水的水厂，氧化剂的投加量可根据需要调整，可应对锰数倍超标的原水。

（3）锰含量略高的滤前加氯除锰技术：对于原水锰含量仅轻微超标的水厂，可以在滤池之前加氯，把二价锰氧化成二氧化锰，再通过过滤去除。

（4）水源突发锰污染事件的高锰酸钾预氧化除锰技术：对于水源突发锰污染事件，例如上游锰尾矿库发生垮塌泄漏事故，水源水中锰超标倍数可能极高，因此需要采用针对性的高锰酸钾预氧化除锰技术。高锰酸钾氧化二价锰的反应如式（3-17）所示，两者最后都变成了不溶于水的二氧化锰：

$$2KMnO_4 + 3Mn^{2+} + 2H_2O \rightarrow 5MnO_2 \downarrow + 2K^+ + 4H^+ \qquad (3-17)$$

按照反应式，高锰酸钾的理论投加量是原水中锰含量的 1.91 倍。经试验，由于所生成

的含有二氧化锰的矾花对二价锰有一定的吸附作用,高锰酸钾的最佳投加量略低于理论值,为原水锰含量的 1.5~1.7 倍,见图 3-26。该方法至少可应对 50 倍超标的原水,处理后锰质量浓度约 0.02mg/L。试验结果,见图 3-27。

3. 技术要点　应对水源突发锰污染的高锰酸钾预氧化应急除锰净水工艺:

(1)在水厂的混凝剂投加点前投加高锰酸钾,投加量根据原水锰含量和去除效果,通过现场试验确定。对于不含其他还原性物质的原水,可按原水锰质量浓度的 1.5~1.7 倍投加高锰酸钾。

(2)此方法可以应对锰超标数十倍的原水,处理后出水锰的质量浓度约在 0.02mg/L。

(3)高锰酸钾的药剂费用:投加量为 1mg/L 时,费用为 0.028 元 /m³(食品级高锰酸钾,28 000 元 / 吨)。

自来水厂高锰酸钾预氧化应急除锰的工艺流程,见图 3-28。

注意事项:

(1)自来水厂净水所用的高锰酸钾必须使用食品级产品,不得使用工业级产品,以避免从产品中带入重金属污染物。

(2)高锰酸钾需配置成溶液投加,投加计量应准确,避免投加过量。

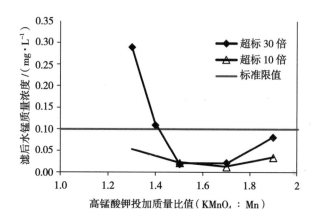

图 3-26　应急除锰高锰酸钾投加量试验

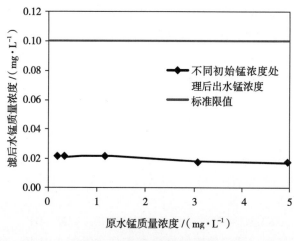

图 3-27　应急除锰效果试验

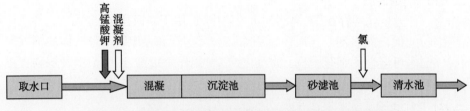

图 3-28　自来水厂高锰酸钾预氧化应急除锰的工艺流程图

（3）高锰酸钾有强氧化性，需做好加药操作的个人防护，注意人身安全。

（4）混凝剂投加量需要大于平时投量，以确保除锰净水效果。

（5）加强沉淀池排泥和滤池冲洗。

（6）含有污染物的排泥水和污泥需要妥善处置。

（二）应急期居民用水建议

人体可通过饮食、刷牙、漱口等途径经口摄入水中的锰；也可通过洗澡、洗手、洗菜、游泳等途径经皮肤接触水中的锰。具有反渗透膜、纳滤膜的净水器对锰有一定的去除效果，在锰污染事件的应急供水期，公众可选择具有上述净水组件的家用净水器，但应注意净水器说明书中注明的额定总净水量及滤芯的使用期限，超过额定总净水量或超出滤芯使用期限后，净水器对污染物的去除效果会迅速下降甚至带来二次污染，此时应及时更换滤芯。

第七节　钡及其化合物

一、基本信息

（一）理化性质

1. 中文名称：钡

2. 英文名称：barium

3. CAS 号：7440-39-3

4. 元素符号：Ba

5. 相对原子质量：137.33

6. 主要化合物：氯化钡（CAS：10361-37-2）、硫酸钡（CAS：7727-43-7）

钡及其主要化合物理化性质见表 3-9。

表 3-9　钡及其主要化合物理化性质

物质名称	钡	氯化钡	硫酸钡
化学式	Ba	$BaCl_2$	$BaSO_4$
原子量 / 分子量	137.33	208.24	233.40
常温状态	银色固体	白色固体	浅色固体
沸点 /℃	1 637~1 638	1 560	-
熔点 /℃	729~730	960	1 580
溶解性	与水反应	37.5g/100g 水（20℃）	0.0285mg/100g 水（30℃）

（二）生产使用情况

钡作为一种微量元素存在于火成岩、水成岩中,可用于制钡盐、合金、焰火、核反应堆等,也是精炼铜时的优良除氧剂。金属钡可用作除去真空管和显像管痕量气体的消气剂、精炼金属的脱气剂。可溶性的钡化合物(如氯化钡)可用作杀虫剂,以防治多种植物害虫,硫酸钡作为 X 线检查辅助用药,主要用于胃肠道造影,偶用于其他目的检查。

（三）环境介质中质量浓度水平及饮水途径人群暴露状况

1. 环境介质中质量浓度水平 国内外环境水体中均有检出钡的文献报道。荷兰 60 个采样点的地下水中钡平均质量浓度为 0.23mg/L,最高质量浓度为 2.5mg/L。调查显示,在美国 630 个水井样品中有 625 个样品检出了钡,中位数和 P_{90} 质量浓度分别为 46.7µg/L 和 164.1µg/L,最高质量浓度为 11mg/L。我国四川遂宁水源地钡质量浓度调查显示,38 个地表水水源地钡的质量浓度为 0.065~0.180mg/L,平均值为 0.110mg/L,18 个乡镇地下水水源地钡的质量浓度为 0.027~0.370mg/L,平均值为 0.130mg/L。

2. 饮水途径人群暴露状况 食物、水和空气中的平均钡的摄入量估计约为 0.7~1.9mg/d,食物是非职业暴露人群钡的主要摄入来源。但当水中钡质量浓度达到 mg/L 级时,饮用水也会成为钡的主要摄入来源。

二、健康效应

（一）毒代动力学

1. 吸收 可溶性钡盐比不溶性化合物更容易被吸收。从胃肠道吸收钡的程度取决于动物种类、胃肠道内容物、饮食类型和年龄等因素,在实验动物研究中钡的吸收范围从 1% 到 80% 不等。

2. 分布 钡在血浆中迅速转运,主要分布到骨骼中。儿童暴露于含 10mg/L 钡的饮用水,发现牙齿中钡/钙比率升高。此外有研究表明钡还可通过人类胎盘屏障。

3. 排泄 钡可以通过尿液和粪便排泄,粪便是主要的排泄途径。人类口服钡后,大约有 72% 通过粪便排出。

（二）健康效应

1. 人体资料 有研究发现,急性钡中毒与低钾血症、心电图改变及其他相关症状有关。

另有研究显示,人体在摄入可溶性钡盐后可引起急性高血压,但也有学者给出了不同的研究结果。一项对两组人群进行的钡摄入对血压影响的研究中,发现在两个饮用水中钡质量浓度相差 70 倍(分别为 7.3mg/L 和 0.1mg/L)的社区,人群的血压并没有显著性差异。一项对 11 个受试者进行的为期 10 周的试验研究中,饮水量为 1.5L/d,前 2 周饮用蒸馏水,中间 4 周饮用含钡 5mg/L 的水,最后 4 周饮用含钡 10mg/L 的水,比较受试者暴露前后的情况,结果显示,钡暴露未引起高血压的显著性变化。

2. 动物资料

（1）短期暴露:急性口服钡的 LD_{50} 会随着物种、化合物类型、年龄及其他因素的变化而有很大的不同。刚断奶的大鼠急性口服氯化钡的 LD_{50} 是 220mg/kg,成年大鼠的 LD_{50} 是 132mg/kg。

（2）长期暴露:有研究将刚断奶的大鼠暴露于含钡的饮用水中,质量浓度分别为 0、1、10 和 100mg/L,钡的摄入量相当于 0、0.051、0.51 和 5.1mg/(kg·d),持续 16 个月。试验结果表明,1mg/L 剂量组大鼠的收缩压没有增加,10mg/L 剂量组收缩压增加了 4~7mmHg,

100mg/L 剂量组收缩压增加了 16mmHg（$P < 0.001$），除了血压升高外，在任何剂量组都未发现中毒迹象。该研究所用的试验动物持续饲养在特殊的无污染环境中，并且给予的食物经过处理以减少微量金属的摄入。

对大鼠和小鼠进行的亚慢性和慢性研究中，给予 F344/N 大鼠和 B6C3F1 小鼠含二水合氯化钡（$BaCl_2 \cdot 2H_2O$）的饮用水，饲喂 13 周或 2 年。慢性研究每组 60 只受试动物，质量浓度分别为 0、500、1 250 和 2 500mg/L。研究者根据水消耗量和动物体重估计了摄入剂量：雄性大鼠为 0、15、30 和 60mg/（kg·d）；雌性大鼠为 0、15、45 和 75mg/（kg·d）；雄性小鼠为 0、30、75 和 160mg/（kg·d）；雌性小鼠为 0、40、90 和 200mg/（kg·d）。亚慢性研究每组 10 只受试动物，质量浓度分别为 0、125、500、1 000、2 000 和 4 000mg/L。估算的剂量分别为：雄性大鼠为 0、10、30、65、110 和 200mg/（kg·d）；雌性大鼠为 0、10、35、65、115 和 180mg/（kg·d）；雄性小鼠为 0、15、55、100、205 和 450mg/（kg·d）；雌性小鼠为 0、15、60、110、200 和 495mg/（kg·d）。试验动物喂饲 NIH-07 饮食，食物没有被钡污染。在慢性和亚慢性研究中，可在小鼠身上观察到化学相关性肾病，包括肾小管扩张、肾小管萎缩、肾小管细胞增生、形成透明管型、多病灶间质纤维化、在肾小管内腔中出现晶体。有学者认为，这些损伤在形态上与小鼠老化后常见的自发性退行性肾病不同。

与对照组相比：

2 500mg/L 剂量组大鼠的生存率明显降低（雄性降低 65%；雌性降低 26%），死亡可归因于化学相关的肾脏损伤。长期暴露于高剂量的小鼠中，有许多罹患轻度至重度肾病（雄性 19/60；雌性 37/60）。

1 250mg/L 剂量组有一只雌性小鼠和两只雄性小鼠罹患轻度或中度化学相关性肾病。化学相关肾病在大鼠的亚慢性暴露的情况下也有发现。在慢性研究中，评价了 F344/N 大鼠骨组织中钡的含量。与对照组相比，高剂量组大鼠的股骨上、中、下三个部分的钡质量浓度增加约三个数量级，但未观察到对骨密度的影响，骨组织中钡沉积增加的生物学含义尚不清楚，钡可能干扰包括白细胞生成在内的骨组织生理过程。此外，在雄性大鼠中还发现单核细胞白血病的发生率显著下降。

（3）致癌性：IARC 未对钡的致癌性进行评估；USEPA 将钡致癌性列为 N 组，即不是人类致癌物。

三、饮水水质标准

（一）世界卫生组织水质准则

1984 年第一版《饮用水水质准则》认为没有必要制订饮用水中钡的准则值。

1993 年第二版、2004 年第三版、2011 年第四版及 2017 年第四版准则第一次增补版中，提出了钡基于健康的准则值为 0.7mg/L。

（二）我国饮用水卫生标准

1985 年版《生活饮用水卫生标准》（GB 5749—85）中未规定钡的限值。

2001 年卫生部颁布的《生活饮用水水质卫生规范》（卫法监发〔2001〕161 号）中规定饮用水中钡的限值为 0.7mg/L。

2006 年《生活饮用水卫生标准》（GB 5749—2006）仍然沿用 0.7mg/L 作为钡的限值。

（三）美国饮水水质标准

美国一级饮水标准中规定饮水中钡的 MCLG 和 MCL 均为 2mg/L。

四、短期暴露饮水水质安全浓度的确定

短期暴露(十日)饮水水质安全浓度的计算,依据不充分,因此采用我国《生活饮用水卫生标准》(GB 5749—2006)限值0.7mg/L作为短期暴露(十日)饮水水质安全浓度的保守值。

五、应急处理技术及应急期居民用水建议

(一)水厂应急处理技术

1. 概述　天然水体中钡的存在形式以二价钡离子(Ba^{2+})为主。自来水厂的常规净水工艺(混凝—沉淀—过滤—消毒的工艺)和臭氧生物活性炭深度处理工艺对钡的去除均没有效果。尽管在化学试验中有硫酸钡沉淀法,但试验显示,对于自来水水源的钡突发污染,目前尚无有效的除钡应急净水技术。

2. 原理与参数　钡离子和硫酸根离子可以生成硫酸钡沉淀,其化学方程式如式(3-18)所示:

$$Ba^{2+}+SO_4^{2-}=BaSO_4 \downarrow \tag{3-18}$$

硫酸钡的溶度积为$K_{sp}=1.1\times10^{-10}$。水源水中都含有一定量的硫酸根离子,可以形成硫酸钡沉淀,一般情况下溶解性的钡不会超标。

根据硫酸钡的溶度积,可以计算出与钡0.7mg/L(4.0×10^{-6}mol/L)对应的硫酸根质量浓度为2.6mg/L(2.75×10^{-5}mol/L),一般情况下水体中硫酸根的质量浓度都大于此值,溶解性的钡本应该不会出现超标问题。

用自来水配水进行的钡去除试验如图3-29所示。

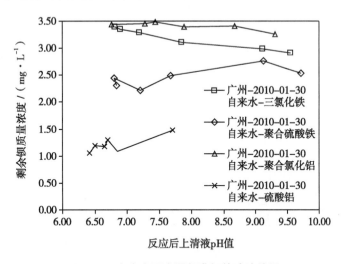

图3-29　自来水配水混凝除钡的试验结果

用氯化钡配成钡质量浓度3.33mg/L的原水,分别采用三氯化铁、聚合硫酸铁、聚合氯化铝和硫酸铝混凝剂,投加量以Al或Fe计均为5mg/L。原水pH=7.46,试验时分别加碱控制沉后水的pH在6.5~9.5。但是处理后水中钡都不能达标,其中效果最好的硫酸铝在处理后钡含量仍在1.0~1.5mg/L。所加硫酸铝中的硫酸根含量是27mg/L,即使不考虑原水中的硫酸根质量浓度,混凝剂中加入的硫酸根比溶度积所要求的2.6mg/L要大一个数量级,因此不是没有生成硫酸钡沉淀物的问题,而应该是混凝剂形成的矾花不吸附硫酸钡沉淀物的胶体颗

粒,无法达到共沉淀的效果。该试验存在的不足之处是,试验中是用滤纸过滤,测定滤后液的钡质量浓度,滤纸的孔径较大,所形成的硫酸钡沉淀物胶体颗粒的粒径可能较小,能够通过滤纸。试验中未对处理后上清液用更小孔径的超滤膜过滤,无法判断混凝超滤工艺对钡的去除效果。

(二)应急期居民用水建议

人体可通过饮水、饮食、刷牙、漱口等途径经口摄入水中的钡;也可通过洗澡、洗手、洗菜、游泳等途径经皮肤接触水中的钡。具有反渗透膜、纳滤膜的净水器对钡有一定的去除效果,在钡污染事件的应急供水期,公众可选择具有上述净水组件的家用净水器,但应注意净水器说明书中注明的额定总净水量及滤芯的使用期限,超过额定总净水量或超出滤芯使用期限后,净水器对污染物的去除效果会迅速下降甚至带来二次污染,此时应及时更换滤芯。

第八节　铍及其化合物

一、基本信息

(一)理化性质

1. 中文名称:铍
2. 英文名称:beryllium
3. CAS号:7440-41-7
4. 元素符号:Be
5. 主要化合物:硫酸铍(CAS号:77877-56-6)、氯化铍(CAS号:7787-47-5)、氧化铍(CAS号:1304-56-9)、碳酸铍(CAS号:13106-47-3)

铍及其主要化合物的物理化学性质见表3-10。

表3-10　铍及其主要化合物理化性质

物质名称	铍	硫酸铍	氯化铍	氧化铍	碳酸铍
化学式	Be	$BeSO_4$	$BeCl_2$	BeO	$BeCO_3$
原子量/分子量	9.01	105.7	79.93	25.01	69
常温状态	灰白色轻金属	晶体	白色晶体	发光非结晶粉末	白色粉末
沸点/℃	2 970	–	482.3	–	–
熔点/℃	1 278	550-600	399.2	2 530	–
溶解性	不溶于冷水,微溶于热水	–	易溶	0.02mg/100g 水(30℃)	–

(二)生产使用情况

铍在工业上用途非常广泛,其合金可增加导电、导热性能及强度;铜中添加2%铍形成的铍铜合金强度是铜的六倍。2010美国地质调查局的调查报告称,根据矿产品销售收入,近一半的铍被用于计算机和电信产品,而其余的主要应用于航空航天、国防、家电、汽车电子、工业部件,铍是原子能、火箭、导弹、航空、宇宙航行以及冶金工业中不可缺少的宝贵材料。美国地质调查局 2015 年公布的数据显示,全球铍矿产量 270 吨,美国 240 吨(占 89%),中国产量为 20 吨,居世界第二位。

(三)环境介质中质量浓度水平及饮水途径人群暴露状况

1. 环境介质中质量浓度水平　环境水体中有不同质量浓度铍的检出。我国珠江三角洲地区浅层地下水中铍质量浓度范围为未检出至 40.3μg/L,平均值为 0.66μg/L。无锡市 12 个地下水样品中铍的质量浓度范围为 0.010~0.184μg/L。

2. 饮水途径人群暴露状况　一般人群可通过吸入空气、摄入饮用水和食物以及吸入灰尘而暴露于微量的铍。美国有研究表明,每天的总铍摄入量估计为 423ng,其中饮水占 300ng/d,食物占 120ng/d,另有少部分来自空气(1.6ng/d)和灰尘(1.2ng/d)。烟草烟雾是普通人群暴露于铍的另一个潜在来源。

二、健康效应

(一)毒代动力学

1. 吸收　铍的经口吸收量非常低。给两组 SD 大鼠分别喂饲含铍 6.6 和 66.6μg/d 的饮水 24 周,实验中回收的铍超过 99% 被发现存在于粪便中,两组大鼠全身吸收的铍均低于 1%,且绝大多数存在于骨骼中,与剂量无关。另有研究给豚鼠喂饲 10 和 30mg/d 硫酸铍,相当于 13.3 和 40mg/(kg·d),铍的吸收总量为其摄入量的 0.006%,即 0.08 和 0.24mg/(kg·d)。

2. 分布　给 SD 大鼠喂饲含铍饮水 24 周,发现铍主要分布于骨骼和肠道,另有少量铍分布于血液和肝脏中。

3. 代谢　铍是化学活性很强的元素,它能置换酶系统活动所必需的镁、锰或其他微量元素。铍化合物还可与血浆蛋白作用,生成铍蛋白复合物,致使组织发生增大变化。

4. 排泄　大鼠的给药途径影响铍的排泄途径。口服或吸入铍,粪便是主要排泄途径;静脉给药,尿是主要排泄途径。

(二)健康效应

1. 人体资料　铍的人群流行病学研究资料主要包括两个健康方面问题,慢性铍病和肺癌。慢性铍病(CBD),以前被称为"铍中毒"或"慢性铍中毒",是一种由于吸入铍引起的炎症性肺部疾病,其特点是形成肉芽肿(免疫细胞的病理簇),伴有不同程度的间质纤维化,并涉及铍特异性免疫反应。一项研究评估了洛基平原环境技术工地 4 397 名雇员对铍的敏感性和慢性铍病,研究发现雇员中铍致敏和慢性铍病的总发生率为 107/4 397(2.43%),研究确定了铍致敏和慢性铍病的 LOAEL 值为 1.04μg/m³,职业暴露调整后的 LOAEL 值为 0.37μg/m³。此外,铍加工工人的队列所有死亡率研究和英国癌症登记处的研究结果都表明,铍暴露与肺癌风险增加之间存在因果关系。

2. 动物资料

(1)短期暴露:以 30~40g 年幼大鼠为实验对象,喂饲与乳混合的碳酸铍 0.06g/d(0~14 天)、0.16g/d(15~34 天)、0.24g/d(35~83 天)。研究结果表明,喂饲 0.06g 碳酸铍[相当于 260mg/(kg·d)]14 天,大鼠体重或外观都没有负面效应,且没有其他毒性终点,而喂饲更高剂量时则表现出体重减轻、长骨钙化和发育减缓。该研究给出的 NOAEL 值为 260mg/(kg·d)。

(2)长期暴露:以 Logn-Evans 大鼠为研究对象,喂饲含 5mg/L 铍的饮水直至死亡。研究结果表明,在雄性大鼠 2~6 月时有轻微的体重减轻效应。计算得出的 NOAEL 值为 0.538mg/(kg·d)。

以比格犬为研究对象,给 5 只雄性和 5 只雌性比格犬(年龄在 8 至 12 个月)分别喂饲(每天 1 小时)含 0、5、50、500mg/L 铍的硫酸铍水 172 周。以下参数被用来评估毒性:日常观察、食物消费、体重、血液学、血清生化、尿常规、脏器(心、肝、肾、脑、脾、脑垂体、甲状腺、肾上腺、性腺、全面的组织病理学)等。雄性和雌性比格犬小肠病变的剂量反应模型的数据被用来推导铍基准剂量,推导出的 BMD_{10} 为 0.46mg/(kg·d)。

(3)生殖 / 发育影响:给怀孕 CFW 小鼠腹腔注射 140mg/d 硫酸铍 [约 0.004 7mg/(kg·d)],先是连续 3 天,后在怀孕期的其他时间又进行了 8 次注射,共 11 次注射给药,试验发现怀孕的 CFW 小鼠后代有轻度神经毒性效应。

(4)致癌性:IARC 将铍及铍化合物列为 1 组,即对人类有确认的致癌性。有充足的证据证明吸入铍及铍化合物能引起人类的肺癌。

USEPA 未对铍的致癌性进行分组,原因是其分类存在争议,给出了铍的吸入单位致癌风险:$2.4 \times 10^{-3}(\mu g \cdot m^{-3})^{-1}$,肿瘤类型为肺癌。

三、饮水水质标准

(一)世界卫生组织水质准则

第一版至第三版《饮用水水质准则》均未提出铍的准则值。

第四版准则中第一次对铍进行了评估,但仍没有建立铍的准则值,不建立准则值的原因是认为饮用水中铍的质量浓度极低,基本不会引起健康影响。同时给出了铍基于健康的准则值为 0.012mg/L。

(二)我国饮用水卫生标准

1985 年版《生活饮用水卫生标准》(GB 5749—85)中未规定铍的限值。

2001 年颁布的《生活饮用水水质卫生规范》规定铍的限值为 0.002mg/L。

2006 年《生活饮用水卫生标准》(GB 5749—2006)仍然沿用 0.002mg/L 作为铍的限值。

(三)美国饮水水质标准

美国一级饮水标准中规定铍的 MCLG 是 0.004mg/L。铍的 MCL 采纳了 MCLG 的数值,也为 0.004mg/L。此值于 1992 年生效的,沿用至今。

四、短期暴露饮水水质安全浓度的确定

以 30~40g 年幼大鼠为实验对象,喂饲与乳混合的碳酸铍 0.06g/d(0~14 天)、0.16g/d(15~34 天)、0.24g/d(35~83 天)。研究结果表明,喂饲 0.06g 碳酸铍 [相当于 260mg/(kg·d)]14 天,大鼠体重或外观都没有负面效应,且没有其他毒性终点,而喂饲更高剂量时则表现出体重减轻、长骨钙化和发育减缓。该研究给出的 NOAEL 值为 260mg/(kg·d)。

短期暴露(十日)饮水水质安全浓度推导如下:

$$SWSC = \frac{NOAEL \times BW}{UF \times DWI} = \frac{260mg/(kg \cdot d) \times 10kg}{100 \times 1L/d} \approx 30mg/L \qquad (3-19)$$

式中:SWSC——短期暴露(十日)饮水水质安全浓度,mg/L;

NOAEL——基于年幼大鼠体重或一般表现为健康效应的分离点,260mg/(kg·d);

BW——平均体重,以儿童为保护对象,10kg;

UF——不确定系数,100,考虑种内和种间差异;

DWI——每日饮水摄入量,以儿童为保护对象,1L/d。

以年幼大鼠体重减轻、长骨钙化和发育变慢为健康效应推导的短期暴露(十日)饮水水质安全浓度为 30mg/L。

五、应急处理技术及应急期居民用水建议

(一)水厂应急处理技术

1. 概述　铍在天然水体中的存在状态有二价阳离子 Be^{2+}、氢氧化铍胶体颗粒等。氢氧化铍是难溶化合物,在中性和弱碱性 pH 条件下,水中的铍主要以氢氧化铍胶体颗粒的形式存在水中。当水源发生铍的突发污染时,需要进行除铍的应急处理。

自来水厂应急除铍技术为化学沉淀法。

2. 原理与参数　化学沉淀法除铍工艺的原理是:在 pH > 7 的条件下,使溶解性的铍离子生成难溶于水的氢氧化铍沉淀物,与投加混凝剂形成的矾花体共沉淀而被去除。

铍离子与氢氧根的沉淀溶解反应式:

$$Be^{2+}+2OH^-=Be(OH)_2 \downarrow \tag{3-20}$$

氢氧化铍的溶度积常数:

$$K_{sp}=6.92 \times 10^{-22} \tag{3-21}$$

根据该溶度积常数,可以计算出,理论上在 pH > 6.75 时,溶解性的 Be^{2+} < 0.002mg/L。实际中,考虑到混凝沉淀对析出的 $Be(OH)_2$ 的去除效率,pH 还需再略微提高。

除铍的试验结果显示,沉后水 pH 在 7.0~7.5 以上,处理后铍的质量浓度满足饮用水标准,小于 0.002mg/L,混凝剂使用铝盐或铁盐均可。试验结果见图 3-30 和 3-31。

3. 技术要点　根据试验结果,为保证除铍效果,最好使沉后水 pH 在 7.5 以上。各地自来水厂混凝沉淀后水的 pH 一般在 7.2~7.8,可以基本满足除铍要求。对于南方一些低 pH 低碱度的原水,可能存在沉后水 pH 偏低的问题,可在混凝之前加碱(烧碱或石灰),以满足除铍对 pH 的要求。

自来水厂应急除铍的工艺流程,见图 3-32。

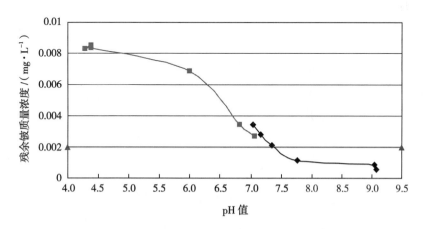

图 3-30　三氯化铁混凝剂在不同 pH 下的除铍效果

[原水铍质量浓度 0.01mg/L,三氯化铁投加量 10mg/L(以 Fe 计)]

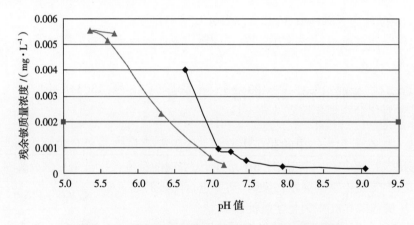

图 3-31　聚氯化铝混凝剂在不同 pH 下的除铍效果

[原水铍质量浓度 0.01mg/L，聚氯化铝投加量 20mg/L（商品重）]

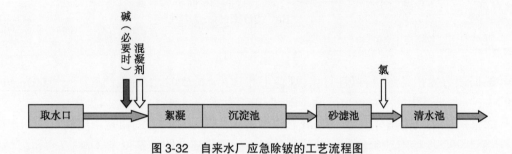

图 3-32　自来水厂应急除铍的工艺流程图

注意事项：

（1）自来水厂所用的碱必须使用食品级产品，不得使用工业级产品，以避免从产品中带入重金属污染物。

（2）混凝剂投加量需要大于平时投量，以确保除铍净水效果。

（3）加强沉淀池排泥和滤池冲洗。

（4）做好水厂外排污泥的妥善处置。

（二）应急期居民用水建议

人体可通过饮食、刷牙、漱口等途径经口摄入水中的铍；也可通过洗澡、洗手、洗菜、游泳等途径经皮肤接触水中的铍。具有反渗透膜、纳滤膜的净水器对铍有一定的去除效果，在铍污染事件的应急供水期，公众可选择具有上述净水组件的家用净水器，但应注意净水器说明书中注明的额定总净水量及滤芯的使用期限，超过额定总净水量或超出滤芯使用期限后，净水器对污染物的去除效果会迅速下降甚至带来二次污染，此时应及时更换滤芯。

第九节　硼及其化合物

一、基本信息

（一）理化性质

1. 中文名称：硼

2. 英文名称：boron

3. CAS 号：7440-42-8

4. 元素符号：B

5. 主要化合物：硼酸（CAS 号：10043-35-3）、硼砂（CAS 号：1303-96-4）

硼及其主要化合物理化性质见表 3-11。

表 3-11　硼及其主要化合物理化性质

物质名称	硼	硼酸	硼砂
化学式	B	H_3BO_3	$Na_2B_4O_7 \cdot 10H_2O$
原子量 / 分子量	10.81	61.83	381.43
常温状态	黑色晶体或黄褐色粉末	白色或无色结晶颗粒	白色或无色结晶颗粒或粉末
沸点 /℃	2 550	171（封闭空间） 450（无水晶体）	–
熔点 /℃	2 300	–	75
溶解性	不溶于水	溶于水	溶于水

（二）生产使用情况

硼的化合物可用于制造玻璃、肥皂和清洁剂，也可用作阻燃剂。硼酸、硼酸盐和高硼酸盐广泛应用于防腐剂、化妆品、医疗药品、农药和农业肥料等领域。

世界硼资源丰富，中国硼矿资源量仅次于土耳其、美国和俄罗斯，居世界第四位。2015年我国查明硼矿储量为 757 5.7 万吨。

（三）环境介质中质量浓度水平及饮水途径人群暴露状况

1. 环境介质中质量浓度水平　水环境中的硼主要来源于地质浸出和与硼相关工业的废水排放。未受污染的地表水和地下水中硼的含量很低，一般都低于 0.5mg/L。高质量浓度的硼主要分布在高矿化度、自然碳化的地下水。土耳其一硼砂采矿地区的地下水中硼的质量浓度范围为 2~29mg/L。除了天然的高硼地区，地表水中的硼质量浓度通常小于 0.5mg/L。在南美的两个河流不同地区取地表水样，高硼地区硼质量浓度为 4~26mg/L，其他地区硼质量浓度低于 0.3mg/L，北美洲（加拿大、美国）地表水硼质量浓度大多低于 0.1mg/L。海水的硼含量较高，平均为 4.5mg/L。

2. 饮水途径人群暴露状况　有研究认为饮食中硼的平均摄入量约为 1.2mg/d。饮用水对硼每日总摄入量的贡献通常与饮食的贡献相似，但当饮用水中硼质量浓度超过 1mg/L 时，饮用水将是每日硼总摄入量的主要贡献者。资料显示，国内外饮用水中均有硼的检出。智利、德国、英国和美国的饮用水中硼含量为 0.01~15mg/L，大多数低于 0.5mg/L。中国对 42 种瓶装水的硼水平调查结果显示，矿泉水中的硼质量浓度范围为 0.000 2~0.705mg/L，平均值为 0.052mg/L；纯净水中的硼质量浓度范围为 0.000 2~0.242mg/L，平均值为 0.028mg/L。中国南方某海岛县海水淡化水、水库水样检测结果显示海水淡化水样（51 份）和水库水样（39 份）中硼含量分别为 0.68~1.46mg/L 和 0.30~0.39mg/L。

二、健康效应

（一）毒代动力学

1. 吸收 人类和动物的研究表明，硼可由经口、吸入途径吸收，皮肤途径吸收较少或不吸收，破损皮肤对硼有少量吸收。

资料显示，硼经口暴露不仅可由胃肠道快速吸收，而且90%以上的剂量可在短时间内排出体外。6名人类志愿者经口暴露750mg硼酸（硼的剂量约为1.9mg/kg，平均体重为70.8kg），96小时后，92%~94%的硼酸以原型从尿中排出。

2. 分布 资料显示动物体内的硼酸和硼酸盐化合物主要以未解离的硼酸形式存在，并均匀分布在软组织中，在骨组织中也有一定蓄积。人体资料显示，硼在人体骨骼中同样有一定蓄积，但在血液中没有蓄积。

3. 代谢 目前没有硼及硼化合物在体内代谢过程的资料。无机硼酸盐化合物在体内以硼酸形式存在。硼酸是目前在尿液中确定的唯一硼化合物。

4. 排泄 有资料显示，口服暴露硼酸后，90%的剂量可在短时间内经尿排出。6名男性志愿者单次经口暴露了750mg硼酸（硼约为1.9mg/kg），24小时从尿中排出了60%~75%，96小时从尿中排出了93%。8名成年男性（22~28岁）经静脉注射（20分钟）暴露硼酸（硼酸总剂量为570~620mg，硼剂量为1.4~1.5mg/kg），120小时内从尿中排出了99%。

（二）健康效应

1. 人体资料 有大量关于硼中毒突发案例的报道。成人暴露5~20g硼酸即可致死，婴儿暴露不足5g硼酸即可致死；硼酸不同暴露途径的最低致死剂量分别为640mg/kg（口服）、8 600mg/kg（皮肤）和29mg/kg（静脉注射）。

人群长期暴露硼的资料源于19世纪中后期，硼化合物被用于治疗多种疾病包括癫痫、疟疾、泌尿道感染和渗出性胸膜炎等。最早用硼治疗癫痫的剂量为2.5~24.8mg/（kg·d）。接受治疗剂量 ≥ 5mg/（kg·d）硼化合物的患者出现消化不良、皮炎、秃头症（脱发）和厌食等症状。一名癫痫患者在接受15天硼化合物[5mg/（kg·d）]的治疗后，出现消化不良、厌食、皮炎等症状，当剂量减少到2.5mg/（kg·d）时，上述症状消失。

成人急性经口暴露于硼剂量低于3.68mg/kg时无健康影响；用硼中子俘获疗法治疗脑肿瘤的患者，暴露剂量为25mg/kg时出现恶心、呕吐症状，暴露剂量为35mg/kg时出现皮肤潮红症状。

2. 动物资料

（1）短期暴露：小鼠和大鼠口服暴露硼（硼酸和硼砂）的LD_{50}为400~700mg/kg。猪、狗、兔、猫口服暴露硼（硼酸和硼砂）的LD_{50}为250~350mg/kg。实验动物单次大剂量口服暴露于硼砂和硼酸，出现了抑郁症、共济失调、抽搐、死亡等急性中毒症状以及肾脏衰退和睾丸萎缩的情况。

将$B_6C_3F_1$小鼠（雌雄各5只）通过喂饲暴露于硼酸14天，硼剂量分别为0、108.4、218.5、437.0、874.0和1 748mg/（kg·d）。试验结果显示，在437.0mg/（kg·d）暴露组中部分小鼠出现前胃组织增生、发育不良和死亡。该研究得到的LOAEL为437.0mg/（kg·d），NOAEL为218.5mg/（kg·d）。

（2）长期暴露：以$B_6C_3F_1$小鼠（雌雄各10只）为试验对象，通过喂饲硼酸暴露13周，雄性小鼠硼的暴露剂量分别为0、34、70、141、281和563mg/（kg·d）；雌性小鼠硼的暴露剂量分别为 0、47、97、194、388 和 776mg/（kg·d）。试验结果显示在 34 和 47mg/（kg·d）暴露组均观察到了髓外造血，该研究据此得到 LOAEL 为雄性小鼠 34mg/（kg·d），雌性小鼠 47mg/（kg·d）。

以 SD 大鼠（10 只 / 性别 / 组）为试验对象，通过喂饲暴露硼酸或硼砂 13 周，硼剂量（喂食硼酸）为 0、3.9、13、38、124 和 500mg/（kg·d）；硼剂量（喂食硼砂）为 0、4.0、14、42、125 和 455mg/（kg·d）。试验结果显示，124~125mg/（kg·d）暴露组出现了体重减轻、部分器官绝对重量降低，雄性大鼠出现睾丸萎缩。该研究基于对雄性大鼠睾丸萎缩的毒性效应得到硼的 LOAEL 为 124~125mg/（kg·d），NOAEL 为 38~42mg/（kg·d）。

（3）生殖 / 发育影响：动物研究表明硼具有生殖和发育毒性。将雄性 SD 大鼠（18 只 / 组）通过喂饲暴露硼砂 30 天和 60 天，硼剂量分别为 0、25、50 和 100mg/（kg·d）。试验结果显示，25mg/（kg·d）剂量组未发现睾丸变化，生育能力未受影响；50 和 100mg/（kg·d）剂量组出现肝、睾丸、附睾重量减轻，睾丸形态学损害（精母细胞、精子细胞和精子数量的减少）、生育力下降。该研究基于睾丸毒性得到 NOAEL 为 25mg/（kg·d），LOAEL 为 50mg/（kg·d）。

将 SD 大鼠（35 只 / 性别 / 暴露组，70 只 / 性别 / 对照组）通过喂饲暴露硼砂或硼酸 2 年，硼剂量分别为 0、7.3、17.5 和 58.5mg/（kg·d）。试验结果显示，7.3 和 17.5mg/（kg·d）暴露组未发现与剂量相关的健康影响；58.5mg/（kg·d）暴露组观察到爪子肿胀和脱皮、鳞片尾、眼睑炎症、眼睛出现血性分泌物等症状，雄性大鼠出现睾丸萎缩、生精上皮萎缩等；基于睾丸影响，该研究得到 NOAEL 为 17.5mg/（kg·d），LOAEL 为 58.5mg/（kg·d）。

将一组雌性大鼠在怀孕 0~20 天通过喂饲暴露硼酸，硼的剂量分别为 0、13.6、28.5 和 58mg/（kg·d），将另一组雌性大鼠在怀孕 6~15 天同样通过喂饲暴露硼酸，硼的剂量为 94mg/（kg·d）。试验结果显示，与对照组相比，暴露组平均胎儿体重显著下降，并存在剂量相关性；中高剂量组 [≥ 28.5mg/（kg·d）] 畸胎率明显增加，最常见的畸形是侧脑室扩大和短肋的发育不全或短小。该研究基于器官重量的变化得出怀孕母体的 NOAEL 为 13.6mg/（kg·d），LOAEL 为 28.5mg/（kg·d）；基于胎儿体重降低、畸胎百分比增加等发育毒性确定的 LOAEL 值为 13.6mg/（kg·d）。

将 SD 大鼠在妊娠 0~20 日通过喂饲暴露硼酸，第一批大鼠在妊娠 20 天结束暴露，硼剂量分别为 0、3.3、6.3、9.6、13.3 和 25.0mg/（kg·d）；第二批大鼠产后喂养子代到断奶结束（即产后 21 天）评价产后发育，硼剂量分别为 0、3.2、6.5、9.7、12.9 和 25.3mg/（kg·d）。试验结果显示，母体未发现与暴露相关的不良健康效应；孕期暴露硼酸造成产前和产后的发育异常，13 和 25mg/（kg·d）暴露组胎儿体重减少、短肋（畸形）或波浪形肋骨（变异）的发生率增加。该研究基于胎儿体重减少得到硼的产前发育毒性的 NOAEL 为 9.6mg/（kg·d），LOAEL 为 13.3mg/（kg·d）；产后发育中，25.3mg/（kg·d）暴露组短肋的发生率明显增加，据此得到产后发育毒性的 NOAEL 为 12.9mg/（kg·d）。

（4）致癌性：IARC 未对硼的致癌性进行评估；USEPA 将硼的致癌性列为 I 组，即评估硼潜在致癌性的信息不足。

（三）本课题相关动物实验

以 SD 雄性大鼠（300~350g）为研究对象，设置一个阴性对照组，3 个剂量组，每组 18 只。适应性饲养 2 周，剂量组通过灌胃给予硼砂（$Na_2B_4O_7 \cdot 10H_2O$），剂量分别为 25、50 和 100mg/（kg·d）（以硼计）。试验期间大鼠自由摄食饮水。所有实验动物连续灌胃 28 天。

解剖取睾丸迅速放入液氮中保存,用于组织酶学指标检测。

实验结果显示,染毒28天,100mg/(kg·d)剂量组大鼠睾丸组织中的3-磷酸甘油醛脱氢酶(G_3PDH)、苹果酸脱氢酶(MDH)和山梨醇脱氢酶(SDH)质量浓度显著降低($P < 0.05$)。

以大鼠睾丸组织中的G_3PDH、MDH和SDH质量浓度降低为健康效应,确定NOAEL值为50mg/(kg·d),由此推导短期暴露(十日)饮水水质安全浓度为5mg/L。

三、饮水水质标准

(一)世界卫生组织水质准则

1984年第一版《饮用水水质准则》中未提出硼的准则值。

1993年第二版准则中,提出硼的基于健康的准则值为0.3mg/L。

1998年发表的第二版准则增补本中,硼的准则值调整为0.5mg/L,该准则值设定为暂行准则值。

2004年第三版中硼的暂行准则值仍沿用0.5mg/L。

2011年第四版准则中对硼的暂行准则值再次进行了修订,提出饮用水中硼的准则值为2.4mg/L。

2017年第四版第一次增补版准则值仍沿用2.4mg/L。

(二)我国饮用水卫生标准

1985年版《生活饮用水卫生标准》(GB 5749—85)中未提出硼的限值。

2001年卫生部颁布的《生活饮用水水质卫生规范》(卫法监发〔2001〕161号)中规定硼的限值为0.5mg/L。

2006年《生活饮用水卫生标准》(GB 5749—2006)仍然沿用0.5mg/L作为硼的限值。

(三)美国饮水水质标准

美国饮水水质标准中未制定硼的标准限值。

四、短期暴露饮水水质安全浓度的确定

以雄性SD大鼠为试验对象,开展30天和60天饮水试验,剂量组设置为0、25、50和100mg/(kg·d)。试验结果显示,50和100mg/(kg·d)暴露组出现肝、睾丸、附睾重量减轻、睾丸形态学损害、生育力下降;25mg/(kg·d)暴露组未发现睾丸变化、生育能力未受影响。该研究基于睾丸毒性得到硼的NOAEL为25mg/(kg·d),LOAEL为50mg/(kg·d)。

短期暴露(十日)饮水水质安全浓度推导如下:

$$SWSC = \frac{NOAEL \times BW}{UF \times DWI} = \frac{25mg/(kg \cdot d) \times 10kg}{100 \times 1L/d} \approx 3mg/L \qquad (3-22)$$

式中:SWSC——短期暴露(十日)饮水水质安全浓度,mg/L;

NOAEL——基于大鼠睾丸毒性为健康效应分离点,25mg/(kg·d);

BW——平均体重,以儿童为保护对象,10kg;

UF——不确定系数,100,考虑种内和种间差异;

DWI——每日饮水摄入量,以儿童为保护对象,1L/d。

以大鼠睾丸毒性为健康效应推导的短期暴露(十日)饮水水质安全浓度为3mg/L。本课题动物实验中以动物睾丸组织中的3-磷酸甘油醛脱氢酶(G3PDH)、苹果酸脱氢酶(MDH)和山梨醇脱氢酶(SDH)质量浓度降低为健康效应确定的NOAEL值为

50mg/（kg·d），由此推导短期暴露（十日）饮水水质安全浓度为5mg/L。可以看出，实验推导值5mg/L宽于3mg/L。从安全角度考虑，推荐将3mg/L作为硼的短期暴露（十日）饮水水质安全浓度。

五、应急处理技术及应急期居民用水建议

（一）水厂应急处理技术

在中性的天然水体中，硼的主要存在形式是硼酸（H_3BO_3），少量为硼酸根（$H_2BO_3^-$），其解离常数$K_{a1}=9.14 \times 10^{-10}$。自来水厂的常规净水工艺（混凝—沉淀—过滤—消毒的工艺）和臭氧生物活性炭深度处理工艺对硼均没有去除效果。尽管高质量浓度的含硼工业废水有化学沉淀、离子交换和反渗透等处理方法，但是这些技术不能用于自来水处理，设备要求与处理费用过高（离子交换法、反渗透），或是达不到生活饮用水卫生标准要求，且渣量过大（化学沉淀法），不适用于自来水处理。因此，对于水源突发硼污染，目前尚无自来水厂可以采用的应急除硼净水技术。

（二）应急期居民用水建议

人体可通过饮食、刷牙、漱口等途径经口摄入水中的硼；也可通过洗澡、洗手、洗菜、游泳等途径经皮肤接触水中的硼。具有反渗透膜的净水器对硼有一定的去除效果，在硼污染事件的应急供水期，公众可选择具有上述净水组件的家用净水器，但应注意净水器说明书中注明的额定总净水量及滤芯的使用期限，超过额定总净水量或超出滤芯使用期限后，净水器对污染物的去除效果会迅速下降甚至带来二次污染，此时应及时更换滤芯。

第十节　钼及其化合物

一、基本信息

（一）理化性质

1. 中文名称：钼

2. 英文名称：molybdenum

3. CAS号：7439-98-7

4. 元素符号：Mo

5. 相对原子质量：95.94

6. 外观与性状：银白色金属，硬而坚韧，是难熔金属元素之一

7. 蒸气压：0.133kPa（3 102℃）

8. 熔点：2 610℃

9. 沸点：5 560℃

10. 溶解性：不溶于水

（二）生产使用情况

钼的各种深加工产品，包括钼粉、钼棒、特钢用钼块、粗（细）钼丝、喷涂钼丝、钼杆、钼板、钼圆片、钼电极、钼顶头、钼隔热屏、钼坩埚、钼喷嘴等被广泛用于航天、航空、原子能工业、化工、冶金、机械制造、玻璃纤维、电力电子、军工和家电等许多领域。中国是世界上最大的钼生产国，2015年钼的产量为101 000吨。

（三）环境介质中质量浓度水平及饮水途径人群暴露状况

1. 环境介质中质量浓度水平　环境水体中钼主要来源于钼矿的开采与加工冶炼。未受污染的水体中钼的本底含量很低，受到钼污染的水体有钼超标问题，特别是钼尾矿库泄漏或坍塌造成的突发钼污染，钼的质量浓度可能会很高。美国15个主要流域32.7%的地表水中检出了钼，质量浓度范围为2~1 500μg/L（均值为60μg/L）。美国地下水中钼的质量浓度为0~270μg/L。我国在辽宁葫芦岛地区开展的一项水源水库和地下水污染调查发现，钼的质量浓度超过《生活饮用水卫生标准》（GB 5749—2006）限值（0.07mg/L）5~23倍。

2. 饮水途径人群暴露状况　钼是动物及人体的必需微量元素。美国的调查结果显示，男性摄入钼的量为240μg/d，女性为100μg/d，低收入家庭钼摄入量较高。食品是钼的主要暴露途径，大部分地区通过饮水暴露的钼不超过20μg/d。

二、健康效应

（一）毒代动力学

1. 吸收　人类饮食摄入的钼30%~70%可通过胃肠道吸收。动物胃肠对钼的吸收率受其化学组成及动物种类影响，经口摄入六价钼后易被吸收，而四价钼不易被吸收，非反刍动物对钼的吸收量高于反刍动物。

2. 分布　钼被吸收后，会快速出现在血液及大多数器官中，其中肝、肾及骨骼中的钼质量浓度最高。此外，钼还可穿过胎盘屏障。人体组织中的钼没有明显的生物累积现象。

3. 代谢　钼主要以无机盐或与蛋白结合构成含钼酶的辅助因子两种形态参与代谢过程。有研究发现钼酸盐被吸收后，与红细胞有松散的结合，在肝脏中的钼酸根一部分转化为含钼酶，其余部分与蝶呤结合形成含钼的辅基储存在肝脏中。

4. 排泄　啮齿动物对钼的排泄大部分通过尿排出，只有少量通过粪便排泄。反刍动物对钼的排泄相对较慢，6~7天内通过尿液仅排出10%~15%，剩余部分通过粪便排出。

（二）健康效应

1. 人体资料　钼是动物及人体的必需微量元素。不同年龄段人群钼的安全限值不同，婴儿为0.015~0.04mg/d，1~10岁儿童为0.025~0.15mg/d，10岁以上人群则为0.075~0.25mg/d。

一项研究在科罗拉多的两个城市进行了两年多的调查，研究饮水中的钼对人体的影响，低钼人群组由42名来自Denver的人组成，该地方饮水中钼含量为1~50μg/L，高钼人群组由13名来自Golden的大学生组成，该地方饮水中钼含量≥200μg/L。该研究对比了这两个城市饮水人群尿中钼和铜、血清铜蓝蛋白和尿酸水平。发现没有剂量组产生有害效应，因此建议饮水中钼的NOAEL值为200μg/L。

一项在印度开展的557人的流行病学研究发现人群通过谷物摄入高质量浓度的钼与下肢骨质疏松有关。

在亚美尼亚开展的一项横断面研究中，调查了血清尿酸水平、生化终点与钼摄入量的关系，研究类痛风型疾病对居民的影响。研究区的成年人平均摄入钼的量为10~15mg、铜为5~10mg，此摄入量对应于一个70kg成年人钼剂量折算为0.14~0.21mg/（kg·d）。对照区钼为1~2mg、铜为10~15mg。医学检查的结果表明：57名研究区成年人（成年人数的31%）和14名对照区成年人（成年人数的17.9%）有痛风症状，为总体平均率的1%~4%。症状的特点是疼痛、肿胀、炎症和关节畸形，血液中的尿酸含量增加。在许多情况下，并伴随着胃肠道、肝脏和肾脏疾病。对52名研究区成年人和5名对照区成年人进行了更详细的检查，检测了血液中铜、钼、尿酸和黄嘌呤氧化酶的质量浓度和尿液中钼、铜、尿酸的质量浓度。52名研究区成年人血尿酸平均含量为6.2mg,而5个对照人群为3.8mg;52人中有29人的血尿酸高于正常值(>5.5mg),此29人中有17人有类痛风症状。52名研究区成年人血尿酸质量浓度随在该地区居住时间的增加而增大;居住一年增加3.75mg,1~5年增加6.4mg,5年及以上增加6.8mg。基于该结果,钼摄入0.14mg/(kg·d)将导致血尿酸高于成人人均水平的范围(2~6mg),这个剂量被指定为LOAEL。

2. 动物资料

(1)短期暴露:不同的物种钼的急性毒性症状不同,幼兔的毒性症状是食欲减退、体重减轻、秃头以及皮肤病;而大鼠和豚鼠,则为食欲减退、生长迟缓、体重减轻及不育等。反刍动物对钼更敏感,钼对牛的致死剂量为10mg/kg,大鼠为100~150mg/kg,豚鼠为250mg/kg。兔子摄入含5 000mg/kg食物的钼可导致甲状腺功能急速缩减。大鼠六价钼氧化物、钼酸钙、钼酸氨经口LD_{50}分别为125、101和330mg/(kg·d)。

以21天龄Holtzman大鼠(4只/剂量组)为研究对象,钼给药剂量为0、7.5和30mg/(kg·d),暴露时间为6周。结果表明钼显著阻止生长,7.5和30mg/(kg·d)两剂量组的大鼠都观察到胫骨关节扩大,股骨、胫骨的骨骺加厚。该研究基于体重增长降低及骨头变形,确定LOAEL为7.5mg/(kg·d)。

(2)长期暴露:对钼最敏感的物种是反刍动物,特别是牛和羊。自19世纪30年代中期开始,家畜钼中毒的病例常有报导,较著名的有牛钼过多症,俗称"泥炭腹泻"或"牛下泻病",症状为腹泻、消瘦和雄性不育,通常可以通过对动物加铜饮食而逆转。

(3)生殖/发育影响:以CD小鼠为研究对象,喂饲含10mg/L钼的去离子水6个月,研究其对繁殖的影响。观察到额外胎死率,F1代有15(总238)只幼崽死亡,F2代有7只(总242)幼崽死亡,5只同窝死亡,一只母鼠死亡;F3代的幼鼠死亡和整窝死亡显著增加。

给4只怀孕Cheviot母羊喂饲添加50mg/d钼(钼酸铵)的日粮,出生四只小羊,三只出现共济失调症状,组织学检测发现大脑皮层和脊髓的脱髓鞘脑皮质和细胞结构的退行性改变,病变类似于其他研究者描述的"背凹症"。

以Long-Evans大鼠为试验对象开展了一个为期13周的钼经口暴露研究,共设置0.1、2、8、14mg/(kg·d)四个剂量组,研究膳食钼对生殖影响及子代在哺乳期生长发育的影响。研究结果显示,两个高钼剂量组窝数减少,主要归因于大鼠不同程度的生精小管变性及雄性不育;母鼠在哺乳期体重减轻小于低剂量组雌性大鼠,并有迹象表明,暴露于钼最高剂量组的母鼠,其幼崽在断奶时体重比其他幼崽轻;这些效应可能归因于母鼠暴露于高剂量钼后产奶减少。该研究得出NOAEL值为2mg/(kg·d)。

(4)致癌性:IARC未对钼的致癌性进行评估;USEPA把钼列为D组,即不能定为对人类有致癌性。

三、饮水水质标准

(一)世界卫生组织水质准则

1984年第一版《饮用水水质准则》中未提出钼的准则值。

1993年第二版准则提出钼基于健康的准则值为0.07mg/L。

2004年第三版、2011年第四版及2017年第四版准则第一次增补版中健康准则值仍为0.07mg/L。

（二）我国饮用水卫生标准

1985 年版《生活饮用水卫生标准》（GB 5749—85）中未设定钼的限值。

2001 年颁布的《生活饮用水水质卫生规范》（卫生监发〔2001〕161 号）规定钼的限值为 0.07mg/L，该限值的制定参考了 1993 年世界卫生组织《饮用水水质准则》中钼限值制定的情况。

2006 年《生活饮用水卫生标准》（GB 5749—2006）仍然沿用 0.07mg/L 作为钼的限值。

（三）美国饮水水质标准

美国饮水水质标准中未制定钼的限值。

四、短期暴露饮水水质安全浓度的确定

Miller 等以 21 天龄 Holtzman 大鼠（4 只 / 剂量组）为研究对象，钼给药剂量为 0、7.5 和 30mg/（kg·d），暴露时间为 6 周。结果表明钼显著阻止生长，7.5 和 30mg/（kg·d）两剂量组的大鼠都观察到胫骨关节扩大，股骨、胫骨的骨骺加厚。该研究基于体重增长降低及骨头变形确定 LOAEL 为 7.5mg/（kg·d）。

短期暴露（十日）饮水水质安全浓度推导如下：

$$SWSC = \frac{NOAEL \times BW}{UF \times DWI} = \frac{7.5mg/（kg·d）\times 10kg}{1\,000 \times 1L/d} \approx 0.08mg/L \tag{3-23}$$

式中：SWSC——短期暴露（十日）饮水水质安全浓度，mg/L；

LOAEL——基于大鼠体重增加降低及骨头变形为健康效应的分离点，7.5mg/（kg·d）；

BW——平均体重，以儿童为保护对象，10kg；

UF——不确定系数，1 000，考虑种内和种间差异，及使用 LOAEL；

DWI——每日饮水摄入量，以儿童为保护对象，1L/d。

以大鼠体重增加降低及骨头变形为健康效应推导的短期暴露（十日）饮水水质安全浓度为 0.08mg/L。

五、应急处理技术及应急期居民用水建议

（一）水厂应急处理技术

1. 概述　天然水体中钼的存在形式以钼酸根（MoO_4^{2-}）为主。自来水厂的常规净水工艺（混凝 — 沉淀 — 过滤 — 消毒的工艺）和臭氧生物活性炭深度处理工艺对钼的去除均没有效果。当水源发生钼的突发污染时，需要进行除钼的应急净水处理。

自来水厂应急去除钼技术为弱酸性铁盐混凝沉淀法除钼工艺。

2. 原理与参数　弱酸性铁盐混凝沉淀法除钼工艺的原理是：钼在水中通常以钼酸根（MoO_4^{2-}）形式存在，在弱酸性条件下可以被铁盐混凝剂生成的氢氧化铁矾花吸附去除。

除钼应急处理的试验数据，见图 3-33 和图 3-34。

图 3-33 是不同 pH 条件下对钼的混凝沉淀去除效果的试验结果。由图可见，控制反应后 pH 小于 6，采用聚合硫酸铁、三氯化铁等铁盐混凝剂可以有效除钼。铝盐混凝剂不能除钼。

图 3-34 是混凝沉淀除钼的应对能力试验。试验采用配水，东莞水源水的三氯化铁投加量 5mg/L（以 Fe 计），天津自来水的三氯化铁投加量 15mg/L（以 Fe 计），沉后 pH 均约为 6。由图可见，投加 15mg/L 铁盐混凝剂，对初始钼质量浓度为 7mg/L 以内的情况可以处理达标，5mg/L 铁盐混凝剂只能应对初始钼质量浓度为 1mg/L 以内的情况。

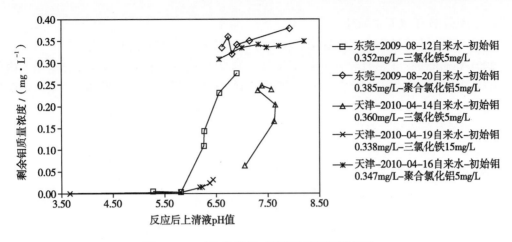

图 3-33　pH 和混凝剂对混凝除钼效果的影响

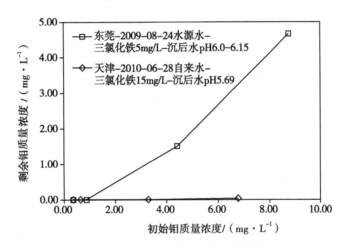

图 3-34　混凝法除钼能力试验结果

3. 技术要点　自来水厂弱酸性铁盐混凝沉淀除钼净水工艺:

（1）在弱酸性条件净水除钼,控制 pH 小于 6。混凝前加酸,在弱酸性条件下进行混凝、沉淀的净水处理,以矾花絮体吸附去除水中的钼。

（2）反应所需 pH 和铁盐混凝剂的投加量,应根据现场试验确定。

（3）沉后水加碱回调 pH 至 7.5~7.8,满足生活饮用水的水质要求。

处理费用:约为 0.50 元 /m³（根据原水的钼超标情况和碱度而变化）。自来水厂应急除钼的工艺流程,见图 3-35。

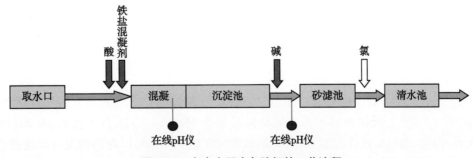

图 3-35　自来水厂应急除钼的工艺流程

注意事项：

（1）自来水厂净水所用的酸和碱必须使用食品级产品，不得使用工业级产品，以避免从产品中带入重金属污染。

（2）需要做好水厂应急净水运行中的 pH 控制，一般应加装在线 pH 计。

（3）做好酸碱药品操作的个人防护，注意人身安全。

（4）加强沉淀池排泥和滤池冲洗。

（5）加酸加碱应注意保持出厂水的化学稳定性，避免发生配水管网管垢中铁锈过量释放产生的龙头水黄水问题。

（6）对水厂的外排污泥，需要妥善处置。

（二）应急期居民用水建议

人体可通过饮食、刷牙、漱口等途径经口摄入水中的镍；也可通过洗澡、洗手、洗菜、游泳等途径经皮肤接触水中的镍。具有反渗透膜、纳滤膜的净水器对镍有一定的去除效果，在镍污染事件的应急供水期，公众可选择具有上述净水组件的家用净水器，但应注意净水器说明书中注明的额定总净水量及滤芯的使用期限，超过额定总净水量或超出滤芯使用期限后，净水器对污染物的去除效果会迅速下降甚至带来二次污染，此时应及时更换滤芯。

第十一节　镍及其化合物

一、基本信息

（一）理化性质

1. 中文名称：镍
2. 英文名称：nickel
3. CAS 号：7440-02-0
4. 元素符号：Ni
5. 相对原子质量：58.71
6. 主要化合物：氯化镍（CAS：7718-54-9）、氧化镍（CAS：1313-99-1）

镍及其主要化合物理化性质见表 3-12。

表 3-12　镍及其主要化合物理化性质

物质名称	镍	氯化镍	氧化镍
化学式	Ni	$NiCl_2$	NiO
原子量/分子量	58.71	129.62	74.71
常温状态	银色金属	黄色固体	墨绿色固体
沸点/℃	2 732	973（升华）	–
熔点/℃	1 453	1 001	1 900
溶解性	不溶于水	64.2g/100g 水（20℃）	–

（二）生产使用情况

金属镍主要用于合金（如镍钢和镍银）和电镀，还可用作催化剂（如拉内镍，尤指用作氢化的催化剂）、制造货币、陶瓷制品、特种化学器皿、电子线路、玻璃着绿色以及镍化合物制备等。2014年我国镍的矿山产量大约为10万吨，2015年稍有增长，保留量大约为300万吨。

（三）环境介质中质量浓度水平及饮水途径人群暴露状况

1. 环境介质中质量浓度水平　天然水中的镍通常以卤化物、硝酸盐、硫酸盐以及某些有机和无机络合物的形式存在。由于镍的化合物在水中溶解性低，镍在水中的质量浓度受其水源的影响较大，水环境中镍的主要来源包括：镍矿的开采与冶炼、钢铁工业排污、电镀废水和电池与电子元件等的污染。在大部分地表水和地下水中，镍的含量处于较低水平。

2. 饮水途径人群暴露状况　饮用水中镍除了来自于原水之外，还可能来自于饮用水与含镍合金或镀铬、镀镍配件接触过程中的溶出。有研究表明，通过饮用水途径镍的摄入量为0.005~0.025mg/d，占每天经口总摄入量的2%~11%。尽管存在某些地区的地下水中镍含量异常高的特殊情况，但总体来说，镍经过饮用水途径的暴露量只占每日总摄入量的一小部分。

二、健康效应

（一）毒代动力学

1. 吸收　有研究显示，人经口暴露后，饮用水中的镍有27%会被吸收。镍可以通过胎盘传播给胎儿，动物试验显示，若在母体的食物中加入1 000mg/kg镍，则新生大鼠体内镍的水平为22~30mg/kg。

2. 分布　经口摄入镍后，其在组织内的分布情况取决于化合物的质量浓度水平，化合物质量浓度水平越高，组织中镍的含量越高。小牛摄入镍后，在其胰腺、睾丸和骨骼中检出了镍。刚断奶的大鼠摄入乙酸镍后，在其肾脏、肝脏、心脏和睾丸中检出了镍，其中肾脏中的累积含量最高。

3. 代谢　在人类、兔子、大鼠和牛科动物的血清中，血清蛋白是镍主要的载体蛋白。兔子血清中的镍纤维蛋白溶酶可与α1-巨球蛋白反应；从人血清中分离出的9.5s α1-糖蛋白与二价镍有很强的结合力。有研究显示，大鼠吸入羰基镍后，其在红细胞或其他细胞内逐步氧化，进而释放出二价镍和一氧化碳。

4. 排泄　人类和动物吸收的镍主要通过尿液排出。也有研究在人体的胆囊胆汁标本中检出镍，平均质量浓度为（2.3±0.8）μg/L，说明镍也可通过胆汁排出。在人类的头发中也发现了镍的沉积，表明头发也可能是一种排泄机制。此外，有研究表明镍还可以通过粪便排出。

（二）健康效应

1. 人体资料　一名两岁半的女孩在摄入15克硫酸镍晶体后死亡，死亡4小时后尸体解剖发现了急性出血性胃炎。一名55岁男子通过饮用水摄入硫酸镍7小时后（50μg/kg），出现了左侧偏盲的情况，并持续了两个小时。一项针对镍过敏女性的病例对照研究中，使20名镍过敏女性及20名年龄匹配对照组摄入含^{61}Ni的饮水并进行监测，持续时间72小时，受试者禁食，空腹。研究结果表明，两组均出现了手部湿疹，病例组中，9例出现镍中毒后手部湿疹加重，3例出现丘疹性疹，对照组无明显加重症状，通过激发试验得出LOAEL为12μg/（kg·d）。

2. 动物资料

（1）短期暴露：大鼠经口摄入氯化镍的LD_{50}为105mg/kg；小鼠经口摄入二茂镍的LD_{50}

为 186mg/kg。

给刚断奶的 OSU 棕色大鼠的食物里加入醋酸镍,暴露时间为 6 周,剂量为 0、100、500 和 1 000mg/kg 食物 [镍摄入量相当于 0、10、50 和 100mg/(kg·d)]。研究结果表明,500mg/kg 食物剂量组出现大鼠体重增加明显减少,1 000mg/kg 食物剂量组大鼠出现了体重下降的情况。在 500mg/kg 食物和 1 000mg/kg 食物剂量组,大鼠血液中的血红蛋白质量浓度、红细胞压积和血浆碱性磷酸盐活性出现了剂量相关性减少,体内红细胞、心脏、肾脏、肝脏和睾丸中铁的质量浓度显著升高($P < 0.05$)。高剂量组大鼠的心脏和肝脏中,细胞色素氧化酶活性明显降低($P < 0.005$)。100mg/kg 食物剂量组大鼠的体重、体内矿物质含量和酶的活性没有明显区别。该研究以大鼠血液参数变化和细胞色素氧化酶活性降低为观察终点得出 NOAEL 值为 100mg/kg 食物,[10mg/(kg·d)],LOAEL 值为 500mg/kg 食物 [(50mg/(kg·d)]。

(2)长期暴露:在大鼠饮用水中加入 225mg/L 氯化镍 [镍的摄入量相当于 17.6mg/(kg·d)],饮用四个月后与对照组相比发现,剂量组大鼠的体重明显下降($P < 0.05$);每日的尿量以及尿液中锌和钙的质量浓度明显减少;此外,血清中脂肪和胆固醇的质量浓度明显减少($P < 0.05$)。

对大鼠进行的一项终生喂饲试验中,在其饮用水中加入 5mg/L 镍(平均每天摄入镍 0.41mg/kg)。在 18 个月时剂量组与对照组相比发现,雌雄大鼠的平均体重均明显降低($P < 0.025$),寿命没有明显改变。组织病理学显示,与对照组相比,剂量组心肌纤维化的发病率(13.3%)明显上升($P < 0.025$)。

在比格犬的饮食中加入六水合硫酸镍,剂量为 0、100、1 000 和 2 500mg/kg 食物 [镍含量相当于 0、3、29 和 70mg/(kg·d)],饲喂两年,研究结果表明,100mg/kg 食物和 1 000mg/kg 食物剂量组狗的体重、血液、尿液、体内器官比重和组织病理学检查均未受到明显的影响。2 500mg/kg 食物剂量组狗的体重增长被抑制;血红蛋白和红细胞压积值下降;肾脏和肝脏在体内所占的比重明显升高($P < 0.05$)。同时,在高剂量组还观察到肺部病理学改变和骨骼中的粒细胞增生。

在大鼠的饮食中加入 0、100、1 000 和 2 500mg/kg 食物的硫酸镍 [镍含量相当于 0、5、50 和 125mg/(kg·d)],饲喂两年,在 100mg/kg 食物剂量组大鼠中未观察到明显的影响。2 500mg/kg 食物剂量组雌雄大鼠体重均有明显下降($P < 0.05$)。1 000mg/kg 食物剂量组大鼠体重也有所下降,雌性大鼠在第 6 周和 26~104 周时体重降低明显,而雄性大鼠仅在第 52 周表现出体重下降。与对照组相比,两个高剂量组的雌性大鼠心脏在体内所占的比重明显升高($P < 0.05$),肝脏在体内所占的比重明显降低。100mg/kg 食物剂量组没有观察到明显影响。该研究以试验动物体重的改变及内脏在体内所占比重的改变为观察终点得出的 NOAEL 值为 100mg/kg 食物 [镍含量相当于 5mg/(kg·d)];LOAEL 值为 1 000mg/kg 食物 [镍含量相当于 50mg/(kg·d)]。

(3)生殖/发育影响:一项三代繁殖研究中,给大鼠提供含有 5mg/L 镍的饮用水,未指定盐,估计剂量为 0.43mg/(kg·d)。与对照组相比,剂量组每一代的初生仔死亡率均有明显增加($P < 0.025$)。第一代和第三代大鼠过小的数量明显增加($P < 0.025$ 和 $P < 0.001$)。第三代的每窝产子数有所下降。

(4)致癌性:IARC 将镍化合物吸入暴露的致癌性列为 1 组,即对人类有确认的致癌性;将金属镍列为 2B 组,即有可能对人类致癌。将金属镍通过气管滴注暴露于大鼠,很多试验动物患肺鳞状细胞癌和腺癌;胸膜内注射、皮下植入镍小球和肌内注射镍粉会诱发肉瘤;腹膜内注射会诱发癌和肉瘤。缺少经口摄入镍致癌性风险的证据。

USEPA 将精炼的镍粉尘和二硫化镍列为 A 组,即人类致癌物;将羰基镍列为 B2 组,即有充足的动物致癌证据,不充分的或根本没有人类证据。

(三)本课题相关动物实验

以断乳的 Wistar 大鼠(35 天龄)为实验对象,雌雄各半,随机分为 4 组(1 个对照组,3 个剂量组),每组 24 只。剂量组分别给予 10、50 和 100mg/(kg·d)(以镍计)的四水合乙酸镍($C_2H_{11}NiO_6$)水溶液,经口灌胃,对照组给予等容量的纯化水,每天灌胃 1 次,连续灌胃 14 天,期间大鼠自由摄食饮水。每天观察大鼠染毒后的症状体征。每周对每只大鼠体重、剩余食物量进行记录,并计算饲料消耗量。于染毒后 14 天行腹主动脉采血,测定血常规和血清生化指标;解剖取肝脏、肾脏、心脏分别称重,计算脏器体重系数,取肝肾组织进行组织中细胞色素 C 氧化酶活性的检测。

实验结果表明,染毒 14 天,50mg/(kg·d)剂量组雌性大鼠肝体比显著下降($P < 0.05$),100mg/(kg·d)剂量组肝体比极显著降低($P < 0.01$);以大鼠肝体比下降为健康效应,确定的 NOAEL 值为 10mg/(kg·d),LOAEL 值为 50mg/(kg·d)。100mg/(kg·d)剂量组肝重、谷丙转氨酶(ALT)水平极显著降低($P < 0.01$)、肝组织的细胞色素 C 氧化酶活性显著降低($P < 0.05$),以大鼠肝重降低、血清 ALT 降低、肝酶活性降低为健康效应,确定的 NOAEL 值为 50mg/(kg·d),LOAEL 值为 100mg/(kg·d)。

综合以上实验结果,以雌性大鼠肝体比显著下降为健康效应,染毒 14 天的 NOAEL 值为 10mg/(kg·d),由此推导短期暴露(十日)饮水水质安全浓度为 1mg/L。

三、饮水水质标准

(一)世界卫生组织水质准则

1984 年第一版《饮用水水质准则》认为没有必要制订饮用水中镍的准则值。

1993 年第二版准则提出了镍基于健康的准则值为 0.02mg/L。

2004 年第三版、2011 年第四版及 2017 年第四版第一次增补版准则中,提出镍的准则值为 0.07mg/L。

(二)我国饮用水卫生标准

1985 年版《生活饮用水卫生标准》(GB 5749—85)中未规定镍的限值。

2001 年卫生部颁布的《生活饮用水水质卫生规范》(卫法监发〔2001〕161 号)中规定饮用水中镍的限值为 0.02mg/L。

2006 年《生活饮用水卫生标准》(GB 5749—2006)仍然沿用 0.02mg/L 作为镍的限值。

(三)美国饮水水质标准

美国在 1995 年前饮水中镍的 MCLG 和 MCL 均为 0.1mg/L,但从 1995 年 2 月 9 日美国对镍的饮水标准限值进行重新评定后,其饮水水质标准中就没有设定镍的饮水标准限值。

四、短期暴露饮水水质安全浓度的确定

Whanger 以刚断奶的 OSU 棕色大鼠为试验对象,开展 6 周试验,在其食物中加入醋酸镍,3 个剂量组镍摄入量相当于 10、50 和 100mg/(kg·d)。研究结果表明,在中、高剂量水平下,大鼠血液中的血红蛋白质量浓度、红细胞压积和血浆碱性磷酸盐活性出现了剂量相关性减少,体内红细胞、心脏、肾脏、肝脏和睾丸中铁的质量浓度显著升高($P < 0.05$)。在高剂量水平下,大鼠的心脏和肝脏中,细胞色素氧化酶活性明显降低($P < 0.005$)。该研究以大

鼠血液参数变化和细胞色素氧化酶活性降低为观察终点得出 NOAEL 值为 10mg/（kg·d）。

短期暴露（十日）饮水水质安全浓度推导如下：

$$SWSC = \frac{NOAEL \times BW}{UF \times DWI} = \frac{10mg/(kg \cdot d) \times 10kg}{100 \times 1L/d} \approx 1mg/L \qquad （3-24）$$

式中：SWSC——短期暴露（十日）饮水水质安全浓度，mg/L；

$\quad$ NOAEL——基于大鼠血液参数变化和细胞色素氧化酶活性降低为健康效应的分离点，

$\qquad$ 10mg/（kg·d）；

$\quad$ BW——平均体重，以儿童为保护对象，10kg；

$\quad$ UF——不确定系数，100，考虑种内和种间差异；

$\quad$ DWI——每日饮水摄入量，以儿童为保护对象，1L/d。

以大鼠血液参数变化和细胞色素氧化酶活性降低为健康效应推导的短期暴露（十日）饮水水质安全浓度为 1mg/L。本课题动物实验中以雌性大鼠肝体比显著下降为健康效应，推导的短期暴露（十日）饮水水质安全浓度也为 1mg/L。可以看出，本课题实验推导值与文献资料推导值数值相一致，建议将 1mg/L 作为镍的短期暴露（十日）饮水水质安全浓度值。

五、应急处理技术及应急期居民用水建议

（一）水厂应急处理技术

1. 概述　天然水体中镍的存在形式以二价镍离子（Ni^{2+}）为主。自来水厂的常规净水工艺（混凝—沉淀—过滤—消毒的工艺）和臭氧生物活性炭深度处理工艺对镍的去除均没有效果。当水源发生镍的突发污染时，需要进行除镍的应急净水处理。

自来水厂的应急除镍技术为弱碱性化学沉淀法除镍工艺。

2. 原理与参数　弱碱性化学沉淀法除镍工艺的原理是：镍在高 pH 条件下生成难溶于水的氢氧化镍沉淀物 $Ni(OH)_2$，然后通过混凝沉淀过滤工艺去除，再把水的 pH 回调至中性。

除镍应急处理的试验数据，见图 3-36 和图 3-37。

图 3-36 是不同 pH 条件下混凝沉淀法对除镍的试验结果，试验用水为硝酸镍配水，初始镍质量浓度为 0.10mg/L。由图可见，控制混凝反应之后水的 pH 大于 9.0，可有效除镍。由

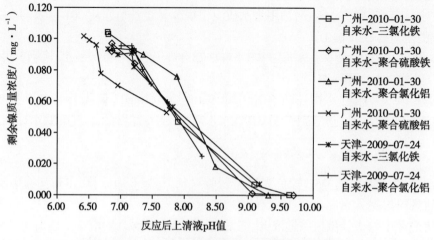

图 3-36　不同 pH 和不同混凝剂对除镍效果的影响

（原水镍浓度为 0.10mg/L）

于所需 pH 偏高,应采用铁盐混凝剂。如果使用铝盐混凝剂,在高 pH 条件下可能会出现出水铝超标的问题。

图 3-37 是混凝沉淀除镍的最大应对能力试验。试验采用自来水配水,三氯化铁投加量 5mg/L(以 Fe 计)。由图可见,预调 pH10.0,反应后 pH 约为 9.2,镍的可应对最大质量浓度大于 1mg/L,可应对最大超标倍数 50 倍。

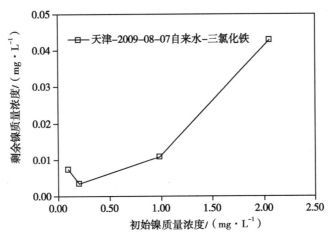

图 3-37　碱性化学沉淀法除镍最大应对能力试验

[三氯化铁投加量 5mg/L(以 Fe 计)]

3. 技术要点　原理为水中镍离子在碱性条件下生成难溶于水的氢氧化镍沉淀物,随混凝剂生成的矾花共沉淀而去除。

自来水厂弱碱性除镍净水处理工艺:

(1)使用铁盐混凝剂,在弱碱性条件净水除镍,控制反应后 pH 大于 9.0。混凝前加碱把水调成弱碱性,在弱碱性条件下进行混凝、沉淀、过滤的净水处理,析出的氢氧化镍沉淀物与矾花絮体共沉淀被去除。

(2)滤后水加酸回调 pH 至 7.5~7.8,满足生活饮用水的水质要求。

(3)增加费用:加碱加酸费用在 0.10 元 /m³ 左右(根据原水的 pH 和碱度而变化)。

自来水厂应急除镍的工艺流程,见图 3-38。

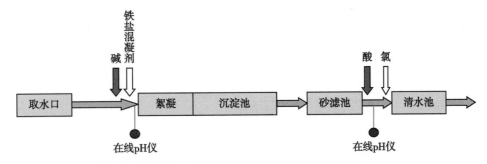

图 3-38　自来水厂应急除镍的工艺流程图

注意事项:

(1)自来水厂净水所用的酸和碱必须使用食品级产品,不得使用工业级产品,以避免从产品中带入重金属污染。

（2）需要做好水厂运行中的 pH 控制，一般应加装在线 pH 计。

（3）做好酸碱药品操作的个人防护，注意人身安全。

（4）混凝剂投加量需要大于平时投量，以确保除镍净水效果。

（5）加强沉淀池排泥和滤池冲洗。

（6）含有污染物的排泥水和污泥需要妥善处置。

（二）应急期居民用水建议

人体可通过饮食、刷牙、漱口等途径经口摄入水中的镍；也可通过洗澡、洗手、洗菜、游泳等途径经皮肤接触水中的镍。具有反渗透膜、纳滤膜的净水器对镍有一定的去除效果，在镍污染事件的应急供水期，公众可选择具有上述净水组件的家用净水器，但应注意净水器说明书中注明的额定总净水量及滤芯的使用期限，超过额定总净水量或超出滤芯使用期限后，净水器对污染物的去除效果会迅速下降甚至带来二次污染，此时应及时更换滤芯。

第十二节　铊及其化合物

一、基本信息

（一）理化性质

1. 中文名称：铊

2. 英文名称：thallium

3. CAS 号：7440-28-0

4. 元素符号：Tl

5. 主要化合物：三氧化二铊（CAS：1314-32-5）、硫酸铊（CAS：7440-28-0）

铊及其主要化合物理化性质见表 3-13。

表 3-13　铊及其主要化合物理化性质

物质名称	铊	三氧化二铊	硫酸铊
化学式	Tl	Tl_2O_3	Tl_2SO_4
原子量/分子量	204.38	456.76	504.83
常温状态	青白色固体	棕色晶体	白色晶体
沸点/℃	1 473	–	–
熔点/℃	304	717	632
溶解性	不溶于水	不溶于水和强碱	溶于水

（二）生产使用情况

铊广泛用于颜料、耐腐蚀合金、催化剂、低温温度计、光电管、计数器和其他电子设备的生产，铊盐可用于晶体制造、人工首饰、光学系统和玻璃纤维领域。我国（含）铊矿床资源丰富，分布范围广，主要分布在广东、广西、云南、贵州、湖南、陕西、安徽、青岛、甘肃等地。贵州滥木厂汞铊矿石中铊含量为 $3\,800 \times 10^{-6}$，含铊矿石达 10 万吨；云南金顶铅锌矿已探明储铊量达 8 166 吨；安徽和县香泉独立铊矿床黄铁矿中探明铊金属达 459 吨；广东云浮硫铁矿中铊含量达 2 000 多吨。矿石资源提炼时,铊会随着工艺流程流入废水中,给环境带来一定的影响。

(三)环境介质中质量浓度水平及饮水途径人群暴露状况

1. 环境介质中质量浓度水平　水环境中的铊主要来源于含铊矿石的加工与冶炼、工业废水的排放等。广东省云浮黄铁矿铊污染区地表溪流水中铊的含量为 0.19~65.25μg/L,均超过国家标准《地表水环境质量标准》(GB 3838—2002)限值 0.1μg/L 的要求。2010 年 10 月广东省北江地表水 19 个水质监测断面中 12 个断面铊质量浓度范围为 0.18~1.03μg/L,均超过了 0.1μg/L 的限值要求。对广州市主要饮用水源地(北江、东江、西江断面)水中重金属质量浓度的调查研究显示,铊的质量浓度为 0.01~0.49μg/L,其中北江水中铊的平均值超过限值要求的 2 倍,最高值接近限值要求的 5 倍。

2. 饮水途径人群暴露状况　2011 年曾有学者对南方某省农村饮用水出厂水进行了检测(n=48),在其中的一个样品中检出铊,质量浓度为 0.2μg/L,超过我国《生活饮用水卫生标准》(GB 5749—2006)中铊的限值要求(0.1μg/L)。

二、健康效应

(一)毒代动力学

1. 吸收　人群和动物研究表明,各种途径暴露铊化合物均容易被吸收。口服暴露硝酸铊(^{204}TL:767μg/kg),可通过胃肠道完全吸收,其他途径给药铊(如硝酸铊)得到相同的结果(静脉注射:38μg/kg;肌内注射:96μg/kg;皮下:96μg/kg;气管内给药:123μg/kg;腹腔注射:146μg/kg)。麻醉大鼠给药 10nmol 铊(硫酸铊),1 小时内从空肠段吸收 80%。此外,铊盐曾作为脱毛剂使用,用于治疗头皮癣和肺结核引起的盗汗,提示其也可经皮肤吸收。

2. 分布　实验动物和人类暴露于铊离子,无论哪种暴露途径、剂量和程度,均可快速分布于全身。铊的分布在新生 Wistar 大鼠和成年 Wistar 大鼠之间存在不同。新生 Wistar 大鼠腹腔注射 16mg/kg 醋酸铊(Tl:12.4mg/kg),给药 24 小时后,铊含量从高到低依次为睾丸、心脏和肾脏,而肝脏和大脑组织中铊含量要低 3~4 倍。成年大鼠腹腔注射 16mg/kg 硫酸铊,给药 24 小时后,肾脏中铊含量比睾丸高 2 倍。另有研究显示铊在大脑中的分布区域存在年龄差异。新生大鼠腹腔注射 16mg/kg 醋酸铊,24 小时后铊含量在大脑各区域均匀分布,而在 5~20 日龄的大鼠,铊主要分布在下丘脑,皮质部较低。此外,人群研究和动物研究显示铊可以通过胎盘屏障。

3. 代谢　铊是元素,无代谢产物。

4. 排泄　铊盐主要通过尿和粪便排出,也可通过乳汁、汗液、唾液、泪液排出。物种不同,排出途径也不相同。铊还可通过沉积在头发和指甲中排出,基于有限的人类数据估计,约 70% 的铊经肾脏从尿液排出。有报告显示,2001—2002 年美国普通人群尿铊的几何平均质量浓度为 0.165μg/L。

大鼠和兔子铊暴露试验研究中,铊主要以粪便途径排出。大鼠暴露于铊,有 2/3 的暴露量通过消化道排出,1/3 暴露量通过肾脏排出。

(二)健康效应

1. 人体资料　铊的急性毒性多发生于意外摄入、中毒或自杀未遂等,主要症状是脱发、四肢剧烈疼痛、嗜睡、共济失调、腹痛、呕吐、腰痛、条件反射异常、神经病变、肌肉无力、昏迷、惊厥、其他神经症状(即精神异常、震颤、运动异常、视觉异常、头痛)以及死亡。神经系统是铊的靶器官,胃肠炎、多发性神经病和脱发是铊中毒典型的三联综合征。手脚感觉异常是铊中毒的标志性症状,但脱发一般是临床诊断人类铊中毒的症状。目前为止引起人体健康危害的最低铊剂量为 3.4mg/kg。

2. 动物资料

(1)短期暴露:以 SD 大鼠为研究对象,每组雌雄各 20 只,硫酸铊灌胃给药,共设 0、0.008、0.040 和 0.20mg/(kg·d)四个剂量组,暴露时间为 90 天。试验结果显示,暴露组雌雄大鼠的表皮异常(包括粗糙的外皮、竖毛、脱落、脱发)、眼睛异常(流泪、眼球突出、瞳孔缩小)和行为异常(包括攻击性、紧张焦虑、多动、发声、自残)的发病率均有所提高。0.040 和 0.20mg/(kg·d)两个高剂量组雌性大鼠皮肤样本的组织学检查显示毛囊萎缩,也表现出脱发,但缺乏明显的组织病理学病变。该研究以组织病理学病变为健康效应终点得出 NOAEL 为 0.20mg/(kg·d)。

对大鼠(5 只/性别/剂量)食物给药三氧化二铊(Tl_2O_3)15 周,铊的剂量分别为 0、1.8、3.1、4.5、9.0 和 44.8mg/(kg·d)。与对照组相比,1.8mg/(kg·d)剂量组雌性和雄性大鼠均出现体重下降,雄性在 4 周左右开始脱发,6 周后完全掉光,雌性影响较小;雄性和雌性发现肾脏的绝对重量在统计学上明显增加($p \leqslant 0.05$)。该研究基于雌雄大鼠的脱发和肾脏重量明显增加的效应确定的 LOAEL 值为 1.8mg/(kg·d)。

(2)长期暴露:80 只雌性 SD 大鼠饮用水途径给药硫酸铊 36 周,铊剂量为 1.4mg/(kg·d)。给药 40 天、240 天后死亡率分别为 15% 和 21%。32 天后约 20% 出现脱发,外周神经出现功能和病理性改变,包括运动和感觉神经动作电位改变、坐骨神经髓鞘病理变化、以 Wallerian 变性为特征的轴索破坏、线粒体变性和溶酶体活性升高。

10 只成年雄性大白鼠口服硫酸铊 0.8mg/(kg·d)(LD_{50} 的 5%)3 个月。分别在 0、1、2、3 个月时取血样。所有时间间隔之间的暴露组血尿素、血肌酐、血清胆红素、血清 ALT 水平明显增加,具有统计学意义($P < 0.001$)。第一个月增加的最明显,增幅 < 90%,随后增幅减少。

(3)生殖/发育影响:铊对雄性大鼠、小鼠的生殖有影响。研究表明铊暴露对睾丸和精子产生影响,但现有研究均不足以评估生殖终点。也没有发现铊对雌性动物的潜在生殖毒性。

大鼠发育毒性研究和鸡胚发育毒性研究表明,在发育阶段的铊暴露可产生发育异常(包括血管自主神经系统和骨骼的发育影响)和胎儿体重减少。其中,只有一个大鼠研究为口服饮用水暴露铊,其他的大鼠发育研究均为腹腔注射暴露铊。

(4)致癌性:IARC 未对铊的致癌性进行评估;USEPA 将铊列为 I 组,即评估铊潜在致癌性的信息不足。

三、饮水水质标准

(一)世界卫生组织水质准则

世界卫生组织未提出饮用水中铊的准则值。

(二)我国饮用水卫生标准

1985 年版《生活饮用水卫生标准》(GB 5749—85)中未规定铊的限值。

2001 年卫生部颁布的《生活饮用水水质卫生规范》(卫法监发〔2001〕161 号)中规定饮用水中铊的限值为 0.000 1mg/L。

2006 年《生活饮用水卫生标准》(GB 5749—2006)仍然沿用 0.000 1mg/L 作为铊的限值。

（三）美国饮水水质标准

美国一级饮水标准中规定铊的 MCLG 值是 0.000 5mg/L。同时基于检测方法的限制,将铊的 MCL 值确定为 0.002mg/L。此值于 1992 年生效,沿用至今。

四、短期暴露饮水水质安全浓度的确定

以 SD 大鼠为研究对象,每组雌雄各 20 只,硫酸铊灌胃给药,共设 0、0.008、0.040 和 0.20mg/（kg·d）四个剂量组,暴露时间为 90 天。试验结果显示,暴露组雌雄大鼠的表皮异常（包括粗糙的外皮、竖毛、脱落、脱发）、眼睛异常（流泪、眼球突出、瞳孔缩小）和行为异常（包括攻击性、紧张焦虑、多动、发声、自残）的发病率均有所提高。0.040 和 0.20mg/（kg·d）两个高剂量组雌性大鼠皮肤样本的组织学检查显示毛囊萎缩,也表现出脱发。但缺乏明显的组织病理学病变。该研究得出 NOAEL 为 0.20mg/（kg·d）。

短期暴露（十日）饮水水质安全浓度推导如下:

$$SWSC = \frac{NOAEL \times BW}{UF \times DWI} = \frac{0.2mg/（kg·d） \times 10kg}{300 \times 1L/d} \approx 0.007mg/L \qquad （3-25）$$

式中:SWSC——短期暴露（十日）饮水水质安全浓度,mg/L;

　　　NOAEL——基于大鼠无明显组织病理学病变的观察终点,0.2mg/（kg·d）;

　　　BW——平均体重,以儿童为保护对象,10kg;

　　　UF——不确定系数,300,考虑种内差异（10）、种间差异（10）以及研究资料不充分带来的不确定性（3）;

　　　DWI——每日饮水摄入量,以儿童为保护对象,1L/d。

以大鼠无明显组织病理学病变为健康效应终点确定的 NOAEL 值为 0.2mg/（kg·d）,由此推导铊的短期暴露（十日）饮水水质安全浓度为 0.007mg/L。

五、应急处理技术及应急期居民用水建议

（一）水厂应急处理技术

1. 概述　天然水体中铊的存在形式以一价铊离子（Tl^+）为主。自来水厂的常规净水工艺（混凝—沉淀—过滤—消毒的工艺）和臭氧生物活性炭深度处理工艺对铊的去除均没有效果。当水源发生铊的突发污染时,需要进行除铊的应急净水处理。

自来水厂应急除铊技术主要是预氧化混凝沉淀法,包括:弱碱性高锰酸钾氧化法、二氧化氯预氧化法、液氯或次氯酸钠预氧化法等,其中以弱碱性高锰酸钾氧化法除铊效果最好。

2. 原理与参数　预氧化混凝沉淀法除铊工艺的原理是:先用强氧化剂将一价铊 Tl^+ 氧化成三价铊 Tl^{3+},三价铊能够与水中氢氧根离子形成难溶于水的氢氧化铊 $Tl(OH)_3$ 沉淀物,再通过混凝沉淀过滤去除。

高锰酸钾法除铊应急处理的试验数据,见图 3-39 至图 3-41。

图 3-39 是高锰酸钾投加量除铊效果的试验结果。由图可见,高锰酸钾预氧化混凝沉淀可以除铊,提高 pH 除铊效果好。对铊 0.000 34mg/L 的水样,调 pH 到 9.0,高锰酸钾投加量1.5mg/L,预氧化时间 30min,处理后铊可以达标。

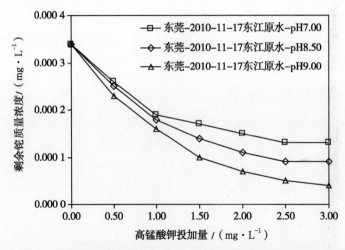

图 3-39　高锰酸钾投加量对高锰酸钾氧化法除铊效果的影响

[原水铊质量浓度为 0.000 34mg/L,混凝剂聚合氯化铝 2.4mg/L（以 Al 计）]

图 3-40 是不同 pH 对高锰酸钾除铊效果的试验结果。由图可见,在弱碱性条件下除铊效果好。

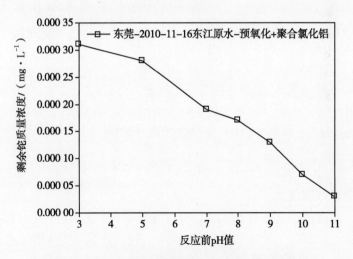

图 3-40　pH 对高锰酸钾氧化法除铊效果的影响

（原水铊质量浓度为 0.000 32mg/L,高锰酸钾 1mg/L,混凝条件同上）

图 3-41 是不同氧化时间除铊效果的试验结果。由图可见,高锰酸钾氧化法除铊需要一定预氧化时间。

采用二氧化氯、液氯或次氯酸钠作为氧化剂除铊也有一定效果,但效果不如弱碱性高锰酸钾法。

3. 技术要点　自来水厂高锰酸钾氧化除铊净水处理工艺:

（1）对原水投加 NaOH,使 pH 略为提高,强化氧化效果。混凝前投加高锰酸钾,然后进行混凝沉淀过滤的净水处理,使氢氧化铊沉淀物与矾花絮体共沉淀,实现除铊。

（2）由于大剂量的混凝剂会使混凝后水的 pH 降低,运行中控制前面的加碱量不要过大,应使滤后水 pH 不大于 8.5,满足饮用水标准。

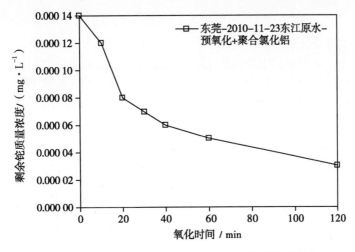

图 3-41　氧化时间对高锰酸钾氧化法除铊效果的影响

（原水铊质量浓度为 0.000 14mg/L，高锰酸钾 2mg/L，pH=7.1，混凝条件同上）

处理费用：高锰酸钾、碱、混凝剂的总费用在 0.10 元 /m³ 左右（根据原水铊质量浓度而变化）。

自来水厂应急除铊的工艺流程，见图 3-42。

图 3-42　自来水厂应急除铊的工艺流程图

（二）应急期居民用水建议

人体可通过饮食、刷牙、漱口等途径经口摄入水中的铊；也可通过洗澡、洗手、洗菜、游泳等途径经皮肤接触水中的铊。具有反渗透膜、纳滤膜的净水器对铊有一定的去除效果，在铊污染事件的应急供水期，公众可选择具有上述净水组件的家用净水器，但应注意净水器说明书中注明的额定总净水量及滤芯的使用期限，超过额定总净水量或超出滤芯使用期限后，净水器对污染物的去除效果会迅速下降甚至带来二次污染，此时应及时更换滤芯。

第四章

有 机 物

第一节　四 氯 化 碳

一、基本信息

（一）理化性质

1. 中文名称：四氯化碳
2. 英文名称：carbon tetrachloride
3. CAS 号：56-23-5
4. 分子式：CCl_4
5. 相对原子质量：153.82
6. 分子结构图

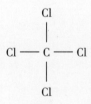

7. 外观与性状：无色透明易挥发液体，具有特殊的芳香气味，味甜
8. 熔点：−23℃
9. 沸点：76.8℃
10. 溶解性：79.3mg/100g 水（25℃）
11. 嗅阈值：0.52mg/L

（二）生产使用情况

四氯化碳是一种氯代烃，曾广泛用作溶剂、灭火剂、有机物的氯化剂、香料的浸出剂、纤维的脱脂剂、粮食的蒸煮剂、药物的萃取剂、有机溶剂、织物的干洗剂，但是由于其毒性及破坏臭氧层的关系，现甚少使用并被限制生产。

（三）环境介质中质量浓度水平及饮水途径人群暴露状况

1. 环境介质中质量浓度水平　四氯化碳被释放到环境中的途径主要通过直接排放到空气中，少量排放到土壤和水中。工业废水污染会导致环境水体中检出四氯化碳，默西河中四氯化碳的质量浓度为 3.3~14μg/L，曼彻斯特船渠中四氯化碳质量浓度为 0.3~110μg/L，莱茵河中四氯化碳质量浓度为 160~1 500μg/L，美因河中四氯化碳质量浓度均值为 75μg/L。

2. 饮水途径人群暴露状况 吸入暴露是人群摄入四氯化碳的主要暴露途径。人群可通过吸入受污染的空气暴露于四氯化碳,还可通过受污染的饮水和食物摄入,饮用水中四氯化碳的主要来源为受到污染的水源。饮用水中四氯化碳的质量浓度通常小于 5μg/L。我国贵州省丰水期市政水厂出厂水中四氯化碳的质量浓度为 0.05~1.5μg/L,平均质量浓度为 0.07μg/L。人体除通过饮水摄入四氯化碳外,还可能通过从饮用水挥发到室内空气中而吸入体内,如淋浴、盆浴时的吸入,也可通过与水接触经皮肤进入人体。

二、健康效应

(一)毒代动力学

1. 吸收 四氯化碳可以经胃肠道、呼吸道和皮肤吸收进入人体。大鼠实验中,经口剂量为 1 600mg/kg 时,6 小时内大约 60% 可以吸收进入体内;经口剂量为 2 000~4 000mg/kg 时,24 小时内 65%~86% 可以吸收进入体内。

2. 分布 四氯化碳被吸收后可以分布于所有的器官中。在脂肪、肝脏、血液、脑部、肾脏和肌肉中都有四氯化碳的分布,在脂肪中质量浓度较高。在灌胃操作后约 2~4 小时,四氯化碳在大多数组织中可以达到最大质量浓度。

3. 代谢 四氯化碳主要在肝脏中代谢。首先代谢为三氯甲基自由基,然后再经过一系列反应形成最终产物光气。

4. 排泄 四氯化碳及其挥发性的代谢产物主要通过呼气排出体外,也可以通过尿液和粪便排出。经口途径摄入的四氯化碳在体内的半衰期大约为 4~6 小时,大部分四氯化碳在 1~2 天内被排出体外。

(二)健康效应

1. 人体资料 四氯化碳暴露的人体效应与动物实验中产生的效应类似。吸入四氯化碳会发生肝肾和中枢神经系统的损伤。一项研究结果表明,人体暴露于四氯化碳质量浓度为 63mg/m³ 的环境中时,3 小时未发生不良反应;暴露于质量浓度为 2 309mg/m³ 的环境中时,70 分钟产生肝损伤;更高质量浓度的暴露会产生严重中毒甚至死亡。

2. 动物资料

(1)短期暴露:四氯化碳的经口 LD_{50} 范围是 1 000~12 800mg/kg。

以大鼠为研究对象,采用玉米油灌胃方式进行四氯化碳染毒试验,共设置 0、20、40 和 80mg/(kg·d)四个剂量组,大鼠染毒 24 小时后观察血清中血尿素氮(BUN)、谷丙转氨酶(ALT)、山梨醇脱氢酶(SDH)、鸟氨酸氨甲酰转移酶(OCT)以及肝、肾的组织病理学改变。研究结果表明,在 80mg/(kg·d)剂量组 ALT、BUN 明显升高,与阴性对照组相比差异有统计学意义($P < 0.05$)。该研究以肝、肾损伤为观察终点得出 NOAEL 值为 40mg/(kg·d)。

以大鼠为研究对象,采用玉米油灌胃方式进行四氯化碳染毒试验,在染毒 11 天的实验中对大鼠进行 9 天的灌胃实验,共设置 0、20、40、80mg/(kg·d)四个剂量组,以染毒后大鼠血清中血尿素氮(BUN)、谷丙转氨酶(ALT)、山梨醇脱氢酶(SDH)、鸟氨酸氨甲酰转移酶(OCT)酶学水平和肝脏中部空泡化显著升高为判定依据。研究结果表明,大鼠染毒 11 天(灌胃 5 天,休息 2 天,再继续灌胃 4 天)后在 20、40、80mg/(kg·d)剂量组中均观察到 SDH、ALT 明显高于阴性对照组,差异有统计学意义($P < 0.05$),据此得出 LOAEL 值为 20mg/(kg·d)。

以雌性和雄性 CD-1 小鼠为研究对象,进行了为期 14 天连续灌胃实验,共设置 0、625、

1 250 和 2 500mg/（kg·d）四个剂量组。研究结果观察到了肝脏毒性效应（血清酶增加，肝脏重量增加）。

（2）长期暴露：四氯化碳长期暴露的效应与短期暴露类似，肝脏是最敏感组织，表现为脂肪浸润，肝药酶释放，细胞内酶活性抑制，炎症，最终发生细胞坏死。

将四氯化碳溶解于玉米油中对大鼠进行灌胃处理，每周进行5次，连续进行12周，灌胃剂量为1、10和33mg/（kg·d）三个水平。该研究以肝脏毒性效应为终点确定的NOAEL值为1mg/（kg·d），LOAEL值为10mg/（kg·d）。

（3）生殖/发育影响：用四氯化碳百万分比质量浓度为80和200mg/kg食物的食物喂养大鼠两年，未发现有生殖毒性发生。

（4）致癌性：IARC将四氯化碳列为2B组，即有可能对人类致癌。对小鼠、大鼠、仓鼠口服四氯化碳的研究表明，经口摄入四氯化碳增加了肝癌和嗜铬细胞瘤的发病率。认为四氯化碳对实验动物的致癌性证据充分。

USEPA基于同样的证据将四氯化碳列为L组，即可能为人类致癌物，经口致癌斜率因子是 $7 \times 10^{-2}[\text{mg}/（\text{kg}·\text{d}）]^{-1}$。

（三）本课题相关动物实验

以SD大鼠为实验对象，设置1个阴性对照组和5个剂量组，每组10只。剂量组通过灌胃给予四氯化碳（CCl_4），剂量分别为10、20、40、80和160mg/（kg·d）；阴性对照组灌胃给予等容量的玉米油，每天灌胃1次。于染毒后11天大鼠腹主动脉采血分离血清，检测血清中鸟氨酸氨甲酰转移酶（OCT）、山梨醇脱氢酶（SDH）、谷丙转氨酶（ALT）、谷草转氨酶（AST）及血尿素氮（BUN）水平。采血前称量体重，采血后解剖取肝脏、肾脏分别称重，计算肝脏肾脏体比，并进行组织病理学检测。

实验结果表明，染毒11天，10mg/（kg·d）剂量组的大鼠血清指标以及病理学检测指标均未有变化。从20mg/（kg·d）开始，大鼠血清ALT、OCT活性显著升高（$P < 0.05$）。以血清ALT、OCT的活性增加为健康效应，确定的NOAEL值为10mg/（kg·d），LOAEL值为20mg/（kg·d）。从40mg/（kg·d）剂量组开始血清AST、BUN活性随着染毒剂量的增加而增加（$P < 0.05$），以血清AST、BUN活性增加为健康效应，确定的NOAEL值为20mg/（kg·d），LOAEL值为40mg/（kg·d）。从80mg/（kg·d）剂量组开始血清SDH活性随着染毒剂量的增加而增加（$P < 0.05$），以血清SDH活性增加为健康效应，确定的NOAEL值为40mg/（kg·d），LOAEL值为80mg/（kg·d）。各剂量组大鼠体重、肾重、肾脏体比与阴性对照组相比均无明显变化，但是160mg/（kg·d）剂量组大鼠肝脏呈代偿性肥大，肝重及肝脏体比显著增加（$P < 0.05$）。以大鼠肝重及肝脏体比增加为健康效应，确定的NOAEL值为80mg/（kg·d），LOAEL值为160mg/（kg·d）。对大鼠肾脏组织进行检查，结果显示各组均发现轻微的肾小管上皮玻璃样变，但与阴性对照组相比，差异无统计学意义。在40mg/（kg·d）剂量组观察到肝脏组织中出现空泡（$P < 0.05$），随着剂量增加空泡病变严重。以肝脏空泡病变为健康效应，确定的NOAEL值为20mg/（kg·d），LOAEL值为40mg/（kg·d）。

综合全部实验结果，以大鼠血清ALT、OCT的活性增加为健康效应，大鼠四氯化碳染毒11天的NOAEL值为10mg/（kg·d），由此推导短期暴露（十日）饮水水质安全浓度为1mg/L。

三、饮水水质标准

（一）世界卫生组织水质准则

1984 年第一版《饮用水水质准则》中提出了四氯化碳的暂行准则值为 0.003mg/L。

1993 年第二版准则中将饮用水中四氯化碳基于健康的准则值调整为 0.002mg/L。

2004 年第三版、2011 年第四版及 2017 年第一次增补版准则中,四氯化碳的准则值修订为 0.004mg/L。

（二）我国饮用水卫生标准

1985 年版《生活饮用水卫生标准》（GB 5749—85）中将四氯化碳的限值设定为 0.003mg/L。

2001 年卫生部颁布的《生活饮用水水质卫生规范》（卫法监发〔2001〕161 号）中将饮用水中四氯化碳的限值定为 0.002mg/L。

2006 年《生活饮用水卫生标准》（GB 5749—2006）仍然沿用 0.002mg/L 作为四氯化碳的限值。

（三）美国饮水水质标准

美国一级饮水标准中规定四氯化碳的 MCLG 是 0。同时考虑到成本、效益以及检测、净化处理等因素,规定 MCL 为 0.005mg/L。此值于 1989 年生效,沿用至今。

四、短期暴露饮水水质安全浓度的确定

以大鼠为研究对象,采用玉米油灌胃方式进行四氯化碳染毒试验,染毒 11 天（灌胃 5 天,休息 2 天,再继续灌胃 4 天）,共设置 0、20、40、80mg/（kg·d）四个剂量组,以染毒后大鼠血清中血尿素氮（BUN）、谷丙转氨酶（ALT）、山梨醇脱氢酶（SDH）、鸟氨酸氨甲酰转移酶（OCT）酶学水平和肝脏中部空泡化显著升高为判定依据。研究结果表明,大鼠染毒 11 天后在 20、40、80mg/（kg·d）剂量组中均观察到 SDH、ALT 明显高于阴性对照组,差异有统计学意义（$P < 0.05$）,据此得出 LOAEL 值为 20mg/（kg·d）。

短期暴露（十日）饮水水质安全浓度推导如下：

$$SWSC = \frac{LOAEL \times BW}{UF \times DWI} = \frac{20mg/（kg·d）\times 10kg \times 9}{1\,000 \times 1L/d \times 11} \approx 0.2mg/L \qquad (4-1)$$

式中：SWSC——短期暴露（十日）饮水水质安全浓度,mg/L；

　　　LOAEL——基于大鼠肝脏毒性（SDH、ALT 显著升高）为健康效应的分离点,20mg/（kg·d）；

　　　BW——平均体重,以儿童为保护对象,10kg；

　　　UF——不确定系数,1 000,考虑种内、种间差异及 LOAEL 代替 NOAEL；

　　　DWI——每日饮水摄入量,以儿童为保护对象,1L/d；

　　　9/11——转换系数,模拟职业暴露人群的暴露方式（灌胃 5 天休息 2 天后继续灌胃 4 天）整个实验过程为 11 天,其中灌胃时间为 9 天。

以大鼠肝脏毒性（SDH、ALT 显著升高）为健康效应推导的短期暴露（十日）饮水水质安全浓度为 0.2mg/L。本课题动物实验中以大鼠血清 ALT、OCT 的活性增加作为健康效应推导的短期暴露（十日）饮水水质安全浓度为 1mg/L。可以看出,本课题实验推导值 1mg/L 宽于 0.2mg/L。从安全角度考虑,建议将以大鼠肝脏毒性（SDH、ALT 显著升高）为健康效应的推导值 0.2mg/L 作为四氯化碳的短期暴露（十日）饮水水质安全浓度。

五、应急处理技术及应急期居民用水建议

(一)水厂应急处理技术

1. 概述 自来水厂的常规净水工艺(混凝—沉淀—过滤—消毒的工艺)对四氯化碳基本没有去除作用。四氯化碳难于被吸附和氧化,臭氧生物活性炭深度处理工艺对四氯化碳的去除效果也极为有限。如果水源发生四氯化碳的突发污染,水厂净水时需要采用应急处理。

自来水厂应急去除四氯化碳技术的选择:

(1)曝气吹脱法:曝气吹脱法是水源突发四氯化碳污染应急净水的首选技术,具有处理效果好,费用适宜、可以快速实施等优点。

(2)粉末活性炭吸附法:此法只适用于水源四氯化碳轻微超标(不到1倍)的情况,一般不建议采用。

2. 原理与参数 曝气吹脱法去除四氯化碳的原理是:四氯化碳的挥发性强,易于被曝气吹脱去除。通过设置曝气吹脱设施,向水中曝气,把水中溶解的四氯化碳转移到气相中从水中排出,使水得到净化。

曝气吹脱的方式是:在取水口外的河道中设置曝气吹脱设施(鼓风机、微孔曝气管等),鼓风机输出的空气用管道送到设在水中一定深度的微孔曝气管或曝气头,在水中曝气,吹脱去除水中的四氯化碳。

对于曝气吹脱工艺,关键的因素是物质的挥发性和吹脱的气水比。对于其他因素—气泡大小和是否达到传质平衡,可以不用考虑。对于工程上常用的微孔曝气头或微孔曝气管的曝气方式,由于热力学稳定的原因,尽管曝气孔的孔口很小,但在水中形成的气泡直径一般都在2~3毫米大小。对于常见的挥发性污染物的曝气吹脱,气泡内气相质量浓度与气泡外水相质量浓度达到传质平衡的气泡上升高度一般在几十厘米,一般情况下实际曝气深度都在2米以上,因此都已经达到了传质平衡。

物质的挥发性可以用亨利定律表示:

$$c_L = H c_G \tag{4-2}$$

式中:c_L——该物质在水中质量浓度,mg/L;

c_G——该物质在空气中的质量浓度,mg/L;

H——该物质的无量纲亨利常数。

注意,这里使用的是无量纲亨利常数。由于物质含量有多种表达方式,亨利常数也需采用相应的量纲,例如当物质在气相的含量用分压表示时,亨利常数的量纲为 mol/(L·Pa)。不同表达方式的亨利常数可以相互换算。

四氯化碳的无量纲亨利常数:$H = 0.949$。此值是20℃条件的,温度升高时挥发性增加,对H还需进行调整。不同温度下的无量纲亨利常数的计算公式为:

$$\lg H = A - B/T \tag{4-3}$$

式中:A、B——温度修正系数;

T——绝对温度,K。

对于四氯化碳,$A = 5.736$,$B = 1\,689$。

采用曝气吹脱的方式,污染物去除效果的计算公式为:

$$\frac{c_L}{c_{L0}} = e^{-Hq} \tag{4-4}$$

式中：c_L——物质在水中处理后的质量浓度，mg/L；

　　　c_{L0}——物质在水中的初始质量浓度，mg/L；

　　　q——曝气吹脱的气水比，$m^3_气/m^3_水$。

该曝气吹脱计算公式对实验室静态试验和在河道中的实际应用均适用。在实际应急处置中，曝气吹脱多设置在取水口前的引水河道处，在水流横向流动的河道里设置多条曝气管，吹脱污染物。该系统吹脱效果的计算模型与实验室静态批次试验的计算模型完全相同，都采用公式（4-4），用无量纲亨利常数和总的气水比计算吹脱效果。

四氯化碳曝气吹脱的理论去除关系如图4-1所示。

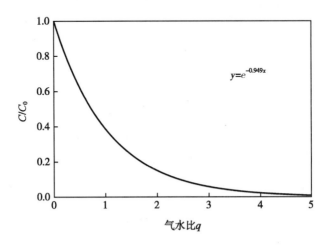

图4-1　四氯化碳曝气吹脱的理论去除曲线

图4-2和图4-3分别是哈尔滨自来水公司和无锡自来水公司用去离子水配水的四氯化碳去除试验结果。结果显示，曝气吹脱对四氯化碳有很好的去除效果，符合理论模型。影响吹脱效果的关键参数是气水比，气水比相同但曝气流量不同（哈尔滨：0.4L~1.4L/min，无锡：0.5~1.5L/min）的条件下，去除效果基本一致。

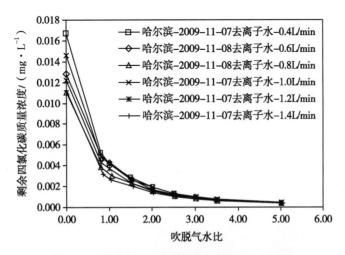

图4-2　四氯化碳去离子水配水的曝气吹脱试验

（哈尔滨自来水公司）

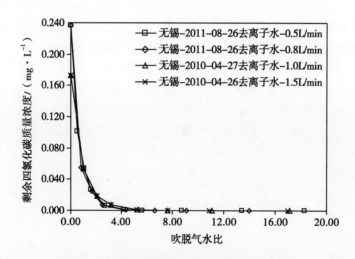

图 4-3 四氯化碳去离子水配水的曝气吹脱试验

（无锡自来水公司）

根据式（4-4），可以计算出不同四氯化碳去除率所需的气水比。例如，对于 50% 的去除率，所需气水比 q=0.73；对于 80% 的去除率，所需气水比 q=1.7；对于 90% 的去除率，所需气水比 q=2.4。

3. 技术要点 自来水厂四氯化碳曝气吹脱应急净水处理的技术要点：

（1）在取水口外的河道中设置应急曝气吹脱设施，把水中溶解性的四氯化碳吹脱到空气中，以实现安全供水。

（2）建议采用鼓风机和微孔曝气管的方式，设备安装快，可以迅速实施。

（3）根据去除率要求，可以用式（4-4）计算得出所需的气水比。

（4）曝气吹脱法应急处理的主要缺点是需要设置曝气设备，应用受到现场条件限制；污染物并未去除，只是从水中转移到空气中，对局部地区空气质量有影响。

（5）曝气吹脱的费用：单位曝气量的电耗费用约为 0.01~0.015 元 /m³ 空气。

自来水厂曝气吹脱法去除四氯化碳的工艺流程，见图 4-4。

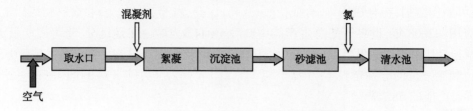

图 4-4 曝气吹脱法去除四氯化碳的工艺流程图

（二）应急期居民用水建议

人体可通过饮食、刷牙、漱口等途径经口摄入水中的四氯化碳；也可通过洗澡、洗手、洗菜、游泳等途径经皮肤接触水中的四氯化碳；还可通过洗澡等途径吸入暴露水中挥发的四氯化碳。具有活性炭、反渗透膜、纳滤膜的净水器对四氯化碳有一定的去除效果，在四氯化碳污染事件的应急供水期，公众可选择具有上述净水组件的家用净水器，但应注意净水器说明书中注明的额定总净水量及滤芯的使用期限，超过额定总净水量或超出滤芯使用期限后，净水器对污染物的去除效果会迅速下降甚至带来二次污染,此时应及时更换滤芯。由于四氯化碳具有一定的挥发性,也可用煮沸并保持沸腾若干分钟的方式去除。

第二节 苯 酚

一、基本信息

(一)理化性质

1. 中文名称:苯酚
2. 英文名称:phenol
3. CAS 号:108-95-2
4. 分子式:C_6H_6O
5. 相对分子质量:94.12
6. 分子结构图

7. 外观与性状:无色针状结晶或白色结晶
8. 气味:具有独特芳香,令人作呕的甜及刺鼻气味。
9. 沸点:181.75℃
10. 熔点:40.91℃
11. 溶解性:易溶于乙醇、氯仿、乙醚、甘油、二硫化碳、凡士林、挥发性和不挥发的油类、碱性水溶液;可溶于丙酮
12. 蒸气压:0.35mmHg(25℃)

(二)生产使用情况

苯酚在工业上的用途很广,主要用作酚醛树脂、双酚 A、己内酰胺、烷基酚、水杨酸等原料,还可用作溶剂,在合成纤维、合成橡胶、塑料、医药、农药、香料、染料、涂料和炼油工业中也有应用。2008 年,世界苯酚总生产能力约为 1 044.5 万吨。按地区分,北美产能最大,而亚洲增长最快。美国是世界上最大的苯酚生产国和消费国,2008 年产能为 292.1 万吨,排在第二位和第三位的分别是日本(197 万吨)和西班牙(124.4 万吨),这 3 个国家的总产能约占世界总产能的 58.7%。

(三)环境介质中质量浓度水平及饮水途径人群暴露状况

1. 环境介质中质量浓度水平 国内外均有在环境水体中检出苯酚的报道。USEPA 有机物监测调查项目曾对 110 处水源水进行测定,其中两处定性检测到苯酚。据报道密西西比河下游苯酚的年平均质量浓度为 1.5μg/L。研究显示,从休伦湖、底特律河和圣克莱尔河进行水样采集对苯酚含量进行测定,分析结果显示苯酚含量差异很大,从小于检出限到24mg/L。另有美国其他河流中苯酚质量浓度水平的研究报道,质量浓度范围为小于检出限到 100μg/L 之间。我国也有学者进行了对 14 种酚类化合物在饮用水源地质量浓度分布特征的研究,于 2012 年 7—11 月进行样品采集,采样点涉及我国五大主要流域(辽河、海河、黄

河、长江和淮河流域）的24个饮用水源地,各大流域采样点数分别为辽河5个,海河4个,黄河5个,长江5个和淮河5个,其中苯酚的最大检出质量浓度为213ng/L,平均值22.9ng/L,中位数9.29ng/L。

2. 饮水途径人群暴露状况　在生产或使用苯酚的工作场所,苯酚暴露途径主要是通过吸入和皮肤接触。一般人群可能通过吸入环境空气、食物和饮用水摄入、皮肤接触含苯酚的消费品或药品的途径暴露于苯酚。

二、健康效应

（一）毒代动力学

1. 吸收　不管何种吸收途径对苯酚的吸收都非常迅速。在接触苯酚暴露后几分钟内便会出现中毒症状;经口暴露苯酚,主要通过胃肠道吸收进入人体;通过皮肤暴露,人体对苯酚的吸收系数为 $0.35m^3/h$。

2. 分布　人类和动物实验的研究表明苯酚可广泛分布于全身多个组织器官,尤其是肝脏和肾脏。

3. 代谢　3名健康的成年男性单一口服剂量经 ^{14}C 标记的苯酚0.01mg/kg（2.7μCi/人）后从尿液中回收到4种代谢物,分别为硫酸苯酯、苯基葡糖苷酸、对苯二酚单硫酸酯和对苯二酚单葡糖醛酸化物。30只ICI雌性小鼠口服经 ^{14}C 标记的苯酚后,也产生了这4种代谢物。另有研究表明,苯酚在人体内可与硫酸盐、葡萄糖醛酸结合将其氧化形成对苯二酚。

4. 排泄　苯酚主要通过尿液排泄。3名健康的成年男性单一口服剂量 ^{14}C-苯酚0.01mg/kg（2.7μCi/人）24小时后,尿液中可收集到90%的苯酚同位素标记物,粪便中未收集到。也有研究发现苯酚可通过血液快速清除。

（二）健康效应

1. 人体资料　苯酚急性暴露可产生心律失常,血压大幅度波动,呼吸窘迫,体温降低,由于呼吸衰竭引发死亡。少量苯酚摄取也可导致口腔和食管严重烧伤以及腹痛。人类口服苯酚的最低致死量为140mg/kg。

流行病学研究报道,1974年7月在威斯康星因苯酚意外泄漏污染了地下饮水,苯酚泄漏1周后井水中苯酚质量浓度为0.21~126mg/L。有17人（平均年龄21.7岁）平均每人摄入量为10~240mg/d,暴露持续1月。暴露个体出现了腹泻、尿黄、口舌生疮和口腔灼烧等症状。事故发生6个月后,暴露人群体检显示没有明显的不良健康效应（在皮疹、口腔病变、结膜炎和异常感觉的发生率方面与未暴露个体进行比较）。

2. 动物资料

（1）短期暴露:苯酚对大鼠的经口 LD_{50} 为650mg/kg;兔子经皮肤暴露 LD_{50} 为850mg/kg（95%置信限,600~1 200mg/kg）;成年雌性Alderly Park鼠经皮肤暴露 LD_{50} 为625mg/kg。雄性白兔眼睛暴露于剂量为100mg的苯酚,出现结膜红肿,角膜变得不透明;在暴露后24小时内,有严重的结膜炎、虹膜炎、角膜浑浊化,整个角膜表面角膜溃疡;在暴露后第14天,眼睛出现圆锥形角膜和形成血管翳。

（2）长期暴露:一项大鼠饮水暴露苯酚的试验研究中,剂量组设置为0,200,1 000和5 000mg/L,暴露持续13周。研究发现体重减少、饮水量减少;雌性大鼠肌肉活动减少。该研究以肌肉活动减少为健康效应,经换算确定雌性大鼠NOAEL值为107mg/（kg·d）,LOAEL值为360mg/（kg·d）。

（3）生殖影响：一项饮水摄入暴露苯酚的研究中，一代小鼠饮水暴露于苯酚，暴露剂量为 15~5 000mg/L［相当于 1.9~625mg/（kg·d）］时，试验结果显示对第二代、第三代小鼠生长、繁殖未发现有害影响；当暴露剂量在 7 000、8 000、10 000 和 12 000mg/L 时，苯酚暴露使幼仔发育不良，10 000mg/L 和 12 000mg/L 两个高剂量组的苯酚造成一代小鼠生殖能力降低或缺失；当摄入质量浓度 8 000mg/L 或者更高时，亲代和子代死亡率都增加，尽管在此剂量水平下小鼠用水量下降。该研究依据生殖影响确定的 NOAEL 值为 625mg/（kg·d）。

（4）发育毒性：以雌性 CD-I 大鼠为研究对象，经灌胃暴露于苯酚，设置 0、30、60 和 120mg/（kg·d）四个剂量组，在妊娠期第 6 到第 15 天持续染毒。研究表明，以上剂量组均未发现母体不良反应，均未发现结构畸形，但在 120mg/（kg·d）剂量组发现胎儿体重显著减轻（$P < 0.001$）。该研究以胎儿体重显著减轻为分离点确定 NOAEL 值 60mg/（kg·d），LOAEL 值为 120mg/（kg·d）。

（5）致突变性：苯酚在鼠伤寒沙门氏菌中未观察到致突变性，在黑腹果蝇中也无致突变性，大鼠肝 S9 活化系统中苯酚对 L5178Y 小鼠淋巴瘤细胞有致突变性。

（6）致癌性：IARC 将苯酚的致癌性列为 3 组，即尚不能确定其是否对人体致癌。现有的研究结果表明，苯酚对人类的致癌性研究数据不充足，苯酚对动物的致癌性研究数据不充足；USEPA 将苯酚列为 D 级，即不能定为对人类有致癌性。

（三）本课题相关动物实验

以 SD 大鼠为实验对象，设置 5 个剂量组、1 个阴性对照组和 1 个阳性对照组。剂量组灌胃给予苯酚（C_6H_6O），剂量分别为 15、30、60、120 和 240mg/（kg·d），阴性对照组灌胃给予等容量的蒸馏水，于大鼠孕期第 6 天至第 15 天每天灌胃 1 次，阳性对照组给予环磷酰胺 15mg/（kg·d），于大鼠孕期第 12 天腹腔注射一次。每组至少 16 只孕鼠，期间大鼠自由摄食饮水。每日对动物进行观察。于大鼠孕第 20 天处死母体，剖腹检查亲代受孕情况和胎体发育情况。

实验结果表明，60、120 和 240mg/（kg·d）剂量组的孕鼠灌胃后出现后背脱毛现象，并有孕鼠发生抽搐死亡，死亡率随着染毒剂量的升高而增加，孕鼠死亡率分别为 16%、20% 和 65%。以孕鼠母体毒性为健康效应，确定的 NOAEL 值为 30mg/（kg·d），LOAEL 值为 60mg/（kg·d）。从 30mg/（kg·d）剂量组开始，胎鼠的胎盘重、胎仔重显著降低（$P < 0.05$），以胎仔体重及胎盘重量减轻为健康效应指标，确定的 NOAEL 值为 15mg/（kg·d），LOAEL 值为 30mg/（kg·d）。

综合以上实验结果，以大鼠胎仔体重及胎盘重量减轻等发育毒性为健康效应的 NOAEL 值为 15mg/（kg·d），由此推导短期暴露（十日）饮水水质安全浓度为 2mg/L。

三、饮水水质标准

（一）世界卫生组织水质准则

WHO 第一版、第二版、第三版、第四版《饮用水水质准则》及第四版第一次增补版中未规定苯酚的准则值。第三版准则在氯酚章节中提及"水被氯化后，总酚含量应低于 0.001mg/L"。

（二）我国饮用水卫生标准

1985 年版《生活饮用水卫生标准》（GB 5749—85）中规定挥发酚类的限值为 0.002mg/L。

2001 年卫生部颁布的《生活饮用水水质卫生规范》（卫法监发〔2001〕161 号）及 2006 年《生活饮用水卫生标准》（GB 5749—2006）仍然沿用 0.002mg/L 作为挥发酚类的限值。

（三）美国饮水水质标准

USEPA 未规定饮用水中苯酚的 MCLG 和 MCL。

四、短期暴露饮水水质安全浓度的确定

以雌性 CD-I 大鼠为研究对象，经灌胃暴露 0、30、60 和 120mg/（kg·d）剂量的苯酚，在妊娠期第 6 到第 15 天持续染毒。研究表明，以上剂量下均未发现母体不良反应，未发现结构畸形，但在 120mg/（kg·d）剂量时胎儿体重显著减轻（$P < 0.001$）。该研究以大鼠胎儿体重显著减轻为健康效应确定的 NOAEL 值为 60mg/（kg·d），LOAEL 值为 120mg/（kg·d）。

短期暴露（十日）饮水水质安全浓度推导如下：

$$SWSC = \frac{NOAEL \times BW}{UF \times DWI} = \frac{60mg/(kg \cdot d) \times 10kg}{100 \times 1L/d} = 6mg/L \quad (4-5)$$

式中：SWSC——短期暴露（十日）饮水水质安全浓度，mg/L；

NOAEL——基于大鼠胎儿体重显著减少为健康效应的分离点，60mg/（kg·d）；

BW——平均体重，以儿童为保护对象，10kg；

UF——不确定系数，100，考虑种内和种间差异；

DWI——每日饮水摄入量，以儿童为保护对象，1L/d。

以大鼠胎儿体重显著减轻为健康效应推导的苯酚的短期暴露（十日）饮水水质安全浓度为 6mg/L。本课题动物实验中以 SD 大鼠胎仔体重及胎盘重量减轻等发育毒性为健康效应推导的 NOAEL 值为 15mg/（kg·d），由此推导短期暴露（十日）饮水水质安全浓度为 2mg/L。可以看出，本课题实验推导值比文献资料推导值严格，从安全角度建议将 2mg/L 作为苯酚的短期暴露（十日）饮水水质安全浓度。

五、应急处理技术及应急期居民用水建议

（一）水厂应急处理技术

1. 概述 自来水厂的常规净水工艺（混凝—沉淀—过滤—消毒的工艺）对苯酚的去除效果很差，臭氧生物活性炭深度处理工艺对苯酚有一定去除效果，但是对于严重的水源苯酚突发污染，深度处理的效果不一定能满足去除要求。当水源发生苯酚的突发污染时，需要采用除苯酚的应急净水处理措施。

自来水厂应急除苯酚技术选择：

（1）粉末活性炭吸附法：该方法是水源突发苯酚污染应急净水的首选技术。具有处理效果稳定、使用方便、可以快速实施、可以根据水质变化及时调整加炭量等优点，已有多次成功应用的经验。

（2）颗粒活性炭吸附法：不建议采用该方法。主要考虑因素是，如果在应急时临时把砂滤池改造成颗粒活性炭滤池，改造工作量较大；若使用原有的臭氧生物活性炭滤池，因炭滤池已使用多年，炭的吸附能力下降，效果不可靠。

2. 原理与参数 活性炭吸附对苯酚有一定去除效果。

粉末活性炭试验数据如下面所示。所用的粉末活性炭是经研磨过 200 目筛的某厂颗粒活性炭，所用含苯酚水样用纯水或是用水源水配制。

图 4-5 是 2010 年 4 月广州和 2011 年 1 月上海在不同水质条件下粉末活性炭对苯酚的吸附速率试验。由图可知,本组试验条件下,粉末活性炭对苯酚的吸附基本达到平衡的时间为 60 分钟以上。

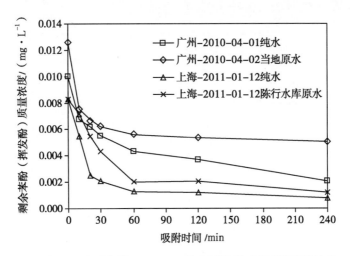

图 4-5　不同水质条件下 20mg/L 粉末活性炭对苯酚的吸附速率

图 4-6 是 2010 年 4 月广州和 2011 年 1 月上海的不同水质条件下粉末活性炭对苯酚的吸附容量试验。由图可知,粉末活性炭对苯酚的吸附容量可以用 Freundrich 吸附等温线来描述。原水条件下的吸附容量比纯水条件下略有降低,可能是由于水中有机物的竞争吸附。试验中,平衡质量浓度统一设定为 120 分钟吸附时间的质量浓度。不同实验室得到的研究结论基本一致,数值的差异可能由水质差异引起。

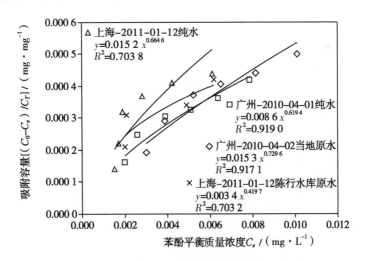

图 4-6　不同水质条件下粉末活性炭对苯酚的吸附容量

图 4-7 是 2010 年 4 月广州的 80mg/L 投炭量条件下可以应对的苯酚质量浓度的试验。由图可知,对纯水可应对的最大质量浓度为 0.014mg/L,可应对的最大超标倍数为 6 倍。对广州原水可应对的最大质量浓度为 0.012mg/L,可应对的最大超标倍数为 5 倍。

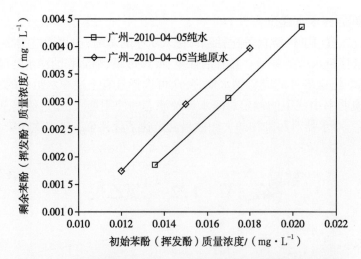

图 4-7 不同水质条件下 80mg/L 粉末活性炭对苯酚的吸附效果

3. 技术要点

（1）原理：采用粉末活性炭吸附水中溶解态的苯酚，吸附后的粉末炭在水厂的混凝沉淀过滤的净水流程中，与混凝剂形成的矾花一起被去除。

（2）粉末炭的投加点：为了增加炭与水的吸附接触时间，提高炭的吸附利用率，对于取水口与水厂有一定距离的地方，粉末炭的投加点应设在取水口处；对于取水口紧挨着水厂，只能在水厂内投加的地方，炭的投加点设在混凝反应池前。

（3）粉末炭的投加量：由现场吸附试验确定，也可以采用已有资料进行估算。对于 80mg/L 粉末炭投加量和 2 小时吸附时间的应急处理，可以应对苯酚超标 5~6 倍的原水。

（4）增加费用：粉末活性炭的价格约为 7 000 元 / 吨，每 10mg/L 投炭量的药剂费用为 0.07 元 /m³ 水。

自来水厂粉末活性炭吸附法去除苯酚应急净水的工艺流程，见图 4-8。

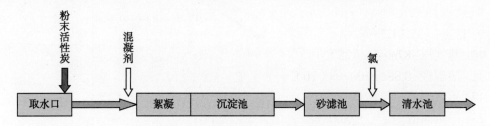

图 4-8 自来水厂粉末活性炭吸附法去除苯酚应急净水的工艺流程图

注意事项：

（1）粉末活性炭的投加点最好设在取水口处；如在水厂内投加，需提高投加量。

（2）混凝剂投加量需要大于平时投量，以确保混凝沉淀过滤对粉末炭的去除效果。

（3）加强沉淀池排泥和滤池冲洗。

（4）注意粉末活性炭的粉尘防护和防爆问题。

（5）含有污染物的排泥水和污泥需要妥善处置。

（二）应急期居民用水建议

人体可通过饮食、刷牙、漱口等途径经口摄入水中的苯酚；也可通过洗澡、洗手、洗菜、游泳等途径经皮肤接触水中的苯酚。具有活性炭、反渗透膜、纳滤膜的净水器对苯酚有一定的去除效果，在苯酚污染事件的应急供水期，公众可选择具有上述净水组件的家用净水器，但应注意净水器说明书中注明的额定总净水量及滤芯的使用期限，超过额定总净水量或超出滤芯使用期限后，净水器对污染物的去除效果会迅速下降甚至带来二次污染，此时应及时更换滤芯。

第三节 1,2-二氯乙烷

一、基本信息

（一）理化性质

1. 中文名称：1,2-二氯乙烷
2. 英文名称：1,2-dichloroethane
3. CAS 号：107-06-2
4. 分子式：$C_2H_4Cl_2$
5. 相对原子质量：98.96
6. 分子结构图：

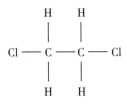

7. 外观与性状：无色透明油状液体，易挥发
8. 沸点：83.7℃
9. 熔点：-35.3℃
10. 蒸气压：87mmHg（25℃）
11. 溶解性：0.882g/100g 水（20℃）
12. 感官阈值（水）：29mg/L
13. 嗅觉阈值（空气）：0.003‰

（二）生产使用情况

1,2-二氯乙烷是一种氯代烃类化合物，是生产氯乙烯和生成其他溶剂的原材料，也可用作汽油的添加剂（清铅剂），还可用于金属脱油剂、洗涤剂、谷物熏蒸剂、有机溶剂和油脂的萃取剂等。

（三）环境介质中质量浓度水平及饮水途径人群暴露状况

1. 环境介质中质量浓度水平　1,2-二氯乙烷在地表水中经常被检出，特别是近工业区，在非工业区 1,2-二氯乙烷的质量浓度通常小于 0.5μg/L。日本的一项研究发现，26% 的河水水样中可检出 1,2-二氯乙烷，这些水样来自日本大阪，平均质量浓度为 0.09μg/L。我国环境水体中也有1,2-二氯乙烷检出的报道,如上海市某区地表水中1,2-二氯乙烷质量浓度为2.69~24.65μg/L,小辽河平原地区地下水中1,2-二氯乙烷的平均质量浓度为8.33μg/L。另一项包括我国31个省(自治区、直辖市)69个城市791组地下水样品的检测结果表明,1,2-二氯乙烷的检出率为4.42%,平均质量浓度大于0.2μg/L。

2. 饮水途径人群暴露状况 空气是一般人群暴露1,2-二氯乙烷的主要来源,仅有5%的人群的主要暴露来源于饮用水,对于饮用水中1,2-二氯乙烷质量质量浓度大于6μg/L的地区,通过饮用水的暴露可能大于通过空气的暴露。饮用水中1,2-二氯乙烷主要来源于两个方面:一是在饮用水净化的氯消毒过程中氯与原水中污染物生成消毒副产物,另一个是水源水受到含有1,2-二氯乙烷污染物的工业废水的污染。美国城市和乡村地区饮用水水样中均检出过1,2-二氯乙烷,特别是井水水样,最高质量浓度为24μg/L。我国台湾的一项饮用水研究表明,饮用水中1,2-二氯乙烷的平均质量浓度为18μg/L。我国某市饮用水中也检出了1,2-二氯乙烷,其平均质量浓度为0.20μg/L。

二、健康效应

(一)毒代动力学

1. 吸收 1,2-二氯乙烷以消化道和呼吸道吸收为主,也可经皮肤吸收。

2. 分布 大鼠单剂量口服质量浓度为150mg/kg的1,2-二氯乙烷48小时后,该物质在肝脏和肾脏的质量浓度最高,在前胃、胃和脾脏的质量浓度较低。1,2-二氯乙烷容易通过血脑屏障。此外,职业暴露人群的母乳中也检出了1,2-二氯乙烷。

3. 代谢 小鼠腹腔给药后,1,2-二氯乙烷可代谢成2-氯乙醇,继而转化为乙醇,并且在醛脱氢酶的作用下生成一氯乙酸,一氯乙酸在肝脏与谷胱甘肽或半胱氨酸相互作用(脱卤素酶)生成5-羧甲基半胱氨酸和硫二乙酸。1,2-二氯乙烷的尿代谢物包括氯乙酸、2-氯乙醇、5-羧甲基半胱氨酸、复合5-羧甲基半胱氨酸、硫二乙酸和5,5-乙烯-二-半胱氨酸。

4. 排泄 小鼠腹腔注射剂量为0.05~0.17g/kg的1,2-二氯乙烷,其中11%~46%的剂量未发生改变直接通过肺呼气排出;5%~13%的剂量代谢为二氧化碳和水;50%~73%的剂量通过尿排泄。

(二)健康效应

1. 人体资料 人体经口摄入1,2-二氯乙烷引起的急性中毒症状通常出现在暴露后两个小时内,主要表现为头痛、头晕、全身无力、吐血和胆汁、瞳孔放大、心脏疼痛、上腹部疼痛、腹泻和神志丧失等,肺水肿和发绀也有可能发生。严重时可引起循环和呼吸衰竭从而导致死亡。在职业环境中反复暴露1,2-二氯乙烷可引起厌食、恶心反胃、腹部疼痛、刺激黏膜、肝脏和肾脏的功能障碍以及神经混乱等。

5个队列研究和1个巢式病例对照研究探讨了1,2-二氯乙烷暴露工人的癌症发生风险,研究结果发现了淋巴和造血细胞癌(3个研究发现),脑瘤、胰腺癌(2个研究发现),胃癌(1个研究发现),但是由于所有研究对象都可能暴露于多个污染物,因此无法单独评估1,2-二氯乙烷的暴露风险。

2. 动物资料

(1)短期暴露:1,2-二氯乙烷对大鼠的经口LD_{50}值为680mg/kg;兔子的经口LD_{50}值为860mg/kg。1,2-二氯乙烷中毒明显的体征是坐立不安、极度虚弱、头晕、肌肉失调、呼吸不规则和意识丧失。中毒死亡主要是由于休克或心血管功能衰竭所致。

（2）长期暴露：在三个吸入性研究中使不同种类的动物暴露于 1，2- 二氯乙烷 8 个月。首先，将大鼠和豚鼠暴露于 1，2- 二氯乙烷含量为 0.1‰的空气中 8 个月，每天 6~7 小时，每周 5 天，检测它们的一般外观、行为、生长发育、器官功能和血液生化，结果发现没有死亡和不良反应。然而，将大鼠、豚鼠、兔和猴同样暴露于 1，2- 二氯乙烷含量为 0.4‰和 0.5‰的空气中，则会导致高死亡率和不同病理现象，包括肺部充血、扩散性心肌炎、轻度到中度肝、肾、肾上腺和心脏的脂肪变性、血浆凝血酶原时间增加等。该研究据此得出大鼠和豚鼠的 NOAEL 值为 0.1‰。

（3）生殖 / 发育影响：一项多代生殖研究中，ICR 瑞士小鼠摄入 1，2- 二氯乙烷剂量为 0、5、15 和 50mg/（kg·d）的饮用水，25 周后，未观察到 1，2- 二氯乙烷对小鼠繁殖率、妊娠、存活率、乳汁分泌情况、仔鼠存活率以及体重增长等的影响，研究也未观察到染毒组仔鼠内脏和骨骼畸形率的增加。

将雌雄小鼠暴露于与上述研究同等剂量 1，2- 二氯乙烷的饮用水中，检测小鼠胎儿的内脏或者骨骼发育情况，结果表明 1，2- 二氯乙烷和发育影响的关系没有统计学意义。

（4）致突变性：1，2- 二氯乙烷有致突变性，代谢活化后其致突变性作用更强，已经被证明对鼠伤寒沙门氏菌菌株 TA1530、1535 和 1538 具有弱致突变性，以及导致大肠杆菌的 DNA 聚合酶缺陷。对经过 S-9 活化的鼠伤寒沙门氏菌菌株 TA1530 和 1535 具有较强致突变性。可诱导黑腹果蝇性别相关的隐性致死。对沙门氏菌的微粒体没有致突变性。

（5）致癌性：IARC 将 1，2- 二氯乙烷列为 2B 组，即有可能对人类致癌。1，2- 二氯乙烷可引起雄性大鼠前胃鳞状细胞癌和循环系统血管肉瘤，雌性大鼠乳腺癌，雌性小鼠的乳腺癌、子宫肌瘤和肉瘤，雌性和雄性小鼠的肺泡 / 细支气管腺瘤。

USEPA 基于同样的证据将 1，2- 二氯乙烷致癌性列为 B2 组，即对实验动物致癌性证据充分，对人类致癌性证据不足或没有证据。

三、饮水水质标准

（一）世界卫生组织水质准则

1984 年第一版《饮用水水质准则》中，提出 1，2- 二氯乙烷基于健康的准则值为 0.01mg/L。

1993 年第二版准则提出 1，2- 二氯乙烷的准则值为 0.03mg/L。

2004 年第三版、2011 年第四版准则及 2017 年第四版第一次增补版准则中，1，2- 二氯乙烷的准则值均维持 0.03mg/L。

（二）我国饮用水卫生标准

1985 年版《生活饮用水卫生标准》（GB 5749—85）中未设定 1，2- 二氯乙烷的限值。

2001 年卫生部颁布的《生活饮用水水质卫生规范》（卫法监发〔2001〕161 号）中将饮用水中 1，2- 二氯乙烷的限值定为 0.03mg/L。

2006 年《生活饮用水卫生标准》（GB 5749—2006）仍然沿用 0.03mg/L 作为 1，2- 二氯乙烷的限值。

（三）美国饮水水质标准

美国一级饮水标准中规定 1，2- 二氯乙烷的 MCLG 是 0。同时考虑到成本、效益以及检测、净化处理等因素，规定 MCL 为 0.005mg/L。此值 1989 年生效，沿用至今。

四、短期暴露饮水水质安全浓度的确定

在三个吸入性研究中使不同种类的动物暴露于 1, 2- 二氯乙烷 8 个月。首先,将大鼠和豚鼠暴露于 1, 2- 二氯乙烷含量为 0.1‰的空气中 8 个月,每天 6~7 小时,每周 5 天,检测它们的一般外观、行为、生长发育、器官功能和血液生化,结果发现没有死亡和不良反应。然而,将大鼠、豚鼠、兔和猴同样暴露于 1, 2- 二氯乙烷含量为 0.4‰和 0.5‰的空气中,则会导致高死亡率和不同病理现象,包括肺部充血、扩散性心肌炎、轻度到中度肝、肾、肾上腺和心脏的脂肪变性、血浆凝血酶原时间增加等。该研究据此得出大鼠和豚鼠的 NOAEL 值为 0.1‰,经换算得出总吸收剂量(TAD)为 7.4mg/(kg·d)。

短期暴露(十日)饮水水质安全浓度推导如下:

$$\text{SWSC} = \frac{\text{TAD} \times \text{BW}}{\text{UF} \times \text{DWI}} = \frac{7.4\text{mg/(kg·d)} \times 10\text{kg}}{100 \times 1\text{L/d}} \approx 0.7\text{mg/L} \qquad (4\text{-}6)$$

式中:SWSC——短期暴露(十日)饮水水质安全浓度,mg/L;

TAD——总吸收剂量,7.4mg/(kg·d);

BW——平均体重,以儿童为保护对象,10kg;

UF——不确定系数,100,考虑种内和种间差异;

DWI——每日饮水摄入量,以儿童为保护对象,1L/d。

以实验动物高死亡率和病理学变化为健康效应推导的短期暴露(十日)饮水水质安全浓度为 0.7mg/L。

五、应急处理技术及应急期居民用水建议

(一)水厂应急处理技术

1. 概述　自来水厂的常规净水工艺(混凝 — 沉淀 — 过滤 — 消毒的工艺)对 1, 2- 二氯乙烷基本没有去除作用。1, 2- 二氯乙烷难于吸附和氧化,臭氧生物活性炭深度处理工艺对 1, 2- 二氯乙烷的去除效果也很有限。对于水源发生 1, 2- 二氯乙烷的突发污染情况,水厂净水时需要进行应急处理。

自来水厂应急去除 1, 2- 二氯乙烷技术为曝气吹脱法,该法对 1, 2- 二氯乙烷有一定去除效果。

2. 原理与参数　曝气吹脱法去除 1, 2- 二氯乙烷的原理是:1, 2- 二氯乙烷有挥发性,可以用曝气吹脱法去除。通过设置曝气吹脱设施,向水中曝气,把水中溶解的 1, 2- 二氯乙烷转移到气相中,使水得到净化。

曝气吹脱的方式是:在取水口外的河道中设置曝气吹脱设施(鼓风机、微孔曝气管等),鼓风机输出的空气用管道送到设在水中一定深度的微孔曝气管或曝气头,在水中曝气,吹脱去除水中的 1, 2- 二氯乙烷。

对于曝气吹脱工艺,关键的因素是物质的挥发性和吹脱的气水比,对于其他因素,如气泡大小和是否达到传质平衡,可以不用考虑。工程上常用的微孔曝气头或微孔曝气管的曝气方式,由于热力学稳定的原因,尽管曝气孔的孔口很小,但在水中形成的气泡直径一般都在 2~3mm 大小。对于常见的挥发性污染物的曝气吹脱,气泡内气相质量浓度与气泡外水相质量浓度达到传质平衡的气泡上升高度经实测一般在几十厘米,一般情况下实际曝气深度都在 2 米以上,因此都已经达到了传质平衡。

物质的挥发性可以用亨利定律表示：

$$c_L = Hc_G \qquad (4\text{-}7)$$

式中：c_L——该物质在水中质量浓度，mg/L；

　　　c_G——该物质在空气中的质量浓度，mg/L；

　　　H——该物质的无量纲亨利常数。

注意，这里使用的是无量纲亨利常数。由于物质含量有多种表达方式，亨利常数也需采用相应的量纲，例如当物质在气相的含量用分压表示时，亨利常数的量纲为 mol/（L·Pa）。不同表达方式的亨利常数可以相互换算。

1,2-二氯乙烷的无量纲亨利常数为 0.041 9。此值是 20℃条件的，温度升高时挥发性增加，H 需进行调整。不同温度下的无量纲亨利常数的计算公式为：

$$\lg H = A - B/T \qquad (4\text{-}8)$$

式中：A、B——温度修正系数；

　　　T——绝对温度，K。

对于二氯乙烷，A=4.434，B=1 705。

采用曝气吹脱的方式，污染物去除效果的计算公式为：

$$\frac{c_L}{c_{L0}} = e^{-Hq} \qquad (4\text{-}9)$$

式中：c_L——物质在水中处理后的质量浓度，mg/L；

　　　c_{L0}——物质在水中的初始质量浓度，mg/L；

　　　q——曝气吹脱的气水比，$m^3_{\text{气}}/m^3_{\text{水}}$。

该曝气吹脱计算公式对实验室静态试验和在河道中的实际应用均适用。在实际应急处置中，曝气吹脱多设置在取水口前的引水河道处，在水流横向流动的河道里设置多条曝气管，吹脱污染物。该系统吹脱效果的计算模型与实验室静态批次试验的计算模型完全相同，都采用公式（4-9），用无量纲亨利常数和总的气水比计算吹脱效果。

1,2-二氯乙烷的曝气吹脱理论去除曲线见图 4-9。

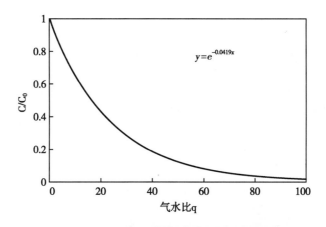

图 4-9　1,2-二氯乙烷曝气吹脱的理论去除曲线

图 4-10 是 1,2-二氯乙烷配水的去除试验结果。试验中采用了不同强度的曝气流量（0.4~1.4L/min），结果显示，去除率只与气水比相关，符合理论模型。

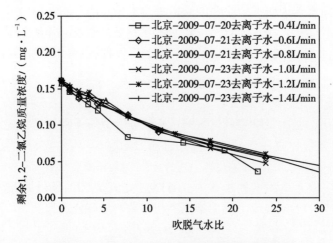

图 4-10 1, 2- 二氯乙烷配水的曝气吹脱试验

根据式（4-9），可以计算出不同 1, 2- 二氯乙烷去除率所需的气水比。例如，对于 50% 的去除率，所需气水比 $q=16.5$；对于 80% 的去除率，所需气水比 $q=38$；对于 90% 的去除率，所需气水比 $q=55$。由于 1, 2- 二氯乙烷的挥发性不够强，曝气吹脱处理所需的气水比相对较大。对于采用气水比为 15 的曝气量，可应对 1, 2- 二氯乙烷的原水超标倍数不到 1 倍。

3. 技术要点

自来水厂 1, 2- 二氯乙烷曝气吹脱应急净水处理的技术要点：

（1）在取水口外的河道中设置应急曝气吹脱设施，把水中溶解性的 1, 2- 二氯乙烷吹脱到空气中，以实现安全供水。

（2）建议采用鼓风机和微孔曝气管的方式，设备安装快，可以迅速实施。

（3）根据去除率要求，可以用式（4-9）计算得出所需的气水比。

（4）曝气吹脱法应急处理的主要缺点是需要设置曝气设备，应用受到现场条件限制；污染物并未去除，只是从水中转移到空气中，对局部地区空气质量有影响。

（5）曝气吹脱的费用：单位曝气量的电耗费用约为 0.01~0.015 元 /m³ 空气。

自来水厂曝气吹脱法去除 1, 2- 二氯乙烷的工艺流程见图 4-11。

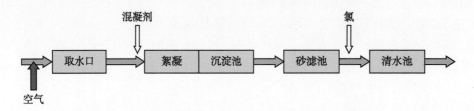

图 4-11 曝气吹脱法去除 1, 2- 二氯乙烷的工艺流程图

（二）应急期居民用水建议

人体可通过饮食、刷牙、漱口等途径经口摄入水中的 1, 2- 二氯乙烷；也可通过洗澡、洗手、洗菜、游泳等途径经皮肤接触水中的 1, 2- 二氯乙烷；还可通过洗澡等途径吸入暴露水中挥发的 1, 2- 二氯乙烷。具有活性炭、反渗透膜、纳滤膜的净水器对 1, 2- 二氯乙烷有一定的去除效果，在 1, 2- 二氯乙烷污染事件的应急供水期，公众可选择具有上述净水组件的家用

净水器,但应注意净水器说明书中注明的额定总净水量及滤芯的使用期限,超过额定总净水量或超出滤芯使用期限后,净水器对污染物的去除效果会迅速下降甚至带来二次污染,此时应及时更换滤芯。由于1,2-二氯乙烷具有一定的挥发性,也可用煮沸并保持沸腾若干分钟的方式去除。

第四节 1,1,1-三氯乙烷

一、基本信息

(一)理化性质

1. 中文名称:1,1,1-三氯乙烷

2. 英文名称:1,1,1-trichloroethane

3. CAS号:71-55-6

4. 相对分子质量:133.41

5. 分子式:$C_2H_3Cl_3$

6. 分子结构图:

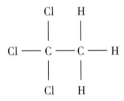

7. 外观与性状:无色液体,有类似氯仿气味

8. 熔点:−30.4℃

9. 沸点:74.0℃

(二)生产使用情况

1,1,1-三氯乙烷是一种卤代烃化合物,良好的金属清洗剂,被广泛用作电子设备、发动机、电子仪器的清洗溶剂,是黏合剂、涂料和纺织染料等的溶剂,还可用作金属切削油的冷却剂和润滑剂,也是墨水和管道清洗剂成分。

(三)环境介质中质量浓度水平及饮水途径人群暴露状况

1. 环境介质中质量浓度水平 水环境中1,1,1-三氯乙烷的主要来源是工业污染,另一个来源是在自来水净化的氯消毒过程中氯与水中污染物生成的消毒副产物。1,1,1-三氯乙烷在水中具有一定溶解度,半衰期大约200~300天,可挥发至空气中。仅在一小部分的地表水和地下水中发现有1,1,1-三氯乙烷,其质量浓度通常低于20μg/L。美国的井水中1,1,1-三氯乙烷质量浓度为9~24μg/L。欧洲地下水中1,1,1-三氯乙烷的质量浓度范围为0.04~130μg/L。我国辽河和太湖地表水中未检出1,1,1-三氯乙烷。某1,1,1-三氯乙烷污染场地地下水中1,1,1-三氯乙烷含量为0.68~1.74μg/L。

2. 饮水途径人群暴露状况 饮用水中1,1,1-三氯乙烷的主要来源有两个,一是水源受到含有1,1,1-三氯乙烷污染物的工业废水污染,另一个是在自来水净化的氯消毒过程中氯与水中污染物生成的消毒副产物。一般情况下饮用水中1,1,1-三氯乙烷的检出率较低,某市 96 份龙头水和 24 份净水设备出水中均未检出 1,1,1-三氯乙烷。美国饮用水中 1,1,1-三氯乙烷的平均质量浓度为 0.02~0.6μg/L。

二、健康效应

（一）毒代动力学

1. 吸收　1,1,1-三氯乙烷为无色液体，常温下极易挥发，毒性较低，主要通过呼吸道吸收，亦可通过皮肤接触和消化道吸收，绝大部分以原形经肺排出，几乎无蓄积作用。

2. 分布　雌性小鼠暴露于质量浓度为 5 460mg/m³ 的 1,1,1-三氯乙烷 2 小时后，其组织中 1,1,1-三氯乙烷质量浓度从高到低依次为：脂肪＞肝＞肾＞脾＞血＞肺≈心＞脑。雄性杂交犬（n=3）被暴露于（连续麻醉）54 600mg/m³ 的 1,1,1-三氯乙烷 3 分钟（在 4 小时内进行 4 次），最后一次暴露后，1,1,1-三氯乙烷质量浓度从高到低依次为：腹部脂肪＞肾脂肪＞肝≈肾≈肺。小鼠口服 1 000mg/kg 经 ¹⁴C 标记的 1,1,1-三氯乙烷 2 小时后，其组织中放射性含量从高到低依次为：脂肪（占 53%）＞肌肉＞胃＞肝＞皮肤＞血液＞肾＞肺。

3. 代谢　1,1,1-三氯乙烷在哺乳动物体内代谢程度低。大鼠体内 1,1,1-三氯乙烷代谢率低于 3%，人体内 1,1,1-三氯乙烷代谢率低于 6%。代谢产物主要包括三氯乙醇、三氯乙烷、葡糖苷酸和三氯乙酸。

4. 排泄　1,1,1-三氯乙烷无论吸入还是经口摄入，几乎都是以原形通过呼气由肺呼出，只有一小部分以三氯乙酸、三氯乙醇等形式由尿排出，1,1,1-三氯乙烷在体内几乎不蓄积。使用经 ¹⁴C 标记的 1,1,1-三氯乙烷对大鼠进行腹腔注射，通过尿排泄的 1,1,1-三氯乙烷不到 3%。

（二）健康效应

1. 人体资料　人体口服高剂量 1,1,1-三氯乙烷会产生恶心、呕吐和腹泻症状；吸入高质量浓度的 1,1,1-三氯乙烷会产生呼吸衰竭、心律失常、急性肺阻塞和肺水肿等症状，甚至导致死亡。有资料显示，人吸入质量浓度超过 2.7mg/m³ 的 1,1,1-三氯乙烷时会出现头晕、轻度头痛和动作失调等症状，达到 945mg/m³ 时会出现机体损害，达到 54g/m³ 时人会失去知觉。1,1,1-三氯乙烷高暴露人群的肝脏会产生脂肪细胞空泡化，但是当慢性暴露于空气中低剂量 1,1,1-三氯乙烷时，人肝脏和肾脏损害的血清和尿液指标均未受影响。

1,1,1-三氯乙烷暴露对神经功能系统也可造成损害，至少有 30 起人类死亡与 1,1,1-三氯乙烷暴露有关，主要是由于职业吸入暴露引起的，死亡的原因为窒息，肺部急性水肿和充血。另一项 2 171 名美国成年人的病例对照研究显示：职业环境中接触 1,1,1-三氯乙烷溶剂的累积时间与非霍奇金淋巴瘤发生呈正相关。

2. 动物资料

（1）短期暴露：大鼠、犬、兔子等的 1,1,1-三氯乙烷急性经口暴露 LD_{50} 范围为 5.7~14.3g/kg。以大鼠为试验对象，经口给予单剂量 1.4g/kg 的 1,1,1-三氯乙烷，试验结果显示，在此剂量下，大鼠肝脏 P450 酶和环氧水合酶被抑制，得出 NOAEL 值为 1.4g/kg。

以大鼠为试验对象，开展为期 9 天的灌胃染毒试验，共设定 0、0.5、5 和 10g/kg 四个剂量组。研究结果表明，在 0.5g/kg 的暴露质量浓度下，不良反应相对较少，在 5 和 10g/kg 高剂量组时可引起短暂的兴奋、持久的昏迷以及死亡现象。

（2）长期暴露：以小鼠为试验对象，开展为期 14 周的 1,1,1-三氯乙烷吸入暴露试验，剂量分别为 0、0.25‰ 和 1‰（相当于 0、1 365 和 5 460mg/m³）。结果表明：暴露 10 周后，

1 365mg/m³ 暴露组偶尔出现轻微的肝脏超微结构变化；5 460mg/m³ 暴露组肝脏超微结构变化更为明显，并伴有相对肝脏重量、甘油三酯和镜下可见病变（包括肝小叶中心细胞肿胀、形成空泡、脂质过多）的增加。暴露 12 周后，40% 暴露于 5 460mg/m³ 的小鼠出现单个肝细胞坏死。在肝脏以外的组织中均未发现与暴露相关的影响。此研究提出的 NOAEL 值为 1 365mg/m³。

对雄性和雌性大鼠用玉米油进行 1, 1, 1- 三氯乙烷灌胃试验，为期 78 周，每周 5 次，剂量为 750 和 1 500mg/kg。同样的，对雄性和雌性小鼠开展为期 78 周、剂量约 2 800 和 5 600mg/kg 的 1, 1, 1- 三氯乙烷灌胃试验，分别在大鼠和小鼠中观察到体重减轻和生存时间减少的现象。

另有研究表明高剂量经口暴露于 1, 1, 1- 三氯乙烷会对中枢神经系统造成影响。以大鼠（200~250g）为试验对象，进行为期 12 周，每周 5 次的 1, 1, 1- 三氯乙烷灌胃染毒试验，共设定 0、0.5、2.5 和 5g/（kg·d）四个剂量组。研究结果表明，2.5 和 5g/（kg·d）剂量组，对大鼠体重及中枢神经系统产生了影响（包括短时过度兴奋和长时间的昏迷）；5g/（kg·d）剂量组出现了血清酶活性增加现象；而 0.5g/（kg·d）剂量组则未观察到不良影响。此研究确定的 NOAEL 值为 0.5g/（kg·d）。

（3）生殖 / 发育影响：1, 1, 1- 三氯乙烷生殖、发育毒性的研究大都为阴性结果，但亦有 1, 1, 1- 三氯乙烷可对胎儿发育产生影响的报道。有研究表明在极高质量浓度下胎儿期染毒可导致仔鼠发育及行为异常。

（4）致癌性：IARC 将 1, 1, 1- 三氯乙烷列为第 3 组，即尚不能确定其是否对人体致癌；USEPA 将 1, 1, 1- 三氯乙烷致癌性列为 I 级，即评估潜在致癌性的信息不足。

三、饮水水质标准

（一）世界卫生组织水质准则

1984 年第一版《饮用水水质准则》中未提出 1, 1, 1- 三氯乙烷的准则值。

1993 年第二版准则中制定了饮用水中 1, 1, 1- 三氯乙烷的暂行准则值为 2mg/L。

2004 年第三版《饮用水水质准则》指出，因为饮水中 1, 1, 1- 三氯乙烷质量浓度远低于可影响健康的限值 2mg/L，没有设定准则值。

2011 年第四版《饮用水水质准则》及 2017 年第四版第一次增补版中，沿用了第三版的提法。

（二）我国饮用水卫生标准

1985 年版《生活饮用水卫生标准》（GB 5749—85）中未设定 1, 1, 1- 三氯乙烷的限值。

2001 年卫生部颁布的《生活饮用水水质卫生规范》（卫法监发〔2001〕161 号）中设定 1, 1, 1- 三氯乙烷的限值为 2mg/L。

2006 年《生活饮用水卫生标准》（GB 5749—2006）仍然沿用 2mg/L 作为 1, 1, 1- 三氯乙烷的限值。

（三）美国饮水水质标准

美国一级饮水标准中规定 1, 1, 1- 三氯乙烷的 MCLG 是 0.2mg/L。1, 1, 1- 三氯乙烷的 MCL 采纳了 MCLG 的数值，也为 0.2mg/L。此值于 1989 年生效，沿用至今。

四、短期暴露饮水水质安全浓度的确定

以大鼠（200~250g）为试验对象，进行为期 12 周，每周 5 次的 1, 1, 1- 三氯乙烷灌胃染

毒试验,共设定 0、0.5、2.5 和 5g/（kg·d）四个剂量组。研究结果表明,2.5 和 5g/（kg·d）剂量组,对大鼠体重及中枢神经系统产生了影响（包括短时过度兴奋和长时间的昏迷）;5g/（kg·d）剂量组出现了血清酶活性增加现象;而 0.5g/（kg·d）剂量组则未观察到不良影响。此研究确定的 NOAEL 值为 0.5g/（kg·d）。

短期暴露（十日）饮水水质安全浓度推导如下:

$$SWSC = \frac{NOAEL \times BW}{UF \times DWI} = \frac{500mg/(kg \cdot d) \times 10kg \times (5/7)}{100 \times 1L/d} \approx 40mg/L \qquad (4-10)$$

式中:SWSC——短期暴露（十日）饮水水质安全浓度,mg/L;

    NOAEL——基于对大鼠体重及中枢神经系统影响为健康效应的分离点,500mg/（kg·d）;

    UF——不确定系数,100,考虑种内和种间差异;

    BW——平均体重,以儿童为保护对象,10kg;

    DWI——每日饮水摄入量,以儿童为保护对象,1L/d;

    5/7= 每周总吸收剂量到等效日均剂量的转换。

基于大鼠体重及中枢神经系统影响的健康效应推导得出的短期暴露（十日）饮水水质安全浓度为40mg/L。

五、应急处理技术及应急期居民用水建议

（一）水厂应急处理技术

1. 概述　自来水厂的常规净水工艺（混凝—沉淀—过滤—消毒的工艺）对 1,1,1-三氯乙烷的去除效果很差。1,1,1-三氯乙烷难于吸附和氧化,臭氧生物活性炭深度处理工艺对 1,1,1-三氯乙烷的去除效果也很有限。当生产、运输或使用 1,1,1-三氯乙烷的企业发生了突发事故,造成水源 1,1,1-三氯乙烷突发性污染时,必须采取应急处置措施。

自来水厂应急去除 1,1,1-三氯乙烷技术为曝气吹脱法。

2. 原理与参数　曝气吹脱法去除 1,1,1-三氯乙烷的原理是:1,1,1-三氯乙烷的挥发性强,易于被曝气吹脱去除。可以设置曝气吹脱设施,向水中曝气,把水中溶解的 1,1,1-三氯乙烷转移到气相中从水中排出,使水得到净化。

曝气吹脱的方式是:在取水口外的河道中设置曝气吹脱设施（鼓风机、微孔曝气管等）,鼓风机输出的空气用管道送到设在水中一定深度的微孔曝气管或曝气头,在水中曝气,吹脱去除水中的 1,1,1-三氯乙烷。

对于曝气吹脱工艺,关键的因素是物质的挥发性和吹脱的气水比。对于其他因素,如气泡大小和是否达到传质平衡,可以不用考虑。对于工程上常用的微孔曝气头或微孔曝气管的曝气方式,由于热力学稳定的原因,尽管曝气孔的孔口很小,但在水中形成的气泡直径一般都在 2~3 毫米大小。对于常见的挥发性污染物的曝气吹脱,气泡内气相质量浓度与气泡外水相质量浓度达到传质平衡的气泡上升高度经一般在几十厘米。一般情况下实际曝气深度都在 2 米以上,因此都已经达到了传质平衡。

物质的挥发性可以用亨利定律表示:

$$c_L = Hc_G \qquad (4-11)$$

式中:c_L——该物质在水中质量浓度,mg/L;

    c_G——该物质在空气中的质量浓度,mg/L;

    H——该物质的无量纲亨利常数。

注意，这里使用的是无量纲亨利常数。由于物质含量有多种表达方式，亨利常数也需采用相应的量纲，例如当物质在气相的含量用分压表示时，对应的亨利常数的量纲为 mol/（L·Pa）。不同表达方式的亨利常数可以相互换算。

1，1，1- 三氯乙烷的无量纲亨利常数 H=0.562。此值是 20℃条件的，温度升高时挥发性增加，对 H 还需进行调整。不同温度下的无量纲亨利常数的计算公式为：

$$\lg H = A - B/T \tag{4-12}$$

式中：A、B——温度修正系数；

$\quad$ T——绝对温度，K。

对于 1，1，1- 三氯乙烷，A=5.163，B=1 588。

采用曝气吹脱的方式，污染物去除效果的计算公式为：

$$\frac{c_L}{c_{L0}} = e^{-Hq} \tag{4-13}$$

式中：c_L——物质在水中处理后的质量浓度，mg/L；

$\quad$ c_{L0}——物质在水中的初始质量浓度，mg/L；

$\quad$ q——曝气吹脱的气水比，$m^3_气/m^3_水$。

该曝气吹脱计算公式对实验室静态试验和在河道中的实际应用均适用。在实际应急处置中，曝气吹脱多设置在取水口口前的引水河道处，在水流横向流动的河道里设置多条曝气管，吹脱污染物。该系统吹脱效果的计算模型与实验室静态批次试验的计算模型完全相同，都采用公式（4-13），用无量纲亨利常数和总的气水比计算吹脱效果。

1，1，1- 三氯乙烷的曝气吹脱的理论去除关系如图 4-12 所示。

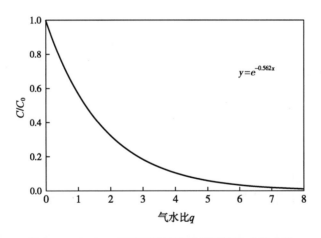

图 4-12　1，1，1- 三氯乙烷曝气吹脱的理论去除曲线

图 4-13 是去离子水配水的 1，1，1- 三氯乙烷去除试验结果。试验中采用了不同强度的曝气流量（0.4~1.4L/min），结果显示，去除率只与气水比相关，符合理论模型。

根据式（4-13），可以计算出不同 1，1，1- 三氯乙烷去除率所需的气水比。例如，对于 50% 的去除率，所需气水比 q=1.2；对于 80% 的去除率，所需气水比 q=2.9；对于 90% 的去除率，所需气水比 q=4.1。1，1，1- 三氯乙烷的挥发性很强，曝气吹脱处理所需的气水比很小。对于采用气水比为 5 的曝气量，可应对 1，1，1- 三氯乙烷的原水超标倍数约为 15 倍。

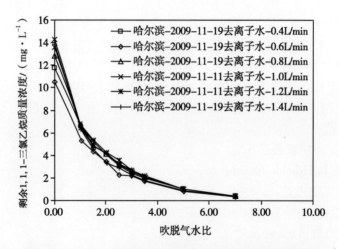

图 4-13　1, 1, 1- 三氯乙烷去离子水配水的曝气吹脱试验

3. 技术要点　自来水厂 1, 1, 1- 三氯乙烷曝气吹脱应急净水处理的技术要点：

（1）在取水口外的河道中设置应急曝气吹脱设施，把水中溶解的 1, 1, 1- 三氯乙烷吹脱到空气中，以实现安全供水。

（2）建议采用鼓风机和微孔曝气管的方式，设备安装快，可以迅速实施。

（3）根据去除率要求，可以用式（4-13）计算得出所需的气水比。

（4）曝气吹脱法应急处理的主要缺点是需要设置曝气设备，应用受到现场条件限制；污染物并未去除，只是从水中转移到空气中，对局部地区空气质量有影响。

（5）曝气吹脱的费用：单位曝气量的电耗费用约为 0.01~0.015 元 /m³ 空气。

自来水厂曝气吹脱法去除 1, 1, 1- 三氯乙烷的工艺流程，见图 4-14。

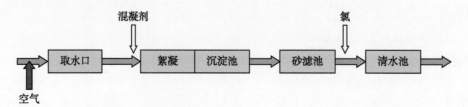

图 4-14　曝气吹脱法去除 1, 1, 1- 三氯乙烷的工艺流程图

（二）应急期居民用水建议

人体可通过饮食、刷牙、漱口等途径经口摄入水中的 1, 1, 1- 三氯乙烷；也可通过洗澡、洗手、洗菜、游泳等途径经皮肤接触水中的 1, 1, 1- 三氯乙烷；还可通过洗澡等途径吸入暴露水中挥发的 1, 1, 1- 三氯乙烷。具有活性炭、反渗透膜、纳滤膜的净水器对 1, 1, 1- 三氯乙烷有一定的去除效果，在 1, 1, 1- 三氯乙烷污染事件的应急供水期，公众可选择具有上述净水组件的家用净水器，但应注意净水器说明书中注明的额定总净水量及滤芯的使用期限，超过额定总净水量或超出滤芯使用期限后，净水器对污染物的去除效果会迅速下降甚至带来二次污染，此时应及时更换滤芯。由于 1, 1, 1- 三氯乙烷具有一定的挥发性，也可用煮沸并保持沸腾若干分钟的方式去除。

第五节 1,1-二氯乙烯

一、基本信息

(一)理化性质

1. 中文名称:1,1-二氯乙烯

2. 英文名称:1,1-dichloroethene

3. CAS 号:75-35-4

4. 分子式:$C_2H_2Cl_2$

5. 相对分子质量:96.94

6. 分子结构图

7. 外观与性状:无色液体

8. 气味:芳香气味较淡,类似氯仿

9. 沸点:31.7℃

10. 熔点:−122.5℃

11. 溶解性:0.63g/100g 水(50℃)

(二)生产使用情况

1,1-二氯乙烯主要用于与氯乙烯、丙烯腈及其他单体形成共聚物,用于包装材料、胶粘剂和合成纤维。

(三)环境介质中质量浓度水平及饮水途径人群暴露状况

1. 环境介质中质量浓度水平　国内外均有文献报道过1,1-二氯乙烯在环境水体中的存在情况。美国439个危险废物监测站点中能够定量检测到水中1,1-二氯乙烯的有186个站点,最高质量浓度达2mg/L。我国2011年在一项对苏、浙、鲁地区主要饮用水地表水源的挥发及半挥发有机物调查中显示,长江江苏段主要城市水源中1,1-二氯乙烯均未被检出,江苏非长江7个主要地表水源水样中1,1-二氯乙烯未被检出;浙江省主要地表水源5个水库水样中,1,1-二氯乙烯检出率为20%,质量浓度在0.9~3.73μg/L之间;山东主要城市水源水玉清湖水库中1,1-二氯乙烯未被检出,该项调查中使用检测方法检出限为0.18μg/L。

2. 饮水途径人群暴露状况　在生产或使用1,1-二氯乙烯的工作场所,1,1-二氯乙烯职业暴露途径主要是吸入和皮肤接触。一般人群可能通过吸入环境空气、摄入食品和饮用水以及与含有1,1-二氯乙烯的消费品进行皮肤接触而暴露于1,1-二氯乙烯。在对四川省南充市的饮用水中有机物测定研究中,以水源水、出厂水、管网水为样品,每个季度采样1次。每次布10个监测点,其中3个水源水、3个出厂水和4个管网水,采集样品10份,连续采样4个季度,总计40份水样,1,1-二氯乙烯均未检出。

二、健康效应

（一）毒代动力学

1. 吸收　经口和吸入暴露 1,1- 二氯乙烯后可被迅速吸收。

2. 分布　大鼠口服单一剂量 1,1- 二氯乙烯 25mg/kg，30 分钟后在肝脏和肾脏呈现高质量浓度分布，1 小时后普遍分布在其他软组织中。另有研究给大鼠口服单一剂量 ^{14}C 标记的 1,1- 二氯乙烯，剂量分别为 1mg/kg 和 50mg/kg，72 小时后肝脏中的同位素标记物所占比例最大。

3. 代谢　动物的 1,1- 二氯乙烯已知代谢物为氯乙酸、氯乙酰氯和二氯乙醛。通过体外试验对人体肝脏和肺部微粒体研究得到了与动物相同的 1,1- 二氯乙烯初始代谢产物，但尚不清楚人类 1,1- 二氯乙烯的代谢是否与动物相同。

4. 排泄　1,1- 二氯乙烯排泄的速度相对较快，在 24~72 小时内可排泄完成。在低剂量时，大部分代谢物通过肾脏和胆汁排泄，代谢形成的二氧化碳通过肺部排出；当剂量水平较高接近最大代谢能力时，未降解的 1,1- 二氯乙烯通过肺部排出。

（二）健康效应

1. 人体资料　吸入高质量浓度（15 880mg/m^3）1,1- 二氯乙烯后可导致抑郁发作，如果继续暴露会导致昏迷。有报道称工人暴露于 1,1- 二氯乙烯及其他乙烯基化合物的环境之中，会产生肝功能异常、头痛、视力问题、虚弱、疲劳和神经感觉障碍等症状。

2. 动物资料

（1）短期暴露：成年大鼠经口暴露 LD_{50} 范围为 200~1 800mg/kg。小鼠和狗经口暴露 LD_{50} 分别为 200mg/kg 和 5 750mg/kg。

1,1- 二氯乙烯毒性最敏感的终点是肝损伤，肝脏脂肪浸润甚至坏死。以 SD 大鼠为试验研究对象，通过含 0.5% 乳化剂 T-80 的饮水喂饲剂量为 200mg/kg 的 1,1- 二氯乙烯，引起了血浆中丙氨酸的水平轻微增加。此外，肝脏中还观察到病理变化，一些分散的微小病灶坏死，以此确立 LOAEL 值为 200mg/（kg·d）。

（2）长期暴露：以大鼠为试验研究对象，在饮水中给予大鼠 1,1- 二氯乙烯，持续 90 天，剂量分别为 0、100 和 200mg/L。结果表明，大鼠在最高暴露剂量时肝脏细胞胞质液泡化增加，据此确定的 NOAEL 值为 100mg/L[相当于 10mg/（kg·d）1,1- 二氯乙烯]。

以 SD 大鼠（6~7 周）为试验对象，开展 1,1- 二氯乙烯慢性毒性和致癌性研究。通过饮水途径给予 SD 大鼠 1,1- 二氯乙烯，剂量分别为 0、50、100 和 200mg/L，持续 2 年。没有观察到死亡率、体重、脏器重量、血液、尿以及临床生化的改变。大鼠染毒后的相关影响为轻微的肝细胞中区性脂肪改变和肝细胞肿胀。至试验终止，雄性大鼠仅在 200mg/L 剂量下轻微的肝细胞脂肪改变发生率上升和轻微的肝细胞肿胀有显著统计学变化（$P < 0.05$）。雌性大鼠在 100 和 200mg/L 剂量下出现轻微的肝细胞脂肪改变发生率上升且有显著统计学意义（$P < 0.05$）；雌性大鼠所有剂量组有轻微的肝细胞肿胀且有显著统计学意义（$P < 0.05$）。任何剂量组均无肿瘤、明显的肝细胞坏死发生。

（3）生殖 / 发育影响：以 SD 大鼠对试验对象，进行 1,1- 二氯乙烯的生殖和发育毒性试验研究。三代试验动物都是通过饮水暴露，1,1- 二氯乙烯百分比质量浓度为 0（雄性 15 只，雌性 30 只）、50、100 和 200mg/L（每个剂量组雄性 15 只，雌性 20 只）。研究者未提供饮水量信息。暴露 100 天后雌雄交配。在试验暴露剂量下，生育指数、平均每窝子代数量、子代平均体重、子代存活数均未出现重大变化。F2 和 F3a 代大鼠经饮用水摄取 1,1- 二氯乙烯，同期控制值表明新生大鼠存活率降低,然而生存指数在控制值范围内。研究者认为饮水暴露 1,1-二氯乙烯,增加同胎生仔数导致 F2 代生存指数减少。F3a 出现明显的生存指数减少,但 F3b 或 F3c 不能重现,因此认为 F3a 生存指数减少是偶然现象。该研究基于生殖和发育毒性确定的 NOAEL 值为 200mg/L[相当于约 30mg/(kg·d)1,1-二氯乙烯]。

另有研究以 SD 大鼠(体重 250g)为研究对象,开展了饮水暴露 1,1-二氯乙烯的发育毒性研究。在怀孕第 6~15 天进行 1,1-二氯乙烯暴露试验,设定的暴露剂量为 0(27 只大鼠)和 200mg/L[26 只大鼠,相当于 40mg/(kg·d)1,1-二氯乙烯]。试验对软、硬组织检查,未出现胚胎致畸影响,该研究未发现 1,1-二氯乙烯对大鼠及其子代有毒性,因此给出的 NOAEL 值为 40mg/(kg·d)。

(4)致突变性:1,1-二氯乙烯具有致突变性。

(5)致癌性:IARC 将 1,1-二氯乙烯列为 3 组,即尚不能确定其是否对人体致癌;USEPA 将 1,1-二氯乙烯列为 S 组,即有潜在致癌的暗示性证据。

三、饮水水质标准

(一)世界卫生组织水质准则

1984 年第一版《饮用水水质准则》中,提出 1,1-二氯乙烯基于健康的准则值 0.000 3mg/L。

1993 年第二版准则将饮用水中 1,1-二氯乙烯的准则值调整为 0.03mg/L。

2004 年第三版、2011 年第四版及 2017 年第四版第一次增补版准则中将饮用水中 1,1-二氯乙烯基于健康的准则值进一步调整为 0.14mg/L。该值明显高于通常饮用水中 1,1-二氯乙烯的质量浓度水平,因此认为没有必要设定饮用水中 1,1-二氯乙烯的正式准则值。

(二)我国饮用水卫生标准

1985 年版《生活饮用水卫生标准》(GB 5749—85)中未规定 1,1-二氯乙烯的限值。

2001 年卫生部颁布的《生活饮用水水质卫生规范》(卫法监发 161 号)中 1,1-二氯乙烯的限值为 0.03mg/L。

2006 年《生活饮用水卫生标准》(GB 5749—2006)仍然沿用 0.03mg/L 作为 1,1-二氯乙烯的限值。

(三)美国饮水水质标准

美国一级饮水标准中规定 1,1-二氯乙烯的 MCLG 是 0.007mg/L,MCL 也确定为 0.007mg/L。此值于 1987 年生效,沿用至今。

四、短期暴露饮水水质安全浓度的确定

以大鼠为试验研究对象,在饮水中给予大鼠 1,1-二氯乙烯,持续 90 天,剂量分别为 0、100 和 200mg/L。结果表明,大鼠在最高暴露剂量时肝脏细胞胞质液泡化增加,该研究据此确定的 NOAEL 值为 100mg/L[相当于 10mg/(kg·d)1,1-二氯乙烯]。

短期暴露(十日)饮水水质安全浓度推导如下:

$$SWSC = \frac{NOAEL \times BW}{UF \times DWI} = \frac{10mg/(kg \cdot d) \times 10kg}{100 \times 1L/d} = 1mg/L \quad (4-14)$$

式中:SWSC——短期暴露(十日)饮水水质安全浓度,mg/L;

NOAEL——基于大鼠肝脏细胞胞质液泡化增加为健康效应的分离点,10mg/(kg·d)

BW——平均体重,以儿童为保护对象,10kg;

UF——不确定系数,100,考虑种内和种间差异;

DWI——每日饮水摄入量,以儿童为保护对象,1L/d。

以基于大鼠肝脏细胞胞质液泡化增加为健康效应推导的短期暴露(十日)饮水水质安全浓度为 1mg/L。

五、应急处理技术及应急期居民用水建议

(一)水厂应急处理技术

1. 概述 自来水厂的常规净水工艺(混凝—沉淀—过滤—消毒的工艺)对 1,1-二氯乙烯的去除效果很差,臭氧生物活性炭深度处理工艺也没有去除效果。当水源发生 1,1-二氯乙烯的突发污染时,需要进行应急净水处理。

自来水厂应急去除 1,1-二氯乙烯技术为曝气吹脱法。

2. 原理与参数 曝气吹脱法去除 1,1-二氯乙烯的原理是:1,1-二氯乙烯的挥发性强,易于被曝气吹脱去除。通过设置曝气吹脱设施,向水中曝气,把水中溶解的 1,1-二氯乙烯转移到气相中从水中排出,使水得到净化。

曝气吹脱的方式是:在取水口外的河道中设置曝气吹脱设施(鼓风机、微孔曝气管等),鼓风机输出的空气用管道送到设在水中一定深度的微孔曝气管或曝气头,在水中曝气,吹脱去除水中的 1,1-二氯乙烯。

对于曝气吹脱工艺,关键的因素是物质的挥发性和吹脱的气水比。对于其他因素,如气泡大小和是否达到传质平衡,可以不用考虑。对于工程上常用的微孔曝气头或微孔曝气管的曝气方式,由于热力学稳定的原因,尽管曝气孔的孔口很小,但在水中形成的气泡直径一般都在 2~3 毫米大小。对于常见的挥发性污染物的曝气吹脱,气泡内气相质量浓度与气泡外水相质量浓度达到传质平衡的气泡上升高度经实测一般在几十厘米。一般情况下实际曝气深度都在 2 米以上,因此都已经达到了传质平衡。

物质的挥发性可以用亨利定律表示:

$$c_L = Hc_G \tag{4-15}$$

式中:c_L——该物质在水中的质量浓度,mg/L;

c_G——该物质在空气中的质量浓度,mg/L;

H——该物质的无量纲亨利常数。

注意,这里使用的是无量纲亨利常数。由于物质含量有多种表达方式,亨利常数也需采用相应的量纲,例如当物质在气相的含量用分压表示时,亨利常数的量纲为 mol/(L·Pa)。不同表达方式的亨利常数可以相互换算。

1,1-二氯乙烯的无量纲亨利常数:$H=0.975$。此值是 20℃条件的,温度升高时挥发性增加,对 H 还需进行调整。不同温度下的无量纲亨利常数的计算公式为:

$$\lg H = A - B/T \tag{4-16}$$

式中:A、B——温度修正系数;

T——绝对温度,K。

对于 1,1-二氯乙烯,$A=5.397$,$B=1\,586$。

采用曝气吹脱的方式,污染物去除效果的计算公式为:

$$\frac{c_L}{c_{L0}} = e^{-Hq} \tag{4-17}$$

式中：c_L——物质在水中处理后的质量浓度，mg/L；

　　　c_{L0}——物质在水中的初始质量浓度，mg/L；

　　　q——曝气吹脱的气水比，$m^3_气/m^3_水$。

该曝气吹脱计算公式对实验室静态试验和在河道中的实际应用均适用。在实际应急处置中，曝气吹脱多设置在取水口前的引水河道处，在水流横向流动的河道里设置多条曝气管，吹脱污染物。该系统吹脱效果的计算模型与实验室静态批次试验的计算模型完全相同，都采用公式（4-17），用无量纲亨利常数和总的气水比计算吹脱效果。

1，1-二氯乙烯的曝气吹脱理论去除曲线，见图4-15。

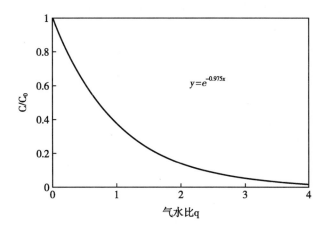

图4-15　1，1-二氯乙烯的曝气吹脱理论去除曲线

图4-16是用纯水配水的1，1-二氯乙烯去除试验结果，图4-17是用水源水配水的1，1-二氯乙烯去除试验结果。试验中采用了不同强度的曝气流量（0.4~1.4L/min），结果显示，去除率只与气水比相关，符合理论模型。

根据式（4-17），可以计算出不同1，1-二氯乙烯去除率所需的气水比。例如，对于50%的去除率，所需气水比q=0.7；对于80%的去除率，所需气水比q=1.7；对于90%的去除率，所需气水比q=2.4。

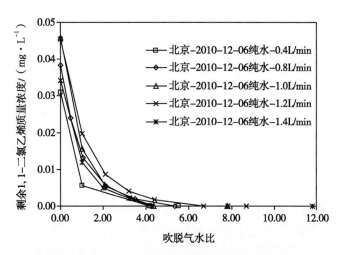

图4-16　1，1-二氯乙烯纯水配水的曝气吹脱试验

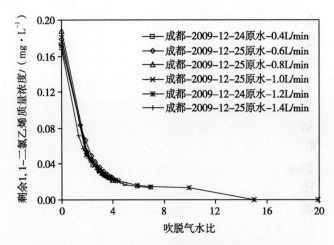

图 4-17　1,1-二氯乙烯水源水配水的曝气吹脱试验

3. 技术要点　自来水厂 1,1-二氯乙烯曝气吹脱应急净水处理的技术要点:

(1)在取水口外的河道中设置应急曝气吹脱设施,把水中溶解性的 1,1-二氯乙烯吹脱到空气中,以实现安全供水。

(2)建议采用鼓风机和微孔曝气管的方式,设备安装快,可以迅速实施。

(3)根据去除率要求,可以用式(4-17)计算得出所需的气水比。

(4)曝气吹脱法应急处理的主要缺点是需要设置曝气设备,应用受到现场条件限制;污染物并未去除,只是从水中转移到空气中,对局部地区空气质量有影响。

(5)曝气吹脱的费用:单位曝气量的电耗费用约为 0.01~0.015 元/m³ 空气。

自来水厂曝气吹脱法去除 1,1-二氯乙烯的工艺流程,见图 4-18。

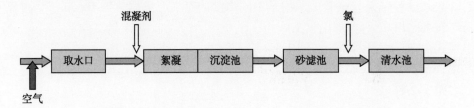

图 4-18　曝气吹脱法去除 1,1-二氯乙烯的工艺流程图

（二）应急期居民用水建议

人体可通过饮食、刷牙、漱口等途径经口摄入水中的 1,1-二氯乙烯;也可通过洗澡、洗手、洗菜、游泳等途径经皮肤接触水中的 1,1-二氯乙烯;还可通过洗澡等途径吸入暴露水中挥发的 1,1-二氯乙烯。具有活性炭、反渗透膜、纳滤膜的净水器对 1,1-二氯乙烯有一定的去除效果,在 1,1-二氯乙烯污染事件的应急供水期,公众可选择具有上述净水组件的家用净水器,但应注意净水器说明书中注明的额定总净水量及滤芯的使用期限,超过额定总净水量或超出滤芯使用期限后,净水器对污染物的去除效果会迅速下降甚至带来二次污染,此时应及时更换滤芯。由于 1,1-二氯乙烯具有一定的挥发性,也可用煮沸并保持沸腾若干分钟的方式去除。

第六节 1,2-二氯乙烯

一、基本信息

(一)理化性质

1. 顺 -1,2- 二氯乙烯

(1)中文名称:顺 -1,2- 二氯乙烯

(2)英文名称:cis-1,2-dichloroethylene

(3)CAS 号:156-59-2

(4)分子式:$C_2H_2Cl_2$

(5)相对原子质量:96.94

(6)分子结构图:

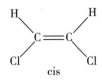

(7)外观与性状:液体

(8)气味:淡芳香气味

(9)沸点:60.1℃

(10)熔点:–80℃

(11)蒸气压:200mmHg(25℃)

(12)溶解性:0.35g/100g 水(25℃)

2. 反 -1,2- 二氯乙烯

(1)中文名称:反 -1,2- 二氯乙烯

(2)英文名称:trans-1,2-dichloroethylene

(3)CAS 号:156-60-5

(4)分子式:$C_2H_2Cl_2$

(5)相对原子质量:96.94

(6)分子结构图:

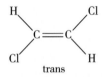

(7)外观与性状:无色液体

(8)气味:芳香气味

(9)沸点:48.7℃

(10)熔点:–49.8℃

(11)蒸气压:331mmHg(25℃)

（12）溶解性：0.63g/100g 水（25℃）

（二）生产使用情况

1，2-二氯乙烯是一种氯代脂肪烃，有顺式和反式两种同分异构体，反式结构的毒性要大于顺式结构。1，2-二氯乙烯在工业上是聚偏二氯乙烯（PVDC）塑料的共聚物，也可作为有机萃取剂，其用途广泛，生产使用较为普遍。

（三）环境介质中质量浓度水平及饮水途径人群暴露状况

1. 环境介质中质量浓度水平　1，2-二氯乙烯有顺式和反式两种形式，在废水和厌氧性的地下水中，这两个异构体是其他不饱和卤代烃的代谢产物，若发现它们同时存在可能指示还同时存在更毒的有机氯化合物，如氯乙烯。因此，监测 1，2-二氯乙烯的质量浓度非常必要。作为水源污染物时 1，2-二氯乙烯多以顺式形式存在。一项对苏、浙、鲁地区主要饮用水地表水源挥发及半挥发有机物调查中显示，对 21 个主要城市地表水源 126 件水样进行检测，检测结果表明 1，2-二氯乙烯的质量浓度均低于检出限（0.16μg/L）。

2. 饮水途径人群暴露状况　1，2-二氯乙烯可通过经口暴露、吸入及皮肤接触等多种途径进入人体。非职业人群从水中摄入 1，2-二氯乙烯主要通过饮食、刷牙和漱口等经口暴露途径。

二、健康效应

（一）毒代动力学

1. 吸收　1，2-二氯乙烯是电中性、小分子量、脂溶性化合物，任何途径（口服、吸入、皮肤）暴露都易于吸收。Wistar 大鼠吸入暴露研究显示，受试动物血液中反 -1，2-二氯乙烯质量浓度低于顺 -1，2-二氯乙烯，由此推断顺 -1，2-二氯乙烯比反 -1，2-二氯乙烯更易于吸收。顺式和反式 1，2-二氯乙烯在大鼠血液 / 空气分配系数分别为 21.6 和 9.58；在人体内血液 / 空气分配系数分别为 9.85 和 6.04。

2. 分布　经口暴露 1，2-二氯乙烯后主要分布在受试动物的肝脏、肾脏和肺中。

3. 代谢　1，2-二氯乙烯的代谢产物主要为醇类和羧酸。通过大鼠体外肝灌流 1，2-二氯乙烯首先还原或氧化成二氯乙醛，然后代谢产生二氯乙醇和二氯乙酸。研究显示大鼠体内代谢 1，2-二氯乙烯过程中 CYP2E1 起了重要作用。体外肝微粒体内，顺 -1，2-二氯乙烯代谢速度比反 -1，2-二氯乙烯快。

4. 排泄　1，2-二氯乙烯在体内的排泄过程与 1，1-二氯乙烯类似，主要经过尿液排出和通过二氧化碳呼出，但比 1，1-二氯乙烯排泄速度要快。

（二）健康效应

1. 人体资料　两个人体受试者试验得出反 -1，2-二氯乙烯气味阈值为 0.28‰（1 100mg/m³）；吸入 1，2-二氯乙烯浓度为 0.83‰（3 300mg/m³）30 分钟后可发生轻微的眼睛刺激；吸入质量浓度为 4 800~8 800mg/m³ 的 1，2-二氯乙烯 5~10 分钟受试者出现了恶心、嗜睡、疲劳、眩晕和有颅内压感等症状。

2. 动物资料

（1）短期暴露：1，2-二氯乙烯两种异构体混合物的大鼠经口 LD₅₀ 为 770mg/kg。

以大鼠为研究对象，给大鼠口服单一剂量的顺 -1，2-二氯乙烯，共设置 0、400 和 1 500mg/kg 三个剂量组，20 个小时后检测受试大鼠的肝脏葡萄糖 -6-磷酸酶、肝脏碱性磷酸酶、肝脏酪氨酸氨基转移酶、血浆碱性磷酸酶和血浆碱性氨基转移酶的质量浓度水平。研究结果发现，400 和 1 500mg/kg 剂量组大鼠的肝脏碱性磷酸酶显著提高。该研究以大鼠肝脏碱性磷酸酶增加为健康效应终点得出 LOAEL 值为 400mg/kg。

将顺 -1, 2- 二氯乙烯溶解于玉米油中对 SD 大鼠（每组 10 只）进行了连续 14 天的喂饲试验，共设定 0、97、291、970 和 1 940mg/（kg·d）五个剂量组，暴露 14 天后将受试动物处死并对大脑、性腺、心脏、肾脏、肾上腺、肝、脾脏和胸腺称重及病理学检查。研究结果表明，随着暴露剂量的增加肝脏相对重量增加（雄性 16%~38% 和雌性 15%~39%）。970 和 1 940mg/（kg·d）剂量组雌性大鼠肾脏相对重量显著增加，分别为 14% 和 12%。1 940mg/（kg·d）剂量组，雄性和雌性大鼠出现鼻和嘴部分泌物增多、焦虑不安，并伴随嗜睡和运动失调的现象，雄性大鼠的体重下降 10%，睾丸重量增加 23%，雌雄大鼠饮水量均增加。

通过强饲法对雄性 CD-1 小鼠进行持续 14 天的反 -1, 2- 二氯乙烯暴露试验，剂量分别为 0、21 和 210mg/（kg·d）。研究结果表明，受试动物身体或器官重量、血清丙氨酸转氨酶、血尿素氮均未发生变化。最高剂量组小鼠的纤维蛋白原水平、凝血酶原时间和乳酸脱氢酶水平明显降低。

成年雌性 Wistar 大鼠（180~200g）通过吸入暴露于反 -1, 2- 二氯乙烯，暴露剂量分别为 0、0.2‰、1‰ 和 3‰（相当于 0、800、4 000 和 12 000mg/m³）。研究结果表明，暴露 8 小时后，0.2‰ 剂量组大鼠肝脏没有明显损伤，有轻微的肺毛细血管充血和肺泡隔膨胀，对生物化学和血液参数进行检测，血清胆固醇、白蛋白、尿酸、尿素氮、葡萄糖、碱性磷酸酶、谷草转氨酶、谷丙转氨酶没有变化；1‰ 剂量组大鼠血清白蛋白、尿素氮和碱性磷酸酶显著减少；0.2‰ 和 1‰ 剂量组，白细胞的数量显著减少，由于白细胞计数可能受外界刺激的影响没有呈现剂量关系，因此白细胞减少不作为 NOAEL 值设置依据。该研究根据常规生化指标变化以及轻微的肝脏影响，得出反 -1, 2- 二氯乙烯的 NOAEL 值为 0.2‰。

（2）长期暴露：Freundt 等人对成年雌性 Wistar 大鼠进行了反 -1, 2- 二氯乙烯的吸入暴露研究。暴露剂量分别为 0、0.2‰、1‰ 和 3‰（相当于 0、800、4 000 和 12 000mg/m³）。每周暴露 5 天，每天 8 小时，持续 16 周。研究结果表明，0.2‰、1‰ 和 3‰ 剂量组大鼠肝脏的薄壁组织和 Kupffer 细胞发生不同程度的脂肪浸润和严重的肺浸润。该研究基于肝脏损伤得出反 -1, 2- 二氯乙烯的 LOAEL 值为 0.2‰。

以雌雄大鼠为研究对象，通过饮水给予顺 -1, 2- 二氯乙烯 90 天，剂量分别为 0、50、100 和 200mg/L[0~25.6mg/（kg·d）]。研究结果表明，雄性大鼠在低剂量下出现了肾脏 / 体重比减少的现象，但无统计学意义。雌雄大鼠在最高暴露剂量组出现了肝细胞胞质液泡化，该研究据此得出的 NOAEL 值为 10mg/（kg·d）。

将顺 -1, 2- 二氯乙烯溶解于玉米油中对 SD 大鼠（10 只 / 性别 / 组）进行了连续 90 天的喂饲试验，共设定 0、32、97、291 和 872mg/（kg·d）五个剂量组，暴露 90 天后将受试动物处死并对大脑、性腺、心脏、肾脏、肾上腺、肝、脾脏和胸腺称重、进行病理学检查及采集血液样本进行血液和临床化学检验。研究结果表明，雄性大鼠随着暴露剂量的增加肾脏相对重量增加，染毒组雄性大鼠肾脏相对重量增加分别为 14%、19%、19% 和 27%。肾脏组织无显著的病理学损伤。所有剂量组均未观察到组织病理学改变。在三个高剂量组，雄性和雌性大鼠肝脏相对重量显著增加；组织病理学研究并未发现具体的肝脏损伤；血红蛋白和血细胞压积减少。该研究以雄性和雌性大鼠肾脏相对重量显著增加为健康效应终点确定的雄性大鼠的 BMD_{10} 和 $BMDL_{10}$ 分别为 19.8 和 5.1mg/（kg·d）；雌性大鼠的 BMD_{10} 和 $BMDL_{10}$ 分别为 55.2 和 10.4mg/（kg·d）。

以 CD-1 小鼠为试验对象（15~24 只 / 性别 / 剂量），通过饮水给予反 -1, 2- 二氯乙烯

90 天，剂量分别为 0、17、175 和 387mg/（kg·d）（雄性）；0、23、224 和 452mg/（kg·d）（雌性）。研究结果表明，在两个最高剂量组，雄性小鼠血清碱性磷酸酶水平有明显增加，雌性小鼠胸腺重量明显减少。在最高剂量组，雄性小鼠肝脏谷胱甘肽质量浓度减少，雌性小鼠肺重量减少以及苯胺羟化酶活性显著降低，并可观察到有短暂的免疫反应，但该现象的毒理学意义尚不清楚。该研究以雄性小鼠血清碱性磷酸酶的水平增高为观察终点，得出 NOAEL 值为 17mg/（kg·d）。

（3）生殖/发育影响：通过饲料喂食给予怀孕的 CD-1 小鼠 1,2-二氯乙烯（12 只/组），持续时间为妊娠 6~16 天，暴露剂量分别为 0、97、505、979、2 087 和 2 918mg/（kg·d）。母体在妊娠 17 天时处死并进行子宫检查。研究结果表明，妊娠子宫重量、胎儿体重、胎儿数量、着床部位等记录均发现毒性效应。

给 F344/N 大鼠和 B6C3F1 小鼠喂食含有 45% 的反 -1,2-二氯乙烯微胶囊，持续 14 周。大鼠（10 只/性/组）暴露剂量分别为 0、190、380、770、1 540 和 3 210mg/（kg·d）（雄性）；0、190、395、780、1 580 和 3 245mg/（kg·d）（雌性）。小鼠（10 只/性别/组）暴露剂量分别为 0、480、920、1 900、3 850 和 8 065mg/（kg·d）（雄性）；0、450、915、1 830、3 760 和 7 925mg/（kg·d）（雌性）。研究结果表明，受试动物的生殖系统未发现生殖器官重量的改变，也未出现大病灶及微病灶。

（4）致突变性：一些研究通过对哺乳动物和非哺乳动物的体外和体内实验对顺式和反式 1,2-二氯乙烯的遗传毒性和诱变性进行了评估。顺 -1,2-二氯乙烯对于鼠伤寒沙门氏菌和大肠杆菌、酵母菌的突变性试验显示为阴性结果，仓鼠细胞未产生染色体畸变及姊妹染色单体交换。研究显示对于沙门氏菌菌株（TA98），无论 S-9 是否激活，反 -1,2-二氯乙烯均有突变性；顺 -1,2-二氯乙烯未发现突变性。但是阳性试验需要进一步确证。

（5）致癌性：IARC 未对 1,2-二氯乙烯的致癌性进行评估；USEPA 将 1,2-二氯乙烯列为 I 组，即评估潜在致癌性的信息不足。

三、饮水水质标准

（一）世界卫生组织水质准则

1984 年第一版《饮用水水质准则》中未制订 1,2-二氯乙烯的准则值。

1993 年第二版准则使用反式异构体的资料计算出适用于 1,2-二氯乙烯两个异构体的准则值为 0.05mg/L。

2004 年第三版、2011 年第四版准则及 2017 年第四版第一次增补版准则中，1,2-二氯乙烯的准则值均沿用了 0.05mg/L。

（二）我国饮用水卫生标准

1985 年版《生活饮用水卫生标准》（GB 5749—85）中未设定 1,2-二氯乙烯的限值。

2001 年卫生部颁布的《生活饮用水水质卫生规范》（卫法监发〔2001〕161 号）中将饮用水中 1,2-二氯乙烯的限值定为 0.05mg/L。

2006 年《生活饮用水卫生标准》（GB 5749—2006）仍然沿用 0.05mg/L 作为 1,2-二氯乙烯的限值。

（三）美国饮水水质标准

美国一级饮水标准中规定顺 -1,2-二氯乙烯 MCLG 值和 MCL 值均为 0.07mg/L，反 -1,2-二氯乙烯 MCLG 值和 MCL 值均为 0.1mg/L。两个标准值都是 1992 年生效的，并沿用至今。

四、短期暴露饮水水质安全浓度的确定

以 CD-1 小鼠为试验对象,通过饮水给予反 -1, 2- 二氯乙烯 90 天(15~24 只 / 性别 / 剂量),剂量分别为 0、17、175 和 387mg/(kg·d)(雄性); 0、23、224 和 452mg/(kg·d)(雌性)。研究结果表明,在两个高剂量组 175 和 387mg/(kg·d),雄性小鼠血清碱性磷酸酶水平有明显增加,雌性小鼠胸腺重量明显减少。在最高剂量组,雄性小鼠肝脏谷胱甘肽质量浓度减少,雌性小鼠肺重量减少以及苯胺羟化酶活性显著降低,并可观察到有短暂的免疫反应,但该现象的毒理学意义尚不清楚。该研究以雄性小鼠血清碱性磷酸酶的水平增高为观察终点,得出 NOAEL 值为 17mg/(kg·d)。

短期暴露(十日)饮水水质安全浓度推导如下:

$$SWSC = \frac{NOAEL \times BW}{UF \times DWI} = \frac{17mg/(\ kg \cdot d\ ) \times 10kg}{100 \times 1L/d} \approx 2mg/L \qquad (4-18)$$

式中:SWSC——短期暴露(十日)饮水水质安全浓度,mg/L;

　　　NOAEL——基于血清碱性磷酸酶的水平增高为健康效应的分离点,17mg/(kg·d);

　　　BW——平均体重,以儿童为保护对象,10kg;

　　　UF——不确定系数,100,考虑种内和种间差异;

　　　DWI——每日饮水摄入量,以儿童为保护对象,1L/d。

以血清碱性磷酸酶的水平增高为健康效应推导的短期暴露(十日)饮水水质安全浓度为 2mg/L。

五、应急处理技术及应急期居民用水建议

(一)水厂应急处理技术

1. 概述　自来水厂的常规净水工艺(混凝 — 沉淀 — 过滤 — 消毒的工艺)对 1, 2- 二氯乙烯的去除效果很差,臭氧生物活性炭深度处理工艺只有一定的去除效果。当水源发生 1, 2- 二氯乙烯突发污染时,需要进行应急净水处理。

自来水厂应急去除 1, 2- 二氯乙烯技术为曝气吹脱法。

2. 原理与参数　曝气吹脱法去除 1, 2- 二氯乙烯的原理是:1, 2- 二氯乙烯的挥发性强,易于被曝气吹脱去除。通过设置曝气吹脱设施,向水中曝气,把水中溶解的 1, 2- 二氯乙烯转移到气相中从水中排出,使水得到净化。

曝气吹脱的方式是:在取水口外的河道中设置曝气吹脱设施(鼓风机、微孔曝气管等),鼓风机输出的空气用管道送到设在水中一定深度的微孔曝气管或曝气头,在水中曝气,吹脱去除水中的 1, 2- 二氯乙烯。

对于曝气吹脱工艺,关键的因素是物质的挥发性和吹脱的气水比。对于其他因素,如气泡大小和是否达到传质平衡,可以不用考虑。对于工程上常用的微孔曝气头或微孔曝气管的曝气方式,由于热力学稳定的原因,尽管曝气孔的孔口很小,但在水中形成的气泡直径一般都在 2~3mm 大小。对于常见的挥发性污染物的曝气吹脱,气泡内气相质量浓度与气泡外水相质量浓度达到传质平衡的气泡上升高度经实测一般在几十厘米,一般情况下实际曝气深度都在 2m 以上,因此都已经达到了传质平衡。

物质的挥发性可以用亨利定律表示:

$$c_L = Hc_G \qquad (4-19)$$

式中：c_L——该物质在水中的质量浓度，mg/L；

　　　c_G——该物质在空气中的质量浓度，mg/L；

　　　H——该物质的无量纲亨利常数。

注意，这里使用的是无量纲亨利常数。由于物质含量有多种表达方式，亨利常数也需采用相应的量纲，例如当物质在气相的含量用分压表示时，亨利常数的量纲为 mol/（L·Pa）。不同表达方式的亨利常数可以相互换算。

顺 -1，2- 二氯乙烯的无量纲亨利常数：$H=0.140$；反 -1，2- 二氯乙烯的无量纲亨利常数：$H=0.359$。此值是 20℃条件的，温度升高时挥发性增加，对 H 还需进行调整。不同温度下的无量纲亨利常数的计算公式为：

$$1gH=A-B/T \qquad\qquad (4-20)$$

式中：A、B——温度修正系数；

　　　T——绝对温度，K。

对于顺 -1，2- 二氯乙烯，$A=4.464$，$B=1\,559$；对于反 -1，2- 二氯乙烯，$A=5.247$，$B=1\,669$。

采用曝气吹脱的方式，污染物去除效果的计算公式为：

$$\frac{c_L}{c_{L0}} = e^{-Hq} \qquad\qquad (4-21)$$

式中：c_L——物质在水中处理后的质量浓度，mg/L；

　　　c_{L0}——物质在水中的初始质量浓度，mg/L；

　　　q——曝气吹脱的气水比，$m^3_气/m^3_水$。

该曝气吹脱计算公式对实验室静态试验和在河道中的实际应用均适用。在实际应急处置中，曝气吹脱多设置在取水口前的引水河道处，在水流横向流动的河道里设置多条曝气管，吹脱污染物。该系统吹脱效果的计算模型与实验室静态批次试验的计算模型完全相同，都采用公式（4-21），用无量纲亨利常数和总的气水比计算吹脱效果。

1，2- 二氯乙烯的曝气吹脱理论去除曲线，见图 4-19。

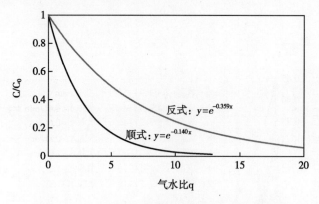

图 4-19　1，2- 二氯乙烯曝气吹脱的理论去除曲线

曝气吹脱去除 1，2- 二氯乙烯应急处理的试验结果见图 4-20 至图 4-22。图 4-20 是用去离子水配水的顺 -1，2- 二氯乙烯去除试验结果，图 4-21 是用去离子水配水的反 -1，2- 二氯乙烯去除试验结果，图 4-22 是用纯水和水源水配水的反 -1，2- 二氯乙烯去除试验结果。试验中采用了不同强度的曝气流量，结果显示，去除率只与气水比相关，符合理论模型。

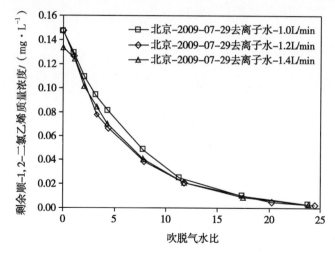

图 4-20　顺 -1,2- 二氯乙烯去离子水配水的曝气吹脱试验

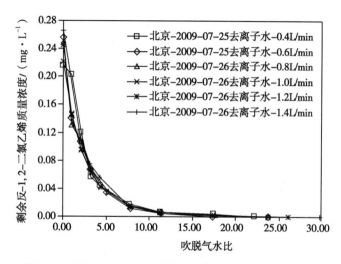

图 4-21　反 -1,2- 二氯乙烯去离子水配水的曝气吹脱试验

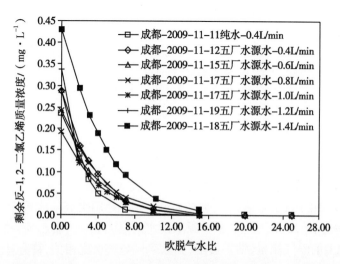

图 4-22　反 -1,2- 二氯乙烯纯水和水源水配水的曝气吹脱试验

根据式（4-21），可以计算出不同1,2-二氯乙烯去除率所需的气水比。例如，对顺-1,2-二氯乙烯，对于50%的去除率，所需气水比$q=5$；对于80%的去除率，所需气水比$q=11.5$；对于90%的去除率，所需气水比$q=12.5$。对反-1,2-二氯乙烯，对于50%的去除率，所需气水比$q=1.9$；对于80%的去除率，所需气水比$q=4.5$；对于90%的去除率，所需气水比$q=6.4$。

3. 技术要点　自来水厂1,2-二氯乙烯曝气吹脱应急净水处理的技术要点：

（1）在取水口外的河道中设置应急曝气吹脱设施，把水中溶解性的1,2-二氯乙烯吹脱到空气中，以实现安全供水。

（2）建议采用鼓风机和微孔曝气管的方式，设备安装快，可以迅速实施。

（3）根据去除率要求，可以用式（4-21）计算得出所需的气水比。

（4）曝气吹脱法应急处理的主要缺点是需要设置曝气设备，应用受到现场条件限制；污染物并未去除，只是从水中转移到空气中，对局部地区空气质量有影响。

（5）曝气吹脱的费用：单位曝气量的电耗费用约为0.01~0.015元/m^3空气。

自来水厂曝气吹脱法去除1,2-二氯乙烯的工艺流程，见图4-23。

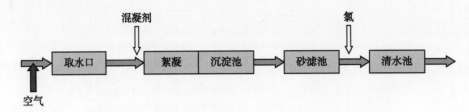

图4-23　曝气吹脱法去除1,2-二氯乙烯的工艺流程图

（二）应急期居民用水建议

人体可通过饮食、刷牙、漱口等途径经口摄入水中的1,2-二氯乙烯；也可通过洗澡、洗手、洗菜、游泳等途径经皮肤接触水中的1,2-二氯乙烯；还可通过洗澡等途径吸入暴露水中挥发的1,2-二氯乙烯。具有活性炭、反渗透膜、纳滤膜的净水器对1,2-二氯乙烯有一定的去除效果，在1,2-二氯乙烯污染事件的应急供水期，公众可选择具有上述净水组件的家用净水器，但应注意净水器说明书中注明的额定总净水量及滤芯的使用期限，超过额定总净水量或超出滤芯使用期限后，净水器对污染物的去除效果会迅速下降甚至带来二次污染，此时应及时更换滤芯。由于1,2-二氯乙烯具有一定的挥发性，也可用煮沸并保持沸腾若干分钟的方式去除。

第七节　1,2-二氯苯

一、基本信息

（一）理化性质

1. 中文名称：1,2-二氯苯（邻二氯苯）

2. 英文名称：*o*-dichlorobenzene，1,2-dichlorobenzene，*o*-DCB

3. CAS号：95-50-1

4. 分子式：$C_6H_4Cl_2$

5. 相对分子质量：147.00

6. 分子结构图

7. 外观与性状：无色液体,有芳香气味

8. 熔点：–16.7℃

9. 沸点：180.1℃

10. 蒸气压：1.36mmHg（25℃）

11. 溶解性：15.6mg/100g 水（25℃）,溶于酒精、乙醚、苯

12. 水中嗅阈值：0.2~10μg/L

（二）生产使用情况

1,2-二氯苯是二氯苯类（以下简称 DCBs）中的一个异构体,广泛用于工业和家庭用品,如去臭剂、化学燃料和杀虫剂。在我国,1,2-二氯苯是医药、农药、染料的重要原料及中间体,用于制造氟氯苯胺、三氯杀虫酯、沙星类药物等。此外,还广泛用作树脂、焦油、沥青、橡胶等的溶剂等。2003 年我国 1,2-二氯苯的生产能力约为 1.2 万吨 / 年,从 1999 年开始,我国 1,2-二氯苯消费量逐年快速增加,由于国内高质量 1,2-二氯苯供不应求,因此大部分依赖进口。2003 年 1,2-二氯苯进口量下降明显,原因是近年来国内对、邻硝基氯苯发展迅速且质量上乘,许多 1,2-二氯苯的下游产品改用对硝基氯苯为原料的生产路线,导致 1,2-二氯苯消费量急剧萎缩。

（三）环境介质中质量浓度水平及饮水途径人群暴露状况

1. 环境介质中质量浓度水平　DCBs 在废水、原水、地表水、饮用水中均有检出。据调查,估计美国约有 0.2% 的地下水源和 0.3% 地表水源可检出 1,2-二氯苯,最高质量浓度低于 5μg/L。在一项对江苏、浙江、山东省 21 个城市地表水源有机物水平调查中,江苏长江段采集的 48 个水样中均检出 1,2-二氯苯,质量浓度范围是 0.05~1.83μg/L；浙江省 30 个水样中有 6 个检出 1,2-二氯苯,最高质量浓度是 0.08μg/L。在另一项对黄浦江流域断面水质有机物污染调查中,7 个断面中有 6 个断面的水样中检出 1,2-二氯苯,质量浓度范围是 0.07~0.21μg/L。

2. 饮水途径人群暴露状况　吸入暴露是人群暴露 1,2-二氯苯的主要途径,其他潜在途径为经口摄入及皮肤吸收,但皮肤接触主要发生在制造过程中或接触受污染的物质,且经皮吸收的量可忽略不计。一般人群可能通过吸入受污染的空气暴露于 DCBs,尤其是有 DCBs 制造业的地区,还可以通过受污染饮水和食物摄入,尤其是受污染的鱼类。

二、健康效应

（一）毒代动力学

1. 吸收　DCBs 在胃肠道几乎可被完全吸收。DCBs 的所有异构体在 1~3 小时的持续暴露下,经口摄入途径 100% 会被吸收,经吸入途径 60% 会被吸收。

2. 分布　由于 DCBs 的亲脂性,吸收后会迅速分布在脂肪或脂肪含量丰富的组织,以及肾脏、肝脏和肺部。此外,有研究曾在人类血液中检出 DCBs 的三种异构体。

3. 代谢　DCBs 主要在肝脏通过氧化作用代谢,形成二氯苯酚类及其与葡糖苷酸和硫

酸的复合物,此外,还有一些其他次要的代谢物。兔经口摄入 DCBs,主要会被氧化为酚类。在人体中,共轭二氯苯酚是 DCBs 的主要代谢产物。

4. 排泄 DCBs 的代谢物主要通过肾脏排泄,排泄速度较慢。有研究表明暴露于 ^{14}C 标记的 1, 2- 二氯苯 175 小时后,在尿液中检测了 75%~84% 的放射活性,在粪便中检出了 7%~16% 的放射活性。

（二）健康效应

1. 人体资料 有病例报道,短期暴露 DCBs 后的急性效应包括急性溶血性贫血,呼吸道刺激,肾小球肾炎,皮肤过敏反应等,这些效应均可逆。一些个体在暴露于 DCBs 后出现中到重度贫血,也有几例报道发现接触 DCBs 后出现皮肤病变（如色素沉着和变应性皮炎）,还有患者主诉呕吐、头痛、眼部和上呼吸道刺激、鼻咽和眶周肿胀。在较高剂量暴露水平时,有患者出现厌食、恶心、呕吐、体重降低、黄色肝萎缩和恶液质,卟啉症患者有时伴有肝损伤。有研究发现每天接触 1, 2- 二氯苯 8 小时,持续 4 天,男女患者会出现头痛、眩晕,血液样本检测显示染色体断裂。

2. 动物资料

（1）短期暴露:DCBs 对实验动物的急性口服毒性较低。啮齿动物的口服 LD_{50} 范围为 500~3 863mg/kg,主要的靶器官是肝脏和肾脏。过度兴奋、躁动、肌肉痉挛、震颤等中枢神经系统紊乱是 DCBs 急性中毒的典型症状,最常见的致死原因是呼吸抑制。急性和亚慢性暴露可能导致肾和 / 或肝损伤。肝损伤表现为坏死或变性,可能同时伴随卟啉病。

一项 1, 2- 二氯苯短期暴露毒性研究中,以大鼠和小鼠为试验对象,通过灌胃给药 14 天,大鼠的剂量组剂量范围为 60~1 000mg/（kg·d）,小鼠的剂量组剂量范围为 30~4 000mg/（kg·d）。结果显示,大鼠在 500mg/（kg·d）及更高剂量组,出现早期死亡、体重降低和组织病理学改变,如肝小叶中心变性坏死,偶尔出现细胞或核巨大,胸腺和脾脏淋巴细胞减少。小鼠在 250mg/（kg·d）及以上剂量组出现肝变性和肝坏死,但在 30mg/（kg·d）剂量组未评估此项指标,所以无法确定小鼠的 NOAEL 值。该研究以雄性大鼠体重降低为观察终点得到 NOAEL 值为 250mg/（kg·d）,LOAEL 值为 500mg/（kg·d）。

（2）长期暴露:以大鼠和小鼠为试验对象,通过灌胃给予含 1, 2- 二氯苯的玉米油 13 周,每周 5 天,剂量组分别为 0、30、60、125、250 和 500mg/（kg·d）。在 500mg/（kg·d）剂量组,雄性和雌性小鼠以及雌性大鼠的存活数减少;两个性别的大鼠和小鼠均观察到肝坏死,肝细胞变性和卟啉症,胸腺和脾脏淋巴细胞减少;小鼠出现肝组织病理学改变,同时血清谷丙转氨酶水平增高,一些小鼠还出现心肌和骨骼肌矿化、胸腺和脾脏淋巴坏死、脾脏坏死;大鼠出现肾小管变性的肾脏病理改变。在 250mg/（kg·d）剂量组,雄性和雌性大鼠以及雄性小鼠出现个别肝细胞坏死。在 125mg/（kg·d）剂量组,几只大鼠出现了最小限度的肝细胞坏死,但此剂量组的小鼠未发现肝脏病变。30、60 和 125mg/（kg·d）剂量组未发现剂量相关的影响。该研究以肝脏损伤为观察终点得到 NOAEL 值为 125mg/（kg·d）。

在一项 2 年的研究中,将 1, 2- 二氯苯溶解在玉米油中对 B6C3F1 小鼠进行灌胃,剂量组分别为 0、60 和 120mg/（kg·d）,每周 5 天。在最高剂量组,雄性小鼠肾小管再生率升高,并具有剂量相关性。没有其他非肿瘤性毒性的证据。该研究以肾脏病变作为观察终点确定雄性和雌性小鼠的 NOAEL 值分别为 60mg/（kg·d）和 120mg/（kg·d）。

（3）生殖 / 发育影响:在 SD 大鼠孕期的第 6~15 天口服 DCBs,剂量组分别为 50、100 和 200mg/（kg·d）,所有三种同分异构体均没有表现出致畸性。Hayes 等进行了 1, 2- 二氯苯经吸入途径对大鼠、兔子的发育毒性研究,母体吸入最高质量浓度为0.4‰的1,2-二氯苯,未观察到其对大鼠、兔子胎儿有致畸性或胎儿毒性。

(4)致癌性:IARC将1,2-二氯苯列为第3组,即尚不能确定其是否对人类致癌,没有足够的证据表明其对人体或动物具有致癌性。

USEPA将1,2-二氯苯列为D组,即不能定为对人类有致癌性,对动物致癌性证据不充分。

三、饮水水质标准

(一)世界卫生组织水质准则

1984年第一版《饮用水水质准则》中未提出1,2-二氯苯的准则值。

1993年第二版准则中将饮用水中1,2-二氯苯基于健康的准则值定为1mg/L。

2004年第三版、2011年第四版及2017年第一次修订版准则中,1,2-二氯苯的准则值均保持为1mg/L。

(二)我国饮用水卫生标准

1985年版《生活饮用水卫生标准》(GB 5749—85)中未设定1,2-二氯苯的限值。

2001年卫生部颁布的《生活饮用水水质卫生规范》(卫法监发〔2001〕161号)中将饮用水中1,2-二氯苯的限值定为1mg/L。

2006年《生活饮用水卫生标准》(GB 5749—2006)仍然沿用1mg/L作为1,2-二氯苯的限值。

(三)美国饮水水质标准

美国一级饮水标准中规定1,2-二氯苯的MCLG是0.6mg/L。1,2-二氯苯的MCL也为0.6mg/L。此值1992年生效,沿用至今。

四、短期暴露饮水水质安全浓度的确定

有研究表明大鼠、小鼠通过灌胃给予含1,2-二氯苯的玉米油13周,每周5天,剂量组分别为0,30,60,125,250和500mg/(kg·d),该研究以肝脏损伤为健康效应终点得到NOAEL值为125mg/(kg·d)。

短期暴露(十日)饮水水质安全浓度推导如下:

$$SWSC = \frac{NOAEL \times BW}{UF \times DWI} = \frac{125mg/(kg·d) \times 10kg \times 5}{100 \times 1L/d \times 7} \approx 9mg/L \qquad (4-22)$$

式中:SWSC——短期暴露(十日)饮水水质安全浓度,mg/L;

NOAEL——基于肝脏损伤为健康效应的分离点,125mg/(kg·d);

BW——平均体重,以儿童为保护对象,10kg;

UF——不确定系数,100,考虑种间种内差异。

DWI——每日饮水摄入量,以儿童为保护对象,1L/d;

5/7——转换系数,一周5天的给药方案换算为一周7天的暴露模式。

以肝脏损伤为健康效应推导的短期暴露(十日)饮水水质安全浓度为9mg/L。

五、应急处理技术及应急期居民用水建议

(一)水厂应急处理技术

1. 概述 自来水厂的常规净水工艺(混凝—沉淀—过滤—消毒的工艺)对1,2-二

氯苯的去除效果很差,臭氧生物活性炭深度处理工艺有一定的去除效果。当水源发生 1, 2-二氯苯的突发污染时,需要进行应急净水处理。

自来水厂应急去除 1, 2- 二氯苯技术为粉末活性炭吸附法。

2. 原理与参数　1, 2- 二氯苯属于难溶于水的疏水性物质,采用活性炭吸附有很好的去除效果。

粉末活性炭试验数据如下面所示。所用的粉末活性炭是经研磨过 200 目筛的某厂颗粒活性炭,所用含 1, 2- 二氯苯水样用纯水配制或是用水源水配制。

对 1, 2- 二氯苯的吸附速度试验结果,见图 4-24。由图可见,粉末活性炭吸附 1, 2- 二氯苯,30 分钟时可以达到吸附能力的 70% 左右,吸附达到基本平衡需要 2 小时以上的时间。

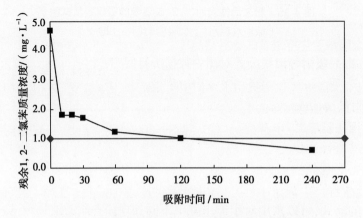

图 4-24　粉末活性炭对 1, 2- 二氯苯的吸附速度试验

（深圳水源水配水,加炭量 10mg/L）

粉末活性炭对 1, 2- 二氯苯的纯水配水的吸附容量试验结果,见图 4-25;对用水源水配水的吸附容量试验结果,见图 4-26。由于水源水中其他污染物的竞争作用,对于水源水的吸附容量一般要低于用纯水配水的吸附容量。各地在应用吸附数据时应采用本地的水源水和活性炭样进行校核试验。

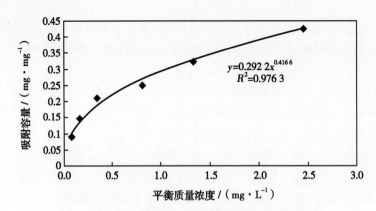

图 4-25　粉末活性炭对 1, 2- 二氯苯的吸附容量试验

（纯水配水,吸附时间 2 小时）

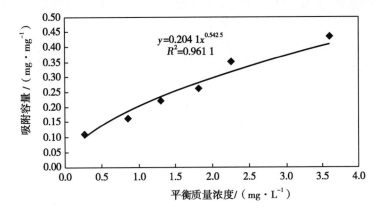

图 4-26 粉末活性炭对 1，2- 二氯苯的吸附容量试验
（深圳水源水配水，吸附时间 2 小时）

采用 Freundlich 吸附等温线公式对图中数据进行回归：

$$q_e = K_F C_e^{1/n} \tag{4-23}$$

式中：q_e——吸附量，mg/mg 炭；

C_e——平衡质量浓度，mg/L；

K_F 和 n——特性常数。

对于纯水配水，得到粉末活性炭吸附 1，2- 二氯苯的吸附等温线公式为：

$$q_e = 0.292\,2 C_e^{0.416\,6} \tag{4-24}$$

由式 4-24 的公式，可以求出对于纯水配水不同处理任务所需的加炭量。例如，对于 1，2- 二氯苯的原水质量浓度为标准的 5 倍（5.0mg/L），处理后质量浓度为标准的一半（0.5mg/L）的情况，所需的粉末活性炭投加量 C_T 为：

$$C_T = \frac{C_0 - C_e}{K_F C_e^{1/n}} = \frac{5 - 0.5}{0.292\,2 \times 0.5^{0.416\,6}} = 21\text{mg/L} \tag{4-25}$$

此外，应急净水中粉末炭的最大投炭量一般不超过 80mg/L，由此可以计算出吸附后刚能达到饮用水标准的原水最大质量浓度为：

$$C_0 = K_F C_e^{1/n} C_T + C_e = 0.292\,2 \times 1^{0.416\,6} \times 80 + 1 = 24\text{mg/L} \tag{4-26}$$

即对于纯水配水，粉末活性炭吸附应对 1，2- 二氯苯污染的最大能力为原水超标 23 倍。

对于深圳水源水配水，得到粉末活性炭吸附 1，2- 二氯苯的吸附等温线公式为：

$$q_e = 0.204\,1 C_e^{0.542\,5} \tag{4-27}$$

由式 4-27 的公式，可以求出对于深圳的水源水，当 1，2- 二氯苯的原水质量浓度为标准的 5 倍（5.0mg/L），处理后质量浓度为标准的一半（0.5mg/L）时，所需的粉末活性炭投加量为：

$$C_T = \frac{C_0 - C_e}{K_F C_e^{1/n}} = \frac{5 - 0.5}{0.204\,1 \times 0.5^{0.542\,5}} = 32\text{mg/L} \tag{4-28}$$

此外，计算出吸附后刚能达到饮用水标准的原水最大质量浓度为：

$$C_0 = K_F C_e^{1/n} C_T + C_e = 0.204\,1 \times 1^{0.542\,5} \times 80 + 1 = 17\text{mg/L} \tag{4-29}$$

即对于深圳水源水配水，粉末活性炭吸附应对 1，2- 二氯苯污染的最大能力为原水超标 16 倍。

3. 技术要点

（1）原理：采用粉末活性炭吸附水中溶解态的1，2-二氯苯，吸附后的粉末炭在水厂的混凝沉淀过滤的净水流程中，与混凝剂形成的矾花一起被去除。

（2）粉末炭的投加点：为了增加炭与水的吸附接触时间，提高炭的吸附利用率，对于取水口与水厂有一定距离的地方，粉末炭的投加点应设在取水口处；对于取水口紧挨着水厂，只能在水厂内投加的地方，炭的投加点设在混凝反应池前。

（3）粉末炭的投加量：由现场吸附试验确定，也可以采用已有资料进行估算。

（4）增加费用：粉末活性炭的价格约为7 000元/吨，每10mg/L投炭量的药剂费用为0.07元/m³水。

自来水厂粉末活性炭吸附法去除1，2-二氯苯应急净水的工艺流程，见图4-27。

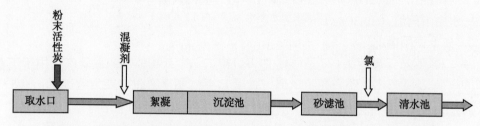

图4-27 自来水厂粉末活性炭吸附法去除1，2-二氯苯应急净水的工艺流程图

注意事项：

（1）粉末活性炭的投加点最好设在取水口处；如在水厂内投加，需提高投加量。

（2）混凝剂投加量需要大于平时投量，以确保混凝沉淀过滤对粉末炭的去除效果。

（3）加强沉淀池排泥和滤池冲洗。

（4）注意粉末活性炭的粉尘防护和防爆问题。

（5）含有污染物的排泥水或污泥需要妥善处置。

（二）应急期居民用水建议

人体可通过饮食、刷牙、漱口等途径经口摄入水中的1，2-二氯苯；也可通过洗澡、洗手、洗菜、游泳等途径经皮肤接触水中的1，2-二氯苯。具有活性炭、反渗透膜、纳滤膜的净水器对1，2-二氯苯有一定的去除效果，在1，2-二氯苯污染事件的应急供水期，公众可选择具有上述净水组件的家用净水器，但应注意净水器说明书中注明的额定总净水量及滤芯的使用期限，超过额定总净水量或超出滤芯使用期限后，净水器对污染物的去除效果会迅速下降甚至带来二次污染，此时应及时更换滤芯。

第八节 1，4-二氯苯

一、基本信息

（一）理化性质

1. 中文名称：1，4-二氯苯（对二氯苯）

2. 英文名称：*p*-dichlorobenzene，1，4-dichlorobenzene，*p*-DCB

3. CAS号：106-46-7

4. 分子式：$C_6H_4Cl_2$

5. 相对分子质量：147.00

6. 分子结构图

$$Cl\!-\!\langle\ \rangle\!-\!Cl$$

7. 外观与性状：无色或白色晶体，有类似樟脑的穿透性气味，容易升华

8. 熔点：53℃

9. 沸点：174℃

10. 蒸气压：1.74mmHg（25℃）

11. 溶解性：7.9mg/100g 水（25℃），溶于乙醚、乙醇、丙酮

12. 水中嗅阈值：0.3~30μg/L

（二）生产使用情况

1,4-二氯苯是二氯苯类（以下简称 DCBs）中的一个异构体。二氯苯广泛用于工业和家庭用品，如去臭剂、化学燃料和杀虫剂。我国 1,4-二氯苯总生产能力超过 5.8 万吨/年。国内 1,4-二氯苯主要用作防蛀剂、防霉剂，到 2020 年在该领域的需求量预计将达到 2 万~5 万吨/年，加上在农药和染料工业以及其他下游产品的消费，预计到 2020 年中国 1,4-二氯苯总需求量将超过 20 万吨/年。

（三）环境介质中质量浓度水平及饮水途径人群暴露状况

1. 环境介质中质量浓度水平　DCBs 在废水、地表水、水源水、饮用水中均有检出。DCBs 的所有异构体均在饮用水中检出，但通常 1,4-二氯苯质量浓度最高。水环境中的 1,4-二氯苯主要来源于工业及家庭对 1,4-二氯苯的使用，如 1,4-二氯苯用作洗手间消毒剂、尿液除臭剂等时可释放到水中，引起水中 1,4-二氯苯污染。在一项对加拿大三个城市供水情况的调查中，DCBs 的总平均质量浓度范围是 0.001~0.013μg/L，质量浓度最高的是 1,4-二氯苯。在一项对美国 685 份地下水污染的研究中，1,4-二氯苯的最高检出质量浓度为 996μg/L。根据美国饮用水调查，估计约有 1.1% 的地下水源和 0.1% 地表水源可检出 1,4-二氯苯，但检出质量浓度均低于 5μg/L。一项对江苏、浙江、山东省 21 个城市地表水源有机物水平调查中，江苏长江段采集的 48 个水样均检出 1,4-二氯苯，质量浓度范围是 0.08~0.35μg/L；江苏非长江段的 42 个水样中有 7 个检出了 1,4-二氯苯，最高质量浓度是 0.27μg/L。在一项对黄浦江流域断面水质有机物污染调查中，7 个断面中有 4 个断面的水样检出 1,4-二氯苯，质量浓度范围是 0.09~0.19μg/L。

2. 饮水途径人群暴露状况　吸入暴露是人群暴露 1,4-二氯苯的主要途径，其他潜在途径为经口摄入及皮肤吸收。一般人群可能通过吸入受污染的空气暴露于 DCBs，尤其是有 DCBs 制造业的地区，还可以通过受污染饮水和食物摄入，尤其是受污染的鱼类。

二、健康效应

（一）毒代动力学

1. 吸收　DCBs 在胃肠道几乎可被完全吸收。DCBs 的所有异构体在 1~3 小时的持续暴露下，经口服暴露 100% 被吸收，经吸入暴露 60% 被吸收。

2. 分布　1,4-二氯苯具有亲脂性，有一定程度的生物累积效应，尤其在长期持续暴露

后,可在高脂肪含量组织中蓄积,也可分布于肾脏、肝脏和肺部。已有文献证实在人类脂肪组织中发现 1,4- 二氯苯,在血液中也曾检出 DCBs 的三种异构体。

3. 代谢 DCBs 主要在肝脏通过氧化作用代谢,形成二氯苯酚类及其与葡糖苷酸和硫酸的复合物,此外,还有一些其他次要的代谢物。兔经口摄入 DCBs,主要会被氧化为酚类。在人体中,共轭二氯苯酚是 DCBs 的主要代谢产物。

4. 排泄 DCBs 的代谢物主要通过肾脏排泄,排泄速度较慢。雌性 CFY 鼠在暴露于 ^{14}C 标记的 1,4- 二氯苯之后的 5 天内,90% 的 ^{14}C 经尿液排出,剩余部分经粪便和呼吸排出。有研究在人体尿液中检出了 1,4- 二氯苯的代谢产物 2,5- 二氯苯酚,表明了其可通过人体尿液排泄。

(二)健康效应

1. 人体资料 人体短期暴露于 DCBs 的急性效应包括急性溶血性贫血,呼吸道刺激,肾小球肾炎,皮肤过敏反应等,这些效应均可逆。

人体长期暴露于 1,4- 二氯苯会造成肉芽肿、贫血、单核 - 巨噬细胞系统紊乱、中枢神经系统效应和肝脏损害。有病例报道称暴露于 1,4- 二氯苯及其他化学物质的工人,出现了血液病(如贫血)、脾大、胃肠道和中枢神经系统效应。

2. 动物资料

(1)短期暴露:DCBs 对实验动物的急性口服毒性较低。啮齿动物的经口 LD_{50} 范围为 500~3 863mg/kg,主要的靶器官是肝脏和肾脏。过度兴奋、躁动、肌肉痉挛、震颤等中枢神经系统紊乱是 DCBs 急性中毒的典型症状,最常见的致死原因是呼吸抑制。急性和亚慢性暴露可能导致肾和 / 或肝损伤。肝损伤表现为坏死或变性,可能同时伴随卟啉病。

一项 1,4- 二氯苯短期暴露毒性研究中,以大鼠和小鼠为实验对象,通过灌胃给药 14 天,大鼠的剂量组剂量范围在 60~1 000mg/(kg·d)之间,小鼠剂量组剂量范围在 30~4 000mg/(kg·d)之间。结果显示,大鼠在 500mg/(kg·d)及更高剂量组、小鼠在 250mg/(kg·d)及更高剂量组出现早期死亡、体重降低和组织病理学改变,如肝小叶中心变性坏死,偶尔出现细胞或核巨大,胸腺和脾脏淋巴细胞减少。该研究以小鼠产生组织病变为观察终点得到 LOAEL 值为 250mg/(kg·d);以雄性大鼠体重降低为观察终点得到 NOAEL 值为 250mg/(kg·d),LOAEL 值为 500mg/(kg·d)。

(2)长期暴露:以大鼠为试验对象,开展了 1,4- 二氯苯经口暴露研究,共设置 0、10、100 和 500mg/(kg·d)四个剂量组,每周 5 天,共 20 天。试验结果表明,在最高剂量组大鼠出现明显肝病变,包括肝浊肿,小叶中心坏死,在其他剂量组未发现毒副作用。

以大鼠和小鼠为试验对象,通过灌胃给予含 1,4- 二氯苯的玉米油 13 周,每周 5 天。观察到小鼠 675、800mg/(kg·d)剂量组,大鼠 300、600mg/(kg·d)剂量组出现肝脏组织病理学改变,在这两种种类的鼠中均能发现肝变性坏死和卟啉症,脾脏和胸腺也出现组织病理学改变;1 500mg/(kg·d)剂量组的存活小鼠和大鼠中出现骨髓造血发育不良;1 000 和 1 500mg/(kg·d)剂量组的大鼠中出现鼻甲和小肠上皮坏死,小肠上皮黏膜出现绒毛桥接。另外,大鼠还出现肾皮质管状上皮多病灶变性和坏死。此研究以肝损伤为观察终点,确定大鼠的 NOAEL 值为 150mg/(kg·d),小鼠的 NOAEL 值为 337.5mg/(kg·d)。

在一项经口毒性研究中,以大鼠为试验对象,剂量组为 0、18.8、188 和 376mg/(kg·d),每周 5 次,持续 192 天(共 138 剂)。研究结果发现,188 和 376mg/(kg·d)剂量组大鼠肝、肾的重量增加,376mg/kg 剂量组出现脾脏增大,肝硬化和局灶肝坏死,18.8mg/kg 剂量组未观察到毒性作用。

在一项 2 年的研究中,将 1,4- 二氯苯溶解在玉米油中对雄性和雌性 Fischer-344 大鼠进行灌胃,剂量组分别为 0、150、300 和 0、300、600mg/(kg·d),每周 5 天。雄性大鼠 300mg/(kg·d)剂量组出现了增重降低,存活率下降;150mg/(kg·d)剂量组出现了肾病和甲状腺增生增多;雌性大鼠 300mg/(kg·d)及以上剂量组,肾病的增加有剂量相关性。该研究以肾脏病变作为观察终点,确定雄性和雌性大鼠的 LOAEL 值分别为 150mg/(kg·d)和 300mg/(kg·d)。

(3)生殖/发育影响:1,4- 二氯苯经吸入途径对兔子的发育毒性研究结果显示,母体吸入最高浓度为 0.5‰的 1,4- 二氯苯,未观察到其对兔子胎儿有致畸性或胎儿毒性。另一项研究中,在大鼠孕期的第 6~15 天暴露于 1,4- 二氯苯最高浓度为 0.5‰的空气中,没有对子代产生胚胎毒性、胎儿毒性和致畸作用。

一项 1,4- 二氯苯经口途径对 CD 大鼠生殖发育毒性研究中,在 CD 大鼠孕期的第 6~15 天每天通过灌胃给药,剂量组为 0、20、500、750 和 1 000mg/(kg·d),在最高剂量组观察到胎鼠体重降低,750mg/kg 及以上剂量组骨骼变异增加,500mg/kg 及以上剂量组观察到额外肋骨呈现剂量相关的增加。这项研究确定的 LOAEL 值为 500mg/kg,NOAEL 值为 250mg/kg。

(4)致癌性:IARC 将 1,4- 二氯苯列为 2B 组,即有可能对人类致癌。对小鼠和大鼠口服 1,4- 二氯苯的研究表明,经口摄入 1,4- 二氯苯增加了雄性和雌性小鼠的肝腺瘤和肝癌、雄性大鼠肾小管癌的发病率。认为 1,4- 二氯苯对实验动物的致癌性证据充分。

USEPA 根据对大鼠和小鼠致癌的证据,将 1,4- 二氯苯列为 C 组,即可能的人类致癌物,经口致癌斜率因子是 $2 \times 10^{-2}[mg/(kg·d)]^{-1}$。

(三)本课题相关动物实验

以 F344 大鼠为实验对象,设置一个阴性对照组,4 个剂量组,每组 10 只。阴性对照为玉米油,剂量组通过灌胃给予 1,4- 二氯苯,剂量分别为 75、150、300 和 600mg/(kg·d);每天染毒一次,连续染毒 28 天。每周记录体重。染毒结束后腹主动脉采血分离血清,检测血清中总蛋白(TP)、白蛋白(ALB)、球蛋白(GLO)、总胆固醇(TC)、甘油三酯(TG)、碱性磷酸酶(ALP)、肌酐(CREA)、谷丙转氨酶(ALT)、谷草转氨酶(AST)和血尿素(UREA)。取全血做血液学指标检测。采血前称量体重,采血后解剖取肝脏、肾脏、脾脏分别称重,计算脏器系数,并取肝脏、脾脏、左肾进行组织病理学检查。

实验结果表明,染毒 28 天,与对照组相比,75mg/(kg·d)剂量组各血生化指标无显著变化。150mg/(kg·d)及以上剂量组,各血生化指标有显著性改变($P < 0.05$)或极显著性改变($P < 0.01$),如血清 UREA 水平升高、TC 水平升高等。150mg/(kg·d)及以上剂量组的大鼠肝脏系数与阴性对照组相比均极显著升高($P < 0.01$)。以血生化指标显著性改变和肝脏系数水平显著升高为健康效应确定的 NOAEL 值为 75mg/(kg·d),LOAEL 值为 150mg/(kg·d)。

综合全部实验结果,以大鼠血生化指标显著性改变和肝脏系数水平显著升高为健康效应,1,4- 二氯苯染毒 28 天的 NOAEL 值为 75mg/(kg·d),由此推导短期暴露(十日)饮水水质安全浓度为 8mg/L。

三、饮水水质标准

（一）世界卫生组织水质准则

1984 年第一版《饮用水水质准则》中未提出 1,4- 二氯苯的准则值,给出了 1,4- 二氯苯的嗅阈质量浓度为 0.001mg/L,建议将此质量浓度的 10% 作为不发生供水的味觉和嗅觉问题的质量浓度水平。

1993 年第二版准则中将饮用水中 1,4- 二氯苯基于健康的准则值定为 0.3mg/L。

2004 年第三版、2011 年第四版及 2017 年第四版第一次增补版准则中,1,4- 二氯苯的准则值均保持了 0.3mg/L。

（二）我国饮用水卫生标准

1985 年版《生活饮用水卫生标准》（GB 5749—85）中未设定 1,4- 二氯苯的限值。

2001 年卫生部颁布的《生活饮用水水质卫生规范》（卫法监发〔2001〕161 号）中将饮用水中 1,4- 二氯苯的限值定为 0.3mg/L。

2006 年《生活饮用水卫生标准》（GB 5749—2006）仍然沿用 0.3mg/L 作为 1,4- 二氯苯的限值。

（三）美国饮水水质标准

美国一级饮水标准中规定 1,4- 二氯苯的 MCLG 是 0.075mg/L。1,4- 二氯苯的 MCL 也为 0.075mg/L。此值 1989 年生效,沿用至今。

四、短期暴露饮水水质安全浓度的确定

有研究表明大鼠通过灌胃给予含 1,4- 二氯苯的玉米油 13 周,每周 5 天,高剂量组的雄性大鼠出现肝脏损伤,据此得到 NOAEL 值为 150mg/（kg·d）。

短期暴露（十日）饮水水质安全浓度推导如下:

$$SWSC = \frac{NOAEL \times BW}{UF \times DWI} = \frac{150mg/（kg·d）\times 10kg \times 5}{100 \times 1L/d \times 7} \approx 11mg/L \qquad (4-30)$$

式中:SWSC——短期暴露（十日）饮水水质安全浓度,mg/L;

NOAEL——基于大鼠肝脏损伤为健康效应的分离点,150mg/（kg·d）;

BW——平均体重,以儿童为保护对象,10kg;

UF——不确定系数,100,考虑种内和种间差异。

DWI——每日饮水摄入量,以儿童为保护对象,1L/d;

5/7——转换系数,一周 5 天的给药方案换算为一周 7 天的暴露模式。

以大鼠肝脏损伤为健康效应推导的短期暴露（十日）饮水水质安全浓度为 11mg/L。本课题动物实验中以大鼠血生化指标显著性改变和肝脏系数水平显著升高为健康效应推导的短期暴露（十日）饮水水质安全浓度为 8mg/L。可以看出,本课题实验推导值 8mg/L 严于 11mg/L。从安全角度考虑,建议以 8mg/L 作为 1,4- 二氯苯的短期暴露（十日）饮水水质安全浓度。

五、应急处理技术及应急期居民用水建议

（一）水厂应急处理技术

1. 概述　自来水厂的常规净水工艺（混凝 — 沉淀 — 过滤 — 消毒的工艺）对 1,4- 二

氯苯的去除效果很差,臭氧生物活性炭深度处理工艺有一定的去除效果。当水源发生1,4-二氯苯的突发污染时,需要进行应急净水处理。

自来水厂应急去除1,4-二氯苯技术为粉末活性炭吸附法。

2. 原理与参数 1,4-二氯苯属于难溶于水的疏水性物质,采用活性炭吸附有很好的去除效果。

粉末活性炭试验数据如下面所示。所用的粉末活性炭是经研磨过200目筛的太原新华化工厂的ZJ15颗粒活性炭,所用含1,4-二氯苯水样用纯水配制或是用水源水配制。

对1,4-二氯苯的吸附速度试验结果见图4-28。由图可见,粉末活性炭吸附1,4-二氯苯,30分钟时可以达到吸附能力的80%左右,吸附达到基本平衡需要2小时以上的时间。

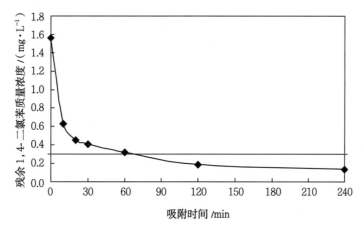

图4-28 粉末活性炭对1,4-二氯苯的吸附速度试验

(深圳水源水配水,加炭量10mg/L)

粉末活性炭对1,4-二氯苯的纯水配水的吸附容量试验结果,见图4-29;对用水源水配水的吸附容量试验结果,见图4-30。各地在应用吸附数据时应采用本地的水源水和活性炭样进行校核试验。

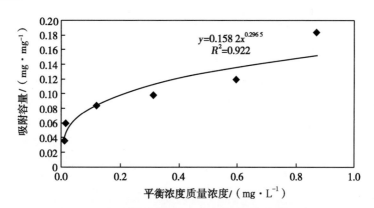

图4-29 粉末活性炭对1,4-二氯苯的吸附容量试验

(纯水配水,吸附时间2小时)

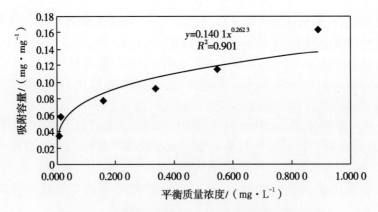

图 4-30 粉末活性炭对 1,4- 二氯苯的吸附容量试验

（深圳水源水配水,吸附时间 2 小时）

采用 Freundlich 吸附等温线公式对图中数据进行回归:

$$q_e = K_F C_e^{1/n} \qquad (4-31)$$

式中: q_e——吸附量,mg/mg 炭;

C_e——平衡质量浓度,mg/L;

K_F 和 n——特性常数。

对于纯水配水,得到粉末活性炭吸附 1,4- 二氯苯的吸附等温线公式为:

$$q_e = 0.158\ 2 C_e^{0.296\ 5} \qquad (4-32)$$

由式 4-32 的公式,可以求出对于纯水配水不同处理任务所需的加炭量。例如,对于 1,4- 二氯苯的原水质量浓度为标准的 5 倍(1.50mg/L),处理后质量浓度为标准的一半(0.15mg/L)的情况,所需的粉末活性炭投加量 C_T 为:

$$C_T = \frac{C_0 - C_e}{K_F C_e^{1/n}} = \frac{1.5 - 0.15}{0.158\ 2 \times 0.15^{0.296\ 5}} = 15\text{mg/L} \qquad (4-33)$$

此外,应急净水中粉末炭的最大投炭量一般不超过 80mg/L,由此可以计算出吸附后刚能达到饮用水标准的原水最大质量浓度为:

$$C_0 = K_F C_e^{1/n} C_T + C_e = 0.158\ 2 \times 0.15^{0.296\ 5} \times 80 + 0.3 = 9.2\text{mg/L} \qquad (4-34)$$

即对于纯水配水,粉末活性炭吸附应对 1,4- 二氯苯污染的最大能力为原水超标 30 倍。

对于深圳水源水配水,得到粉末活性炭吸附 1,4- 二氯苯的吸附等温线公式为:

$$q_e = 0.140\ 1 C_e^{0.262\ 3} \qquad (4-35)$$

由式 4-35 的公式,可以求出对于深圳的水源水,当 1,4- 二氯苯的原水质量浓度为标准的 5 倍(1.50mg/L),处理后质量浓度为标准的一半(0.15mg/L)时,所需的粉末活性炭投加量为:

$$C_T = \frac{C_0 - C_e}{K_F C_e^{1/n}} = \frac{1.5 - 0.15}{0.140\ 1 \times 0.15^{0.262\ 3}} = 16\text{mg/L} \qquad (4-36)$$

此外,计算出吸附后刚能达到饮用水标准的原水最大质量浓度为:

$$C_0 = K_F C_e^{1/n} C_T + C_e = 0.140\ 1 \times 0.3^{0.262\ 3} \times 80 + 0.3 = 8.5\text{mg/L} \qquad (4-37)$$

即对于深圳水源水配水,粉末活性炭吸附应对 1,4- 二氯苯污染的最大能力为原水超标 27 倍。

3. 技术要点

（1）原理：采用粉末活性炭吸附水中溶解态的1,4-二氯苯,吸附后的粉末炭在水厂的混凝沉淀过滤的净水流程中,与混凝剂形成的矾花一起被去除。

（2）粉末炭的投加点：为了增加炭与水的吸附接触时间,提高炭的吸附利用率,对于取水口与水厂有一定距离的地方,粉末炭的投加点应设在取水口处；对于取水口紧挨着水厂,只能在水厂内投加的地方,炭的投加点设在混凝反应池前。

（3）粉末炭的投加量：由现场吸附试验确定,也可以采用已有资料进行估算。

（4）增加费用：粉末活性炭的价格约为7000元/吨,每10mg/L投炭量的药剂费用为0.07元/m³水。

自来水厂粉末活性炭吸附法去除1,4-二氯苯应急净水的工艺流程,见图4-31。

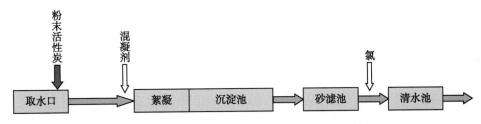

图4-31 自来水厂粉末活性炭吸附法去除1,4-二氯苯应急净水的工艺流程图

注意事项：

（1）粉末活性炭的投加点最好设在取水口处；如在水厂内投加,需提高投加量。

（2）混凝剂投加量需要大于平时投量,以确保混凝沉淀过滤对粉末炭的去除效果。

（3）加强沉淀池排泥和滤池冲洗。

（4）注意粉末活性炭的粉尘防护和防爆问题。

（5）含有污染物的排泥水或污泥需要妥善处置。

（二）应急期居民用水建议

人体可通过饮食、刷牙、漱口等途径经口摄入水中的1,4-二氯苯；也可通过洗澡、洗手、洗菜、游泳等途径经皮肤接触水中的1,4-二氯苯。具有活性炭、反渗透膜、纳滤膜的净水器对1,4-二氯苯有一定的去除效果,在1,4-二氯苯污染事件的应急供水期,公众可选择具有上述净水组件的家用净水器,但应注意净水器说明书中注明的额定总净水量及滤芯的使用期限,超过额定总净水量或超出滤芯使用期限后,净水器对污染物的去除效果会迅速下降甚至带来二次污染,此时应及时更换滤芯。

第九节 六氯丁二烯

一、基本信息

（一）理化性质

1. 中文名称：六氯丁二烯

2. 英文名称：hexachlorobutadiene（HCBD）

3. CAS 号：87-68-3

4. 分子式: C_4Cl_6

5. 相对分子质量: 260.76

6. 分子结构图

$$\underset{Cl}{\overset{Cl}{C}}=\underset{Cl}{\overset{Cl}{C}}-\underset{Cl}{\overset{Cl}{C}}=\underset{Cl}{\overset{Cl}{C}}$$

7. 外观与性状: 透明无色液体

8. 气味: 温和的类似松节油的气味

9. 沸点: 215℃（760mmHg）

10. 熔点: −21℃

11. 溶解性: 溶于酒精、乙醚, 在水中溶解性: 0.32mg/100g 水（25℃）

12. 蒸气压: 0.02KPa（20℃）

（二）生产使用情况

六氯丁二烯（HCBD）是一种脂肪族卤代烃。1975 年以前, 六氯丁二烯最主要的商业用途是在氯气厂中回收含氯气体。此后, 六氯丁二烯主要用作生产橡胶的化学中间体、液压油、陀螺仪用液体、热传导液体、溶剂、实验室试剂、去除 C_4 和高分子碳氢化合物的洗涤液、生产含氯氟烃和润滑油的化学中间体, 也是化工生产（三氯乙烯、四氯乙烯、四氯化碳）氯化过程中产生的副产品。在俄罗斯、法国、意大利、希腊、西班牙和阿根廷, 六氯丁二烯也被用作熏蒸消毒剂。

2015 年召开的《斯德哥尔摩公约》缔约方第七次会议上, 通过了将六氯丁二烯列入持久性有机物斯德哥尔摩公约附件 A 第 I 部分中的决定, 要求各缔约方采取措施禁止六氯丁二烯的生产和使用。据估算, 目前全球工业生产产量已经从 1982 年的 10 000 吨下降至近乎为零。

（三）环境介质中质量浓度水平及饮水途径人群暴露状况

1. 环境介质中质量浓度水平　多篇文献报道了在环境水体中检出六氯丁二烯的情况。欧洲水环境中检出的六氯丁二烯质量浓度在 0.05~5μg/L, 莱茵河中六氯丁二烯质量浓度为 0.1~5μg/L, 埃布罗河中六氯丁二烯质量浓度为 0.2μg/L, 美国密西西比河河水中六氯丁二烯质量浓度在 0.9~1.9μg/L, 我国北京官厅水库中六氯丁二烯质量浓度在 0.14~0.40μg/L, 江苏省水源水中六氯丁二烯质量浓度在未检出至 0.04μg/L。

2. 饮水途径人群暴露状况　另有多篇文献报道了饮用水中六氯丁二烯的检出情况及质量浓度水平, 美国公共供水系统中, 以地表水为水源的饮用水中六氯丁二烯的平均质量浓度为 1.32μg/L, 质量浓度范围在 0.000 5~10μg/L, 2 913 个监测点中有 33 个监测点检出了六氯丁二烯; 以地下水为水源的饮用水中六氯丁二烯的平均质量浓度为 0.36μg/L, 质量浓度范围在 0.000 5~8μg/L, 17 038 个监测点中有 81 个监测点检出了六氯丁二烯。新奥尔良市卡罗尔顿水厂的饮用水中六氯二烯的质量浓度范围在 0.04~0.70μg/L。欧洲饮用水中六氯丁二烯质量浓度为 0.27μg/L。

除了饮水摄入和空气吸入外, 食品也是人群暴露六氯丁二烯的途径之一。英国一项食品调查显示, 黄油、植物油、麦芽酒、西红柿、黑葡萄中六氯丁二烯的含量分别为 2.0、0.2、0.2、0.8 和 3.7μg/kg。安大略湖虹鳟鱼中含有六氯丁二烯的平均质量浓度为 0.2μg/kg。

二、健康效应

（一）毒代动力学

1. 吸收 动物试验表明,六氯丁二烯经口摄入后会被迅速吸收。给雌性 Wistar 大鼠灌胃 1mg/kg 经 ^{14}C 标记的六氯丁二烯。在给药后 72 小时内,大约 76% 的 ^{14}C 标记物随尿液、粪便、呼气排出,表明大部分六氯丁二烯被吸收。给雄性 Wistar 大鼠灌胃 200mg/kg 经 ^{14}C 标记的六氯丁二烯(在玉米油中),在给药后 2、4、8 和 16 小时处死大鼠,采用全身的自动放射线照片评估 ^{14}C 标记物的吸收情况。研究结果表明给药后 16 小时内六氯丁二烯几乎被完全吸收。

2. 分布 有文献报道,口服给药后,六氯丁二烯的同位素标记物优先分布到试验动物的肾脏、肝脏、脂肪组织和大脑中。有研究在人体脂肪组织中检测出了六氯丁二烯,质量浓度为(0.003 ± 0.001)μg/g。另有学者对居住在西班牙南部农村地区的 50 名儿童进行了研究,在其中的 13 名儿童的脂肪组织中检出了六氯丁二烯,平均质量浓度为 0.70μg/g 脂肪(范围在 0.23~2.43μg/g 脂肪)。

3. 代谢 采用人体组织进行的体外试验已经确定了人体中六氯丁二烯代谢的关键步骤,已经分离提纯出了用于与六氯丁二烯结合的人体肝脏微粒体谷胱甘肽转移酶。在人体肝脏细胞液中六氯丁二烯转化为 S-(1,2,3,4,4- 五氯丁二烯)谷胱甘肽(PCBG)的酶反应速率与大鼠和小鼠细胞溶质中的反应速率在同一个数量级。人体肝脏微粒体能够氧化 N-乙酰基 -S-(1,1,2,3,4- 五氯丁二烯)-L- 半胱胺酸,形成相应的亚砜物质(N-AcPCBC-SO)。与上述研究中只有雄性大鼠形成 N-AcPCBC-SO 的结论不同,男性和女性的微粒体中均检测到了亚砜物质的形成。

4. 排泄 六氯丁二烯及其代谢物可通过粪便、尿液、呼出的气体排出。大鼠和小鼠单次给药 100mg/kg 六氯丁二烯后,72 小时内的总排泄量为给药剂量的 65%。动物试验表明,粪便排泄是清除六氯丁二烯和六氯丁二烯代谢物的主要途径,雌性 Wistar 大鼠口服同位素标记的六氯丁二烯,剂量为 1mg/kg、50mg/kg,分别有 42%、69% 的同位素标记物通过粪便排出,两个剂量排泄比例的差异可能是吸收饱和引起的。对小鼠给药 30mg/kg,给药后 72 小时,在粪便中发现了 67%~77% 的同位素标记物。

（二）健康效应

1. 人体资料 关于暴露于六氯丁二烯对人体健康影响的研究十分有限。间歇暴露在六氯丁二烯中 4 年的农场工人中,低血压、心肌萎缩、神经紊乱、肝功能异常、呼吸道病变的发病率较高。

2. 动物资料

（1）短期暴露:通过食物给雌性 SD 大鼠进行六氯丁二烯染毒,暴露时长为 30 天,共设定 0、1、3、10、30、65 和 100mg/(kg·d) 七个剂量组。研究结果表明,在 30、65 和 100mg/(kg·d)的暴露剂量下,大鼠相对肾重量增加,出现肾小管病变和坏死。在 100mg/(kg·d)的暴露剂量下,观察到肝细胞肿胀。在 10、30、65 和 100mg/(kg·d)的暴露剂量下,观察到大鼠食物消耗量减少、体重增长降低、血红蛋白质量浓度增加。在 3mg/(kg·d)的暴露剂量下,没有观察到六氯丁二烯对大鼠有影响。该研究据此确定 NOAEL 为 3mg/(kg·d),LOAEL 为 10mg/(kg·d)。

给 10 周周龄的雄性和雌性 Wistar 大鼠喂食六氯丁二烯,暴露时长为 4 周,共设定 0、2.25、8 和 28mg/(kg·d)四个剂量组。研究结果表明,在 8 和 28mg/(kg·d)的暴露剂量下,雄性和雌性大鼠均观察到肝脏重量减少、肾小管巨细胞瘤、血浆肌酐下降、体重下降、肾上腺重量减少。在 28mg/（kg·d）暴露剂量下,观察到血浆天门冬氨酸氨基转移酶活性和胆红素增加。该研究确定的 NOAEL 和 LOAEL 分别为 2.25mg/（kg·d）和 8mg/（kg·d）。

给雄性 Wistar 大鼠喂食六氯丁二烯,暴露时长为 3 周,共设定 0、7.2、36 和 180mg/（kg·d）四个剂量组。研究结果表明,在 36 和 180mg/（kg·d）暴露剂量下,大鼠平均体重偏低,肾脏重量不受影响。肾脏组织病理学检查发现,在 180mg/（kg·d）暴露剂量下,近端小管直部大范围增生,低剂量组未观察到类似病变。该研究基于对体重增加和肾脏组织病理学未产生影响,确定 NOAEL 为 7.2mg/（kg·d）。

（2）长期暴露:以刚断奶的 Wistar 大鼠为试验对象,通过灌胃喂食含有六氯丁二烯的花生油,暴露时长为 13 周,共设定 0、0.4、1.0、2.5、6.3 和 15.6mg/（kg·d）六个剂量组。研究结果表明,雄性大鼠在所有暴露剂量下均观察到相对肾脏重量增加。在 2.5mg/（kg·d）的暴露剂量下,雌性大鼠近端肾小管病变,观察到多尿症和尿渗透压减小。在 6.3 和 15.6mg/（kg·d）暴露剂量下,大鼠体重增加减少,食品消耗量和食物利用率减少;雌性大鼠相对肾脏重量增加,相对脾脏重量增加;雄性大鼠近端肾小管病变,相对肝脏重量增加,肝脏细胞质嗜碱性增加。在 15.6mg/（kg·d）暴露剂量下,观察到雄性大鼠多尿症和尿渗透压减小,相对脾脏重量增加;雌性大鼠相对肝脏重量增加。该研究确定雌性大鼠的 NOAEL 为 1.0mg/（kg·d）,雄性大鼠 NOAEL 为 2.5mg/（kg·d）。

通过饮食给 B6C3F1 雄性小鼠喂食六氯丁二烯,暴露时长为 13 周,共设定 0、0.1、0.4、1.5、4.9 和 16.8mg/（kg·d）六个剂量组。研究结果表明,在 4.9mg/（kg·d）及以上暴露剂量下,观察到肾小管细胞增生的肾脏病理学变化,由此确定雄性小鼠的 NOAEL 为 1.5mg/（kg·d）。

通过饮食对 SD 大鼠进行六氯丁二烯染毒,暴露时长为 2 年,共设定 0、0.2、2 和 20mg/（kg·d）四个剂量组。研究结果表明,雄性大鼠在 2、20mg/（kg·d）的暴露剂量下,多病灶的散布的肾小管上皮细胞增生的发病率增加;在 20mg/（kg·d）的暴露剂量下,绝对和相对肾脏重量增加,观察到肾小管上皮细胞病灶腺瘤增生。雌性大鼠在 2、20mg/（kg·d）的暴露剂量下,观察到肾小管上皮细胞病灶腺瘤增生。在 0.2mg/（kg·d）暴露剂量下,均没有观察到有害影响,由此确定的 NOAEL 值为 0.2mg/（kg·d）。

（3）生殖／发育影响:通过饮食给雄性和雌性 SD 大鼠喂食六氯丁二烯,在交配前喂食 90 天,交配期间喂食 15 天,妊娠期间喂食 22 天,哺乳期间喂食 21 天,共设定 0、0.2、2.0 和 20mg/（kg·d）四个剂量组。研究结果表明,在 2.0 和 20mg/（kg·d）两个暴露剂量下,成年大鼠表现出食物消耗量减少、体重增加减缓、肾小管病变等多种毒性反应。未观察到受孕率、分娩时间、新生大鼠存活率、新生大鼠性别比受到给药影响,也未观察到新生儿外貌、内脏、骨骼畸形的发生率受到给药影响。此外在 20mg/（kg·d）暴露剂量下,还观察到出生后 21 天的新生大鼠体重轻微下降。该研究确定的生殖发育影响的 NOAEL 为 2mg/（kg·d）。

通过饮食给雌性大鼠喂食六氯丁二烯,暴露时长为交配前 3 周、交配期间 3 周、全部妊娠期和哺乳期,共设定 0、15、150mg/（kg·d）三个剂量组。10 周时处死高剂量组雌性大鼠,18 周时处死低剂量组雌性大鼠,两个剂量组均观察到对母体的不良影响,包括体重增加减缓、相对肾脏重量增加、肾脏组织病理学改变。在 150mg/（kg·d）暴露剂量下,观察到对大鼠神经系统的影响,包括运动失调、后肢无力、步态蹒跚;卵巢卵泡活性低,未观察到子宫着床位点。在 15mg/（kg·d）暴露剂量下,生育能力和一窝产仔数减少,幼崽体重在生产后 0、10、20 天显著减少。该研究确定的 LOAEL 为 15mg/（kg·d）。

（4）致突变性：细菌实验体系：大多数有或没有 S9 活化的标准鼠伤寒沙门氏菌回复突变检测呈阴性结果。在大鼠肝脏 S9 进行代谢激活的鼠伤寒沙门氏菌中进行实验，得到了阳性结果。

试管内哺乳动物细胞实验体系：对中国仓鼠卵巢（CHO）细胞或培养的人体淋巴细胞进行六氯丁二烯处理，染色体畸变的频率没有增加。有研究观察到六氯丁二烯处理过的 CHO 细胞中，姐妹染色单体交换显著增加。另外有研究报道了大鼠原代肝细胞中程序外 DNA 合成（UDS）试验的阴性结果。

生物体内实验体系：六氯丁二烯处理的大鼠和小鼠体内染色体畸变分析，已经报道了阴性和阳性结果。大鼠的显性致死试验报道了阴性结果，通过注射或喂食给黑腹果蝇六氯丁二烯，伴性隐性致死突变试验也报道了阴性结果。但是，有研究报道了大鼠暴露于六氯丁二烯 3 周，暴露剂量为 20mg/（kg·d），大鼠肾细胞中 UDS 活动和 DNA 烷基化有轻微增加，提示六氯丁二烯具有轻微肾基因毒性。

（5）致癌性：IARC 将六氯丁二烯列为 3 组，即尚不能确定六氯丁二烯是否对人体致癌。六氯丁二烯没有足够的人体致癌性证据，对试验动物的致癌性证据也有限。

USEPA 将六氯丁二烯列为 L 组，即可能为人类致癌物。经口单位致癌风险是 1.1×10^{-6}（μg/L）$^{-1}$，肿瘤类型为肾小管腺瘤和腺癌。

三、饮水水质标准

（一）世界卫生组织水质准则

1984 年第一版《饮用水水质准则》中未提出六氯丁二烯的准则值。

1993 年第二版准则中提出了以健康为基准的六氯丁二烯准则值为 0.000 6mg/L。

2004 年第三版、2011 年第四版及 2017 年第四版第一次增补版准则中，六氯丁二烯的准则值均保持为 0.000 6mg/L。

（二）我国饮用水卫生标准

1985 年版《生活饮用水卫生标准》（GB 5749—85）未规定六氯丁二烯的限值。

2001 年卫生部颁布的《生活饮用水水质卫生规范》（卫法监发〔2001〕161 号）中六氯丁二烯的限值为 0.02mg/L。

2006 年《生活饮用水卫生标准》（GB 5749—2006）将饮用水中六氯丁二烯的限值调整为 0.000 6mg/L。

（三）美国饮水水质标准

USEPA 未规定六氯丁二烯的 MCL 值。1994 年曾规定六氯丁二烯的 MCLG 为 0.001mg/L，但 2002 年取消了该规定。

四、短期暴露饮水水质安全浓度的确定

通过食物给雌性 SD 大鼠进行六氯丁二烯染毒，暴露时长为 30 天，共设定 0、1、3、10、30、65 和 100mg/（kg·d）七个剂量组。研究结果表明，在 30、65 和 100mg/（kg·d）的暴露剂量下，大鼠相对肾重量增加，出现肾小管病变和坏死。在 100mg/（kg·d）的暴露剂量下，观察到肝细胞肿胀。在 10、30、65 和 100mg/（kg·d）的暴露剂量下，观察到大鼠食物消耗量减少、体重增长降低、血红蛋白质量浓度增加。在 3mg/（kg·d）的暴露剂量下，没有观察到六氯丁二烯对大鼠有影响。该研究以食物消耗量减少、体重增长降低、血红蛋白质量浓度增加等健

康效应为观察终点确定的 NOAEL 值为 3mg/（kg·d），LOAEL 值为 10mg/（kg·d）。

短期暴露（十日）饮水水质安全浓度推导如下：

$$SWSC = \frac{NOAEL \times BW}{UF \times DWI} = \frac{3mg/（kg·d）\times 10kg}{100 \times 1L/d} = 0.3mg/L \qquad (4-38)$$

式中：SWSC——短期暴露（十日）饮水水质安全浓度，mg/L；

    NOAEL——以大鼠食物消耗量减少、体重增长降低、血红蛋白质量浓度增加为健康效应的分离点，3mg/（kg·d）；

    BW——平均体重，以儿童为保护对象，10kg；

    UF——不确定系数，100，考虑种间和种内差异；

    DWI——每日饮水摄入量，以儿童为保护对象，1L/d。

以大鼠食物消耗量减少、体重增长降低、血红蛋白质量浓度增加为健康效应推导的短期暴露（十日）饮水水质安全浓度为 0.3mg/L。

五、应急处理技术及应急期居民用水建议

（一）水厂应急处理技术

1. 概述　自来水厂的常规净水工艺（混凝—沉淀—过滤—消毒的工艺）对六氯丁二烯的去除效果很差，臭氧生物活性炭深度处理工艺具有较好地去除效果。当水源发生六氯丁二烯的突发污染时，需要进行应急净水处理。

自来水厂应急去除六氯丁二烯技术为粉末活性炭吸附法。

2. 原理与参数　六氯丁二烯属于难溶于水的疏水性物质，采用活性炭吸附有很好的去除效果。

粉末活性炭试验数据如下面所示。所用的粉末活性炭是经研磨过 200 目筛的某厂颗粒活性炭，所用含六氯丁二烯水样用纯水配制或是用水源水配制。

对六氯丁二烯的济南黄河水源水配水的吸附速度试验结果，见图 4-32。由图可见，粉末活性炭吸附六氯丁二烯，30 分钟时可以达到吸附能力的 45% 左右，吸附达到基本平衡需要 2 小时以上的时间。

粉末活性炭对六氯丁二烯的济南黄河水源水配水的吸附容量试验结果，见图 4-33。

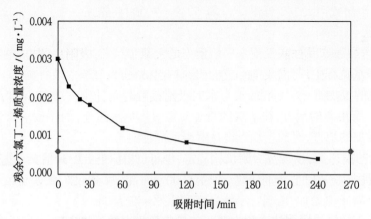

图 4-32　粉末活性炭对六氯丁二烯的吸附速度试验

（济南黄河水源水配水，加炭量 10mg/L）

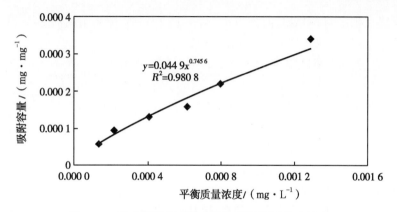

图 4-33 粉末活性炭对六氯丁二烯的吸附速度试验

（济南黄河水源水配水，吸附时间 2 小时）

采用 Freundlich 吸附等温线公式对图中数据进行回归：

$$q_e=K_F C_e^{1/n} \tag{4-39}$$

式中：q_e——吸附量，mg/mg 炭；

C_e——平衡质量浓度，mg/L；

K_F 和 n——特性常数。

对于济南黄河水源水配水，得到粉末活性炭吸附六氯丁二烯的吸附等温线公式为：

$$q_e=0.044\,9C_e^{0.745\,6} \tag{4-40}$$

由式 4-40 的公式，可以求出对于济南的水源水，当六氯丁二烯的原水质量浓度为标准的 5 倍（0.003mg/L），处理后质量浓度为标准的一半（0.000 3mg/L）时，所需的粉末活性炭投加量为：

$$C_T = \frac{C_0-C_e}{K_F C_e^{1/n}} = \frac{0.003-0.000\,3}{0.044\,9 \times 0.000\,3^{0.745\,6}} = 25\text{mg/L} \tag{4-41}$$

此外，计算出吸附后刚能达到饮用水标准的原水最大质量浓度为：

$$C_0=K_F C_e^{1/n}C_T+C_e=0.044\,9 \times 0.000\,6^{0.745\,6} \times 80+0.000\,6=0.014\,8\text{mg/L} \tag{4-42}$$

即对于济南黄河水源水配水，粉末活性炭吸附应对六氯丁二烯污染的最大能力为原水超标 24 倍。

3. 技术要点

（1）原理：采用粉末活性炭吸附水中溶解态的六氯丁二烯，吸附后的粉末炭在水厂的混凝沉淀过滤的净水流程中，与混凝剂形成的矾花一起被去除。

（2）粉末炭的投加点：为了增加炭与水的吸附接触时间，提高炭的吸附利用率，对于取水口与水厂有一定距离的地方，粉末炭的投加点应设在取水口处；对于取水口紧挨着水厂，只能在水厂内投加的地方，炭的投加点设在混凝反应池前。

（3）粉末炭的投加量：由现场吸附试验确定，也可以根据已有资料估算。

（4）增加费用：粉末活性炭的价格约为 7 000 元 / 吨，每 10mg/L 投炭量的药剂费用为0.07 元 /m³ 水。

自来水厂粉末活性炭吸附法去除六氯丁二烯应急净水的工艺流程，见图 4-34。

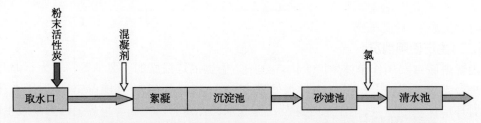

图 4-34　自来水厂粉末活性炭吸附法去除六氯丁二烯应急净水的工艺流程图

注意事项：

（1）粉末活性炭的投加点最好设在取水口处；如在水厂内投加，需提高投加量。

（2）混凝剂投加量需要大于平时投量，以确保混凝沉淀过滤对粉末炭的去除效果。

（3）加强沉淀池排泥和滤池冲洗。

（4）注意粉末活性炭的粉尘防护和防爆问题。

（5）含有污染物的排泥水或污泥需要妥善处置。

（二）应急期居民用水建议

人体可通过饮食、刷牙、漱口等途径经口摄入水中的六氯丁二烯；也可通过洗澡、洗手、洗菜、游泳等途径经皮肤接触水中的六氯丁二烯。具有活性炭、反渗透膜、纳滤膜的净水器对六氯丁二烯有一定的去除效果，在六氯丁二烯污染事件的应急供水期，公众可选择具有上述净水组件的家用净水器，但应注意净水器说明书中注明的额定总净水量及滤芯的使用期限，超过额定总净水量或超出滤芯使用期限后，净水器对污染物的去除效果会迅速下降甚至带来二次污染，此时应及时更换滤芯。

第十节　丙　烯　酰　胺

一、基本信息

（一）理化性质

1. 中文名称：丙烯酰胺

2. 英文名称：acrylamide

3. CAS 号：79-06-1

4. 分子式：C_3H_5NO

5. 相对分子质量：71.08

6. 分子结构图

7. 熔点：82~86℃

8. 沸点：125℃

9. 蒸气压：0.03mmHg（40℃）

10. 溶解性：5g/100g 水（20℃）

11. 敏感性：轻度敏感

（二）生产使用情况

丙烯酰胺主要用作单体生产聚丙烯酰胺。中国丙烯酰胺的主要消费领域为石油开采、水处理及造纸业，油田开采占57%、水处理占21%、造纸占17%、其他占5%。近年来，随着国家对环境保护的重视，用于水处理及污泥脱水的比重有所提高。世界上丙烯酰胺生产企业主要分布在美国、日本、西欧。我国聚丙烯酰胺的产量在2004年时约为20万吨，2010年增长到52万吨，预计未来丙烯酰胺产量将继续增长。

（三）环境介质中质量浓度水平及饮水途径人群暴露状况

1. 环境介质中质量浓度水平 环境中存在的丙烯酰胺均为人为引入，主要来自污水处理过程及各种工业源，尤其是塑料业释放的丙烯酰胺。由于丙烯酰胺具有很强的水溶性和很低的蒸气压，因此在环境中主要分布于水体当中，很难在大气和土壤中长期停留。

2. 饮水途径人群暴露状况 饮用水丙烯酰胺污染最重要的来源是使用聚丙烯酰胺絮凝剂形成的丙烯酰胺单体残留。使用聚丙烯酰胺来处理饮用水的地区，饮用水中检出的丙烯酰胺一般都小于5μg/L。美国西弗吉尼亚地区公共饮水供水井中的水样检出的丙烯酰胺质量浓度为0.024~0.041μg/L。食物也是人群暴露丙烯酰胺的主要来源。一般人群丙烯酰胺的平均摄入量为0.3~0.8μg/（kg·d）。据估计，饮食中丙烯酰胺的总体日摄入量可达到约0.4μg/（kg·d）。

二、健康效应

（一）毒代动力学

1. 吸收 丙烯酰胺主要通过经口摄入或皮肤接触被人体吸收并分布于体液中。喂饲大鼠丙烯酰胺（10mg/kg）后，会迅速被胃肠道吸收。通过对照皮肤吸收后血液中丙烯酰胺的水平，大约25%的使用剂量通过皮肤被吸收。

2. 分布 用丙烯酰胺喂饲大鼠，丙烯酰胺主要分布在红细胞中，其他组织也可检出较低质量浓度的丙烯酰胺。研究显示丙烯酰胺可与蛋白质及其他大分子细胞络合在一起，丙烯酰胺还能穿过怀孕大鼠、小鼠、狗和猪的胎盘，并有规律地分布在狗和猪的胚胎组织中。

3. 代谢 大鼠中的丙烯酰胺主要通过谷胱甘肽细胞进行代谢。丙烯酰胺超过50%的代谢产物为硫醚氨酸、N-乙酰半胱氨酸（经口静脉注射丙烯酰胺大鼠的尿中检测到），另一类似于半胱氨酸-5-丙酸酯的代谢产物也被试验所证实。

4. 排泄 丙烯酰胺及其代谢产物主要通过尿排出。经口或皮肤吸收的丙烯酰胺，在24到72小时内，超过60%的剂量会出现在尿液中，有少部分（低于6%）丙烯酰胺可通过粪便排泄及通过把氨基碳氧化成二氧化碳的形式来呼出。

（二）健康效应

1. 人体资料 有5例丙烯酰胺中毒报道（3成人，2儿童），起因是摄入了被400mg/L丙烯酰胺污染的水而中毒，3例成人都表现出中枢及外围神经系统功能失调的症状，儿童由于摄水量较少，症状比成人轻。另有工人经皮肤或呼吸暴露于丙烯酰胺，表现出的主要症状同样为中枢和/或外围神经系统功能失调。

摄入18g丙烯酰胺晶体的一名23岁的女性，5小时后出现幻觉和低血压，9小时后癫痫发作，第3天观察到消化道出血、成人呼吸窘迫综合征，肝毒性及周围神经病变。

在中国的一项职业暴露研究中，41名工人职业暴露于一个丙烯酰胺的合成车间，吸入丙烯酰胺 1 个月至 11.5 年,工人的体内血红蛋白检出丙烯酰胺加合物,浓度范围为 0.3~34nmol/g,对照组中未检出。上述的同一组工人,进行了神经毒性指标化合物血浆中游离丙烯酰胺的研究,血浆中游离丙烯酰胺平均浓度为 1.8mmol/L,血红蛋白中缬氨酸加合物为 13.4nmol/g。暴露组工人和对照组之间神经毒性的症状及频率标志,灵敏度振幅和神经肌电图测量等均具有显著性差异。

2. 动物资料

（1）短期暴露：大鼠、天竺鼠及兔子的急性经口 LD_{50} 为 150~180mg/kg。小鼠的急性经口 LD_{50} 值为 107~170mg/kg。

给予大鼠 25mg/kg 的单一剂量丙烯酰胺,发现大鼠脑中 3H- 螺环哌啶酮神经传导素显著增加。

给猫喂食 20mg/（kg·d）的丙烯酰胺 2~3 周,猫的后肢肌肉变弱,身体后半部不稳定,导致后肢瘫痪。显微镜下显示,其导致了髓磷脂和轴突的神经退变。给狗喂食 5mg/（kg·d）剂量的丙烯酰胺 21 天会导致共济失调和肌肉变弱,喂食 60 天后,导致了神经脱髓鞘作用。

在雄性 SD 大鼠（每剂量 5 只）腹膜内注射单一剂量丙烯酰胺（1~100mg/kg）,并测定该鼠碘标记神经生长因子的逆行轴突运输,≥ 25mg/kg 剂量时,有显著的传输阻碍,而 ≤ 15mg/kg 剂量无显著变化。该研究确定的 NOAEL 值为 15mg/kg。

给雌雄 F344 大鼠喂食剂量为 0、1、3、10 和 30mg/（kg·d）丙烯酰胺的水 21 天。用光电显微检测末梢外围神经,10 和 30mg/（kg·d）剂量组出现轴突退化,而 0、1 和 3mg/（kg·d）剂量组无显著性变化。该研究以大鼠末梢外围神经轴突退化为观察终点确定 NOAEL 为 3mg/（kg·d）。

（2）长期暴露：以雌雄 F344 大鼠为研究对象,通过饮水暴露丙烯酰胺,剂量分别为 0、0.01、0.1、0.5 和 2mg/（kg·d）,为期 2 年。试验结果显示,最主要的非致癌健康效应为喂饲 3 个月和 6 个月雄性大鼠胫骨分支坐骨神经轴膜内陷的发生率增加（通过电子显微镜观察）,喂饲 2 年后发病率上升为"适度"到"严重"的变性（光镜观察）。影响神经系统的 NOAEL 定为 0.5mg/（kg·d）,LOAEL 值则定为 2mg/（kg·d）。采用 benchmark 分析,log-logistic 模型为雄性大鼠的最佳拟合模型,概率模型为雌性大鼠最佳拟合模型,推导出雄性大鼠 BMD_5 为 0.58mg/（kg·d）,$BMDL_5$ 为 0.27mg/（kg·d）;雌性大鼠 BMD_5 为 0.67mg/（kg·d）,$BMDL_5$ 为 0.49mg/（kg·d）。另有研究推导出雄性大鼠 BMD_5 为 0.77mg/（kg·d）,$BMDL_5$ 为 0.57mg/（kg·d）;雌性大鼠 BMD_5 为 2.25mg/（kg·d）,$BMDL_5$ 为 0.46mg/（kg·d）。

（3）生殖 / 发育影响：小鼠经口暴露 8~10 周剂量为 10.1mg/（kg·d）的丙烯酰胺,出现了双环萎缩和睾丸重量缩减,输精管上皮细胞退化的情况。

在怀孕期 7~16 天饲喂 20mg/（kg·d）剂量丙烯酰胺给怀孕大鼠,观察发现生出的 2 周大的小鼠条纹组织中的 3H- 螺环哌啶酮减少。

（4）致突变性：在 TA98,TA100,TA1535 和 TA1537 菌株微粒体活化 / 不活化的沙门氏菌 Ames 试验中并没发现致突变性。在肝细胞原始培养 DNA 修复试验中,丙烯酰胺也没产生致突变作用。

给小鼠喂食剂量为 75mg/（kg·d）的丙烯酰胺 2 周或 3 周,会导致精原细胞染色体断裂和偏差。

在一项显性致死因子研究中,给雄鼠喂食 0、15、30 和 60mg/L 丙烯酰胺 80 天 [相当于 0、1.5、2.8 和 5.8mg/（kg·d）],使其与雌鼠配对（后者怀孕 14 天后处死）。与喂食 60mg/L

雄鼠配对的雌鼠胚胎植入前的损失有显著增加,并观察到与喂食中、高剂量雄鼠 30 和 60mg/L 配对的雌鼠显著的胚胎植入后损失。

(5)致癌性:IARC 将丙烯酰胺列为 2A 组,即对人类很可能有致癌性。没有足够的证据证明丙烯酰胺在人类身上具有致癌性,有足够的证据证明其在试验动物中的致癌性,可导致各种不同部位的肿瘤。

USEPA 将丙烯酰胺列为 L 级,即可能为人类致癌物。丙烯酰胺可诱发雄性大鼠阴囊、甲状腺及肾上腺肿瘤和雌性大鼠乳腺、甲状腺及子宫肿瘤。丙烯酰胺经口斜率因子为 $5 \times 10^{-1}[mg/(kg \cdot d)]^{-1}$。

三、饮水水质标准

(一)世界卫生组织水质准则

1984 年《饮用水水质准则》第一版未提出丙烯酰胺的准则值。

1993 年第二版准则中提出了丙烯酰胺的准则值为 0.000 5mg/L。

2004 年第三版、2011 年第四版及 2017 年第四版准则第一次增补版中丙烯酰胺的准则值均保持为 0.000 5mg/L。

(二)我国饮用水卫生标准

1985 年版《生活饮用水卫生标准》(GB 5749—85)中未规定丙烯酰胺的限值。

2001 年颁布的《生活饮用水水质卫生规范》规定丙烯酰胺的限值为 0.000 5mg/L。

2006 年《生活饮用水卫生标准》(GB 5749—2006)仍然沿用 0.000 5mg/L 作为丙烯酰胺的限值。

(三)美国饮水水质标准

美国饮水标准中规定丙烯酰胺的 MCLG 是 0。由于缺乏水中丙烯酰胺标准检测方法,EPA 用处理技术要求(TT)代替 MCL。水法第二阶段规定:给水系统采用的高分子助凝剂中若含丙烯酰胺,它们必须向州政府提出书面形式证明(采用第三方或制造厂的认证)丙烯酰胺单体质量浓度不超 0.05%,使用剂量不超 1mg/L(或相当量)。此要求从 1992 年生效,并沿用至今。

四、短期暴露饮水水质安全浓度的确定

Gorzinski 等给雌雄 F344 大鼠喂食剂量为 0、1、3、10 和 30mg/(kg·d)丙烯酰胺的水 21 天。用光电显微检测末梢外围神经,10 和 30mg/(kg·d)剂量组出现轴突退化,而 0、1 和 3mg/(kg·d)剂量组无显著性变化。该研究以大鼠末梢外围神经轴突退化为健康效应终点确定的 NOAEL 值为 3mg/(kg·d)。

短期暴露(十日)饮水水质安全浓度推导如下:

$$SWSC = \frac{NOAEL \times BW}{UF \times DWI} = \frac{3mg/(kg \cdot d) \times 10kg}{100 \times 1L/d} = 0.3mg/L \qquad (4-43)$$

式中:SWSC——短期暴露(十日)饮水水质安全浓度,mg/L;

NOAEL——以大鼠末梢外围神经轴突退化为健康效应的分离点,3mg/(kg·d);

BW——平均体重,以儿童为保护对象,10kg;

UF——不确定系数,100,考虑种内和种间差异;

DWI——每日饮水摄入量,以儿童为保护对象,1L/d。

以大鼠梢外围神经轴突退化为健康效应推导的短期暴露（十日）饮水水质安全浓度为 0.3mg/L。

五、应急处理技术及应急期居民用水建议

（一）水厂应急处理技术

当饮用水净化处理使用聚丙烯酰胺作为絮凝剂时，需对投加量和药剂的单体含量进行控制，使处理后水的丙烯酰胺质量浓度符合生活饮用水卫生标准的要求。

丙烯酰胺不能被氧化、吸附、化学沉淀或吹脱，现有的各种自来水净水技术无法去除丙烯酰胺。对于水源的丙烯酰胺突发污染，只能采取规避措施，改换水源，或是停止供水。

（二）应急期居民用水建议

人体可通过饮食、刷牙、漱口等途径经口摄入水中的丙烯酰胺；也可通过洗澡、洗手、洗菜、游泳等途径经皮肤接触水中的丙烯酰胺。具有反渗透膜、纳滤膜的净水器对丙烯酰胺有一定的去除效果，在丙烯酰胺污染事件的应急供水期，公众可选择具有上述净水组件的家用净水器，但应注意净水器说明书中注明的额定总净水量及滤芯的使用期限，超过总额定净水量或超出滤芯使用期限后，净水器对污染物的去除效果会迅速下降甚至带来二次污染，此时应及时更换滤芯。

第十一节 甲　苯

一、基本信息

（一）理化性质

1. 中文名称：甲苯

2. 英文名称：toluene

3. CAS 号：108-88-3

4. 分子式：C_7H_8

5. 相对分子质量：92.15

6. 分子结构图

7. 外观与性状：无色透明液体，有类似苯的芳香味

8. 蒸气压：3.82kPa（25℃）

9. 熔点：−94.9℃

10. 沸点：110.6℃

11. 溶解性：52.6mg/100g 水（25℃）

12. 水中嗅阈值：0.04mg/L

13. 水中味阈值：0.04mg/L

（二）生产使用情况

甲苯是一种清亮、无色且具有甜味的液体，主要用作油漆、涂料、树胶、石油、树脂等的溶剂，还可作为生产苯、酚或其他有机溶剂的原料，此外还可作为添加剂调和汽油。截止到2015年底，我国甲苯产能达到843万吨/年，全年产量为531万吨。

（三）环境介质中质量浓度水平及饮水途径人群暴露状况

1. 环境介质中质量浓度水平　甲苯在地表水和地下水中都有检出。据报道，德国雨水中甲苯质量浓度为0.13~0.70μg/L；荷兰雨水中甲苯质量浓度为0.04μg/L。美国河流中甲苯质量浓度为1~5μg/L；德国、瑞士的莱茵河中甲苯质量浓度分别为0.8、1.9μg/L；斯洛文尼亚的摩拉瓦河中，冬季甲苯质量浓度为0.58μg/L，夏季则达到3.49μg/L；西班牙的贝索斯河中甲苯质量浓度高达22μg/L。受点源污染的地下水中检出的甲苯质量浓度约为0.2~1.1μg/L。我国江苏地区90份水源水样品中，甲苯检出水样数为17件，检出率为18.9%，甲苯质量浓度为0.10~0.56μg/L。

2. 饮水途径人群暴露状况　甲苯通过食物和饮用水途径的暴露量比通过空气途径的暴露量低。荷兰研究表明，人群空气暴露质量浓度至少在$30μg/m^3$；假设平均通气量为$20m^3/d$，吸收率为50%，则每天通过空气的摄入量为0.3~12mg，交通和吸烟会增加人群的甲苯暴露量。饮用水中甲苯的质量浓度通常低于5μg/L；加拿大开展的一项针对30个供水单位的调查发现，出厂水中甲苯质量浓度平均为2μg/L；美国的关于安大略湖饮水调查发现，饮水中甲苯质量浓度达到0.5μg/L。

二、健康效应

（一）毒代动力学

1. 吸收　有研究通过胃插管的方式对人类志愿者给药，甲苯剂量为2mg/min，给药3个小时，通过监测呼气中甲苯和尿液中甲苯代谢物的质量浓度计算甲苯的吸收情况，结果发现甲苯吸收率几乎可达到100%。另有研究将男性受试者静止暴露于$300mg/m^3$甲苯气体环境2小时，平均吸收率为55%，再继续暴露2个小时吸收率反而下降至50%。在另一项研究中，10名男性静止暴露于$300mg/m^3$甲苯气体4小时也得出类似的吸收率（50%左右）。当受试者运动时，吸收率会随着运动时间和运动负荷的增加而下降，绝对摄入量则随着运动时间和运动负荷的增加而增加（由于肺部换气量的增加）。研究发现，印刷厂工人血液中甲苯质量浓度与车间甲苯气体质量浓度具有相关性。甲苯经人体皮肤的吸收速度较慢，吸收率为14~23mg/（$cm^2·h$）。

2. 分布　经吸收进入血液中的甲苯可分布在身体各个组织器官。现有的人体资料表明，暴露方式不同，甲苯在体内分布也有差异，吸入的甲苯容易聚集在脑部，经口摄入的甲苯容易聚集在肝脏。

3. 代谢　肝脏是经口摄入甲苯的主要代谢器官，其主要代谢途径是甲苯经过顺序羟基化和氧化作用生成苯甲酸，苯甲酸与甘氨酸结合生成马尿酸。

4. 排泄　人体和动物经口摄入或吸入甲苯后，少量会以原体的形式从呼吸系统迅速排出，剩余甲苯则主要生成代谢产物马尿酸从尿中排出。对大鼠单次经口摄入甲苯的研究表明，约22%甲苯经呼气排出，78%从尿液排出。

（二）健康效应

1. 人体资料　人体研究中甲苯的暴露方式均为吸入。急性暴露浓度约为0.2‰（相当于

754mg/m³)的甲苯 8 小时,主要产生中枢神经系统(CNS)毒性症状,比如疲倦、头痛、恶心、肌力下降、共济失调等;这些症状的严重程度会随着暴露甲苯的质量浓度增加而增大;暴露甲苯 8 小时产生上述症状的 NOAEL 值为 0.1‰(相当于 377mg/m³)。

人体亚急性暴露于浓度为 0.05‰~1.5‰(189~5 660mg/m³)的甲苯 1~3 周,会产生与急性暴露相似的症状,症状的严重程度也与暴露水平密切相关。

人体慢性暴露于浓度为 0.2‰~0.8‰的甲苯同样主要产生中枢神经系统症状,但也有可能对周围神经系统产生影响。有研究发现,在接触 0.2‰~0.8‰甲苯多年的工人中,有很多人在记忆能力、思考能力、精神运动、视觉精度及感觉运动速度等方面出现混乱。另外有研究发现在慢性暴露甲苯的人群中,出现了大脑和小脑功能不调症状,如运动失调、发颤、平衡失调、语言、视觉及听觉能力受损、记忆能力受损等。此外,在职业接触了甲苯(质量浓度约为 0.2‰~0.8‰)2 周到 6 年的人群中还出现了肝大现象,肝功也受到了一定影响。另有研究在长期接触甲苯的人群中发现肾功也能受到一定影响。

2. 动物资料

(1)短期暴露:经口摄入甲苯毒性相对较低,成年大鼠的 LD_{50} 为 6.4~7.53g/kg。成年大鼠经口摄入剂量约为 2.0g/kg 的甲苯后,急性中毒的症状表现为中枢神经系统功能受到抑制。另一项经口摄入甲苯的短期暴露研究以雄性 SD 大鼠为试验对象,以灌胃方式给药,给药剂量为 876mg/(kg·d),给药时间为 8 周。结果发现,给药组大鼠的内耳毛细胞损伤。

(2)长期暴露:以 B6C3F1 小鼠为试验对象,以经口方式给药,给药剂量为 0、312、625、1 250、2 500 和 5 000mg/(kg·d),连续给药 13 周,每周给药 5 天。研究发现,312mg/(kg·d)剂量组小鼠肝脏重量增加,625mg/(kg·d)及以上剂量组则出现神经毒性反应及心肌退行性变等现象。该研究以小鼠肝脏重量增加为健康效应终点,得出甲苯 LOAEL 值为312mg/(kg·d)。研究设计中每周给药 5 天,以每周给药 7 天进行换算得出甲苯 LOAEL 值为 223mg/(kg·d)。

另有一项研究以 F344 大鼠为试验对象,吸入方式给药,给药剂量为 0、113、373 和1 130mg/m³,给药时间为两年(每周 5 天,每天 6 小时)。经临床生化、血液和尿液检查发现,各剂量组均未出现病理性改变,373 和 1 130mg/m³ 剂量组雌性大鼠红细胞比容降低,1 130mg/m³ 剂量组雌性大鼠红细胞血红蛋白增加。该研究提出的甲苯 NOAEL 值为1 130mg/m³。

(3)生殖 / 发育影响:甲苯具有胚胎和胎儿毒性效应,但没有明确证据证明其具有致畸效应,还需对阳性结果进一步确认。

(4)致突变性:尚没有证据认为甲苯具有遗传毒性。

(5)致癌性:IARC 将甲苯列为 3 组,即尚不能确定其是否对人体致癌;USEPA 将甲苯列为 I 组,即评估潜在致癌性的信息不足。

三、饮水水质标准

(一)世界卫生组织水质准则

1984 年第一版《饮用水水质准则》中未提出甲苯的准则值。

1993 年第二版准则建立了甲苯基于健康的准则值为 0.7mg/L。

2004 年第三版、2011 年第四版及 2017 年第四版准则的第一次增补版中,甲苯的准则值均为 0.7mg/L。

(二)我国饮用水卫生标准

1985 年版《生活饮用水卫生标准》（GB 5749—85）中未提出甲苯的限值。

2001 年卫生部颁布的《生活饮用水水质卫生规范》（卫法监发〔2001〕161 号）中甲苯的限值为 0.7mg/L。

2006 年《生活饮用水卫生标准》（GB 5749—2006）仍然沿用 0.7mg/L 作为甲苯的限值。

(三)美国饮水水质标准

美国一级饮水标准中规定甲苯的 MCLG 和 MCL 均为 1mg/L,该标准 1991 年生效,沿用至今。

四、短期暴露饮水水质安全浓度的确定

以 B6C3F1 小鼠为试验对象,以经口方式给药,给药剂量为 0、312、625、1 250、2 500 和 5 000mg/（kg·d）,连续给药 13 周,每周给药 5 天。研究发现,312mg/（kg·d）剂量组小鼠肝脏重量增加,625mg/（kg·d）及以上剂量组则出现神经毒性反应及心肌退行性变等现象,以小鼠肝脏重量增加为健康效应终点,得出甲苯 LOAEL 值为 312mg/（kg·d）。研究设计中每周给药 5 天,以每周给药 7 天进行换算得出甲苯 LOAEL 值为 223mg/（kg·d）。

短期暴露（十日）饮水水质安全浓度推导如下:

$$SWSC = \frac{LOAEL \times BW}{UF \times DWI} = \frac{223mg/(kg \cdot d) \times 10kg}{1\,000 \times 1L/d} \approx 2mg/L \tag{4-44}$$

式中:SWSC——短期暴露（十日）饮水水质安全浓度,mg/L;

LOAEL——基于以小鼠肝脏重量增加为健康效应的分离点,223mg/（kg·d）;

BW——平均体重,以儿童为保护对象,10kg;

UF——不确定系数,1 000,其中 10 为种内差异、10 为种间差异、10 为 LOAEL 代替 NOAEL;

DWI——每日饮水摄入量,以儿童为保护对象,1L/d。

以小鼠肝脏重量增加为健康效应推导的短期暴露（十日）饮水水质安全浓度为 2mg/L。

五、应急处理技术及应急期居民用水建议

(一)水厂应急处理技术

1. 概述　自来水厂的常规净水工艺（混凝—沉淀—过滤—消毒的工艺）对甲苯的去除效果很差,臭氧生物活性炭深度处理工艺只有一定的去除效果。当水源发生甲苯的突发污染时,需要进行应急净水处理。

自来水厂应急去除甲苯的技术为粉末活性炭吸附法。

2. 原理与参数　甲苯属于微溶于水的疏水性物质,采用活性炭吸附有很好的去除效果。

粉末活性炭试验数据如下面所示。所用的粉末活性炭是经研磨过 200 目筛的某厂颗粒活性炭,所用含甲苯水样用纯水配制或是用水源水配制。

对甲苯的吸附速度试验结果见图 4-35。由图可见,粉末活性炭吸附甲苯,30 分钟时可以达到吸附能力的 90% 左右,吸附达到基本平衡需要 2 小时以上的时间。

粉末活性炭对甲苯的纯水配水的吸附容量试验结果,见图4-36;对用当地水源水配水的吸附容量试验结果,见图4-37。

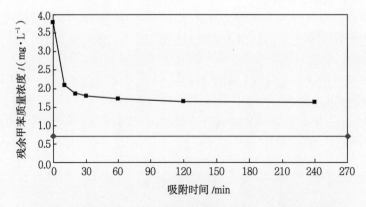

图 4-35 粉末活性炭对甲苯的吸附速度试验(加炭量 10mg/L)

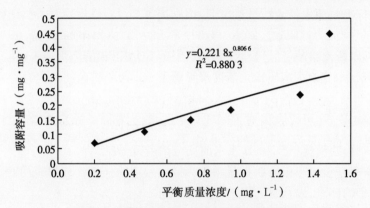

图 4-36 粉末活性炭对甲苯的吸附容量试验

(纯水配水,吸附时间 2 小时)

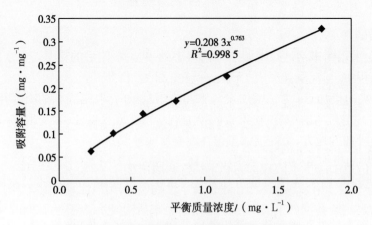

图 4-37 粉末活性炭对甲苯的吸附容量试验

(深圳水源水配水,吸附时间 2 小时)

采用 Freundlich 吸附等温线公式对图中数据进行回归:

$$q_e = K_F C_e^{1/n} \tag{4-45}$$

式中: q_e——吸附量, mg/mg 炭;

C_e——平衡质量浓度, mg/L;

K_F 和 n——特性常数。

对于纯水配水,得到粉末活性炭吸附甲苯的吸附等温线公式为:

$$q_e = 0.221\,8C_e^{0.806\,6} \tag{4-46}$$

由式 4-46 的公式,可以求出对于纯水配水不同处理任务所需的加炭量。例如,对于甲苯的原水质量浓度为标准的 5 倍 (3.5mg/L),处理后质量浓度为标准的一半 (0.35mg/L)的情况,所需的粉末活性炭投加量 C_T 为:

$$C_T = \frac{C_0 - C_e}{K_F C_e^{1/n}} = \frac{3.5 - 0.35}{0.221\,8 \times 0.35^{0.806\,6}} = 33.1\text{mg/L} \tag{4-47}$$

对于只能在水厂内投加粉末炭的,因吸附时间有限,炭的投加量还需增加。

此外,应急净水中粉末炭的最大投炭量一般不超过 80mg/L,由此可以计算出吸附后刚能达到饮用水标准的原水最大质量浓度为:

$$C_0 = K_F C_e^{1/n} C_T + C_e = 0.221\,8 \times 0.7^{0.806\,6} \times 80 + 0.7 = 14.0\text{mg/L} \tag{4-48}$$

即,对于纯水配水,粉末活性炭吸附应对甲苯污染的最大能力为原水超标 19 倍。

对于深圳水源水配水,得到粉末活性炭吸附甲苯的吸附等温线公式为:

$$q_e = 0.208\,3C_e^{0.763} \tag{4-49}$$

由式 4-49 的公式,可以求出对于深圳的水源水,当甲苯的原水质量浓度为标准的 5 倍 (3.5mg/L),处理后质量浓度为标准的一半 (0.35mg/L)时,所需的粉末活性炭投加量为:

$$C_T = \frac{C_0 - C_e}{K_F C_e^{1/n}} = \frac{3.5 - 0.35}{0.208\,3 \times 0.35^{0.763}} = 33.7\text{mg/L} \tag{4-50}$$

此外,计算出吸附后刚能达到饮用水标准的原水最大质量浓度为:

$$C_0 = K_F C_e^{1/n} C_T + C_e = 0.208\,3 \times 0.7^{0.763} \times 80 + 0.7 = 13.4\text{mg/L} \tag{4-51}$$

即,对于深圳水源水配水,粉末活性炭吸附应对甲苯污染的最大能力为原水超标 18 倍。

3. 技术要点

(1)原理:采用粉末活性炭吸附水中溶解态的甲苯,吸附后的粉末炭在水厂的混凝沉淀过滤的净水流程中,与混凝剂形成的矾花一起被去除。

(2)粉末炭的投加点:为了增加炭与水的吸附接触时间,提高炭的吸附利用率,对于取水口与水厂有一定距离的地方,粉末炭的投加点应设在取水口处;对于取水口紧挨着水厂,只能在水厂内投加的地方,炭的投加点设在混凝反应池前。

(3)粉末炭的投加量:由现场吸附试验确定,也可以先用已有资料估算。

(4)增加费用:粉末活性炭的价格约为 7 000 元 / 吨,每 10mg/L 投炭量的药剂费用为 0.07 元 /m³ 水。

自来水厂粉末活性炭吸附法去除甲苯应急净水的工艺流程,见图 4-38。

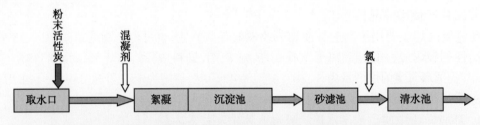

图 4-38　自来水厂粉末活性炭吸附法去除甲苯应急净水的工艺流程图

注意事项：

（1）粉末活性炭的投加点最好设在取水口处；如在水厂内投加，需提高投加量。

（2）混凝剂投加量需要大于平时投量，以确保混凝沉淀过滤对粉末炭的去除效果。

（3）加强沉淀池排泥和滤池冲洗。

（4）注意粉末活性炭的粉尘防护和防爆问题。

（5）含有污染物的排泥水或污泥需要妥善处置。

（二）应急期居民用水建议

人体可通过饮食、刷牙、漱口等途径经口摄入水中的 1,2- 二氯乙烷；也可通过洗澡、洗手、洗菜、游泳等途径经皮肤接触水中的 1,2- 二氯乙烷。具有活性炭、反渗透膜、纳滤膜的净水器对 1,2- 二氯乙烷有一定的去除效果，在 1,2- 二氯乙烷污染事件的应急供水期，公众可选择具有上述净水组件的家用净水器，但应注意净水器说明书中注明的额定总净水量及滤芯的使用期限，超过额定总净水量或超出滤芯使用期限后，净水器对污染物的去除效果会迅速下降甚至带来二次污染，此时应及时更换滤芯。

第十二节　环氧氯丙烷

一、基本信息

（一）理化性质

1. 中文名称：环氧氯丙烷

2. 英文名称：epichlorohydrin

3. CAS 号：106-89-8

4. 分子式：C_3H_5ClO

5. 相对分子质量：92.53

6. 分子结构图

7. 外观与性状：无色液体，有似氯仿气味，易挥发，不稳定

8. 熔点：–57.2℃

9. 沸点：116.1℃

10. 溶解性：6.6g/100g 水（20℃）

（二）生产使用情况

环氧氯丙烷主要用于制造甘油和未改性的环氧树脂,也可用于制造絮凝剂、人造橡胶、表面活性剂、水处理用树脂、离子交换树脂、增塑剂、染料、药品、乳化剂、润滑剂和粘合剂。2003 年,我国环氧氯丙烷产量为 8 万吨,美国为 48 万吨,德国为 15.7 万吨,日本为 11.5 万吨。

（三）环境介质中质量浓度水平及饮水途径人群暴露状况

1. 环境介质中质量浓度水平　环境水体中环氧氯丙烷主要来源于泄漏等污染事故和未经有效处理的废水排放。有报道在 20 000 加仑环氧氯丙烷泄漏事故周边的水井中检测到 75mg/L 的环氧氯丙烷。

2. 饮水途径人群暴露状况　环氧氯丙烷可以通过使用残留有环氧氯丙烷的絮凝剂,以及从管道的环氧树脂涂料中浸出的途径进入饮用水中。有资料报道,我国城市饮用水中环氧氯丙烷的检出率为 0.92%,检出质量浓度范围为 0.01~0.90μg/L。

二、健康效应

（一）毒代动力学

1. 吸收　环氧氯丙烷经口、吸入和皮肤接触暴露后,都可以迅速吸收进入人体。对雄性 F344 大鼠用 ^{14}C 标记的环氧氯丙烷水溶液进行一次性灌胃,剂量为 6mg/kg,3 天后处死进行检查。结果显示,环氧氯丙烷吸收迅速,消除半衰期为 2 小时,放射性标记物在排泄物中的回收率为 91.61%。另有研究对体重 190~220g 的雄性 F344 大鼠进行一次性灌胃,同样发现其对环氧氯丙烷有广泛的吸收,灌胃操作后 72 小时的吸收率可基本达到 100%。还有研究发现环氧氯丙烷可以经皮肤吸收。把大鼠的尾巴浸泡在环氧氯丙烷之中,不管是一次性浸泡 1 小时,还是每天浸泡 20~30 分钟连续浸泡 2 到 3 天,大鼠都会在 3 天内出现毒性症状甚至死亡。

2. 分布　对雄性大鼠环氧氯丙烷的经口途径暴露和吸入途径暴露研究结果表明,经口暴露后,胃中的质量浓度水平最高,其次是肠、肾、肝、胰腺和肺;吸入暴露后,鼻甲部位质量浓度最高,其次为肠、肝和肾。

3. 代谢　有研究表明,环氧氯丙烷消除半衰期为 2 小时,这表明环氧氯丙烷在体内代谢很快。尿中主要的代谢产物是 N- 乙酰 -S-（3- 氯 -2- 羟丙基）-L- 半胱氨酸和 α- 氯丙醇,分别占 36% 和 4%。另有研究发现,环氧氯丙烷在 CD1 小鼠血中会迅速消失,半衰期大约为 5 分钟,随着环氧氯丙烷质量浓度的降低,α- 氯丙醇会在血中出现,α- 氯丙醇的半衰期相对较长,大约为 50~60 分钟。

4. 排泄　用 ^{14}C 对环氧氯丙烷的 1、3 位碳原子进行标记,对 F344 大鼠进行经口和吸入试验,其中经口剂量为 1 和 100mg/kg 的一次性摄入,吸入试验是将大鼠头部暴露于环氧氯丙烷浓度为 0.1‰ 的大气中,持续 6 小时。试验结果表明,环氧氯丙烷排出的速率和途径基本上不受暴露途径和暴露剂量的影响;尿是其主要的排出途径,占到摄入剂量的 46%~54%,以二氧化碳形式经呼出排出的比例占 25%~42%,粪便排出的比例仅为 3%~6%。环氧氯丙烷的排出大体分为两个阶段,暴露 24 小时之内以快速排出期为主,暴露 24 小时之后主要以慢速排出期为主。

（二）健康效应

1. 人体资料　有研究表明,人体经皮肤和吸入暴露环氧氯丙烷后会产生急性效应。经皮肤暴露主要产生局部刺激效应,吸入暴露会产出显著的全身性效应,包括肝脏和肾脏的毒性反应等。在一项病例研究中,一位暴露于环氧氯丙烷蒸气工人的全身性效应至少持续了两年。环氧氯丙烷的慢性暴露可能与染色体和染色单体断裂、血红蛋白质量浓度降低、红细胞和白细胞计数减少有相关性。有报道称,暴露于环氧氯丙烷的工人中归因于肺癌的死亡率有所升高(但没有显著的统计学差异)。

2. 动物资料

(1)短期暴露:环氧氯丙烷经口、经皮肤、经皮下和呼吸道暴露后都会产生急性毒性,所有暴露途径导致的症状都相似。主要的急性系统反应发生在中枢神经系统,可能会导致呼吸中枢抑制引起死亡,受环氧氯丙烷影响的内脏器官主要是肺、肝和肾。此外,环氧氯丙烷对皮肤有很强的刺激性。

(2)长期暴露:以雄性 Wistar 大鼠为试验对象,进行了环氧氯丙烷经饮水摄入暴露 81周的试验,剂量组分别为 18、39 和 89mg/(kg·d),三个剂量组动物都产生了前胃增生和体重减轻的症状。另一项以 Wistar 大鼠为试验对象的研究中,用环氧氯丙烷水溶液灌胃,剂量分别为 2 和 10mg/(kg·d),每周 5 天,连续 2 年后,雌性和雄性大鼠都产生了胃增生和与剂量相关的白细胞减少等症状。给断奶的 Wistar 大鼠进行环氧氯丙烷灌胃,每周 5 天,持续 2 年,剂量同样分别为 2 和 10mg/(kg·d),动物死亡率逐渐增加,且均出现了呼吸困难、体重减轻、白细胞减少和前胃增生的健康效应。该研究据此确定的 LOAEL 为 2mg/(kg·d)。

用雄性 SD 大鼠进行吸入暴露试验,将大鼠终生暴露于 38 和 114mg/m³ 质量浓度的环氧氯丙烷中,结果导致了大鼠的肾脏损伤。

(3)生殖毒性:雄性和雌性的 Wistar 大鼠在交配前 10 天用环氧氯丙烷的水进行喂养染毒,每周 5 天,持续进行 3 个月,剂量分别为 0、2 和 10mg/(kg·d)。结果发现,2mg/(kg·d)的剂量没有产生效应;10mg/(kg·d)的剂量会降低生殖能力,与未染毒大鼠的杂交试验表明,生殖能力的降低归因于雄性。该研究以生殖毒性为观察终点确定的 NOAEL 值为 2mg/(kg·d)。

雄性大鼠的不育现象同样出现在其他试验研究中。研究还发现,这种效应是可以逆转的。

吸入暴露也给出了同样的结论,将雄性大鼠暴露于 19mg/m³ 质量浓度的环氧氯丙烷环境中持续 10 周,同样产生了可逆性的不育症。

(4)发育毒性:怀孕的 CD 大鼠和 CD1 小鼠,在孕期的第 6 天到第 15 天,用环氧氯丙烷的棉籽油溶液染毒,未发现环氧氯丙烷有致畸效应;剂量在 40mg/kg 以上时,大鼠产生了体重减轻、肝脏变大、死亡等母体毒性效应;剂量在 80mg/kg 以上时,小鼠产生了肝脏变大、死亡等母体毒性效应和体重减轻的胎儿毒性效应。

(5)致突变性:环氧氯丙烷具有致突变性。环氧氯丙烷能够引起原核系统中的碱基对替换突变。用哺乳动物的肝脏匀浆进行培养,结果发现突变的频次显著降低。环氧氯丙烷能够引起基因突变,在小鼠淋巴细胞培养试验中能够引起染色体断裂,在人体淋巴细胞体外试验中能够引起染色体异常,但在大鼠干细胞试验中没有这种现象。环氧氯丙烷在培养的人体淋巴细胞中能够引起姐妹染色单体交换。

(6)致癌性:IARC 将环氧氯丙烷列为 2A 组,即对人类很可能有致癌性。经口摄入暴露会导致大鼠乳突淋瘤和前胃的肿瘤,吸入暴露会导致大鼠鼻腔癌的发生。

USEPA 将环氧氯丙烷列为 B2 组,即可能的人类致癌物(有充足的动物证据,不充分的或根本没有人类证据)。致癌效应为乳突淋瘤和前胃的肿瘤、鼻腔癌。环氧氯丙烷的经口致癌斜率因子是 $9.9 \times 10^{-3}[mg/(kg \cdot d)]^{-1}$。饮用水单位致癌风险为 $2.8 \times 10^{-7}(\mu g/L)^{-1}$。

三、饮水水质标准

（一）世界卫生组织水质准则

1984 年第一版《饮用水水质准则》中未提出环氧氯丙烷的准则值。

1993 年第二版准则中提出了环氧氯丙烷基于健康的暂行准则值为 0.000 4mg/L。

2004 年第三版、2011 年第四版及 2017 年第四版准则第一次增补版中，环氧氯丙烷的暂行准则值均保持为 0.000 4mg/L。

（二）我国饮用水卫生标准

1985 年版《生活饮用水卫生标准》（GB 5749—85）中未提出环氧氯丙烷的限值。

2001 年卫生部颁布的《生活饮用水水质卫生规范》（卫法监发〔2001〕161 号）附录 A 中环氧氯丙烷的限值为 0.02mg/L。

2006 年《生活饮用水卫生标准》（GB 5749—2006）中规定环氧氯丙烷的限值为 0.000 4mg/L。

（三）美国饮水水质标准

美国一级饮水标准中规定环氧氯丙烷的 MCLG 是 0，同时采用处理技术（TT）取代 MCL。规定若给水系统在水处理工艺中采用环氧氯丙烷，必须每年向州政府提出书面形式证明（采用第三方或制造厂的证书），使用剂量及单体质量浓度不得超过下列规定：环氧氯丙烷单体质量浓度 0.01%，使用剂量 20mg/L（或相当量）。此规定于 1991 年生效，沿用至今。

四、短期暴露饮水水质安全浓度的确定

雄性和雌性的 Wistar 大鼠在交配前 10 天用环氧氯丙烷的水进行喂养染毒，每周 5 天，持续进行 3 个月，剂量分别为 0、2 和 10mg/（kg·d）。结果发现，2mg/（kg·d）的剂量没有产生效应；10mg/（kg·d）的剂量会降低生殖能力，与未染毒大鼠的杂交试验表明，生殖能力的降低归因于雄性。该研究以生殖毒性为观察终点确定的 NOAEL 值 2mg/（kg·d）。

短期暴露（十日）饮水水质安全浓度推导如下：

$$SWSC = \frac{NOAEL \times BW \times 5}{UF \times DWI \times 7} = \frac{2mg/（kg·d）\times 10kg \times 5}{100 \times 1L/d \times 7} \approx 0.1mg/L \qquad (4-52)$$

式中：SWSC——短期暴露（十日）饮水水质安全浓度，mg/L；

NOAEL——基于生殖毒性为健康效应的分离点，2mg/（kg·d）；

BW——平均体重，以儿童为保护对象，10kg；

5/7——每周总吸收剂量到等效日均剂量的转换；

UF——不确定系数，100，考虑种内和种间差异；

DWI——每日饮水摄入量，以儿童为保护对象，1L/d。

以大鼠生殖毒性为健康效应推导的短期暴露（十日）饮水水质安全浓度为 0.1mg/L。

五、应急处理技术及应急期居民用水建议

（一）水厂应急处理技术

自来水厂净水工艺对环氧氯丙烷基本无去除效果。对于环氧氯丙烷应急处理的技术资料有限，其中采用粉末活性炭吸附的试验结果显示，对于初始质量浓度 0.005 7mg/L 的纯水配水，投加 20mg/L 粉末炭，吸附 120 分钟，去除率只有 26%~30%，去除作用有限。

当水源发生环氧氯丙烷的突发污染时,城市供水只能采取规避措施,改换水源,或是停止供水。

（二）应急期居民用水建议

人体可通过饮食、刷牙、漱口等途径经口摄入水中的环氧氯丙烷；也可通过洗澡、洗手、洗菜、游泳等途径经皮肤接触水中的环氧氯丙烷。具有反渗透膜、纳滤膜的净水器对环氧氯丙烷有一定的去除效果,在环氧氯丙烷污染事件的应急供水期,公众可选择具有上述净水组件的家用净水器,但应注意净水器说明书中注明的额定总净水量及滤芯的使用期限,超过额定总净水量或超出滤芯使用期限后,净水器对污染物的去除效果会迅速下降甚至带来二次污染,此时应及时更换滤芯。

第十三节　苯

一、基本信息

（一）理化性质

1. 中文名称：苯

2. 英文名称：benzene

3. CAS 号：71-43-2

4. 分子式：C_6H_6

5. 相对分子质量：78.11

6. 分子结构图：

7. 外观与性状：无色透明液体,有强烈芳香味

8. 蒸气压：13.33kPa（26.1℃）

9. 熔点：5.5℃

10. 沸点：80.1℃

11. 溶解性：0.175g/100g 水（25℃）,能与乙醇、乙醚、丙酮和氯仿混溶

（二）生产使用情况

苯是一种石油化工基本原料,是结构最简单的芳烃。2014 年,世界纯苯生产能力为 6 100 万吨,产量为 4 300 万吨。纯苯的生产和消费主要集中在亚洲、北美和西欧地区。我国 2014 年石油苯产能为 1 097 万吨,产量为 736 万吨左右。苯的下游产品主要有苯乙烯、苯酚、烷基苯、环己烷、硝基苯及顺酐等,超过 70% 消费去向为苯乙烯与苯酚产业。

（三）环境介质中质量浓度水平及饮水途径人群暴露状况

1. 环境介质中质量浓度水平　水中苯的主要来源是大气沉降、汽油和其他石油产品的泄漏以及化工厂废水。据报道,化工厂废水中苯的质量浓度高达 179μg/L；受点源排放污染的地下水中苯的质量浓度为 0.03~0.3mg/L；海水中苯的质量浓度为 5~20ng/L（沿海）,5ng/L（海中部）；莱茵河中苯的质量浓度为 0.2~0.8μg/L；我国江苏省 15 个饮用水水源地水样中苯的质量浓度范围在 0.12~0.44μg/L,检出率为 26.7%。

2. 饮水途径人群暴露状况 食品中苯的估计贡献量约为 180μg/d。非吸烟者平均每日苯摄入量为 200~450μg/d；吸烟者平均每日苯摄入量可分别增加 2~3 倍（城市）和 2~6 倍（农村地区）。与食品和空气的摄入量相比，饮用水摄入量最低。另有对苯污染的饮用水通过饮用、皮肤接触和呼吸等暴露途径对人体造成的健康风险研究表明，苯经皮肤接触暴露的健康风险最高，饮用暴露的健康风险最低。

二、健康效应

（一）毒代动力学

1. 吸收 苯是一种中性、低分子量、脂溶性物质，容易被试验动物和人通过吸入、口服和皮肤接触吸收。当人在空气中有苯暴露时，通过吸入途径吸收的苯大约占 50%。另有研究表明，将大鼠和小鼠在苯质量浓度为 31.9mg/m³ 条件下暴露 6 小时，大鼠体内可保留 33%、小鼠体内可保留 50%，质量浓度越高，保留率越低。

2. 分布 无论通过何种暴露途径，苯均能迅速分布于全身。研究发现，通过经口暴露途径，苯在肝脏和肾脏中质量浓度最高，其次是血液，外耳道皮脂腺、鼻腔、口腔、乳腺、骨髓质量浓度最低。

3. 代谢 400mg/L 质量浓度水平以下的苯在人类尿液中的主要代谢物是苯酚硫酸盐。当高于此质量浓度水平时，葡萄糖醛酸也会存在于尿液中。

4. 排泄 在低暴露水平下，苯主要通过尿液排泄，形态主要包括硫酸盐、葡萄糖醛酸苷酚类代谢产物和粘康酸。在口服剂量低于 15mg/kg 时，苯几乎全部从小鼠和大鼠的尿液代谢产物排出，但在剂量为 150mg/kg 时，超过 50% 的苯未经代谢直接通过呼吸排出。吸入暴露也给出了类似的结果，当大鼠或小鼠苯吸入暴露质量浓度为 32mg/m³ 时，呼出的苯小于 6%，但在苯质量浓度大于 2 718mg/m³ 时，大鼠经呼吸可排出 48%，小鼠经呼吸可排出 14%。

（二）健康效应

1. 人体资料 高质量浓度的苯对人体的急性暴露主要影响中枢神经系统。急性暴露于 65g/m³ 的苯时可能导致死亡。苯的高质量浓度暴露还会对造血系统产生毒性作用。有证据表明，人体暴露于高质量浓度的苯（质量浓度为 325mg/m³）可能导致白血病。在许多情况下，在导致白血病之前会产生全血细胞减少或再生障碍性贫血。流行病学研究也表明，苯暴露与白血病有关（特别是急性髓系白血病）。实验动物和人类职业暴露研究表明，苯暴露诱导的外周血和骨髓的变化是苯最敏感的毒性指标，不良反应主要是白细胞减少、淋巴细胞减少、粒细胞增多、贫血和出现网状细胞。

一项包括 44 名职业苯暴露工人（21 名女性）和 44 名年龄、性别相匹配对照组的横断面研究中，暴露组职业暴露平均时间是 6.3 年（标准偏差 4.4），范围是 0.7~16 年。在 1~2 周内，让每个工人佩戴有机蒸气被动测定设备，连续 5 个工作日测定苯暴露水平，然后采集血样。对所有工人，苯暴露体积浓度 8 小时加权平均中位数为 0.031‰，暴露组分成两组，每组 22 人，分别是暴露体积浓度高于中位数体积浓度者和低于中位数体积浓度者。低体积浓度组的中位数体积浓度是 0.0136‰，高体积浓度组的中位数是 0.0919‰。研究对 6 项血液指标进行测定，包括总白细胞（WBC）计数、血红蛋白、红细胞比容、红细胞（RBC）计数、血小板计数和平均红细胞体积（MCV）。研究结果表明，苯暴露高体积浓度组（＞ 0.031‰）所有 6 个参数与对照组相比较均有明显不同，血红蛋白、白细胞数、红细胞计数、比容、血小板都显著下降，MCV 显著增加，其中血红蛋白是最敏感的指标。

2. 动物资料

（1）短期暴露：苯具有较低的急性毒性。小鼠和大鼠的经口 LD_{50} 为 1~10g/kg，2.8 小时的 LC_{50} 为 15~60g/m³。犬暴露于苯体积浓度为 0.6‰~1‰的空气中，暴露时间为 12~15 天，可导致白细胞减少症。小鼠暴露于苯体积浓度 0.6‰~1‰的空气中，暴露时间为 12~15 天，可导致致命的贫血症。

以雄性和雌性 SD 大鼠为试验对象，每组 40 只，暴露在苯蒸气中，每天暴露 5 小时，每周 4 天，试验时间 6~31 周。共设定 0、0.015‰、0.029‰、0.031‰、0.044‰、0.047‰、0.061‰、0.065‰和 0.831‰九个剂量组。研究表明，大鼠暴露在体积浓度为 0.061‰、0.065‰和 0.0831‰的苯蒸气中时，2 到 4 周内，导致严重白细胞减少症。在体积浓度为 0.044‰和 0.047‰苯蒸气中，暴露 5~8 周，特别是在雌鼠中，观察到中等程度白细胞减少症。暴露体积浓度为 0.029‰到 0.031‰时，暴露时间在 4 个月内，没有观察到白细胞减少症。该研究以大鼠白细胞减少为观察终点确定的 NOAEL 值为 0.031‰（相当于 96mg/m³）。

（2）长期暴露：以 SD 大鼠、AKR/J 和 C57BL/6J 小鼠等为试验对象，开展苯吸入暴露试验。体积浓度为 0.1‰、0.3‰，每天 6 小时，每周 5 天，终生暴露。研究表明，大鼠和小鼠都表现出淋巴细胞减少症、贫血症和生存时间减少。小鼠还伴随着粒细胞增多和网状细胞过多症。

以 F344/N 大鼠和 B6C3F1 小鼠为试验对象，采用苯加玉米油灌胃，每周 5 天，共 103 周。F344/N 大鼠剂量组为 0、5、100、200mg/（kg·d）；B6C3F1 小鼠剂量组为 0、25、50 和 100mg/（kg·d）。研究结果表明，对血液造成的影响包括脾滤泡淋巴细胞耗竭（大鼠）和胸腺淋巴细胞耗竭（雄性大鼠），骨髓造血细胞增生（小鼠）、淋巴细胞减少及相关白细胞减少（大鼠和小鼠）。

（3）生殖/发育影响：没有很强的证据证明苯有致畸性，它是一种潜在的子宫生长抑制剂。苯可导致生殖和发育毒性，但和生殖发育毒性相关的 LOAEL 和 NOAEL 值高于血液毒性的相关值。

（4）致癌性：IARC 将苯列为 1 组，即对人类有确认的致癌性。有足够的人类证据证明苯的致癌性。苯可引起急性髓细胞白血病/急性非淋巴细胞白血病。此外，观察到苯和急性淋巴细胞白血病，慢性淋巴细胞白血病，多发性骨髓瘤和非霍奇金淋巴瘤之间正相关。

USEPA 将苯致癌性列为 H 组，即人类致癌物，肿瘤类型为白血病。苯的经口致癌斜率因子为 $1.5 \times 10^{-2} \sim 5.5 \times 10^{-2}$[mg/（kg·d）]$^{-1}$，饮用水单位致癌风险为 $4.4 \times 10^{-7} \sim 1.6 \times 10^{-6}$（μg/L）$^{-1}$，吸入单位致癌风险为 $2.2 \times 10^{-6} \sim 7.8 \times 10^{-6}$（μg/m³）$^{-1}$。

（三）本课题相关动物实验

以 SD 大鼠为实验对象，设置一个阴性对照组，5 个剂量组，每组 12 只，雌雄各半。剂量组以玉米油为溶剂，开展苯灌胃染毒实验，剂量分别为 0.47、2.35、11.75、58.75 和 293.75mg/（kg·d）。每天一次，连续染毒 14 天。染毒后，进行尿常规检测；腹主动脉采血分离血清，检测血清中的谷丙转氨酶（ALT）、谷草转氨酶（AST）及血尿素（UREA）。

实验结果表明，染毒 14 天，血清酶学指标与阴性对照组相比，58.75mg/（kg·d）和 293.75mg/（kg·d）剂量组的 AST 水平显著升高（$P < 0.05$）；11.75mg/（kg·d）及以上剂量组的 UREA 水平显著升高（$P < 0.05$）。以血清 AST 升高为效应终点，确定的 NOAEL 值为 11.75mg/（kg·d）、LOAEL 值为 58.75mg/（kg·d）。以血清 UREA 升高为效应终点，确定的 NOAEL 值为 2.35mg/（kg·d）、LOAEL 值为 11.75mg/（kg·d）。

综合以上研究结果,以大鼠血清血尿素(UREA)升高作为效应指标确定的 NOAEL 值为 2.35mg/(kg·d),由此推导短期暴露(十日)饮水水质安全浓度为 0.2mg/L。

三、饮水水质标准

(一)世界卫生组织水质准则

1984 年第一版《饮用水水质准则》中提出饮用水中基于健康的苯准则值为 0.01mg/L。

1993 年第二版、2004 年第三版、2011 年第四版及 2017 年第四版准则第一次增补版中,苯的准则值均保持为 0.01mg/L。

(二)我国饮用水卫生标准

1985 年版《生活饮用水卫生标准》(GB 5749—85)中未规定苯的限值。

2001 年卫生部颁布的《生活饮用水水质卫生规范》(卫法监发〔2001〕161 号)中苯的限值为 0.01mg/L。

2006 年《生活饮用水卫生标准》(GB 5749—2006)仍然沿用 0.01mg/L 作为苯的限值。

(三)美国饮水水质标准

美国一级饮水标准中规定苯的 MCLG 是 0,苯的 MCL 确定为 0.005mg/L。此值于 1989 年生效,沿用至今。

四、短期暴露饮水水质安全浓度的确定

以雄性和雌性 SD 大鼠为试验对象,每组 40 只,暴露在苯蒸气中,每天暴露 5 小时,每周 4 天,试验时间 6~31 周。共设定 0、0.015‰、0.029‰、0.031‰、0.044‰、0.047‰、0.061‰ 和 0.0831‰九个剂量组。研究表明,大鼠暴露在体积浓度为 0.061‰、0.065‰和 0.0831‰苯蒸气中时,2 到 4 周内,导致严重白细胞减少症。在体积浓度为 0.044‰和 0.047‰苯蒸气中,暴露 5~8 周,特别是在雌鼠中,观察到中等程度白细胞减少症。暴露体积浓度为 0.029‰ 到 0.031‰时,暴露时间在 4 个月内,没有观察到白细胞减少症。该研究以大鼠白细胞减少为观察终点确定的 NOAEL 值为 0.031‰(相当于 96mg/m³),经换算得出总吸收剂量(TAD)为 2.35mg/(kg·d)。

短期暴露(十日)饮水水质安全浓度推导如下:

$$SWSC = \frac{TAD \times BW}{UF \times DWI} = \frac{2.35mg/(kg \cdot d) \times 10kg}{100 \times 1L/d} \approx 0.2mg/L \quad (4\text{-}53)$$

式中:SWSC——短期暴露(十日)饮水水质安全浓度,mg/L;

　　　TAD——总吸收剂量,2.35mg/(kg·d);

　　　BW——平均体重,以儿童为保护对象,10kg;

　　　UF——不确定系数,100,考虑种内和种间差异;

　　　DWI——每日饮水摄入量,以儿童为保护对象,1L/d。

以大鼠白细胞减少为健康效应推导的短期暴露(十日)饮水水质安全浓度为 0.2mg/L。本课题动物实验中以大鼠血清血尿素(UREA)升高为健康效应,推导的短期暴露(十日)饮水水质安全浓度也为 0.2mg/L。可以看出,本课题实验推导值与文献资料推导值数值相一致。建议将 0.2mg/L 作为苯的短期暴露(十日)饮水水质安全浓度。

五、应急处理技术及应急期居民用水建议

（一）水厂应急处理技术

1. 概述 自来水厂常规净水工艺（混凝—沉淀—过滤—消毒的工艺）对苯的去除效果很差，臭氧生物活性炭深度处理工艺对苯有一定去除效果，当水源发生苯的突发污染时，需要进行除苯的应急净水处理。

自来水厂应急去除苯的技术为粉末活性炭吸附法。

2. 原理与参数 苯属于微溶于水的疏水性物质，采用活性炭吸附有很好的去除效果。

粉末活性炭试验数据如下面所示。所用的粉末活性炭是经研磨过 200 目筛的某厂颗粒活性炭，所用含苯水样用纯水配制或是用水源水配制。

对苯的吸附速度试验结果，见图 4-39。由图可见，粉末活性炭吸附苯，30 分钟时可以达到吸附能力的 70% 左右，吸附达到基本平衡需要 2 小时以上的时间。

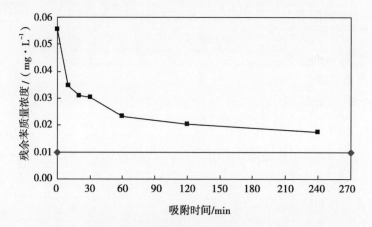

图 4-39 粉末活性炭对苯的吸附速度试验（加炭量 10mg/L）

粉末活性炭对苯的纯水配水的吸附容量试验结果，见图 4-40；对用水源水配水的吸附容量试验结果，见图 4-41。各地在应用吸附数据时应采用本地的水源水和活性炭样进行校核试验。

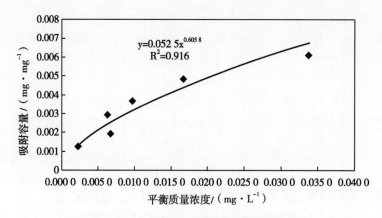

图 4-40 粉末活性炭对苯的吸附速度试验

（纯水配水，吸附时间 2 小时）

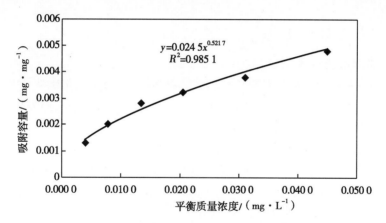

图 4-41　粉末活性炭对苯的吸附速度试验
（深圳水源水配水，吸附时间 2 小时）

采用 Freundlich 吸附等温线公式对图中数据进行回归：
$$q_e = K_F C_e^{1/n} \qquad (4\text{-}54)$$
式中：q_e——吸附量，mg/mg 炭；

　　　C_e——平衡质量浓度，mg/L；

　　　K_F 和 n——特性常数。

对于纯水配水，得到粉末活性炭吸附苯的吸附等温线公式为：
$$q_e = 0.052\,5 C_e^{0.605\,8} \qquad (4\text{-}55)$$

由式 4-55 的公式，可以求出对于纯水配水不同处理任务所需的加炭量。例如，对于苯的原水质量浓度为标准的 5 倍（0.05mg/L），处理后质量浓度为标准的一半（0.005mg/L）的情况，所需的粉末活性炭投加量 C_T 为：
$$C_T = \frac{C_0 - C_e}{K_F C_e^{1/n}} = \frac{0.05 - 0.005}{0.052\,5 \times 0.005^{0.605\,8}} = 21\text{mg/L} \qquad (4\text{-}56)$$

对于只能在水厂内投加粉末炭的，因吸附时间有限，炭的投加量还需增加。

此外，应急净水中粉末炭的最大投炭量一般不超过 80mg/L，由此可以计算出吸附后刚能达到饮用水标准的原水最大质量浓度为：
$$C_0 = K_F C_e^{1/n} C_T + C_e = 0.052\,5 \times 0.01^{0.605\,8} \times 80 + 0.01 = 0.27\text{mg/L} \qquad (4\text{-}57)$$
即，对于纯水配水，粉末活性炭吸附应对苯污染的最大能力为原水超标 26 倍。

对于深圳水源水配水，得到粉末活性炭吸附苯的吸附等温线公式为：
$$q_e = 0.024\,5 C_e^{0.521\,7} \qquad (4\text{-}58)$$

由式 4-58 的公式，可以求出对于深圳的水源水，当苯的原水质量浓度为标准的 5 倍（0.05mg/L），处理后质量浓度为标准的一半（0.005mg/L）时，所需的粉末活性炭投加量为：
$$C_T = \frac{C_0 - C_e}{K_F C_e^{1/n}} = \frac{0.05 - 0.005}{0.024\,5 \times 0.005^{0.521\,7}} = 29\text{mg/L} \qquad (4\text{-}59)$$

此外，计算出吸附后刚能达到饮用水标准的原水最大质量浓度为：
$$C_0 = K_F C_e^{1/n} C_T + C_e = 0.024\,5 \times 0.01^{0.521\,7} \times 80 + 0.01 = 0.19\text{mg/L} \qquad (4\text{-}60)$$
即，对于深圳水源水配水，粉末活性炭吸附应对苯污染的最大能力为原水超标 18 倍。

3. 技术要点

（1）原理：采用粉末活性炭吸附水中溶解态的苯，吸附后的粉末炭在水厂的混凝沉淀过滤的净水流程中，与混凝剂形成的矾花一起被去除。

（2）粉末炭的投加点：为了增加炭与水的吸附接触时间，提高炭的吸附利用率，对于取水口与水厂有一定距离的地方，粉末炭的投加点应设在取水口处；对于取水口紧挨着水厂，只能在水厂内投加的地方，炭的投加点设在混凝反应池前。

（3）粉末炭的投加量：由现场吸附试验确定，也可以采用已有资料进行估算。

（4）增加费用：粉末活性炭的价格约为 7 000 元 / 吨，每 10mg/L 投炭量的药剂费用为 0.07 元 /m³ 水。

自来水厂粉末活性炭吸附法去除苯应急净水的工艺流程，见图 4-42。

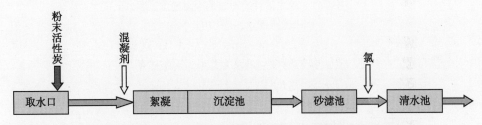

图 4-42　自来水厂粉末活性炭吸附法除苯应急净水的工艺流程图

注意事项：

（1）粉末活性炭的投加点最好设在取水口处；如在水厂内投加，需提高投加量。

（2）混凝剂投加量需要大于平时投量，以确保混凝沉淀过滤对粉末炭的去除效果。

（3）加强沉淀池排泥和滤池冲洗。

（4）注意粉末活性炭的粉尘防护和防爆问题。

（5）含有污染物的排泥水或污泥需要妥善处置。

（二）应急期居民用水建议

人体可通过饮食、刷牙、漱口等途径经口摄入水中的苯；也可通过洗澡、洗手、洗菜、游泳等途径经皮肤接触水中的苯；还可通过洗澡等途径吸入暴露水中挥发的苯。具有活性炭、反渗透膜、纳滤膜的净水器对苯有一定的去除效果，在苯污染事件的应急供水期，公众可选择具有上述净水组件的家用净水器，但应注意净水器说明书中注明的额定总净水量及滤芯的使用期限，超过额定总净水量或超出滤芯使用期限后，净水器对污染物的去除效果会迅速下降甚至带来二次污染，此时应及时更换滤芯。由于苯具有一定的挥发性，也可用煮沸并保持沸腾若干分钟的方式去除。

第十四节　苯　乙　烯

一、基本信息

（一）理化性质

1. 中文名称：苯乙烯

2. 英文名称：styrene, styrol

3. CAS 号：100-42-5

4. 分子式：C_8H_8

5. 相对分子质量：104.16

6. 分子结构图

7. 外观与性状：无色透明油状液体，有芳香气味

8. 熔点：–30.65℃

9. 沸点：145.3℃

10. 蒸气压：6.40mmHg（25℃）

11. 溶解性：0.03g/100g 水（25℃），溶于二硫化碳、乙醇、乙醚、丙酮

12. 水中嗅阈值：0.004~2.6mg/L

（二）生产使用情况

苯乙烯主要用于生产塑料和树脂、乳胶漆、涂料、合成橡胶，这些产品的用途主要包括建筑、包装、汽车和家用物品。大多数苯乙烯被转化为聚苯乙烯树脂，广泛应用于塑料包装、一次性饮料杯、玩具和其他模制产品的制造。苯乙烯衍生物的第二大类是共聚物和加合物，如丙烯腈 - 丁二烯 - 苯乙烯（ABS）和苯乙烯 - 丙烯腈（SAN）树脂，可用于电器、汽车、建筑、管道和电子制品等。

2014 年我国苯乙烯生产能力约为 709.0 万吨 / 年，进口量约为 373 万吨 / 年。到 2019 年我国苯乙烯的总需求量预计超过 1 100 万吨 / 年，届时产能将达到 1 000 万吨 / 年。

（三）环境介质中质量浓度水平及饮水途径人群暴露状况

1. 环境介质中质量浓度水平　在河口水、内陆水、饮用水中偶尔可检出苯乙烯，一般来源于工业源污染或违规排放。莱茵河苯乙烯的最大检出质量浓度为 0.1µg/L；北美五大湖苯乙烯的检出质量浓度为 0.1~0.5µg/L；一项对我国黑龙江省 6 个水源地 15 个水样挥发性有机物调查中，在 2 个样品中检出苯乙烯，质量浓度为 0.23~0.40µg/L；另一项对江苏、浙江、山东省的 21 个城市地表水源 126 个水样有机物水平调查中，在浙江省主要地表水源 4 个水库 19 个水样中检出苯乙烯，质量浓度为 0.06~1.76µg/L，山东省 6 个水样中有 2 个检出苯乙烯，最高质量浓度为 0.76µg/L。

2. 饮水途径人群暴露状况　苯乙烯通过饮用水途径暴露量极小，普通人群最主要的苯乙烯暴露途径是主动吸烟（500µg/d），被动吸烟摄入量相对较少，有研究估算不吸烟者在非工业区苯乙烯的人群暴露水平估计约为 40µg/d，该值是基于空气中的水平（2µg/d）、交通（平均 10~50µg/d）和食品（5µg，来自于消费苯乙烯产品包装的奶制品 500g）计算所得。

二、健康效应

（一）毒代动力学

1. 吸收　通过吸入或灌胃法暴露于苯乙烯后，约 60%~90% 可被吸收。一些吸入研究的结果表明，苯乙烯在人体肺部保留质量浓度大约为摄入质量浓度的 2/3，但不同个体和研

究之间所测得的量差异很大（平均范围为 59%~89%）。

2. 分布　对试验动物和人类的研究表明，苯乙烯的吸收快速且可广泛分布在全身脂类较多的组织中。通过玉米油单剂量饲喂大鼠经 ^{14}C 标记的苯乙烯，剂量为 20mg/kg，在 2 到 4 小时内达到组织水平峰值，含量最高的器官依次是肾脏（雄鼠 46μg/g，雌鼠 25μg/g）、肝脏（雄鼠 13μg/g，雌鼠 7μg/g）和胰腺（雄鼠 10μg/g，雌鼠 6μg/g），肺、心脏、脾脏、肾上腺、脑、睾丸和卵巢的质量浓度水平较低。有人体研究发现经过胎盘转移的苯乙烯质量浓度稍高于母体血质量浓度，这表明苯乙烯通过胎盘时是有选择性的单向转移。此外，另有研究在来自不同城市的哺乳期妇女的 8 份乳品中检出了苯乙烯。

3. 代谢　苯乙烯主要在肝脏以及其他组织和器官中通过混合功能氧化酶系统转化为苯乙烯 -7, 8- 氧化物，再进一步被环氧化物水解酶水解为苯乙二醇，然后转化为扁桃酸、苯乙醛酸、马尿酸，以及共轭葡萄糖醛酸。苯乙烯 -7, 8- 氧化物也可以与谷胱甘肽共轭形成巯基尿酸衍生物。

4. 排泄　苯乙烯在脂质中的排泄比其他组织慢（半衰期 2~4 天）。将动物和人类通过各种途径暴露于苯乙烯后，所吸收剂量中只有一小部分以原形通过呼气排出，超过 90% 的口服剂量以代谢产物的形式通过尿液迅速排出。动物和人的尿液中代谢物种类是相同的，但含量不同，人类的主要代谢物是扁桃酸和苯乙醛酸。

（二）健康效应

1. 人体资料　一项人体吸入苯乙烯研究中，受试者暴露于苯乙烯质量浓度为 217 和 499mg/m³ 的空气中，暴露 1 小时和 2 小时均未发现毒性效应；受试者暴露于苯乙烯质量浓度为 921mg/m³ 的空气中 20 分钟，出现了鼻部刺激；受试者暴露于苯乙烯质量浓度为 1 600mg/m³ 的空气中 1 小时，闻到较强的气味，出现了眼、鼻的刺激，出现神经功能的紊乱；6 位受试者暴露于苯乙烯质量浓度为 422mg/m³ 的空气中 7 小时，未发现不良影响。综合以上试验结果，该研究确定了人体苯乙烯暴露 7 小时的 NOAEL 值为 422mg/m³。

另有志愿者的吸入暴露短期对照研究给出了更敏感的试验结果，研究发现，空气中苯乙烯质量浓度高于 210mg/m³ 即会引起眼睛、鼻子和呼吸道黏膜的刺激，抑制中枢神经系统，表现为精神萎靡、嗜睡、失调、增加单一反应时间，以及视觉诱发响应和脑电图振幅的变化。

一项横断面研究中，研究对象为 50 名暴露于苯乙烯平均 8.6 年的工人，平均每日空气暴露体积浓度范围为 0.01‰ ~0.3‰。研究以次日晨尿中主要代谢产物来评估真实的空气暴露浓度。选择研究对象的准入标准是没有新陈代谢和神经学问题，每日吸烟少于 20 支，每日饮酒量少于 80ml，并以同样的标准选择了 50 名年龄、性别、教育水平相匹配的工人作为对照组。将暴露组按照尿中苯乙烯代谢物的质量浓度高低分为 4 组（每组 9~14 人），在采集尿样当天进行了一系列神经心理学测试。测试结果和尿中苯乙烯代谢物水平的相关性分析显示，8 个测试中至少有 3 个有明确的剂量反应关系。在短期和长期逻辑记忆和嵌入图形测试（损害视觉感知）中也存在剂量反应关系。当把暴露时间作为协变量进行结果分析时，随着反应时间增加，记忆力和专注力下降。尿代谢物浓度在 150mmol 尿代谢物 /mol 肌酐以下的暴露组没有明显的效应，因此将其对应的暴露质量浓度作为 NOAEL 值，这个代谢物浓度相当于每日 8 小时暴露于 0.025‰（106mg/m³）的空气苯乙烯浓度，调整为 95% 置信区间的下限相当于平均暴露浓度的 88%（0.025‰ ×88%=0.022‰，94mg/m³）。

另有人员对职业暴露于低质量浓度苯乙烯的工人进行了研究，没有检测到外周淋巴细胞染色体畸变,但在暴露于较高质量浓度苯乙烯的工人中,染色体畸变频率增加。研究表明芬兰苯乙烯工厂的女性自然流产率显著高于芬兰所有女性的自然流产率($P < 0.01$)。

2. 动物资料

(1)短期暴露:苯乙烯的急性毒性较低,大鼠的口服 LD_{50} 范围为 5~8g/kg。在口服致死剂量下,大鼠在死前出现昏迷,尸检显示肝脏和肾脏改变。

有研究评估了大鼠连续七天口服苯乙烯对肝混合功能氧化酶活性、谷胱甘肽含量和谷胱甘肽 S- 转移酶活性的影响,剂量组分别为 0、250、450 和 900mg/(kg·d)。试验结果显示,在 450 和 900mg/(kg·d)剂量组,芳烃羟化酶和苯胺羟化酶活性的显著增强;在 900mg/(kg·d)剂量组,谷胱甘肽 S- 转移酶活性受到抑制,伴随有谷胱甘肽含量明显降低。此研究以苯乙烯对肝脏酶类的影响为健康效应终点得到 NOAEL 值为 250mg/(kg·d)。

(2)长期暴露:一项对成年雄性 ITRC 大白鼠进行的口服毒性研究中,剂量组分别为 0、200 和 400mg/(kg·d),每周 6 天,持续 100 天。试验结果表明,200 和 400mg/(kg·d)剂量组大鼠肝脏酶类有剂量依赖性的增多[苯并(a)芘羟化酶和氨基比林 -N- 脱甲基酶]或减少(谷胱甘肽 -S- 转移酶),一些线粒体酶也出现显著减少,未出现体重改变或其他明显的毒性反应体征;在 400mg/(kg·d)剂量组,出现肝的组织病理学改变,包括微小区域病灶肝坏死、少量变性的肝细胞和炎症细胞。该研究以肝脏毒性为健康效应终点得到的 LOAEL 值为 200mg/(kg·d)。

一项对雌性大鼠进行的苯乙烯的口服毒性研究中,剂量组分别为 0、66.7、133、400 和 667mg/(kg·d),每周 5 天,持续 6 个月。在较高的两个剂量水平,大鼠体重增长降低,而肝肾重量增加,但无血液学及组织学改变。在较低的两个剂量水平,体重、器官重量和病理学无明显改变。该研究据此得到 NOAEL 值为 133mg/(kg·d),LOAEL 值为 400mg/(kg·d)。

将苯乙烯溶解在玉米油中对比格犬进行灌胃,剂量组分别为 0、200、400 和 600mg/(kg·d)(4 只 / 组),1 周 7 天,持续 560 天。试验结果显示,在两个较高剂量组中,可以监测到肝脏最低限度的组织病理学改变(单核 - 巨噬细胞细胞中铁的沉积增多),以及血液学改变,包括红细胞中海因茨小体增多、红细胞压积减小。在 200mg/(kg·d)剂量组,上述情况均未出现。该研究基于肝脏的组织病理学改变及血液学改变得到 NOAEL 值为 200mg/(kg·d),LOAEL 值为 400mg/(kg·d)。

在大鼠 2 年苯乙烯饮水暴露研究中,剂量组为 0、125 和 250mg/L。研究结果表明 250mg/L 剂量组雌鼠体重明显低于对照组雌鼠,没有出现其他效应。此研究基于体重降低得到 NOAEL 值是 125mg/L(相当于 7.7mg/(kg·d)雄鼠体重和 12mg/(kg·d)雌鼠体重)。

(3)生殖 / 发育影响:用含苯乙烯的花生油饲喂怀孕 6 天的 SD 大鼠(每组 29~39 只母鼠),剂量组为 0、180、300mg/(kg·d)。300mg/(kg·d)剂量组大鼠有明显的增重下降和摄食量减少现象,提示产生了母体毒性;大鼠母体死亡率和怀孕比率未见明显影响;未观察到致畸和胎儿毒性。此研究基于母体毒性得到的 NOAEL 值为 180mg/(kg·d)。

另一项研究给 BDIV 孕鼠在孕期的第 17 天饲喂含有 1 350mg/kg 苯乙烯的橄榄油,子代从断奶开始每周饲喂含有 500mg/kg 苯乙烯的橄榄油,持续 120 周。研究结果表明,剂量组的新生鼠死亡率是 10%,而对照组是 2.5%。

(4)致癌性:IARC 将苯乙烯列为 2B 组,即有可能对人类致癌。苯乙烯的动物致癌性证据表现为经吸入途径可导致小鼠肺部腺瘤。而苯乙烯的主要代谢物苯乙烯 -7,8- 氧化物,在实验动物中有充足的证据证明了其致癌性。

USEPA 将苯乙烯列为 C 组,即可能的人类致癌物,依据是仅有有限的动物致癌证据证明可能导致小鼠肺部肿瘤,而缺乏人类数据。

三、饮水水质标准

(一)世界卫生组织水质准则

1984 年第一版《饮用水水质准则》中未提出苯乙烯的准则值。

1993 年第二版准则中将饮用水中苯乙烯基于健康的准则值定为 0.02mg/L。

2004 年第三版、2011 年第四版及 2017 年第四版第一次增补版准则中,苯乙烯的准则值均保持 0.02mg/L。

(二)我国饮用水卫生标准

1985 年版《生活饮用水卫生标准》(GB 5749—85)中未规定苯乙烯的限值。

2001 年卫生部颁布的《生活饮用水水质卫生规范》(卫法监发〔2001〕161 号)中将饮用水中苯乙烯的限值定为 0.02mg/L。

2006 年《生活饮用水卫生标准》(GB 5749—2006)仍然沿用 0.02mg/L 作为苯乙烯的限值。

(三)美国饮水水质标准

美国一级饮水标准中规定苯乙烯的 MCLG 是 0.1mg/L。苯乙烯的 MCL 也为 0.1mg/L。此值 1992 年生效,沿用至今。

四、短期暴露饮水水质安全浓度的确定

将苯乙烯溶解在玉米油中对比格犬进行灌胃,剂量组分别为 0、200、400 和 600mg/(kg·d)(4 只／组),1 周 7 天,持续 560 天。试验结果显示,在两个较高剂量组中,可以监测到肝脏最低限度的组织病理学改变(单核 - 巨噬细胞细胞中铁的沉积增多),以及血液学改变,包括红细胞中海因茨小体增多、红细胞压积减小。在 200mg/(kg·d)剂量组,上述情况均未出现。该研究基于肝脏的组织病理学改变及血液学改变得到 NOAEL 值为 200mg/(kg·d),LOAEL 值为 400mg/(kg·d)。

短期暴露(十日)饮水水质安全浓度推导如下:

$$\text{SWSC} = \frac{\text{NOAEL} \times \text{BW}}{\text{UF} \times \text{DWI}} = \frac{200\text{mg}/(\text{kg} \cdot \text{d}) \times 10\text{kg}}{1\,000 \times 1\text{L/d}} = 2\text{mg/L} \tag{4-61}$$

式中:SWSC——短期暴露(十日)饮水水质安全浓度,mg/L;

    NOAEL——基于比格犬肝脏组织病理学改变及血液学改变为健康效应的分离点,200mg/(kg·d);

    BW——平均体重,以儿童为保护对象,10kg;

    UF——不确定系数,1 000,种内和种间为 100,实验动物组规模较小(每个处理水平 4 只)为 10。

    DWI——每日饮水摄入量,以儿童为保护对象,1L/d;

以比格犬肝脏损伤和血液学改变为健康效应推导的短期暴露(十日)饮水水质安全浓度为 2mg/L。

五、应急处理技术及应急期居民用水建议

(一)水厂应急处理技术

1. 概述 自来水厂的常规净水工艺(混凝—沉淀—过滤—消毒的工艺)对苯乙烯的去除效果很差,臭氧生物活性炭深度处理工艺只有一定的去除效果。当水源发生苯乙烯的突发污染时,需要进行应急净水处理。

自来水厂应急去除苯乙烯的技术为粉末活性炭吸附法。

2. 原理与参数 苯乙烯属于微溶于水的疏水性物质,采用活性炭吸附有很好的去除效果。

粉末活性炭试验数据如下面所示。所用的粉末活性炭是经研磨过200目筛的某厂颗粒活性炭,所用含苯乙烯水样用纯水配制或是用水源水配制。

对苯乙烯的吸附速度试验结果,见图4-43。由图可见,粉末活性炭吸附苯乙烯,30分钟时可以达到吸附能力的85%左右,吸附达到基本平衡需要2小时以上的时间。

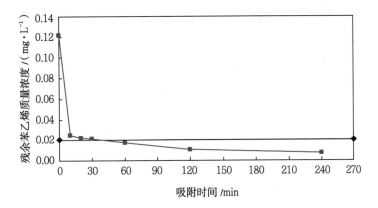

图4-43 粉末活性炭对苯乙烯的吸附速度试验(加炭量10mg/L)

粉末活性炭对苯乙烯的纯水配水的吸附容量试验结果,见图4-44;对用水源水配水的吸附容量试验结果,见图4-45。各地在应用吸附数据时应采用本地的水源水和活性炭样进行校核试验。

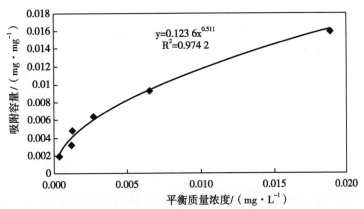

图4-44 粉末活性炭对苯乙烯的吸附容量试验
(纯水配水,吸附时间2小时)

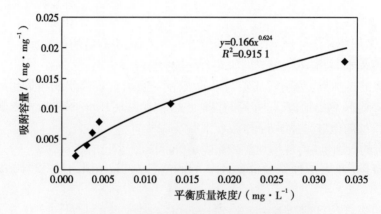

图 4-45　粉末活性炭对苯乙烯的吸附容量试验

（深圳水源水配水，吸附时间 2 小时）

采用 Freundlich 吸附等温线公式对图中数据进行回归：

$$q_e = K_F C_e^{1/n} \tag{4-62}$$

式中：q_e——吸附量，mg/mg 炭；

C_e——平衡质量浓度，mg/L；

K_F 和 n——特性常数。

对于纯水配水，得到粉末活性炭吸附苯乙烯的吸附等温线公式为：

$$q_e = 0.123\ 6C_e^{0.511} \tag{4-63}$$

由式 4-63 的公式，可以求出对于纯水配水不同处理任务所需的加炭量。例如，对于苯乙烯的原水质量浓度为标准的 5 倍（0.1mg/L），处理后质量浓度为标准的一半（0.01mg/L）的情况，所需的粉末活性炭投加量 C_T 为：

$$C_T = \frac{C_0 - C_e}{K_F C_e^{1/n}} = \frac{0.1 - 0.01}{0.123\ 6 \times 0.01^{0.511}} = 7.66 \text{mg/L} \tag{4-64}$$

对于只能在水厂内投加粉末炭的，因吸附时间有限，炭的投加量还需增加。

此外，应急净水中粉末炭的最大投炭量一般不超过 80mg/L，由此可以计算出吸附后刚能达到饮用水标准的原水最大质量浓度为：

$$C_0 = K_F C_e^{1/n} C_T + C_e = 0.123\ 6 \times 0.02^{0.511} \times 80 + 0.02 = 1.36 \text{mg/L} \tag{4-65}$$

即，对于纯水配水，粉末活性炭吸附应对苯乙烯污染的最大能力为原水超标 67 倍。

对于深圳水源水，得到粉末活性炭吸附苯乙烯的吸附等温线公式为：

$$q_e = 0.166 C_e^{0.624} \tag{4-66}$$

由式 4-66 的公式，可以求出对于深圳的水源水配水，当苯乙烯的原水质量浓度为标准的 5 倍（0.1mg/L），处理后质量浓度为标准的一半（0.01mg/L）时，所需的粉末活性炭投加量为：

$$C_T = \frac{C_0 - C_e}{K_F C_e^{1/n}} = \frac{0.1 - 0.01}{0.166 \times 0.01^{0.624}} = 9.60 \text{mg/L} \tag{4-67}$$

此外，计算出吸附后刚能达到饮用水标准的原水最大质量浓度为：

$$C_0 = K_F C_e^{1/n} C_T + C_e = 0.166 \times 0.01^{0.624} \times 80 + 0.02 = 1.18 \text{mg/L} \tag{4-68}$$

即，对于深圳水源水配水，粉末活性炭吸附应对苯乙烯污染的最大能力为原水超标 58 倍。

3. 技术要点

（1）原理：采用粉末活性炭吸附水中溶解态的苯乙烯，吸附后的粉末炭在水厂的混凝沉淀过滤的净水流程中，与混凝剂形成的矾花一起被去除。

（2）粉末炭的投加点：为了增加炭与水的吸附接触时间，提高炭的吸附利用率，对于取水口与水厂有一定距离的地方，粉末炭的投加点应设在取水口处；对于取水口紧挨着水厂，只能在水厂内投加的地方，炭的投加点设在混凝反应池前。

（3）粉末炭的投加量：由现场吸附试验确定，也可以先用已有资料估算。

（4）增加费用：粉末活性炭的价格约为 7 000 元 / 吨，每 10mg/L 投炭量的药剂费用为 0.07 元 /m³ 水。

自来水厂粉末活性炭吸附法去除苯乙烯应急净水的工艺流程，见图 4-46。

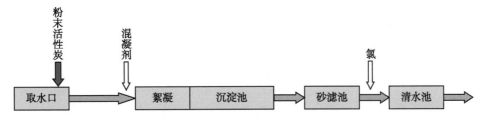

图 4-46 自来水厂粉末活性炭吸附法去除苯乙烯应急净水的工艺流程图

注意事项：

（1）粉末活性炭的投加点最好设在取水口处；如在水厂内投加，需提高投加量。

（2）混凝剂投加量需要大于平时投量，以确保混凝沉淀过滤对粉末炭的去除效果。

（3）加强沉淀池排泥和滤池冲洗。

（4）注意粉末活性炭的粉尘防护和防爆问题。

（5）含有污染物的排泥水或污泥需要妥善处置。

（二）应急期居民用水建议

人体可通过饮食、刷牙、漱口等途径经口摄入水中的苯乙烯；也可通过洗澡、洗手、洗菜、游泳等途径经皮肤接触水中的苯乙烯。具有活性炭、反渗透膜、纳滤膜的净水器对苯乙烯有一定的去除效果，在苯乙烯污染事件的应急供水期，公众可选择具有上述净水组件的家用净水器，但应注意净水器说明书中注明的额定总净水量及滤芯的使用期限，超过额定总净水量或超出滤芯使用期限后，净水器对污染物的去除效果会迅速下降甚至带来二次污染，此时应及时更换滤芯。

第十五节 氯 乙 烯

一、基本信息

（一）理化性质

1. 中文名称：氯乙烯

2. 英文名称：vinyl chloride

3. CAS 号：75-01-4

4. 分子式：C_2H_3Cl

5. 相对分子质量：62.5

6. 分子结构图：

7. 外观与性状：无色、易液化气体

8. 蒸气压：2 530mmHg（20℃）

9. 熔点：-154℃

10. 沸点：-13℃

11. 溶解性：微溶于水，0.11g/100g 水（25℃），溶于乙醇，易溶于乙醚、四氯化碳和苯

（二）生产使用情况

氯乙烯是生产聚氯乙烯（PVC）（>95%）的主要原料，可用作塑料、橡胶、纸张、玻璃和汽车工业的原料，还可用于电线绝缘、电缆、管道、工业和家用设备以及医疗用品、食品包装材料、建筑和建筑产品的制造。氯乙烯的产量在全球呈直线上升趋势，我国年产量可达 1 000 万吨，已成为聚氯乙烯生产第一大国。

（三）环境介质中质量浓度水平及饮水途径人群暴露状况

1. 环境介质中质量浓度水平　氯乙烯具有高挥发性，有研究表明在地表水中的质量浓度一般不超过 10μg/L，污染场地的质量浓度最高可达 570μg/L。在日本大阪的氯乙烯和 PVC 生产厂附近采集的河水样品中，检测出的氯乙烯最高质量浓度为 55.6μg/L（平均水平为 3.35μg/L）。

2. 饮水途径人群暴露状况　硬聚氯乙烯（UPVC）在一些国家越来越多地被用于自来水管道，饮用水中的氯乙烯可能来源于硬聚氯乙烯中氯乙烯的迁移。在一项研究中，饮用水中氯乙烯质量浓度为 2.5μg/L，研究认为氯乙烯是在 45℃条件下从受阳光照射的硬聚氯乙烯中分解释放出来的，在 35℃或者更低温度时不会发生这种情况。

二、健康效应

（一）毒代动力学

1. 吸收　氯乙烯可通过口服或吸入途径被大鼠迅速吸收。动物研究显示，口服氯乙烯后，超过 95% 可被吸收，氯乙烯在气态下经皮肤暴露吸收不明显。

2. 分布　有研究显示，大鼠吸入或摄食经 ^{14}C 标记的氯乙烯，72 小时后，可在其肝脏、肾脏、肌肉、肺及脂肪中被检测到。另一项研究显示，大鼠大剂量染毒 ^{14}C 标记的氯乙烯后，可立即在大鼠的肝脏、肾脏以及脾脏和大脑中被发现。

3. 代谢　有研究认为氯乙烯代谢可能通过乙醇脱氢酶和多功能氧化酶两个途径进行。另有研究认为在较低暴露水平时，乙醇脱氢酶为主要代谢途径。

4. 排泄　氯乙烯的主要代谢产物通过尿液排出或通过二氧化碳呼出。

（二）健康效应

1. 人体资料　在 0.04‰ ~0.9‰（相当于 104~2 344mg/m³）高剂量水平吸入暴露下，工人会出现头晕、头痛、精神兴奋和昏迷现象。研究显示工人在吸入含有氯乙烯、聚氯乙烯的

工业物质后,会出现包括肝细胞毒性、肢端骨质变异、中枢神经系统失调、肺功能不全、心血管毒副反应和肠胃毒副反应等症状。另有研究显示,人类职业接触氯乙烯、聚氯乙烯后会增加肝血管肉瘤、大脑肿瘤、肺癌、造血系统和淋巴细胞组织癌的发生。

2. 动物资料

(1)短期暴露:氯乙烯的吸入暴露急性毒性较低,大鼠 2 小时 LC_{50} 为 $295g/m^3$,豚鼠和兔子为 $595g/m^3$。氯乙烯急性吸入暴露后,有麻醉作用,在大鼠、小鼠和仓鼠死亡前会出现肌活动增加,运动失调和抽搐,继而呼吸衰竭。

以雌性和雄性 Wistar 大鼠为试验对象,将氯乙烯单体溶解在大豆油中进行灌胃染毒试验。大鼠最初体重为 44g,共设定 0、30、100 和 300mg/(kg·d)四个剂量组,每天一次,每周 6 天,共 13 周。研究结果显示,100 和 300mg/(kg·d)剂量组与对照组比较,大鼠部分血液生化指标、器官重量值有显著性差异($P < 0.05$),该研究据此得出 NOAEL 值 30mg/(kg·d)。

(2)长期暴露:以 Wistar 雄性和雌性大鼠(60~80 只/性别/组)为试验对象,通过食物摄入含有 1% 的聚氯乙烯粉末和不同比例的氯乙烯单体,暴露期为 135~144 周,每周 7 天,剂量组分别为 0、1.7、5.0 和 14.1mg/(kg·d)。试验结果表明,在每个剂量组均有肝脏的相关肿瘤和非肿瘤病变产生。在另一项较低剂量的研究中,试验对象为 Wistar 大鼠(100 只/性别/组),同样通过食物摄入含有 1% 的聚氯乙烯粉末和不同比例的氯乙烯单体,持续进行 149 周,每周 7 天,每天 4 小时,剂量组分别为 0、0.014、0.13 和 1.3mg/(kg·d)。1.3mg/(kg·d)剂量组大鼠可观察到肝脏血管肉瘤、肿瘤结节、肝细胞癌、细胞病灶(透明细胞、嗜碱性和嗜酸性)、肝细胞多态性和囊肿发生率的增加,该研究以肝细胞多态性(大小和形状的变化肝细胞及其核)作为健康效应终点,确定 LOAEL 值为 1.3mg/(kg·d),NOAEL 为 0.13mg/(kg·d)。

(3)生殖/发育影响:在一项氯乙烯吸入试验研究中,以 CF1 小鼠、大鼠和新西兰白兔为试验对象。将怀孕的 CF1 小鼠(30~40/组)在妊娠第 6~15 天吸入暴露于氯乙烯,共设定 0、0.05‰ 和 0.5‰ 三个剂量组。大鼠(20~35 只/组)和新西兰白兔(15~20 只/组)分别在妊娠第 6~18 天吸入暴露于氯乙烯,共设定 0、0.5‰ 和 2.5‰ 三个剂量组。研究结果表明,小鼠对氯乙烯的毒性反应比大鼠和兔子更为敏感。在小鼠试验中,0.5‰ 的剂量水平可导致母体健康效应,包括死亡率增加、体重降低和肝脏重量降低;0.5‰ 剂量组也产生了胎儿毒性,表现为胎儿体重减轻、产仔数减少、颅和胸骨骨化延迟。没有证据表明氯乙烯对小鼠有致畸作用。在大鼠试验中,0.5‰ 剂量组母体健康效应仅限于体重减轻;2.5‰ 剂量组一只母鼠死亡、肝脏重量升高以及食物消耗减少。在兔子试验中,未观察到母体或发育毒性的迹象。该研究根据母体和胎儿毒性确定小鼠的 NOAEL 值为 0.05‰,兔子的 NOAEL 为 2.5‰。另一项关于发育的研究显示,将怀孕的大鼠在妊娠 9~21 天每天 4 小时吸入暴露 0.6‰、6‰ 氯乙烯,发现对胚胎有致畸性。

(4)致突变性:氯乙烯具有致突变性。国际癌症研究指出,氯乙烯代谢物有遗传毒性,可直接与 DNA 相互作用。职业暴露氯乙烯导致染色体异常,微核率改变和姐妹染色体交换,这些效应的响应水平均与暴露水平相关。在氯乙烯暴露工人的血液中发现 p21[ras] 和 p53 蛋白基因突变的存在,可以反映出氯乙烯的致突变效应。

(5)致癌性:IARC 将氯乙烯列为 1 组,即对人类有确认的致癌性,可导致肝血管肉瘤和肝细胞癌。

USEPA 将氯乙烯列为 H 级,即人类致癌物。给出的经口暴露斜率因子为 $1.5[mg/kg \cdot day]^{-1}$,

饮用水单位致癌风险为 $4.2 \times 10^{-5}(\mu g/L)^{-1}$，给出的吸入单位致癌风险为 $8.8 \times 10^{-6}(g/m^3)^{-1}$，肿瘤类型为肝血管肉瘤、血管瘤、肝细胞瘤和肿瘤结节。

三、饮水水质标准

(一)世界卫生组织水质准则

1984 年第一版《饮用水水质准则》中未提出氯乙烯的准则值。

1993 年第二版准则提出氯乙烯的准则值为 0.005mg/L。

2004 年第三版准则将氯乙烯的准则值调整为 0.000 3mg/L。

2011 年第四版及 2017 年第一次增补版准则中氯乙烯的准则值均维持 0.000 3mg/L。

(二)我国饮用水卫生标准

1985 年版《生活饮用水卫生标准》(GB 5749—85)中未规定氯乙烯的限值。

2001 年卫生部颁布的《生活饮用水水质卫生规范》(卫法监发〔2001〕161 号)中氯乙烯的限值为 0.005mg/L。

2006 年《生活饮用水卫生标准》(GB 5749—2006)中氯乙烯的限值仍为 0.005mg/L。

(三)美国饮水水质标准

美国一级饮水标准中,基于氯乙烯为人类致癌物将其 MCLG 定为 0;并结合分析技术的可行性,确立 MCL 为 0.002mg/L,此值于 1987 年生效,沿用至今。

四、短期暴露饮水水质安全浓度的确定

以雌性和雄性 Wistar 大鼠为试验对象,将氯乙烯单体溶解在大豆油中进行灌胃染毒试验。大鼠最初体重为 44g,共设定 0、30、100 和 300mg/(kg·d)四个剂量组,每天一次,每周 6 天,共 13 周。研究结果显示,100 和 300mg/(kg·d)剂量组与对照组比较,大鼠部分血液生化指标、器官重量值有显著性差异($P < 0.05$);30mg/(kg·d)剂量组大鼠血液生化指标、器官重量值等均未表现出健康效应的变化。该研究据此得出的 NOAEL 值为 30mg/(kg·d)。

短期暴露(十日)饮水水质安全浓度推导如下:

$$SWSC = \frac{NOAEL \times BW}{UF \times DWI} = \frac{30mg/(kg \cdot d) \times (6/7) \times 10kg}{100 \times 1L/d} \approx 3mg/L \qquad (4\text{-}69)$$

式中:SWSC——短期暴露(十日)饮水水质安全浓度,mg/L;

NOAEL——基于大鼠血液生化指标、脏器重量值改变为健康效应的分离点,30mg/(kg·d);

6/7——每周总吸收剂量到等效日均剂量的转换;

BW——平均体重,以儿童为保护对象,10kg;

UF——不确定系数,100,考虑种内和种间差异;

DWI——每日饮水摄入量,以儿童为保护对象,1L/d。

基于大鼠血液生化指标、器官重量值改变为健康效应推导的短期暴露(十日)饮水水质安全浓度为 3mg/L。

五、应急处理技术及应急期居民用水建议

(一)水厂应急处理技术

1. 概述　自来水厂的常规净水工艺(混凝—沉淀—过滤—消毒的工艺)对氯乙烯的去除效果很差,臭氧生物活性炭深度处理工艺只有一定的去除效果。当水源发生氯乙烯

的突发污染时,需要进行应急净水处理。

自来水厂应急去除氯乙烯的技术为曝气吹脱法。

2. 原理与参数 曝气吹脱法去除氯乙烯的原理是:氯乙烯的挥发性强,可以用曝气吹脱法去除。通过设置曝气吹脱设施,向水中曝气,把水中溶解的氯乙烯转移到气相中从水中排出,使水得到净化。

曝气吹脱的方式是:在取水口外的河道中设置曝气吹脱设施(鼓风机、微孔曝气管等),鼓风机输出的空气用管道送到设在水中一定深度的微孔曝气管或曝气头,在水中曝气,吹脱去除水中的氯乙烯。

对于曝气吹脱工艺,关键的因素是物质的挥发性和吹脱的气水比。对于其他因素,如气泡大小和是否达到传质平衡,可以不用考虑。对于工程上常用的微孔曝气头或微孔曝气管的曝气方式,由于热力学稳定的原因,尽管曝气孔的孔口很小,但在水中形成的气泡直径一般都在 2~3mm 大小。对于常见的挥发性污染物的曝气吹脱,气泡内气相质量浓度与气泡外水相质量浓度达到传质平衡的气泡上升高度经实测一般在几十厘米,一般情况下实际的曝气深度都在 2m 以上,因此都已经达到了传质平衡。

物质的挥发性可以用亨利定律表示:

$$c_L = Hc_G \tag{4-70}$$

式中:c_L——该物质在水中质量浓度,mg/L;

c_G——该物质在空气中的质量浓度,mg/L;

H——该物质的无量纲亨利常数。

注意,这里使用的是无量纲亨利常数。由于物质含量有多种表达方式,亨利常数也需采用相应的量纲,例如当物质在气相的含量用分压表示时,亨利常数的量纲为 mol/(L·Pa)。不同表达方式的亨利常数可以相互换算。

氯乙烯的无量纲亨利常数:$H=0.891$。此值是 20℃条件下的,温度升高时挥发性增加,对 H 还需进行调整。不同温度下的无量纲亨利常数的计算公式为:

$$\lg H = A - B/T \tag{4-71}$$

式中:A、B——温度修正系数;

T——绝对温度,K。

对于氯乙烯,$A=4.119$,$B=1\,223$。

采用在曝气吹脱的方式,污染物去除效果的计算公式为:

$$\frac{c_L}{c_{L0}} = e^{-Hq} \tag{4-72}$$

式中:c_L——物质在水中处理后的质量浓度,mg/L;

c_{L0}——物质在水中的初始质量浓度,mg/L;

q——曝气吹脱的气水比,$m^3_{\text{气}}/m^3_{\text{水}}$。

该曝气吹脱计算公式对实验室静态试验和在河道中的实际应用均适用。在实际应急处置中,曝气吹脱多设置在取水口前的引水河道处,在水流横向流动的河道里设置多条曝气管,吹脱污染物。该系统吹脱效果的计算模型与实验室静态批次试验的计算模型完全相同,都采用公式(4-72),用无量纲亨利常数和总的气水比计算吹脱效果。

氯乙烯的曝气吹脱理论去除曲线,见图 4-47。

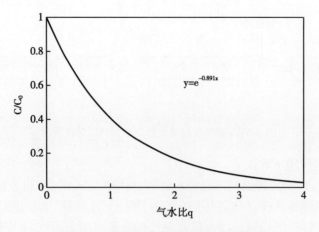

图 4-47　氯乙烯的曝气吹脱理论去除曲线

图 4-48 是用实际水源水配水的氯乙烯去除试验结果。试验中采用了不同强度的曝气流量（0.4~1.4L/min），结果显示，去除率只与气水比相关，符合理论模型。

根据式（4-72），可以计算出不同氯乙烯去除率所需的气水比。例如，对于 50% 的去除率，所需气水比 q=0.78；对于 80% 的去除率，所需气水比 q=1.8；对于 90% 的去除率，所需气水比 q=2.6。

3. 技术要点　自来水厂氯乙烯曝气吹脱应急净水处理的技术要点：

（1）在取水口外的河道中设置应急曝气吹脱设施，把水中溶解的氯乙烯吹脱到空气中，以实现安全供水。

（2）建议采用鼓风机和微孔曝气管的方式，设备安装快，可以迅速实施。

（3）根据去除率要求，可以用式（4-72）计算得出所需的气水比。

（4）曝气吹脱法应急处理的主要缺点需要设置曝气设备，应用受到现场条件限制；污染物并未去除，只是从水中转移到空气中，对局部地区空气质量有影响。

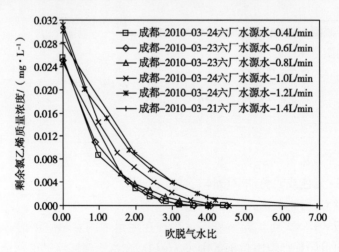

图 4-48　氯乙烯水源水配水的曝气吹脱试验

（5）曝气吹脱的费用：单位曝气量的电耗费用约为 0.01~0.015 元 /m^3 空气。

自来水厂曝气吹脱法去除氯乙烯的工艺流程，见图 4-49。

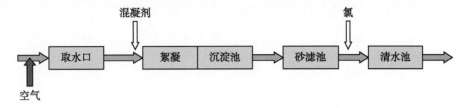

图 4-49 曝气吹脱法去除氯乙烯的工艺流程图

（二）应急期居民用水建议

人体可通过饮食、刷牙、漱口等途径经口摄入水中的氯乙烯；也可通过洗澡、洗手、洗菜、游泳等途径经皮肤接触水中的氯乙烯；还可通过洗澡等途径吸入暴露水中挥发的氯乙烯。具有活性炭、反渗透膜、纳滤膜的净水器对氯乙烯有一定的去除效果，在氯乙烯污染事件的应急供水期，公众可选择具有上述净水组件的家用净水器，但应注意净水器说明书中注明的额定总净水量及滤芯的使用期限，超过额定总净水量或超出滤芯使用期限后，净水器对污染物的去除效果会迅速下降甚至带来二次污染，此时应及时更换滤芯。由于氯乙烯具有一定的挥发性，也可用煮沸并保持沸腾若干分钟的方式去除。

第十六节 二（2- 乙基己基）己二酸酯

一、基本信息

（一）理化性质

1. 中文名称：二（2- 乙基己基）己二酸酯
2. 英文名称：di（2-ethylhexyl）adipate（DEHA）
3. CAS 号：103-23-1
4. 分子式：$C_{22}H_{42}O_4$
5. 相对分子质量：370.64
6. 分子结构图

7. 常温状态：无色或浅色油状液体，有轻微气味
8. 沸点：214℃
9. 熔点：–67.8℃
10. 溶解性：（0.078 ± 0.016）mg/100g 水（20℃）

（二）生产使用情况

二（2- 乙基己基）己二酸酯（以下简称 DEHA）是聚氯乙烯（PVC）塑料中一种常用的增塑剂，因其具有改进塑料柔软性和耐寒性，降低软化温度，改善加工性能等优点，被广泛用于食品包装的塑料制品中。

175

（三）环境介质中质量浓度水平及饮水途径人群暴露状况

1. 环境介质中质量浓度水平　对巢湖西半湖水以及合肥市两个水厂的水源水和出厂水中增塑剂的调查结果显示，采集的水样中检出了包括 DEHA 在内的 5 种增塑剂，DEHA 的质量浓度范围在 0.12~0.31μg/L。

2. 饮水途径人群暴露状况　因为塑料制品的广泛应用，人体广泛暴露于 DEHA，其中经口摄入是主要暴露途径。据估计，成人 DEHA 的每日摄入量可达 20mg。

二、健康效应

（一）毒代动力学

1. 吸收　大鼠、小鼠和食蟹猴的动物试验结果显示，DEHA 易于通过胃肠道吸收。以口服的方式摄入可被快速吸收。

2. 分布　动物试验显示，高剂量的 DEHA 进入机体后会分布于胃肠道中。另有研究发现，母体内的 DEHA 可通过胎盘传代至胚胎的肝脏、肠道中。

3. 代谢　DEHA 通过灌胃进入小鼠体内后，会在胃中被水解为单乙基己基酯（MEHA）和己二酸（AA）。在人体代谢试验中，血浆中的代谢产物为 2- 乙基己酸，尿液中的代谢产物为 2- 乙基己酸、2- 乙基 -5- 羟基己酸、2- 乙基 -1,6- 己二酸、2- 乙基 -5- 氧代己酸和 2- 乙基己醇。

4. 排泄　动物试验显示，DEHA 吸收后主要通过尿液排出，少部分通过粪便和呼气排出。

（二）健康效应

动物资料

（1）短期暴露：DEHA 有轻微的毒性，研究发现，大鼠和小鼠的 LD_{50} 范围为 9~45g/kg。

研究表明，对大鼠和小鼠饲喂含 DEHA 的饲料 14 天后，摄入量约 1.4~2.8g/（kg・d）时 DEHA 不会抑制受试动物体重增长，摄入量约 2.9~5.6g/（kg・d）时会导致小鼠和雌性大鼠体重增加减少。该研究据此得出大鼠和小鼠的 NOAEL 值分别为 1.4g/（kg・d）和 2.8g/（kg・d）。

（2）长期暴露：研究表明，在大鼠和小鼠的饲料中加入 DEHA，剂量为 0、12 和 25g/kg，喂养 2 年。高剂量组（25g/kg）的受试动物体重增长明显下降，与对照组相比下降范围为 18%~36%；低剂量组（12g/kg）的受试动物体重增长也受到了抑制，但不明显，与对照组相比下降范围为 7%~18%。该试验确定的大鼠 LOAEL 值为 0.82g/（kg・d）。

（3）生殖 / 发育影响：在大鼠怀孕 1~22 天时，在饮食中加入 DEHA，剂量分别为 0、300、1 800 和 12 000mg/kg 食物，分别相当于 0、28、170 和 1 080mg/（kg・d）。研究表明，在整个孕期，1 080mg/（kg・d）剂量组的大鼠体重增长受到抑制（$P < 0.01$）。与对照组相比，1 080mg/（kg・d）剂量组轻度的骨骼异常和输尿管发育畸形的发病率有轻微升高；虽然 170 和 1 080mg/（kg・d）剂量组都出现了单侧输尿管扭转和扩张，但只有 1 080mg/（kg・d）剂量组输尿管扩张的增加有统计学意义（$P < 0.05$）；胎儿骨化减少证明高剂量水平与胎儿毒性有关。该研究表明，对母体有轻度影响的剂量对胎儿也有轻微影响，母体和胎儿毒性的 NOAEL 值为 170mg/（kg・d），LOAEL 值为 1 080mg/（kg・d）。在大鼠断奶时喂饲含 DEHA 的食物（剂量同上），喂饲 10 周后进行交配并生产，继续喂饲 36 天。研究表明，在怀孕期，高剂量组的雌鼠平均体重增长明显下降；一代大鼠在幼崽断奶后出现了肝重增加的情况；

平均产子数有轻微降低;幼崽出生 1~36 天的体重增长情况明显低于对照组($P < 0.01$)。该研究结果支持发育研究中确定的 NOAEL 值 [170mg/(kg·d)] 和 LOAEL 值 [1 080mg/(kg·d)]。

（4）致癌性:IARC 将 DEHA 列为 3 组,即尚不能确定是否对人类致癌。没有流行病学数据证明 DEHA 与癌症相关,只有有限的证据表明 DEHA 对试验动物的致癌性。

USEPA 将 DEHA 致癌性列为 C 组,即可能的人类致癌物。IRIS 数据库中给出了 DEHA 的经口暴露斜率因子为 $1.2 \times 10^{-3}[mg/(kg·d)]^{-1}$,饮用水单位致癌风险是 $3.4 \times 10^{-8}(\mu g/L)^{-1}$,肿瘤类型为肝脏肿瘤。

（三）本课题相关动物实验

以 SD 大鼠为实验对象,设置一个阴性对照组,3 个剂量组,每组雄鼠 10 只,雌鼠 20 只。剂量组通过灌胃给予不同剂量的 DEHA,剂量分别为 28、170 和 1 080mg/(kg·d),阴性对照组给予等容量的玉米油;雄鼠灌胃 10 周、雌鼠灌胃 2 周后与同组雄鼠进行合笼交配,合笼雌雄比例为 2:1,合笼时间最长为 21 天。每天染毒一次,灌胃持续整个实验周期。每周测量一次体重以调整灌胃量。记录交配成功的动物数、交配成功天数、怀孕动物数、黄体数、每窝幼仔数和幼崽体重。合笼结束后处死雄鼠和未怀孕雌鼠,孕鼠怀孕 19 天处死。染毒结束后在腹主动脉采血分离血清,检测血清中总蛋白(TP)、白蛋白(ALB)、球蛋白(GLO)、总胆固醇(TC)、甘油三酯(TG)、碱性磷酸酶(ALP)、肌酐(CREA)、谷丙转氨酶(ALT)、谷草转氨酶(AST)和血尿素(UREA)。取肝脏、肾脏、卵巢、睾丸、附睾分别称重计算脏器系数,并进行病理检测。

实验结果表明,1 080mg/(kg·d)剂量组的胎仔体重水平、雄鼠和雌鼠体重增长水平、雄鼠 AST 水平极显著降低($P < 0.01$);大鼠的肝、肾脏体比水平极显著升高($P < 0.01$),雌鼠总胆固醇(TC)和球蛋白(GLO)水平、雄鼠肌酐(CREA)水平显著升高($P < 0.05$)。以大鼠胎仔体重水平、雄鼠和雌鼠体重增长水平、雄鼠 AST 水平降低,大鼠的肝、肾脏体比水平升高,雌鼠 TC 和 GLO 水平、雄鼠 CREA 水平升高为健康效应,确定的 NOAEL 值为 170mg/(kg·d),LOAEL 值为 1 080mg/(kg·d)。DEHA 染毒对其他指标没有明显影响。

综合全部实验结果,以大鼠胎仔体重水平、雄鼠和雌鼠体重增长水平、雄鼠 AST 水平降低;大鼠的肝、肾脏体比水平升高,雌鼠 TC 和 GLO 水平、雄鼠 CREA 水平升高为健康效应,推导的短期暴露（十日）饮水水质安全浓度为 20mg/L。

三、饮水水质标准

（一）世界卫生组织水质准则

1984 年第一版《饮用水水质准则》中未提出 DEHA 的准则值。

1993 年第二版准则中,给出了 DEHA 的准则值为 80μg/L。

2004 年第三版、2011 年第四版及 2017 年第四版准则第一次增补版中,基于 DEHA 在水中的质量浓度远低于观察到其毒性效应的质量浓度,因此认为没有必要考虑制订其基于健康的准则值。

（二）我国饮用水卫生标准

1985 年版《生活饮用水卫生标准》(GB 5749—85)和 2001 年卫生部颁布的《生活饮用水水质卫生规范》中未规定二(2-乙基己基)己二酸酯的限值。

2006 年《生活饮用水卫生标准》(GB 5749—2006)中,二(2-乙基己基)己二酸酯为附录 A 指标,限值为 0.4mg/L。

(三)美国饮水水质标准

美国一级饮水标准中规定二(2-乙基己基)己二酸酯的 MCLG 是 0.4mg/L。MCL 也为 0.4mg/L,此值是 1992 年生效的,沿用至今。

四、短期暴露饮水水质安全浓度的确定

一项对大鼠的发育和生殖影响的研究中,试验组剂量分别为 28、170 和 1 080mg/(kg·d)。在 1 080mg/(kg·d)剂量下会导致轻微母体毒性,轻微的胎儿毒性表现为成骨作用降低,输尿管发育畸形;一代生殖毒性研究证实,在该剂量下,会引起幼崽体重增长受抑制。得出的 NOAEL 值是 170mg/(kg·d)。

短期暴露(十日)饮水水质安全浓度推导如下:

$$SWSC = \frac{NOAEL \times BW}{UF \times DWI} = \frac{170mg/(kg \cdot d) \times 10kg}{100 \times 1L/d} \approx 20mg/L \qquad (4-73)$$

式中:SWSC——短期暴露(十日)饮水水质安全浓度,mg/L;

NOAEL——基于大鼠发育和生殖研究一代生殖毒性为健康效应的分离点,170mg/(kg·d);

BW——平均体重,以儿童为保护对象,10kg;

DWI——每日饮水摄入量,以儿童为保护对象,1L/d;

UF——不确定系数,100,考虑种内和种间差异。

以大鼠发育和生殖毒性为健康效应推导的短期暴露(十日)饮水水质安全浓度为 20mg/L。本课题动物实验中以大鼠胎仔体重水平、雄鼠和雌鼠体重增长水平、雄鼠 AST 水平降低,大鼠的肝、肾脏体比水平升高,雌鼠 TC 和 GLO 水平、雄鼠 CREA 水平升高为健康效应,推导的短期暴露(十日)饮水水质安全浓度也为 20mg/L。可以看出,本课题实验推导值与文献资料推导值数值相一致,建议将 20mg/L 作为 DEHA 的短期暴露(十日)饮水水质安全浓度值。

五、应急处理技术及应急期居民用水建议

(一)水厂应急处理技术

自来水厂的常规净水工艺(混凝—沉淀—过滤—消毒)对二(2-乙基己基)己二酸酯的去除效果很差,臭氧生物活性炭深度处理工艺只有一定的去除效果。在应急处理试验中,吸附、氧化和吹脱均无法有效去除水中的二(2-乙基己基)己二酸酯。其中,采用粉末活性炭吸附的试验结果显示,对于初始质量浓度为 2.44mg/L 的纯水配水,投加 20mg/L 粉末炭,吸附 2 小时后,污染物质量浓度为 1.71mg/L,去除率仅为 30%,去除作用有限。

目前,还没有可行的应急处理技术能够有效去除二(2-乙基己基)己二酸酯。当水源突发二(2-乙基己基)己二酸酯污染时,只能采取规避措施,改换水源,或是停止供水。

(二)应急期居民用水建议

人体可通过饮食、刷牙、漱口等途径经口摄入水中的二(2-乙基己基)己二酸酯;也可通过洗澡、洗手、洗菜、游泳等途径经皮肤接触水中的二(2-乙基己基)己二酸酯。具有反渗透膜、纳滤膜的净水器对二(2-乙基己基)己二酸酯有一定的去除效果,在二(2-乙基己基)己二酸酯污染事件的应急供水期,公众可选择具有上述净水组件的家用净水器,但应注意净水器说明书中注明的额定总净水量及滤芯的使用期限,超过额定总净水量或超出滤芯使用期限后,净水器对污染物的去除效果会迅速下降甚至带来二次污染,此时应及时更换滤芯。

第十七节 1,2-二溴乙烷

一、基本信息

(一)理化性质

1. 中文名称:1,2-二溴乙烷
2. 英文名称:1,2-dibromoethane
3. CAS号:106-93-4
4. 分子式:$C_2H_4Br_2$
5. 相对分子质量:187.86
6. 分子结构图

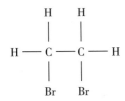

7. 外观与性状:无色液体,氯仿气味
8. 沸点:131.4℃
9. 熔点:9.9℃
10. 溶解性:与乙醚、乙醇互溶,易溶于丙酮、苯;溶解度:0.431g/100g水(30℃),0.391g/100g水(25℃)
11. 蒸气压:1.5kPa(25℃)

(二)生产使用情况

1,2-二溴乙烷可用作汽油中铅的消除剂、普通溶剂、农作物的熏蒸消毒剂。我国已于1984年12月6日决定禁止生产、进口、销售和使用1,2-二溴乙烷。

(三)环境介质中质量浓度水平及饮水途径人群暴露状况

1. 环境介质中质量浓度水平 水环境中1,2-二溴乙烷多来自于工业污染,其在多地水环境中被检出。有文献报道,美国井水水样中1,2-二溴乙烷的质量浓度范围在0.01~15μg/L,以色列井水水样中1,2-二溴乙烷的质量浓度范围在1~2μg/L,澳大利亚井水水样中1,2-二溴乙烷的质量浓度范围在0.03~0.2μg/L,在美国佐治亚州的灌溉水井中检测出的1,2-二溴乙烷的最大质量浓度达到94μg/L。在美国新泽西州调查的421份地下水样品中有34份检测出1,2-二溴乙烷,调查的175份地表水样品中有11份检测出1,2-二溴乙烷,地下水的最高检出质量浓度为48.8μg/L,地表水的最高检出质量浓度为0.2μg/L。日本地下水水样中也检测出过1,2-二溴乙烷,质量浓度范围在0.06~0.55μg/L。

2. 饮水途径人群暴露状况 饮用水中也有检出1,2-二溴乙烷的文献报道。有报道称荷兰饮用水中1,2-二溴乙烷的最大质量浓度为0.1μg/L。USEPA分析了2万多个公共饮用水系统的饮用水数据,其中0.72%的供水系统检测到的1,2-二溴乙烷质量浓度高于其标准值(美国规定1,2-二溴乙烷的MCL为0.05μg/L)。

二、健康效应

（一）毒代动力学

1. 吸收　动物试验表明，1,2-二溴乙烷可通过吸入、经口及皮肤接触等途径被吸收。

2. 分布　在几内亚猪体内1,2-二溴乙烷组织分布研究中，腹腔注射经 ^{14}C 标记的1,2-二溴乙烷30ng/kg，发现经 ^{14}C 标记的1,2-二溴乙烷主要分布在肝、肾、胃。对大鼠的喂食研究得出了类似的结论，一次性给大鼠喂食含有经 ^{14}C 标记的1,2-二溴乙烷的玉米油，暴露剂量为15mg/kg，发现其主要分布在肝、肾中。

3. 代谢　对大鼠的研究表明，1,2-二溴乙烷的代谢途径有两种：氧化途径和共轭途径，其中，氧化途径占主导。1,2-二溴乙烷氧化途径的代谢产物为2-溴代乙醛，该物质在细胞大分子结合中起到重要作用，并且与肝脏损伤等组织病理学变化有关。1,2-二溴乙烷共轭途径的主要代谢产物为5-（2-溴乙基）-谷胱甘肽，该物质可能与DNA结合和诱变有关。

4. 排泄　大鼠经口摄入的1,2-二溴乙烷主要通过尿液排泄。1,2-二溴乙烷消除的半衰期在5.1~5.6小时。

（二）健康效应

1. 人体资料　单剂量口服65mg/kg的1,2-二溴乙烷后可能致人死亡。另有研究根据体重60kg的女性摄入12g 1,2-二溴乙烷后致死的数据，估算出1,2-二溴乙烷使人致死的剂量为200mg/kg。

一项针对职业暴露人群的研究显示，46名木瓜烟熏工人暴露于1,2-二溴乙烷的剂量为 $0.68mg/m^3$，暴露时间为5年，与对照组43名未暴露的男性相比，1,2-二溴乙烷暴露对生殖能力产生了不良影响，包括精子数量、生存能力和活力减少，精子畸形发生率增加。其他职业暴露人群的调查也显示了类似的不良影响。

2. 动物资料

（1）短期暴露：大鼠、小鼠、豚鼠、兔子和鸡的口服1,2-二溴乙烷 LD_{50} 的范围在55~420mg/kg之间，兔子的敏感度最高，小鼠的敏感度最低。兔子通过皮肤途径暴露1,2-二溴乙烷的 LD_{50} 为450mg/kg。

在开展的 Osborne-Mendel 大鼠和B6C3F1小鼠试验研究中，喂食含有1,2-二溴乙烷的玉米油，暴露时长为6周，每周5天，后续有2周观察期，共设定0、40、63、100、163和251mg/（kg·d）六个剂量组。研究结果表明，大鼠在100mg/（kg·d）剂量组出现死亡，在100mg/（kg·d）及以上剂量组观察到体重增加减缓；小鼠在100mg/（kg·d）和251mg/（kg·d）剂量组出现死亡，在251mg/（kg·d）剂量组观察到体重增加减缓。

（2）长期暴露：给雄性和雌性B6C3F1小鼠喂食含有1,2-二溴乙烷的饮用水，雄性小鼠的暴露剂量为116mg/（kg·d），暴露周期为456天，雌性小鼠暴露剂量为103mg/（kg·d），暴露周期为512天。与对照组相比，暴露组出现体重减轻。

给雄性和雌性 Osborne-Mendel 大鼠通过灌胃喂食含有1,2-二溴乙烷的玉米油，每周给药5天，在49周时处死存活下来的雄性大鼠，在61周时处死存活下来的雌性大鼠，雄性大鼠共设定0、38和41mg/（kg·d）三个剂量组，雌性大鼠共设定0、37和39mg/（kg·d）三个剂量组。研究结果表明，暴露10周时明显观察到大鼠体重减轻。雄性大鼠在41mg/（kg·d）剂量组，雌性大鼠在37mg/（kg·d）和39mg/（kg·d）剂量组观察到前胃角质化。雄性大鼠在38、41mg/（kg·d）剂量组，雌性大鼠在37和39mg/（kg·d）剂量组均观察到肝脏紫癜和肾上腺皮质病变。雄性大鼠在 38 和 41mg/（kg·d）剂量组均观察到睾丸萎缩。另有研究给雄性和雌性 B6C3F1 小鼠通过灌胃喂食含有 1,2- 二溴乙烷的玉米油,雌性和雄性小鼠的暴露剂量均为 0、62 和 107mg/（kg·d）,每周给药 5 天,给药 53 周,在 78 周时处死存活下来的雄性小鼠和高剂量组的雌性小鼠,90 周时处死存活下来的低剂量组雌性小鼠。观察到雄性或雌性小鼠体重增加减缓,在 107mg/（kg·d）剂量组观察到前胃角质化发生率增加,雄性小鼠睾丸萎缩。

（3）生殖/发育影响:给公羊皮下注射 1,2- 二溴乙烷,暴露时长为 12 天,共设定 0、7.8、9.6 和 13.3mg/（kg·d）四个剂量组。研究结果表明,在 7.8、9.6 和 13.3mg/（kg·d）剂量组,观察到精子活力减少、精子顶体畸形,随后观察到精子核畸形。据此得到 LOAEL 值为 7.8mg/（kg·d）。

给公牛喂食 1,2- 二溴乙烷 14~16 个月,从公牛 4 天大开始喂食 1,2- 二溴乙烷。前 3 个月,通过牛奶喂食 1,2- 二溴乙烷,暴露剂量为 2mg/（kg·d）;4~12 个月期间,通过饲料喂食 1,2- 二溴乙烷,暴露剂量为 2mg/（kg·d）;12 个月以后至暴露结束期间,通过胶囊喂食 1,2- 二溴乙烷,暴露剂量为 4mg/（kg·d）。试验观察到公牛精子畸形（缺尾、卷尾、梨形头）、精子密度低、精子活力低。

将 Osborne-Mendel 大鼠和 B6C3F1 小鼠通过灌胃喂食 1,2- 二溴乙烷,Osborne-Mendel 大鼠的暴露剂量为 38mg/（kg·d）,暴露时长为 48 周,B6C3F1 小鼠的暴露剂量为 107mg/（kg·d）,暴露时长为 78 周。试验结果显示,Osborne-Mendel 大鼠和 B6C3F1 小鼠均观察到睾丸萎缩。

将雄性 CD 大鼠暴露在含有 1,2- 二溴乙烷的空气中,暴露时长为 10 周（每天 7 小时,每周 5 天）,共设定 0、146、300 和 684mg/m³ 四个剂量组;将雌性 CD 大鼠暴露在含有 1,2- 二溴乙烷的空气中,暴露时长为 3 周（每天 7 小时,每周 7 天）,共设定 0、154、300、614mg/m³ 四个剂量组。研究结果表明,在 684mg/m³ 剂量组,观察到雄性大鼠睾丸重量减少,血清中睾酮质量浓度降低,无法使雌鼠受孕,睾丸、附睾、前列腺和精囊萎缩。在 614mg/（kg·d）剂量组,雌性大鼠在发情期出现了可逆转的异常情况。

将怀孕的 CD 大鼠和 CD-1 小鼠暴露于含有 1,2- 二溴乙烷的空气中,共设定 0、154、292 和 614mg/m³ 四个剂量组,每天暴露 23 小时,从妊娠第 6 天开始,持续 10 天。在 292 和 614mg/m³ 剂量组,大鼠体重明显减轻,在 614mg/m³ 剂量组观察到大鼠的高死亡率;在 292mg/m³ 剂量组,胎儿体重下降,在 614mg/m³ 剂量组,没有存活的胎儿。

（4）致突变性:原核生物的试管试验中,有外源性代谢激活和没有外源性代谢激活的情况下,1,2- 二溴乙烷均具有遗传毒性。但是,也有一些研究显示了阴性结果。在培养的哺乳动物细胞中,1,2- 二溴乙烷导致了正向突变、姐妹染色单体交换、异常的 DNA 合成、细胞转化。

果蝇体内实验研究中,1,2- 二溴乙烷诱导了隐性致命突变、基因突变、有丝分裂重组。大鼠和小鼠口服或者腹腔注射 1,2- 二溴乙烷,观察到肝脏中出现 DNA 损伤。在啮齿动物的生殖细胞中未观察到显性致死突变和特定基因突变。

（5）致癌性:IARC 将 1,2- 二溴乙烷列为 2A 组,即对人类很可能有致癌性。可导致雄性大鼠前胃鳞状细胞瘤、血管肉瘤、鼻腔癌、鞘膜间皮瘤、肺泡/支气管腺瘤和癌,雌性大鼠前胃鳞状细胞瘤、肝细胞癌或瘤、肾上腺皮质腺瘤或癌、鼻腔癌、血管肉瘤、鞘膜间皮瘤、乳腺纤维瘤、肺泡/支气管腺瘤和癌;雄性小鼠前胃鳞状细胞瘤或癌、食管乳头瘤和鳞状细胞癌、肺泡/支气管癌和腺瘤、皮下组织纤维肉瘤、鼻腔癌,雌性小鼠前胃鳞状细胞瘤或癌、前胃乳头瘤、食管乳头瘤、肺泡/支气管癌和腺瘤、皮下组织纤维肉瘤、鼻腔癌、乳腺癌。

USEPA 基于同样的证据将 1,2- 二溴乙烷列为列为 L 组,即可能为人类致癌物。经口致癌斜率因子为 $2(mg/(kg \cdot d))^{-1}$,饮用水单位致癌风险为 $6 \times 10^{-5}(\mu g/L)^{-1}$。

三、饮水水质标准

(一)世界卫生组织水质准则

1984 年第一版《饮用水水质准则》中未提出 1,2- 二溴乙烷的准则值。

1993 年第二版准则没有给出 1,2- 二溴乙烷的准则值。1998 年第二版准则增补版中,给出 1,2- 二溴乙烷的暂行准则值为 0.000 4mg/L。

2004 年第三版准则、2011 年第四版及 2017 年第四版第一次增补版准则中,1,2- 二溴乙烷的饮用水水质暂行准则值继续沿用 0.000 4mg/L。

(二)我国饮用水卫生标准

1985 年版《生活饮用水卫生标准》(GB 5749—85)及 2001 年卫生部颁布的《生活饮用水水质卫生规范》(卫法监发〔2001〕161 号)中均未规定 1,2- 二溴乙烷的限值。

2006 年《生活饮用水卫生标准》(GB 5749—2006)附录 A 中给出了饮用水中 1,2- 二溴乙烷的参考限值为 0.000 05mg/L。

(三)美国饮水水质标准

美国一级饮水标准中规定 1,2- 二溴乙烷的 MCLG 是 0。1,2- 二溴乙烷的 MCL 为 0.000 05mg/L。此值是 1992 年生效的,沿用至今。

四、短期暴露饮水水质安全浓度的确定

给公羊皮下注射 1,2- 二溴乙烷,暴露时长为 12 天,共设定 0、7.8、9.6 和 13.3mg/(kg \cdot d) 四个剂量组。研究结果表明,在 7.8、9.6 和 13.3mg/(kg \cdot d) 剂量组,生殖影响为精子活力减少、畸形精子数量增加,该研究以此为健康效应分离点给出了 LOAEL 值为 7.8mg/(kg \cdot d)。

短期暴露(十日)饮水水质安全浓度推导如下:

$$SWSC = \frac{LOAEL \times BW}{UF \times DWI} = \frac{7.8mg/(kg \cdot d) \times 10kg}{10\ 000 \times 1L/d} \approx 0.008mg/L \qquad (4\text{-}74)$$

式中:SWSC——短期暴露(十日)饮水水质安全浓度,mg/L;

LOAEL——基于公羊精子活性减少、精子畸形为健康效应的分离点,7.8mg/(kg \cdot d);

BW——平均体重,以儿童为保护对象,10kg;

UF——不确定系数,10 000,考虑种内和种间差异,LOAEL 代替 NOAEL,人类敏感度可能更加接近于公牛而非公羊的不确定性。

DWI——每日饮水摄入量,以儿童为保护对象,1L/d;

以公羊精子活性减少、精子畸形为健康效应推导的短期暴露(十日)饮水水质安全浓度为 0.008mg/L。

五、应急处理技术及应急期居民用水建议

(一)水厂应急处理技术

1. 概述 自来水厂的常规净水工艺(混凝 — 沉淀 — 过滤 — 消毒的工艺)对 1,2- 二溴乙烷基本没有去除作用。当发生 1,2- 二溴乙烷的生产或运输的事故时,可能引发水源的突发污染。

自来水厂应急去除 1,2- 二溴乙烷的技术为粉末活性炭吸附法。

2. 原理与参数　1,2- 二溴乙烷属于微溶于水的疏水性物质,采用活性炭吸附有很好的去除效果。

粉末活性炭试验数据如下面所示。所用的粉末活性炭是经研磨过 200 目筛的某厂颗粒活性炭,所用含 1,2- 二溴乙烷水样用纯水配制。

对 1,2- 二溴乙烷的吸附速度试验结果见图 4-50。由图可见,粉末活性炭吸附 1,2- 二溴乙烷,30 分钟时可以达到吸附能力的 70% 左右,吸附达到基本平衡需要 2 小时以上的时间。

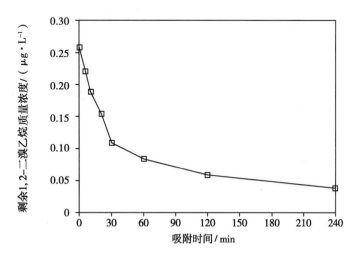

图 4-50　粉末活性炭对 1,2- 二溴乙烷的吸附速度试验
（纯水配水,加炭量 10mg/L）

粉末活性炭对 1,2- 二溴乙烷的纯水配水的吸附容量试验结果,见图 4-51。由于水源水中其他污染物的竞争作用,对于水源水的吸附容量要低于用纯水配水的吸附容量。各地在应用吸附数据时应采用本地的水源水和活性炭样进行校核试验。

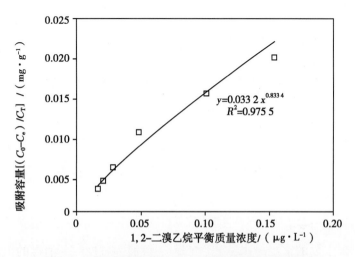

图 4-51　粉末活性炭对 1,2- 二溴乙烷的吸附容量试验
（纯水配水,吸附时间 2 小时）

采用 Freundlich 吸附等温线公式对图中数据进行回归：

$$q_e=K_F C_e^{1/n} \qquad (4-75)$$

式中：q_e——吸附量，mg/mg 炭；

C_e——平衡质量浓度，mg/L；

K_F 和 n——特性常数。

对于纯水配水，得到粉末活性炭吸附 1,2- 二溴乙烷的吸附等温线公式为：

$$q_e=0.033\,2C_e^{0.833\,4} \qquad (4-76)$$

由式（4-76）的公式，可以求出对于纯水配水不同处理任务所需的加炭量。例如，对于 1,2- 二溴乙烷的原水质量浓度为标准的 5 倍（0.000 25mg/L），处理后质量浓度为标准的一半（0.000 025mg/L）的情况，所需的粉末活性炭投加量 C_T 为：

$$C_T = \frac{C_0-C_e}{K_F C_e^{1/n}} = \frac{0.000\,25-0.000\,025}{0.033\,2 \times 0.000\,025^{0.833\,4}} = 46.4\text{mg/L} \qquad (4-77)$$

对于只能在水厂内投加粉末炭的，因吸附时间有限，炭的投加量还需增加。

此外，应急净水中粉末炭的最大投炭量一般不超过 80mg/L，由此可以计算出吸附后刚能达到饮用水标准的原水最大质量浓度为：

$$C_0=K_F C_e^{1/n} C_T+C_e=0.033\,2 \times 0.000\,05^{0.833\,4} \times 80+0.000\,05=0.000\,741\text{mg/L} \qquad (4-78)$$

即，对于纯水配水，粉末活性炭吸附应对 1,2- 二溴乙烷污染的最大能力为原水超标 14 倍。

3. 技术要点

（1）原理：采用粉末活性炭吸附水中溶解态的 1,2- 二溴乙烷，吸附后的粉末炭在水厂的混凝沉淀过滤的净水流程中，与混凝剂形成的矾花一起被去除。

（2）粉末炭的投加点：为了增加炭与水的吸附接触时间，提高炭的吸附利用率，对于取水口与水厂有一定距离的地方，粉末炭的投加点应设在取水口处；对于取水口紧挨着水厂，只能在水厂内投加的地方，炭的投加点设在混凝反应池前。

（3）粉末炭的投加量：由现场吸附试验确定，也可以先用已有资料估算。

（4）增加费用：粉末活性炭的价格约为 7 000 元 / 吨，每 10mg/L 投炭量的药剂费用为 0.07 元 /m³ 水。

自来水厂粉末活性炭吸附法去除 1,2- 二溴乙烷应急净水的工艺流程，见图 4-52。

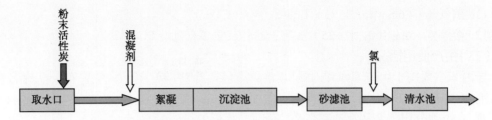

图 4-52　自来水厂粉末活性炭吸附法去除 1,2- 二溴乙烷应急净水的工艺流程图

注意事项：

（1）粉末活性炭的投加点最好设在取水口处；如在水厂内投加，需提高投加量。

（2）混凝剂投加量需要大于平时投量，以确保混凝沉淀过滤对粉末炭的去除效果。

（3）加强沉淀池排泥和滤池冲洗。

（4）注意粉末活性炭的粉尘防护和防爆问题。

（5）含有污染物的排泥水或污泥需要妥善处置。

（二）应急期居民用水建议

人体可通过饮食、刷牙、漱口等途径经口摄入水中的 1, 2- 二溴乙烷；也可通过洗澡、洗手、洗菜、游泳等途径经皮肤接触水中的 1, 2- 二溴乙烷。具有活性炭、反渗透膜、纳滤膜的净水器对 1, 2- 二溴乙烷有一定的去除效果，在 1, 2- 二溴乙烷污染事件的应急供水期，公众可选择具有上述净水组件的家用净水器，但应注意净水器说明书中注明的额定总净水量及滤芯的使用期限，超过额定总净水量或超出滤芯使用期限后，净水器对污染物的去除效果会迅速下降甚至带来二次污染，此时应及时更换滤芯。

第十八节 异 丙 苯

一、基本信息

（一）理化性质

1. 中文名称：异丙苯

2. 英文名称：cumene，isopropyl benzene

3. CAS 号：98-82-8

4. 分子式：C_9H_{12}

5. 相对分子质量：120.2

6. 分子结构图

7. 外观与性状：无色液体，具有强穿透性的芳香气味

8. 密度：$0.86g/cm^3$（20℃）

9. 熔点：–96℃

10. 沸点：152℃

11. 蒸气压：4.6mmHg（25℃）（1mmHg ≈ 133.3Pa）

12. 溶解性：5mg/100g 水（25℃），溶于乙醇及很多有机溶剂

（二）生产使用情况

异丙苯主要用于生产苯酚和丙酮，其他用途包括：制造苯乙烯，α- 甲基苯乙烯，苯乙酮，去垢剂和二异丙苯，作为丙烯酸和聚酯树脂的催化剂，油漆、搪瓷、生漆的稀释剂，印刷和橡胶工业，一小部分用于调和汽油和高辛烷值航空燃料的组分。

2005 年全球异丙苯的总生产能力为 1 228.0 万吨，美国 Sunoco 公司和壳牌化学公司是目前世界上最大的异丙苯生产厂家，约占世界总生产能力的 10.0% 以上。我国异丙苯生产起始于 20 世纪 60 年代，到 2005 年底我国异丙苯的总生产能力已经达到 54.1 万吨。

（三）环境介质中质量浓度水平及饮水途径人群暴露状况

1. 环境介质中质量浓度水平　在地下水和地表水中检出异丙苯主要是来源自工业污染。在化工厂、煤气化设施附近、石油厂和炼油厂附近的地下水中有检测到质量浓度较高异

丙苯的报道。日本在潜在排放源附近监测的 135 个地表水样品中，有 8 个检出异丙苯，质量浓度范围为 0.09~0.44μg/L。我国黑龙江省 6 个水源地 15 个水样中挥发性有机物的调查显示，在所有样品中均未检出异丙苯。另一项对江苏、浙江、山东省 21 个城市地表水源 126 个水样有机物水平调查（江苏长江段 48 个水样、江苏非长江段 42 个水样、浙江省 30 个水样、山东省 6 个水样）显示也均未检出异丙苯。江苏省内 15 个水源地 90 个水样挥发性有机物调查中也未检出异丙苯。

2. 饮水途径人群暴露状况　人类主要通过工作场所、环境、吸烟和食物暴露于异丙苯，普通人群对于异丙苯最主要暴露来源是吸入受污染的空气，一小部分是消费者通过使用含有异丙苯的产品暴露。欧洲委员会用模型预测了不同的环境暴露来源中人群的总摄入量，通过区域环境模拟一个高度工业化地区，空气吸入占摄入量的 97%，其他来源如各种食物和饮用水占有份额较少。

二、健康效应

（一）毒代动力学

1. 吸收　有研究表明人体经吸入暴露，动物经吸入、口服及皮肤暴露后，异丙苯均可以被机体吸收。在人体进行的试验表明异丙苯通过吸入途径很容易被吸收，并可快速代谢为水溶性代谢物，通过尿液排泄，不会在体内长期储留，动物研究给出了一致的结果。

2. 分布　动物试验表明，异丙苯在大鼠体内可广泛分布，在暴露后立即测定体内分布，显示分布情况与给药途径（吸入、口服或通过腹膜内给药）无关，所有剂量和暴露途径下，脂肪、肝脏和肾脏均具有较高的组织 / 血液比。研究表明，大鼠吸入异丙苯蒸气 150 天后，在内分泌器官、中枢神经系统、骨髓、脾脏和肝脏均有异丙苯分布。

3. 代谢　异丙苯主要通过细胞色素 P450 代谢，在肝内和肝外组织，包括肺部均能发生代谢，仲醇 2- 苯基 -2- 丙醇为主要代谢物。大鼠和兔子排泄的代谢物包括 2- 苯基 -2- 丙醇及其葡糖苷酸或硫酸盐配合物，2- 苯基 -1，2- 丙二醇和未知的代谢物。

4. 排泄　动物试验表明，尿液是异丙苯及其代谢产物的主要排泄途径。兔子经口服给予异丙苯后，在 24 小时内 90% 的代谢物经尿液排出。

（二）健康效应

1. 动物资料

（1）短期暴露：异丙苯对实验动物的急性经口、经呼吸、经皮肤接触的毒性均较低。大鼠的经口 LD_{50} 范围为 1 400~2 900mg/kg。

将雄性和雌性 SD 大鼠（10 只 / 组 / 性别）全身暴露于异丙苯蒸气质量浓度为 0、515、1 470 和 2 935mg/m³ 的环境中，每天 6 小时，每周 5 天，持续约 4 周。发现所有剂量组的雄性、雌性大鼠均产生了与剂量相关的头部运动增多的现象，所有剂量组均发生头部倾斜；高剂量组中一只雌鼠出现体后屈情况，高剂量组中雄鼠的双肾平均绝对重量增加，高剂量组雌鼠的左肾平均绝对重量显著高于对照组；中、低剂量雄鼠的左肾平均绝对重量增加。这项研究证明了高剂量异丙苯暴露会导致雌性大鼠肾脏重量的变化，另有研究给出了类似的试验结果，但并未发现异丙苯与中枢神经系统干扰相关的影响（如头部运动）。

（2）长期暴露：用含有异丙苯的橄榄油对 10 只雌性 Wistar 大鼠灌胃 194 天，每周 5 天，剂量为 154、462 和 769mg/（kg·d），调整为每日暴露剂量相当于 110、331 和 551mg/（kg·d），对照组大鼠只给予橄榄油（n=20）。研究结果表明，551mg/（kg·d）剂量组大鼠平均肾脏重量显著增加;331mg/(kg·d)剂量组大鼠平均肾脏重量轻微增加;对于110mg/(kg·d)剂量组,根据总体外观、生长情况、定期血细胞计数、血尿素氮分析、平均最终体重和器官重量以及骨髓计数,均没有观察到毒理效应。该研究以肾脏重量增加为健康效应终点,确定NOAEL为110mg/(kg·d),LOAEL为331mg/(kg·d)。

将松鼠猴(n=2)、比格犬(n=2)、普林斯顿豚鼠(n=15)、SD大鼠和Long-Evans大鼠(n=15)全身暴露于异丙苯90天,暴露剂量为0、18和147mg/m³。收集初始和终末体重、血液和临床化学参数以及组织病理学资料。研究结果表明,在猴、犬和豚鼠中均没有观察到显著毒理效应,仅在大鼠中发现在18和147mg/m³两种作用剂量下均有轻度的白细胞增多症。

在180天内将Wistar大鼠和兔子分别暴露在2 500mg/m³和6 500mg/m³的异丙苯蒸气中,每天8小时,每周6天。组织学结果显示肺、肝、脾、肾、肾上腺中存在被动性充血,肺部有出血区,脾脏存在含铁血黄素沉着,个别病例出现上皮性肾炎病变。

(3)生殖/发育影响:对暴露于异丙苯蒸气13周的大鼠进行附睾和睾丸精子的形态学评估,发现一只高剂量大鼠有弥漫性睾丸萎缩,但是未发现与异丙苯相关的精子数、形态学或精子形成阶段的差异。在研究结束时雌性大鼠生殖器官未观察到重量和组织病理学改变。

将SD大鼠(每组25只)从妊娠第6天至15天全身暴露于0、485、2 391和5 934mg/m³异丙苯蒸气中,每天6小时。研究结果表明,大鼠口周湿润结痂,妊娠6至9天增重显著减少($P < 0.01$)(伴随食物消耗显著减少);高剂量组母鼠出现相对肝重量略微增加的情况(7.7%);观察到中间剂量组母鼠有活动减退、眼睑痉挛和摄食量减少的情况($P < 0.05$);对生殖参数或胚胎发育没有发现统计学意义显著的不良影响。该研究基于发育毒性确定的NOAEL为5 934mg/m³,基于母体毒性确定的NOAEL为485mg/m³。

(4)致突变性:异丙苯的致突变性很弱。在一项体内外致突变试验中,基因突变、染色体畸变和原发DNA损伤均为阴性结果。鼠伤寒菌株TA98,TA100,TA1535和TA1537的Ames试验中,异丙苯浓度最高为3 606g/孔,结果为阴性。对小鼠进行灌胃,最高剂量为1g/kg,细胞微核试验为阴性。在Fischer-344大鼠中进行细胞微核试验,结果为弱阳性,尽管没有剂量效应关系,但是在最高剂量组出现了大鼠死亡(2.5g/kg腹腔内给药,10只中死亡5只)。

(5)致癌性:IARC将异丙苯列为2B组,即有可能对人类致癌。大鼠、小鼠经全身吸入暴露于异丙苯,呼吸道的肿瘤发病率上升,雄性大鼠的肾脏肿瘤发病率上升,雄性小鼠脾肿瘤和雌性小鼠的肝脏肿瘤发病率上升。

USEPA将异丙苯列为D组,即不能定为对人类有致癌性。

三、饮水水质标准

(一)世界卫生组织水质准则

1984年第一版、1993年第二版、2004年第三版、2011年第四版及2017年第四版第一次增补版《饮用水水质准则》中,均未提出异丙苯的准则值。

(二)我国饮用水卫生标准

1985年版《生活饮用水卫生标准》(GB 5749—85)、2001年卫生部颁布的《生活饮用水水质卫生规范》(卫法监发〔2001〕161号)、2006年《生活饮用水卫生标准》(GB 5749—2006)中均未规定饮用水中异丙苯的限值。

《地表水环境质量标准》（GB 3838—2002）中规定集中式生活饮用水地表水源地异丙苯的限值为 0.25mg/L。

（三）美国饮水水质标准

美国饮用水标准中未规定异丙苯的标准值。

四、短期暴露饮水水质安全浓度的确定

用含有异丙苯的橄榄油对 10 只雌性 Wistar 大鼠灌胃 194 天，每周 5 天，每日暴露剂量相当于 110、331 和 551mg/（kg·d），对照组大鼠只给予橄榄油（n=20）。研究结果表明，551mg/（kg·d）剂量组大鼠平均肾脏重量显著增加；331mg/（kg·d）剂量组大鼠平均肾脏重量轻微增加；对于 110mg/（kg·d）剂量组，根据总体外观、生长情况、定期血细胞计数、血尿素氮分析、平均最终体重和器官重量以及骨髓计数，均没有观察到毒理效应。该研究以肾脏重量增加为健康效应终点，确定 NOAEL 为 110mg/（kg·d），LOAEL 为 331mg/（kg·d）。

短期暴露（十日）饮水水质安全浓度推导如下：

$$SWSC = \frac{NOAEL \times BW}{UF \times DWI} = \frac{110mg/（kg \cdot d）\times 10kg}{100 \times 1L/d} \approx 11mg/L \qquad (4-79)$$

式中：SWSC——短期暴露（十日）饮水水质安全浓度，mg/L；

　　　NOAEL——基于大鼠肾脏重量增加为健康效应的分离点，110mg/（kg·d）；

　　　BW——平均体重，以儿童为保护对象，10kg；

　　　UF——不确定系数，100，考虑种内和种间差异；

　　　DWI——每日饮水摄入量，以儿童为保护对象，1L/d。

以大鼠肾脏平均重量增加为健康效应推导的短期暴露（十日）饮水水质安全浓度为 11mg/L。

五、应急处理技术及应急期居民用水建议

（一）水厂应急处理技术

1. 概述　自来水厂的常规净水工艺（混凝—沉淀—过滤—消毒的工艺）对异丙苯的去除效果很差，臭氧生物活性炭深度处理工艺只有一定的去除效果。当水源发生异丙苯的突发污染时，需要进行应急净水处理。

自来水厂应急去除异丙苯的技术为粉末活性炭吸附法。

2. 原理与参数　异丙苯属于微溶于水的疏水性物质，采用活性炭吸附有很好的去除效果。

粉末活性炭试验数据如下面所示。所用的粉末活性炭是经研磨过 200 目筛的某厂颗粒活性炭，所用含异丙苯水样用纯水配制或是用水源水配制。

对异丙苯的吸附速度试验结果，见图 4-53。由图可见，粉末活性炭吸附异丙苯，30 分钟时可以达到吸附能力的 80% 左右（纯水条件），吸附达到基本平衡需要 2 小时以上的时间。

粉末活性炭对异丙苯的纯水配水的吸附容量试验和用水源水配水的吸附容量试验结果，见图 4-54。由于水源水中其他污染物的竞争作用，对于水源水的吸附容量要低于用纯水配水的吸附容量。各地在应用吸附数据时应采用本地的水源水和活性炭样进行校核试验。

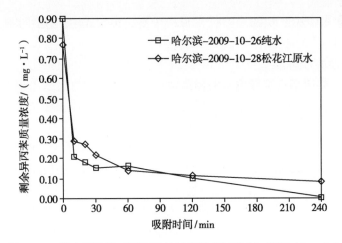

图 4-53　粉末活性炭对异丙苯的吸附速度试验（加炭量 10mg/L）

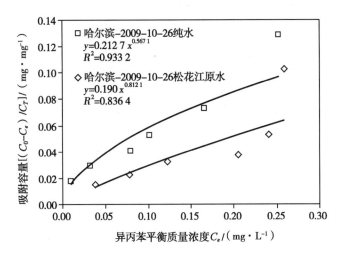

图 4-54　粉末活性炭对异丙苯的吸附容量试验

（纯水配水和哈尔滨水源水配水，吸附时间 2 小时）

采用 Freundlich 吸附等温线公式对图中数据进行回归：

$$q_e = K_F C_e^{1/n} \tag{4-80}$$

式中：q_e——吸附量，mg/mg 炭；

　　　C_e——平衡质量浓度，mg/L；

　　　K_F 和 n——特性常数。

对于纯水配水，得到粉末活性炭吸附异丙苯的吸附等温线公式为：

$$q_e = 0.212\,7C_e^{0.567\,1} \tag{4-81}$$

由式 4-81 的公式，可以求出对于纯水配水不同处理任务所需的加炭量。例如，对于异丙苯的原水质量浓度为"标准"的 5 倍（1.25mg/L），处理后质量浓度为"标准"的一半（0.125mg/L）的情况，所需的粉末活性炭投加量 C_T 为：

$$C_T = \frac{C_0 - C_e}{K_F C_e^{1/n}} = \frac{1.25 - 0.125}{0.212\,7 \times 0.125^{0.567\,1}} = 17.2\text{mg/L} \tag{4-82}$$

对于只能在水厂内投加粉末炭的，因吸附时间有限，炭的投加量还需增加。

此外,应急净水中粉末炭的最大投炭量一般不超过 80mg/L,由此可以计算出吸附后刚能达到饮用水"标准"的原水最大质量浓度为:

$$C_0 = K_F C_e^{1/n} C_T + C_e = 0.212\ 7 \times 0.25^{0.567\ 1} \times 80 + 0.25 = 8.00 mg/L \tag{4-83}$$

即,对于纯水配水,粉末活性炭吸附应对异丙苯污染的最大能力为原水超标 31 倍。

对于哈尔滨水源水配水,得到粉末活性炭吸附异丙苯的吸附等温线公式为:

$$q_e = 0.191\ 0 C_e^{0.812\ 1} \tag{4-84}$$

由式 4-84 的公式,可以求出对于哈尔滨的水源水配水,当异丙苯的原水质量浓度为"标准"的 5 倍(1.25mg/L),处理后质量浓度为"标准"的一半(0.125mg/L)时,所需的粉末活性炭投加量为:

$$C_T = \frac{C_0 - C_e}{K_F C_e^{1/n}} = \frac{1.25 - 0.125}{0.191\ 0 \times 0.125^{0.812\ 1}} = 31.9 mg/L \tag{4-85}$$

此外,计算出吸附后刚能达到饮用水"标准"的原水最大质量浓度为:

$$C_0 = K_F C_e^{1/n} C_T + C_e = 0.191\ 0 \times 0.25^{0.812\ 1} \times 80 + 0.25 = 5.21 mg/L \tag{4-86}$$

即,对于哈尔滨水源水配水,粉末活性炭吸附应对异丙苯污染的最大能力为原水超标 20 倍。

注:因我国生活饮用水卫生标准中目前未设定异丙苯的限值要求,因此上文中的"标准"值均采用 GB 3838—2002 中规定的限值(0.25mg/L)作为假定目标值进行估算。

3. 技术要点

(1)原理:采用粉末活性炭吸附水中溶解态的异丙苯,吸附后的粉末炭在水厂的混凝沉淀过滤的净水流程中,与混凝剂形成的矾花一起被去除。

(2)粉末炭的投加点:为了增加炭与水的吸附接触时间,提高炭的吸附利用率,对于取水口与水厂有一定距离的地方,粉末炭的投加点应设在取水口处;对于取水口紧挨着水厂,只能在水厂内投加的地方,炭的投加点设在混凝反应池前。

(3)粉末炭的投加量:由现场吸附试验确定,也可以采用已有资料进行估算。

(4)增加费用:粉末活性炭的价格约为 7 000 元 / 吨,每 10mg/L 投炭量的药剂费用为 0.07 元 /m³ 水。

自来水厂粉末活性炭吸附法去除异丙苯应急净水的工艺流程,见图 4-55。

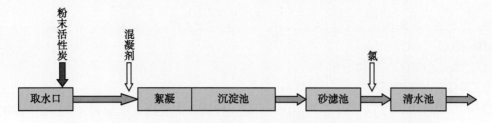

图 4-55 自来水厂粉末活性炭吸附法去除异丙苯应急净水的工艺流程图

注意事项:

(1)粉末活性炭的投加点最好设在取水口处;如在水厂内投加,需提高投加量。

(2)混凝剂投加量需要大于平时投量,以确保混凝沉淀过滤对粉末炭的去除效果。

(3)加强沉淀池排泥和滤池冲洗。

(4)注意粉末活性炭的粉尘防护和防爆问题。

(5)含有污染物的排泥水或污泥需要妥善处置。

（二）应急期居民用水建议

人体可通过饮食、刷牙、漱口等途径经口摄入水中的异丙苯；也可通过洗澡、洗手、洗菜、游泳等途径经皮肤接触水中的异丙苯。具有活性炭、反渗透膜、纳滤膜的净水器对异丙苯有一定的去除效果，在异丙苯污染事件的应急供水期，公众可选择具有上述净水组件的家用净水器，但应注意净水器说明书中注明的额定总净水量及滤芯的使用期限，超过额定总净水量或超出滤芯使用期限后，净水器对污染物的去除效果会迅速下降甚至带来二次污染，此时应及时更换滤芯。

第十九节　2,4-二硝基甲苯

一、基本信息

（一）理化性质

1. 中文名称：2,4-二硝基甲苯

2. 英文名称：2,4-dinitrotoluene；2,4-DNT

3. CAS 号：121-14-2

4. 分子式：$C_7H_6N_2O_4$

5. 相对原子质量：182.14

6. 分子结构图：

7. 外观与性状：黄色固体

8. 蒸气压：0.005 1mmHg（20℃），1.4×10^{-4}mmHg（25℃）

9. 溶解性：溶解度为 0.03g/100g 水（22℃），微溶于乙醇、乙醚，易溶于苯、丙酮

10. 熔点：71℃

11. 沸点：300℃（轻微分解）

（二）生产使用情况

2,4-二硝基甲苯（以下简称 2,4-DNT）是一种重要的有机化工原料，广泛用于有机合成及染料、油漆、涂料的制备，也是生产炸药的主要原料之一。

（三）环境介质中质量浓度水平及饮水途径人群暴露状况

1. 环境介质中质量浓度水平　伊利诺伊州乔利埃特弹药厂和军队仓库附近的地下水中检出了 2,4-DNT 和 2,6-DNT；此外，威斯康星州弹药厂附近的井水中也检出了 DNT。上述资料表明使用或储存 DNT 弹药的军事基地及周边存在 DNT 污染地下水的风险。我国辽阳市部分水源水及地表水中也曾检出了 2,4-DNT，5 口水源井样品的质量浓度为 0.000 2~0.000 5mg/L，6 口自备井的样品质量浓度为 0.000 3~0.121mg/L，地表水监测点的质量浓度为 0.002 6~0.022 2mg/L。说明部分环境水体中也存在 2,4-DNT 的污染风险。

2. 饮水途径人群暴露状况　2,4-DNT 的污染主要来源于使用 2,4-DNT 的工厂排放的废水、废气,当发生 2,4-DNT 生产或贮运过程中的翻车、泄漏、容器破裂等事故时,可能引发水源的突发污染。非职业人群从水中摄入 2,4-DNT 主要通过饮食等经口暴露途径。

二、健康效应

(一)毒代动力学

1. 吸收　在生产环境中,2,4-DNT 主要以蒸气状态存在,经呼吸道吸入,从而对人体健康造成危害。2,4-DNT 进入机体后很快会被吸收(暴露后 24~72 小时)。

2. 分布　大鼠、小鼠、兔子和猴子口服单剂量 2,4-DNT 后,在其肝脏、肾脏、肺、脑、骨骼肌、血液和脂肪组织均检测到了未代谢的 2,4-DNT 及其代谢产物。给雄性小鼠腹腔注射单剂量 2,4-DNT,得出了类似的组织分布结果,其中血液很快达到质量浓度峰值(30 分钟)。在另一项研究中,给妊娠 20 天的大鼠单剂量口服了 ^{14}C 标记的 2,4-DNT 后,在其胎盘和羊水中检测到了 ^{14}C-2,4-DNT,并且幼崽组织中的质量浓度和母体相似。

3. 代谢　2,4-DNT 的代谢主要包括氧化或还原、乙酰化、葡萄苷酸化等。哺乳动物(鼠、兔)体外试验表明,2,4-DNT 在生物体内代谢为氧化或还原过程,2,4-DNT 经酶作用,首先代谢为亚硝基甲苯,然后代谢为氨基硝基甲苯,经过亚硝基羟基化合物的中间代谢过程,最后还原为 2,4-二氨基甲苯。徐建玲等开展的体外试验研究结果表明,在厌氧条件下 2,4-DNT 可以被鲤鱼肠系微生物代谢为低水溶性的代谢物,且 2,4-DNT 的初始质量浓度、环境温度、肠系微生物量等因素是影响 2,4-DNT 生物转化的重要因素。

4. 排泄　2,4-DNT 可迅速经人类尿液以及试验动物粪便和尿液排出,未发现 2,4-DNT 经人类粪便和肺部排出的证据。尿中 2,4-DNT 的消除半衰期为 2~5 小时。

2,4-DNT 在动物体内主要的排泄路径因物种的不同而不同。对于 Fischer-344 和 CD 大鼠、兔子、犬和猴子,尿液是主要的排泄途径,在 24~72 小时内消除率可高达 90%。对于 CD-1、雌性 B6C3F1 小鼠和 Wistar 大鼠,粪便是其主要的排泄途径,在 24 小时至 7 天内消除率可达 84%。

缺乏肠道菌的雄性 Fischer-344 大鼠经尿液和粪便消除 2,4-DNT 的量显著性减少,暗示经肠道菌群代谢在排泄中起着很重要的作用。

(二)健康效应

1. 人体资料　2,4-DNT 对人类的毒性作用主要体现在中枢神经系统、心脏和循环系统。弹药工人(职业暴露)的慢性毒性暴露主要是通过吸入途径,可引起恶心、眩晕、高铁血红蛋白血症、发绀、四肢疼痛或感觉异常、震颤、麻痹、胸痛和神志不清等症状。研究发现长期暴露(大于 15 年)于 2,4-DNT 的工人中,因缺血性心脏病和循环系统疾病的死亡率升高。

在德国萨克森州弹药拆卸机械厂对 82 名工人进行的一项横断面研究中,在 59 个月中,有 51 名工人经常接触 2,4-DNT,19 名工人偶尔接触,12 名工人未接触。检测结果显示,在接触过 2,4-DNT 的工人中有 63 位工人的尿液中检测到 2,4-DNT 及其代谢产物,这些工人还有味苦、眼睛灼烧感、皮肤变色及头发褪色等症状。

2. 动物资料

(1)短期暴露:以大鼠和小鼠为试验对象开展 2,4-DNT 的急性经口毒性研究。结果发现,大鼠对 2,4-DNT 更敏感,大鼠和小鼠 LD_{50} 分别为 270~650mg/kg 和 1 340~1 954mg/kg。

以 SD 大鼠（5 只 / 性别 / 剂量）为试验对象，开展了 14 天的喂饲试验，共设定 0、900、1 200、1 900 和 3 000mg/（kg·d）五个剂量组，换算成 SD 大鼠吸收剂量分别为 0、96、121、186 和 254mg/（kg·d）（雌性）及 0、97、126、180 和 257mg/（kg·d）（雄性）。研究结果表明，雌雄大鼠均出现了体重增长率降低，食物摄入量减少，血清胆固醇、葡萄糖、丙氨酸转移酶显著升高的现象；雄性大鼠还出现了少精子症并伴随睾丸退行性变。该研究以雌性大鼠体重增长率降低，食物摄入量减少，血清胆固醇、葡萄糖、丙氨酸转移酶显著升高为观察终点得出 LOAEL 值为 96mg/（kg·d）。

（2）长期暴露：以 CD 大鼠（8 只 / 性别 / 剂量）为研究对象，开展 13 周的喂饲试验，共分别设定 0、34、93、266mg/（kg·d）（雄性）及 0、38、108、145mg/（kg·d）（雌性）四个剂量组。该研究以雌雄大鼠体重增长率降低和食物摄入量减少为观察终点得出雄性大鼠 LOAEL 值为 34mg/（kg·d），雌性大鼠 LOAEL 值为 38mg/（kg·d）。

以比格犬为试验对象，开展了为期两年的慢性 2,4-DNT 经口暴露研究，共设定 0、0.2、1.5 和 10mg/（kg·d）四个剂量组（6 只 / 性别 / 剂量）。研究结果表明，在该研究早期，10mg/（kg·d）剂量组中 4/6 只雄犬表现出渐进性麻痹而死亡；在 10 和 1.5mg/（kg·d）剂量组观察到高铁血红蛋白症并伴随网状细胞过多症及海因小体的形成。该研究以神经毒性、海因小体的形成为观察终点，得出 LOAEL 值为 1.5mg/（kg·d），NOAEL 值为 0.2mg/（kg·d）。

（3）生殖 / 发育影响：一项 2,4-DNT 对 SD 大鼠生殖毒性的影响研究中，经口给药剂量为 240mg/（kg·d）时，8/15 只死亡，幸存者表现出体重下降，发绀，交配率、精子阳性率、雌鼠怀孕率急剧下降等严重的生殖影响。

一项 2,4-DNT 对 SD 大鼠三代生殖发育毒性研究中，在第一代大鼠交配前 6 个月，经口给药剂量为 0、0.75、5 和 35mg/（kg·d）。研究结果表明，在最高剂量组表现出第一代大鼠体重下降，第二代存活率下降、生育能力下降、身形和体重略微偏小；在两个中剂量组，第一代和第三代体重下降，但未影响三代的生育能力，该研究基于生育影响得出的 NOAEL 值为 5mg/（kg·d）。

（4）致突变性：在无代谢活化条件下，2,4-DNT 的代谢产物具有诱变性，2,4-DNT 的代谢产物可诱导大鼠肝脏产生 γ- 谷氨酰转移酶。

（5）致癌性：IARC 将 2,4-DNT 列为 2B 组，即有可能对人类致癌。人类致癌性证据尚不充分，虽然有大量毒性资料（中枢神经系统、心脏和循环系统毒性），但不适用于致癌性评估。动物致癌性证据充足，表现为雄性大鼠皮肤或皮下组织纤维瘤、脂肪瘤、纤维肉瘤；雌性大鼠乳腺纤维瘤。

USEPA 基于同样的证据将 2,4-DNT 致癌性列为 L 组，即可能为人类致癌物。

三、饮水水质标准

（一）世界卫生组织水质准则
世界卫生组织的水质准则中始终未提出 2,4-DNT 的准则值。

（二）我国饮用水卫生标准
我国饮用水卫生标准（GB 5749—1985；GB 5749—2006）中未规定 2,4-DNT 的限值。

《地表水环境质量标准》（GB 3838—2002）的"集中式生活饮用水地表水源地特定项目"中规定 2,4-DNT 的限值为 0.000 3mg/L。

（三）美国饮水水质标准

美国饮水水质标准未给出 2, 4-DNT 的标准值。

四、短期暴露饮水水质安全浓度的确定

以 SD 大鼠（5 只 / 性别 / 剂量）为试验对象，开展了 14 天喂饲试验的短期暴露毒性研究，共设定 0、900、1 200、1 900 和 3 000mg/（kg·d）五个剂量组，换算成 SD 大鼠吸收剂量分别为 0、96、121、186、254mg/（kg·d）（雌性）及 0、97、126、180、257mg/（kg·d）（雄性）。研究结果表明，雌雄大鼠均出现了体重增长率降低，食物摄入量减少，血清胆固醇、葡萄糖、丙氨酸转移酶显著升高的现象；雄性大鼠还出现了少精子症并伴随睾丸退行性变。该研究以雌性大鼠体重增长率降低，食物摄入量减少，血清胆固醇、葡萄糖、丙氨酸转移酶显著升高为健康效应分离点得出 LOAEL 值为 96mg/（kg·d）。

短期暴露（十日）饮水水质安全浓度推导如下：

$$SWSC = \frac{LOAEL \times BW}{UF \times DWI} = \frac{96mg/（kg·d）\times 10kg}{1\,000 \times 1L/d} \approx 1mg/L \qquad （4-87）$$

式中：SWSC——短期暴露（十日）饮水水质安全浓度，mg/L；

LOAEL——基于雌性大鼠体重增长率降低，食物摄入量减少，血清胆固醇、葡萄糖、丙氨酸转移酶显著升高为健康效应的分离点，96mg/（kg·d）；

BW——平均体重，以儿童为保护对象，10kg；

UF——不确定系数，1 000，考虑种内和种间差异及 LOAEL 值外推至 NOAEL；

DWI——每日饮水摄入量，以儿童为保护对象，1L/d。

以雌性大鼠体重增长率降低，食物摄入量减少，血清胆固醇、葡萄糖、丙氨酸转移酶显著升高为健康效应推导的短期暴露（十日）饮水水质安全浓度为 1mg/L。

五、应急处理技术及应急期居民用水建议

（一）水厂应急处理技术

1. 概述　自来水厂的常规净水工艺（混凝—沉淀—过滤—消毒的工艺）对 2, 4-DNT 的去除效果很差，臭氧生物活性炭深度处理工艺只有一定去除效果。当水源发生 2, 4-DNT 的突发污染时，需要进行应急净水处理。

自来水厂应急去除 2, 4-DNT 的技术为粉末活性炭吸附法。

2. 原理与参数　2, 4-DNT 属于可溶于水的疏水性物质，采用活性炭吸附有很好的去除效果。

粉末活性炭试验数据如下面所示。所用的粉末活性炭是经研磨过 200 目筛的某厂颗粒活性炭，所用 2, 4-DNT 水样用纯水配制或是用水源水配制。

对 2, 4-DNT 的吸附速度试验结果，见图 4-56。由图可见，粉末活性炭吸附 2, 4-DNT，30 分钟时可以达到吸附能力的 80% 左右，吸附达到基本平衡需要 2 小时以上的时间。

粉末活性炭 2, 4-DNT 的纯水配水的吸附容量试验结果，见图 4-57；对用水源水配水的吸附容量试验结果，见图 4-58。由于水源水中其他污染物的竞争作用，对于水源水的吸附容量要低于用纯水配水的吸附容量。各地在应用吸附数据时应采用本地的水源水和活性炭样进行校核试验。

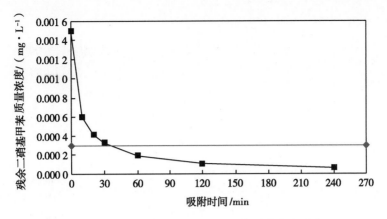

图 4-56 粉末活性炭对 2,4-DNT 的吸附速度试验
（纯水配水，加炭量 10mg/L）

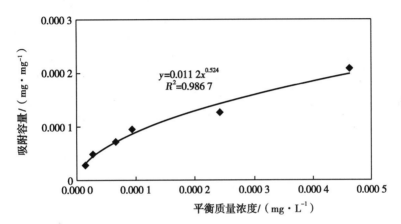

图 4-57 粉末活性炭对 2,4-DNT 的吸附容量试验
（纯水配水，吸附时间 2 小时）

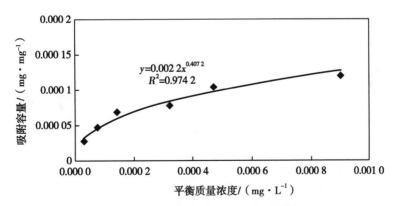

图 4-58 粉末活性炭对 2,4-DNT 的吸附容量试验
（济南水源水配水，吸附时间 2 小时）

采用 Freundlich 吸附等温线公式对图中数据进行回归：

$$q_e = K_F C_e^{1/n} \tag{4-88}$$

式中：q_e——吸附量，mg/mg 炭；

C_e——平衡质量浓度，mg/L；

K_F 和 n——特性常数。

对于纯水配水，得到粉末活性炭吸附 2，4-DNT 的吸附等温线公式为：

$$q_e = 0.011\ 2C_e^{0.524} \tag{4-89}$$

由式 4-89 的公式，可以求出对于纯水配水不同处理任务所需的加炭量。例如，对于 2，4-DNT 的原水质量浓度为"标准"的 5 倍（0.001 5mg/L），处理后质量浓度为"标准"的一半（0.000 15mg/L）的情况，所需的粉末活性炭投加量 C_T 为：

$$C_T = \frac{C_0 - C_e}{K_F C_e^{1/n}} = \frac{0.001\ 5 - 0.000\ 15}{0.011\ 2 \times 0.000\ 15^{0.524}} = 12.2\text{mg/L} \tag{4-90}$$

对于只能在水厂内投加粉末炭的，因吸附时间有限，炭的投加量还需增加。

此外，应急净水中粉末炭的最大投炭量一般不超过 80mg/L，由此可以计算出吸附后刚能达到"标准"的原水最大质量浓度为：

$$C_0 = K_F C_e^{1/n} C_T + C_e = 0.011\ 2 \times 0.000\ 3^{0.524} \times 80 + 0.000\ 3 = 0.013\text{mg/L} \tag{4-91}$$

即，对于纯水配水，粉末活性炭吸附应对 2，4-DNT 污染的最大能力为原水超标 43 倍。

对于济南水源水配水，得到粉末活性炭吸附 2，4-DNT 的吸附等温线公式为：

$$q_e = 0.002\ 2C_e^{0.407\ 2} \tag{4-92}$$

由式 4-92 的公式，可以求出对于济南的水源水配水，当 2，4-DNT 的原水质量浓度为"标准"的 5 倍（0.001 5mg/L），处理后质量浓度为"标准"的一半（0.000 15mg/L）时，所需的粉末活性炭投加量为：

$$C_T = \frac{C_0 - C_e}{K_F C_e^{1/n}} = \frac{0.001\ 5 - 0.000\ 15}{0.002\ 2 \times 0.000\ 15^{0.407\ 2}} = 22.1\text{mg/L} \tag{4-93}$$

此外，计算出吸附后刚能达到"饮用水标准"的原水最大质量浓度为：

$$C_0 = K_F C_e^{1/n} C_T + C_e = 0.002\ 2 \times 0.000\ 3^{0.407\ 2} \times 80 + 0.000\ 3 = 0.006\ 77\text{mg/L} \tag{4-94}$$

即，对于济南水源水配水，粉末活性炭吸附应对 2，4-DNT 污染的最大能力为原水超标 22 倍。

注：因我国生活饮用水卫生标准中目前未设定 2，4-DNT 的限值要求，因此上文中的"标准"值均采用 GB 3838—2002 中规定的限值（0.000 3mg/L）作为假设目标值进行估算。

3. 技术要点

（1）原理：采用粉末活性炭吸附水中溶解态的 2，4-DNT，吸附后的粉末炭在水厂的混凝沉淀过滤的净水流程中，与混凝剂形成的矾花一起被去除。

（2）粉末炭的投加点：为了增加炭与水的吸附接触时间，提高炭的吸附利用率，对于取水口与水厂有一定距离的地方，粉末炭的投加点应设在取水口处；对于取水口紧挨着水厂，只能在水厂内投加的地方，炭的投加点设在混凝反应池前。

（3）粉末炭的投加量：由现场吸附试验确定，也可以采用已有资料进行估算。

（4）增加费用：粉末活性炭的价格约为 7 000 元 / 吨，每 10mg/L 投炭量的药剂费用为 0.07 元 /m³ 水。

自来水厂粉末活性炭吸附法去除 2，4-DNT 应急净水的工艺流程，见图 4-59。

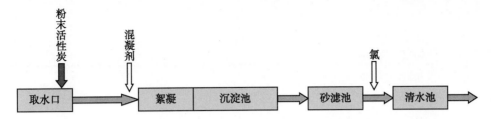

图 4-59　自来水厂粉末活性炭吸附法去除 2,4-DNT 应急净水的工艺流程图

注意事项：

（1）粉末活性炭的投加点最好设在取水口处；如在水厂内投加,需提高投加量。

（2）混凝剂投加量需要大于平时投量,以确保混凝沉淀过滤对粉末炭的去除效果。

（3）加强沉淀池排泥和滤池冲洗。

（4）注意粉末活性炭的粉尘防护和防爆问题。

（5）含有污染物的排泥水或污泥需要妥善处置。

（二）应急期居民用水建议

人体可通过饮食、刷牙、漱口等途径经口摄入水中的 2,4-DNT；也可通过洗澡、洗手、洗菜、游泳等途径经皮肤接触水中的 2,4-DNT。具有活性炭、反渗透膜、纳滤膜的净水器对 2,4-DNT 有一定的去除效果,在 2,4-DNT 污染事件的应急供水期,公众可选择具有上述净水组件的家用净水器,但应注意净水器说明书中注明的额定总净水量及滤芯的使用期限,超过额定总净水量或超出滤芯使用期限后,净水器对污染物的去除效果会迅速下降甚至带来二次污染,此时应及时更换滤芯。

第五章

农　药

第一节　七　氯

一、基本信息

（一）理化性质

1. 中文名称：七氯
2. 英文名称：heptachlor
3. CAS 号：76-44-8
4. 分子式：$C_{10}H_5Cl_7$
5. 相对分子质量：373.32
6. 分子结构图

7. 外观与性状：纯品为无色晶体，挥发性较大，工业品七氯为软蜡状固体，含七氯约72%
8. 气味：樟脑气味
9. 沸点：135~145℃
10. 熔点：95~96℃
11. 溶解性：不溶于水，溶于乙醇、醚类、芳烃等有机溶剂
12. 蒸气压：40mPa（25℃）

（二）生产使用情况

七氯是一种有机氯化合物，属于环二烯类杀虫剂，用于防治地下害虫及蚁类，杀虫力比氯丹强，七氯具有触杀、胃毒和熏蒸作用，是一种广谱杀虫剂。

我国自1983年以来已禁止或限制生产有机氯类农药，但由于这些污染物的环境持久性，导致七氯等污染物在环境中仍有残留。

（三）环境介质中质量浓度水平及饮水途径人群暴露状况

1. 环境介质中质量浓度水平　全世界广泛存在有机氯农药残留的情况，尤其是在传统农业区域，我国监测常采集水体中土壤来评估其残留情况。太湖湖区表层沉积物中七氯含量均值为 1.09μg/kg；广东大亚湾表层沉积物中七氯的残留量为 0.01~0.09μg/kg；珠江三角洲地区河流和珠江口的表层沉积物中七氯的残留量为未检出至 0.29μg/kg。

2. 饮水途径人群暴露状况　七氯难溶于水，七氯和七氯环氧化物与土壤颗粒结合很难移动，它们在饮用水中的质量浓度每升水中一般为纳克级。人体主要是通过膳食途径摄入七氯，这一摄入途径也随着七氯的禁用或限用而逐渐减少。

二、健康效应

（一）毒代动力学

1. 吸收　研究发现七氯能迅速被大鼠胃肠道吸收。

2. 分布　给雌性大鼠喂饲七氯后 1 小时，在血液、肝脏、肾、脂肪组织中均检测出七氯，4 小时后，在血液中检测出环氧七氯，七氯可在脂肪组织中存在 3~6 个月。在另一项对大鼠和犬为期 12~18 个月的七氯喂饲试验中，同样发现七氯可在脂肪组织中蓄积。另在对 77 例尸检报告中发现，七氯在人体组织中的质量浓度为 1~32ng/g，在骨骼组织和肝脏组织质量浓度较高。

3. 代谢　七氯在转化酶的作用下，会先脱去一个氯生成氯丹，然后被氧化成环氧氯丹，或先发生水解，然后脱水生成环氧七氯，其他的代谢产物还包括 1- 羟氯丹，1- 羟基 -2，3- 环氧氯丹。

4. 排泄　大鼠试验表明，七氯主要经粪便排出，10 天内通过粪便的排出量大约为 50%，尿液排出量小于 5%。有报道在女性乳汁中也检测出环氧七氯。

（二）健康效应

1. 人体资料　临床研究发现人体接触七氯后会发生中枢神经异常症状（易怒、唾液分泌旺盛、肌无力、肌肉震颤、痉挛等），动物类似。在对 1 403 名男性（生产七氯的工厂工人）的研究中发现，工人脑血管病的发病率明显增加。

2. 动物资料

（1）短期暴露：三个研究给出七氯的大鼠经口 LD_{50} 值分别为 40、162 和 46.5~60mg/kg。

对大鼠单次给药，七氯剂量为 60mg/kg。研究发现大鼠血清 GPT 和血清醛缩酶增加，肝组织轻度损伤，再对大鼠进行 14 天的七氯喂饲试验后 [7~12mg/（kg·d）]，发现大鼠肝脏组织明显损伤，功能异常。

以大鼠为试验对象，共设定 0、0.5、1.0 和 10mg/（kg·d）四个剂量组，开展了 14 天的七氯喂饲试验。试验结果表明，1.0mg/（kg·d）及以上剂量组观察到大鼠肝脏组织明显损伤，功能异常，该研究据此得出 LOAEL 为 1.0mg/（kg·d）。

（2）长期暴露：以 75% 七氯和 25% 环氧七氯混合饲养小鼠 18 个月，共设定了 0、1、5 和 10mg/（kg·d）四个剂量组。结果发现雌雄性小鼠的肝组织重量增加与喂饲剂量存在剂量反应关系。

有研究报道在对大鼠 108 周的喂饲试验中，发现大鼠出现肝组织病变、肝细胞空腔现象，并存在剂量反应关系。

另有研究报道在对犬进行 2 年的喂饲环氧七氯试验时，剂量组分别为 3、5、7 和 10mg/（kg·d），结果发现犬的肝功能出现异常，肝组织出现微观病变，并存在剂量反应关系。

在一项为期 2 年的研究中，给犬喂饲环氧七氯，剂量分别为 0、1、3、5、7 和 10mg/（kg·d）。试验结果表明，在 10mg/（kg·d）剂量组犬肝脏重量增加，并且在 1mg/（kg·d）以上剂量组发现犬肝组织病理学变化（小叶中心增大和形成空泡、肝细胞组织发散）。该研究据此确定的 NOAEL 值为 1mg/（kg·d），相当于七氯的 NOAEL 值为 0.025mg/（kg·d）。

（3）致突变性：七氯的一系列致突变试验未发现有致突变作用。

（4）致癌性：IARC 将七氯列为 2B 组，即有可能对人类致癌；USEPA 将七氯列为 B2 组，即有充足的动物致癌证据，不充分的或没有人类致癌证据，给出的经口致癌斜率因子为 4.5[mg/（kg·d）]$^{-1}$，饮用水单位致癌风险为 1.3×10^{-4}（mg/L）$^{-1}$，肿瘤类型为肝细胞癌。

三、饮水水质标准

（一）世界卫生组织水质准则

1984 年第一版《饮用水水质准则》中未提出七氯的准则值。

1993 年第二版准则中提出七氯的准则值为 0.03μg/L。

2004 年第三版准则中，认为七氯和七氯环氧化物存在的质量浓度远低于观察到的会产生毒性的质量浓度。因此 WHO 认为没必要设置准则值。

2011 年第四版及 2017 年第四版准则的第一次增补版中，维持了第三版的要求。

（二）我国饮用水卫生标准

1985 年版《生活饮用水卫生标准》（GB 5749—85）中未规定七氯的限值。

2001 年卫生部颁布的《生活饮用水水质卫生规范》（卫法监发〔2001〕161 号）中将饮用水中七氯的限值定为 0.000 4mg/L。

2006 年《生活饮用水卫生标准》（GB 5749—2006）中仍沿用 0.000 4mg/L 作为七氯的限值。

（三）美国饮水水质标准

美国一级饮水标准中规定七氯的 MCLG 是 0。七氯的 MCL 为 0.000 4mg/L。

四、短期暴露饮水水质安全浓度的确定

以大鼠为试验对象，共设置 0、0.5、1.0 和 10mg/（kg·d）四个剂量组，进行了 14 天的七氯喂饲试验。试验结果表明，在 1mg/（kg·d）及以上剂量组观察到大鼠肝脏组织明显损伤，功能异常，该研究据此得出 LOAEL 为 1.0mg/（kg·d）。

短期暴露（十日）饮水水质安全浓度推导如下：

$$\text{SWSC} = \frac{\text{NOAEL} \times \text{BW}}{\text{UF} \times \text{DWI}} = \frac{1.0\text{mg}/（\text{kg}\cdot\text{d}）\times 10\text{kg}}{1\,000 \times 1\text{L/d}} = 0.01\text{mg/L} \tag{5-1}$$

式中：SWSC——短期暴露（十日）饮水水质安全浓度，mg/L；

　　　LOAEL——基于大鼠肝脏组织明显损伤，功能异常为健康效应的分离点，1mg/（kg·d）；

　　　BW——平均体重，以儿童为保护对象，10kg；

　　　UF——不确定系数，1 000，考虑种内、种间差异及用 LOAEL 代替 NOAEL；

　　　DWI——每日饮水摄入量，以儿童为保护对象，1L/d。

以大鼠肝脏组织明显损伤、功能异常为健康效应推导的短期暴露（十日）饮水水质安全浓度值为 0.01mg/L。

五、应急处理技术及应急期居民用水建议

（一）水厂应急处理技术

1. 概述 自来水厂的常规净水工艺（混凝—沉淀—过滤—消毒的工艺）对七氯的去除效果很差，臭氧生物活性炭深度处理工艺对七氯有一定去除效果。

自来水厂应急去除七氯技术为粉末活性炭吸附法。

2. 原理与参数 七氯属于微溶于水的疏水性物质，采用活性炭吸附有很好的去除效果。

粉末活性炭试验数据如下面所示。所用的粉末活性炭是经研磨过 200 目筛的某厂颗粒活性炭，所用含七氯水样用纯水配制或是用水源水配制。

对七氯的吸附速度试验结果，见图 5-1。由图可见，粉末活性炭吸附七氯，30 分钟时，粉末活性炭对七氯的纯水配水和上海长江原水配水可以达到吸附能力的 95% 和 70% 左右，吸附达到基本平衡需要 2 小时以上的时间。

粉末活性炭对七氯的纯水配水和上海长江原水配水吸附容量试验结果见图 5-2。由于

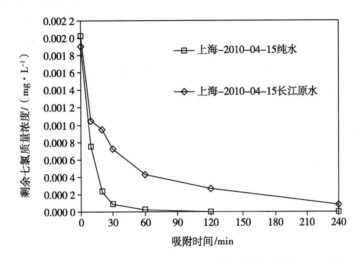

图 5-1 粉末活性炭对七氯的吸附速率试验（加炭量 20mg/L）

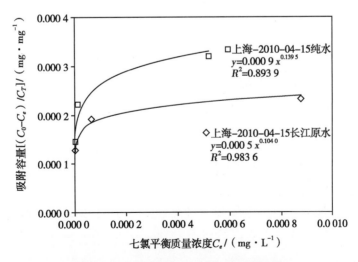

图 5-2 粉末活性炭对七氯的吸附容量试验

（纯水配水和上海长江原水配水，吸附时间 2 小时）

水源水中其他污染物的竞争作用,对于水源水的吸附容量要低于用纯水配水的吸附容量。各地在应用吸附数据时应采用本地的水源水和活性炭样进行校核试验。

采用 Freundlich 吸附等温线公式对图中数据进行回归:

$$q_e = K_F C_e^{1/n} \tag{5-2}$$

式中:q_e——吸附量,mg/mg 炭;

$\quad$ C_e——平衡质量浓度,mg/L;

$\quad$ K_F 和 n——特性常数。

对于纯水配水,得到粉末活性炭吸附七氯的吸附等温线公式为:

$$q_e = 0.000\,9 C_e^{0.139\,5} \tag{5-3}$$

由式 5-3 的公式,可以求出对于纯水配水不同处理任务所需的加炭量。例如,对于七氯的原水质量浓度为标准的 5 倍(0.002mg/L),处理后质量浓度为标准的一半(0.000 2mg/L)的情况,所需的粉末活性炭投加量 C_T 为:

$$C_T = \frac{C_0 - C_e}{K_F C_e^{1/n}} = \frac{0.002 - 0.000\,2}{0.000\,9 \times 0.000\,2^{0.139\,5}} = 7\text{mg/L} \tag{5-4}$$

对于只能在水厂内投加粉末炭的,因吸附时间有限,炭的投加量还需增加。

此外,应急净水中粉末炭的最大投炭量一般不超过 80mg/L,由此可以计算出吸附后刚能达到饮用水标准的原水最大质量浓度为:

$$C_0 = K_F C_e^{1/n} C_T + C_e = 0.000\,9 \times 0.000\,4^{0.139\,5} \times 80 + 0.000\,4 = 0.024\,6\text{mg/L} \tag{5-5}$$

即,对于纯水配水,粉末活性炭吸附应对七氯污染的最大能力为原水超标 60 倍。

对于上海长江原水,得到粉末活性炭吸附七氯的吸附等温线公式为:

$$q_e = 0.000\,5 C_e^{0.104\,0} \tag{5-6}$$

由式 5-6 的公式,可以求出对于上海的长江原水配水,当七氯的原水质量浓度为标准的 5 倍(0.002 0mg/L),处理后质量浓度为标准的一半(0.000 2mg/L)时,所需的粉末活性炭投加量为:

$$C_T = \frac{C_0 - C_e}{K_F C_e^{1/n}} = \frac{0.002 - 0.000\,2}{0.000\,5 \times 0.000\,2^{0.104\,0}} = 9\text{mg/L} \tag{5-7}$$

此外,计算出吸附后刚能达到饮用水标准的上海长江原水配水的最大质量浓度为:

$$C_0 = K_F C_e^{1/n} C_T + C_e = 0.000\,5 \times 0.000\,4^{0.104\,0} \times 80 + 0.000\,4 = 0.018\,1\text{mg/L} \tag{5-8}$$

即,对于上海长江原水,粉末活性炭吸附应对七氯污染的最大能力为原水超标 44 倍。

3. 技术要点

(1)原理:采用粉末活性炭吸附水中溶解态的七氯,吸附后的粉末炭在水厂的混凝沉淀过滤的净水流程中,与混凝剂形成的矾花一起被去除。

(2)粉末炭的投加点:为了增加炭与水的吸附接触时间,提高炭的吸附利用率,对于取水口与水厂有一定距离的地方,粉末炭的投加点应设在取水口处;对于取水口紧挨着水厂,只能在水厂内投加的地方,炭的投加点设在混凝反应池前。

(3)粉末炭的投加量:由现场吸附试验确定,也可以先用已有资料估算。

(4)增加费用:粉末活性炭的价格约为 7 000 元 / 吨,每 10mg/L 投炭量的药剂费用为 0.07 元 /m³ 水。

自来水厂粉末活性炭吸附法去除七氯应急净水的工艺流程,见图 5-3。

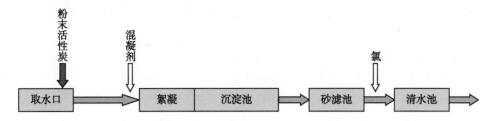

图 5-3 自来水厂粉末活性炭吸附法去除七氯应急净水的工艺流程图

注意事项：

（1）粉末活性炭的投加点最好设在取水口处；如在水厂内投加，需提高投加量。

（2）混凝剂投加量需要大于平时投量，以确保混凝沉淀过滤对粉末炭的去除效果。

（3）加强沉淀池排泥和滤池冲洗。

（4）注意粉末活性炭的粉尘防护和防爆问题。

（5）含有污染物的排泥水或污泥需要妥善处置。

（二）应急期居民用水建议

人体可通过饮食、刷牙、漱口等途径经口摄入水中的七氯；也可通过洗澡、洗手、洗菜、游泳等途径经皮肤接触水中的七氯。具有活性炭、反渗透膜、纳滤膜的净水器对七氯有一定的去除效果，在七氯污染事件的应急供水期，公众可选择具有上述净水组件的家用净水器，但应注意净水器说明书中注明的额定总净水量及滤芯的使用期限，超过额定总净水量或超出滤芯使用期限后，净水器对污染物的去除效果会迅速下降甚至带来二次污染，此时应及时更换滤芯。

第二节 甲 萘 威

一、基本信息

（一）理化性质

1. 中文名称：甲萘威

2. 英文名称：carbaryl

3. CAS 号：63-25-2

4. 分子式：$C_{12}H_{11}O_2N$

5. 相对分子质量：201.22

6. 分子结构图

7. 外观与性状：白色或浅灰色晶体

8. 沸点：315℃

9. 熔点：145℃

10. 溶解性：11mg/100g 水（22℃）

（二）生产使用情况

甲萘威作为氨基甲酸酯类杀虫剂的代表产品之一，它具有触杀及胃毒作用，并伴有内吸作用，可用于水稻、棉花、十字花科蔬菜等 141 种作物，可防治 500 多种害虫。

（三）环境介质中质量浓度水平及饮水途径人群暴露状况

1. 环境介质中质量浓度水平 地表水和地下水中均有检出甲萘威的报道。一项来自美国 8 个州 138 个地表水采样点和 1 100 个地下水采样点的研究报告发现，在 522 个地表水水样中有 61 个水样检出了甲萘威，在 1 125 个地下水水样中有 28 个水样检出了甲萘威。地表水水样中甲萘威质量浓度为未检出 ~180 000μg/L，地下水水样中甲萘威质量浓度为未检出 ~10μg/L。我国的地表水体中也有检出甲萘威的报道；在 9 个河流样品中，除有 4 个样品未检出外，其余样品中甲萘威的质量浓度为 11.65~6 340μg/L；8 个湖泊样品中，除有 3 个样品未检出外，其余样品中甲萘威的质量浓度为 0.47~8 950μg/L；5 个未明确表示地表水体类型的样品，除有 1 个样品未检出外，其余样品中甲萘威的质量浓度为 1.81~3.36μg/L。

2. 饮水途径人群暴露状况 生产、使用甲萘威的工人容易暴露于甲萘威，职业暴露甲萘威的方式是通过吸入和皮肤接触。一般人群可能通过吸入环境空气、摄入食物和饮用水以及皮肤接触甲萘威或含有甲萘威的其他农药产品而产生甲萘威暴露。

二、健康效应

（一）毒代动力学

1. 吸收 研究发现，甲萘威易被动物的胃肠道吸收。将 ^{14}C 标记的甲萘威通过灌胃方式对雄性大鼠给药，给药剂量为 0.5mg/kg。结果发现，甲萘威在大鼠的循环系统中迅速出现，几分钟后，血浆质量浓度达到 50ng/ml；不到 10 分钟的时间，达到最高的质量浓度水平 150ng/ml，然后逐渐下降；在 120 分钟时下降至 20ng/ml。研究发现至少 95.4% 的甲萘威被吸收。

2. 分布 将 ^{14}C 标记的甲萘威通过胃插管方式对雄性和雌性大鼠给药，给药剂量为 1.5mg/kg，然后检查大鼠身体的 8 个组织，进行甲萘威的分布情况研究。各组织中的甲萘威分布水平（μmol/kg）为：盲肠 0.17（雄性）、0.60（雌性）；食管 0.05（雄性）、0.05（雌性）；大肠 0.02（雄性）、0.03（雌性）；小肠 0.06（雄性）、0.08（雌性）；肾脏 0.06（雄性）、0.07（雌性）；肝 0.11（雄性）、0.112（雌性）；脾 0.05（雄性）、0.08（雌性）；胃 0.07（雄性）、0.14（雌性）。

另有研究将 ^{14}C 标记的甲萘威通过灌胃的方式对雌性 Wistar 大鼠给药，给药剂量为 20mg/kg。给药 24 小时后，脑组织中含量为 0.11%，消化道为 3.87%，残体（除头去脏）为 13.31%。

3. 代谢 甲萘威在动物体内的代谢途径主要为 N- 甲基和萘环的羟基化以及氨基甲酸酯的水解作用。甲萘威在牛体内的主要代谢产物为 1- 萘酚、4- 羟基甲萘威、5- 羟基甲萘威、3,4- 二羟基甲萘威、5,6- 二羟基甲萘威、5- 甲氧基 -6- 羟基甲萘威等。这些代谢产物在体内通过进一步共轭结合，可生成水溶性的葡糖苷酸和硫酸盐类物质。

4. 排泄 一项大鼠代谢研究中，A 组受试动物单次静脉注射 1.02mg/kg 剂量有放射性标记的甲萘威；B 组动物单次口服给药 1.21mg/kg 剂量有放射性标记的甲萘威；C 组动物首先连续 14 天静脉注射 1.0mg/kg 无放射性标记的甲萘威，在第 15 天单次静脉注射 1.21mg/kg 剂量有放射性标记的甲萘威；D 组动物单次口服 48mg/kg 剂量放射性标记甲萘威。结果发现,低剂量组(A组和B组)70%~80%的甲萘威在12小时内排出,高剂量组(C组和D组)在24小时内排出。所有剂量组中,尿液是主要的排泄途径,大约有84.5%~95%的给药剂量通过尿液排出,其次是粪便排泄,大约7%~12.5%的给药剂量通过粪便排出。

（二）健康效应

1. 人体资料　对尼日利亚一个村庄大规模喷洒甲萘威所带来影响的研究中,发现8名喷洒人员的血浆胆碱酯酶活性降低了大约15%,63名村民的血浆胆碱酯酶活性平均降低了8%。

以人类志愿者为对象对甲萘威的亚慢性毒性进行了研究。每组由5~6名男性组成,每天经口给药剂量分为0、0.06和0.13mg/（kg·d）,连续给药6周。研究结果表明,在0.06mg/（kg·d）剂量组中,受试者肾功能、脑电图、血生化分析、尿分析、血浆或红细胞胆碱酯酶活性等效应中均未发现异常反应。在0.13mg/（kg·d）剂量组中,仅发现尿中氨基酸氮与肌酐的比例有轻微升高,这说明肾脏对氨基酸的再吸收能力降低,不过这种影响是可逆的。该研究基于尿液中氨基酸氮与肌酐的比例的轻微升高,得出甲萘威NOAEL值为0.06mg/（kg·d）。

2. 动物资料

（1）短期暴露:不同物种的甲萘威急性经口毒性研究结果显示,猫对甲萘威最为敏感（2/2死亡,LD_{50}为250mg/kg）。豚鼠、大鼠和兔的敏感性次之,LD_{50}分别为280、510和710mg/kg。狗的给药剂量达到795mg/kg时仍未出现死亡。

以HW大鼠（42日龄）为试验对象,喂饲甲萘威1周,剂量分别为0、10、50、250和500mg/（kg·d）。研究发现,10mg/（kg·d）剂量组,大鼠的血浆、红细胞及脑组织的胆碱酯酶活性均未受到影响;50mg/（kg·d）剂量组,大鼠的血浆胆碱酯酶活性下降15~17%,红细胞胆碱酯酶活性下降26~47%;在两个高剂量组,大鼠的血浆和红细胞胆碱酯酶活性下降幅度更大,且观察到脑组织胆碱酯酶活性下降[250mg/（kg·d）剂量组:23%~25%;500mg/（kg·d）剂量组:33%~58%],喂饲对照组大鼠的食物1天后,胆碱酯酶活性完全恢复。该研究以胆碱酯酶活性下降为观察终点,得出甲萘威的NOAEL为10mg/（kg·d）,LOAEL为50mg/（kg·d）。

（2）长期暴露:以CF-N大鼠为试验对象,开展为期2年的甲萘威喂饲试验,甲萘威喂饲剂量为0、50、100、200和400mg/kg食物,每剂量组20只雄性和雌性大鼠,基于食物摄入量及大鼠体重,以上喂饲剂量在雄性大鼠中相当于0、2.0、4.0、7.9和15.6mg/（kg·d）,雌性大鼠相当于0、2.4、4.6、9.6和19.8mg/（kg·d）。结果显示,在全生命周期、食物摄入量、体重、肝肾重量、白内障及血细胞容积等方面均未观察到有害影响。1年后,组织学检查发现,肾脏有弥漫性肿胀,且最高剂量组具有统计学意义（$P < 0.004$）。2年后,检查发现肝脏也有弥漫性肿胀,且最高剂量组具有统计学意义（$P < 0.002$）。该研究以肾脏和肝脏的弥漫性肿胀为观察终点,得出雄性大鼠NOAEL值为7.9mg/（kg·d）,雌性大鼠NOAEL值为9.6mg/（kg·d）。

另有研究以CD-1小鼠为试验对象,开展了为期2年的甲萘威喂饲试验,甲萘威的喂饲剂量分别为0、100、1 000和8 000mg/kg食物,相当于0、15、150和1 200mg/（kg·d）,每剂量组有70只雄鼠。该研究以血管瘤发病率为观察终点,得出雄鼠的LOAEL值为15mg/（kg·d）。

（3）生殖/发育影响:通过灌胃方式对孕兔给药,甲萘威剂量分别为150和200mg/（kg·d）,给药时间为怀孕的第6~18天。结果发现:生殖毒性方面,两剂量组均未发现甲萘威对怀孕发生率的影响;给药后的第6~11天,剂量组体重较对照组有所降低,其中高剂量组的差异具有统计学意义（$P < 0.05$）,低剂量组的体重差异不明显;两剂量组均未发

现对活胎数或胚胎吸收等方面影响的统计学差异,高剂量组中胚胎吸收发生率略有升高;150mg/(kg·d)剂量组中,胎兔的体重下降具有统计学差异,而200mg/(kg·d)剂量组却未发现类似现象。发育毒性方面,与对照组相比,200mg/(kg·d)剂量组胎兔脐疝的发病率高,且具有统计学意义($P < 0.05$),另外该剂量组胎兔在实验期间有明显的体重降低,除此之外没有其他异常改变;150mg/(kg·d)剂量组中,观察到1例具有脐疝、半椎体和鼻中隔缺失的畸形胎兔。该研究基于胎兔的发育缺陷得出LOAEL值为150mg/(kg·d)。

（4）致突变性:大鼠胸腺细胞培养液中的甲萘威(纯度99.2%)可抑制胸苷的吸收,甲萘威质量浓度为1、10、100μg/ml时,抑制率分别为15%、22%和99%。人体淋巴细胞培养液中的50μg/ml甲萘威可抑制62%的DNA程序合成,但对DNA程序外合成无影响。

（5）致癌性:IARC将甲萘威列为3组,即尚不能确定其是否对人体致癌。甲萘威可引起小鼠血管肿瘤。

USEPA将甲萘威列为L组,即可能为人类致癌物。甲萘威可引起小鼠血管肿瘤。经口致癌斜率因子为$8.75 \times 10^{-4}[mg/(kg·d)]^{-1}$,饮用水单位致癌风险为$2.5 \times 10^{-5}(mg/L)^{-1}$。

（三）本课题相关动物实验

以42日龄Wistar大鼠为研究对象,每组6只,雌雄各半,以玉米油为溶剂开展甲萘威灌胃染毒实验,设置1个阴性对照组和6个剂量组,分别为0、5、10、20、40、80和160mg/(kg·d)。每天灌胃1次,持续灌胃28天。染毒后腹主动脉采血分离血清、血浆、红细胞,血清中检测碱性磷酸酶(ALP)、谷丙转氨酶(ALT)、谷草转氨酶(AST)及血尿素氮(UREA)。血浆及红细胞检测乙酰胆碱酯酶活性。采血前称量体重,采血后解剖取肝脏、肾脏、脾脏、肺脏、胸腺、脑分别称重,计算脏器体重系数并取肝左中叶、双肾、脾脏、肺脏、胸腺、脑固定于中性甲醛溶液中,进行组织病理学检查,检查项目:肝的空泡化病变和肾的肾小管上玻璃样病变。脑组织将左右半球分为两部分,一半固定做组织病理学检查,一半匀浆后检测乙酰胆碱酯酶活性。

实验结果表明,甲萘威持续染毒28天后,各剂量组大鼠体重及脏体比、血清酶学、血常规、组织病理学均未发生明显变化。红细胞中乙酰胆碱酯酶活性并未随着甲萘威染毒剂量的增加而变化。血浆中的乙酰胆碱酯酶活性与阴性对照组相比,均未发生明显变化。20mg/(kg·d)及以上剂量组脑组织中乙酰胆碱酯酶活性随着染毒剂量的增加而呈下降趋势($P < 0.05$),以脑组织中乙酰胆碱酯酶活性降低为健康效应,确定的NOAEL值为10mg/(kg·d),LOAEL值为20mg/(kg·d)。

综合以上实验结果,以脑组织中乙酰胆碱酯酶活性降低为健康效应,确定的NOAEL值为10mg/(kg·d),由此推导的短期暴露(十日)饮水水质安全浓度为1mg/L。

三、饮水水质标准

（一）世界卫生组织水质准则

1984年第一版、1993年第二版和2004年第三版《饮用水水质准则》中均未提出甲萘威的准则值。

2011年第四版准则及2017年第四版第一次增补版中提出了甲萘威基于健康的准则值为0.05mg/L。

（二）我国饮用水卫生标准

1985年版《生活饮用水卫生标准》(GB 5749—85)中未规定饮用水中甲萘威的限值。

2001 年卫生部颁布的《生活饮用水水质卫生规范》（卫法监发〔2001〕161 号）附录 A 中甲萘威的限值为 0.05mg/L。

2006 年《生活饮用水卫生标准》（GB 5749—2006）未规定饮用水中甲萘威的限值。

（三）美国饮水水质标准

美国一级饮水标准中未规定甲萘威的标准限值。

四、短期暴露饮水水质安全浓度的确定

以 HW 大鼠（42 日龄）为试验对象，喂饲甲萘威 1 周，剂量分别为 0、10、50、250 和 500mg/（kg·d）。研究发现，10mg/（kg·d）剂量组，血浆、红细胞及脑组织的胆碱酯酶活性均未受到影响；50mg/（kg·d）剂量组，血浆胆碱酯酶活性下降 15%~17%，红细胞胆碱酯酶活性下降 26%~47%；更高剂量组，血浆和红细胞胆碱酯酶活性下降幅度更大，且观察到脑组织胆碱酯酶活性下降 [250mg/（kg·d）剂量组：23%~25%；500mg/（kg·d）剂量组：33%~58%]，喂饲对照组大鼠的食物 1 天后，胆碱酯酶活性完全恢复。该研究以胆碱酯酶活性下降为观察终点，得出甲萘威的 NOAEL 为 10mg/（kg·d），LOAEL 为 50mg/（kg·d）。

短期暴露（十日）饮水水质安全浓度推导如下：

$$SWSC = \frac{NOAEL \times BW}{UF \times DWI} = \frac{10mg/（kg·d） \times 10kg}{100 \times 1L/d} = 1mg/L \qquad (5-9)$$

式中：SWSC——短期暴露（十日）饮水水质安全浓度，mg/L；

NOAEL——基于甲萘威抑制胆碱酯酶活性为健康效应的分离点，10mg/（kg·d）；

BW——平均体重，以儿童为保护对象，10kg；

UF——不确定系数，100，考虑种内和种间差异；

DWI——每日饮水摄入量，以儿童为保护对象，1L/d。

以胆碱酯酶活性下降为健康效应推导的短期暴露（十日）饮水水质安全浓度为 1mg/L。本课题动物实验中以脑组织中乙酰胆碱酯酶活性降低为健康效应，推导的短期暴露（十日）饮水水质安全浓度也为 1mg/L。可以看出，本课题实验推导值与文献资料推导值数值相一致。建议将 1mg/L 作为甲萘威的短期暴露（十日）饮水水质安全浓度。

五、应急处理技术及应急期居民用水建议

（一）水厂应急处理技术

1. 概述 自来水厂的常规净水工艺（混凝—沉淀—过滤—消毒的工艺）对甲萘威的去除效果很差，臭氧生物活性炭深度处理工艺只有一定去除效果。当水源发生甲萘威的突发污染时，需要进行应急净水处理。

自来水厂应急去除甲萘威的技术为粉末活性炭吸附法。

2. 原理与参数 甲萘威属于微溶于水的疏水性物质，采用活性炭吸附有很好的去除效果。

粉末活性炭试验数据如下面所示。所用的粉末活性炭是经研磨过 200 目筛的某厂颗粒活性炭，所用含甲萘威水样用纯水配制或是用水源水配制。

对甲萘威的吸附速度试验结果，见图 5-4。由图可见，粉末活性炭吸附甲萘威，30 分钟时可以达到吸附能力的 80% 左右，吸附达到基本平衡需要 2 小时以上的时间。由于在自

来水厂内投加炭时,炭与水的接触时间一般只有半小时左右(絮凝反应池和沉淀池的前半部),为了提高炭的利用效率,对于取水口离水厂有一定距离的地方,最好在取水口处投加粉末炭,以提高炭的利用效率。

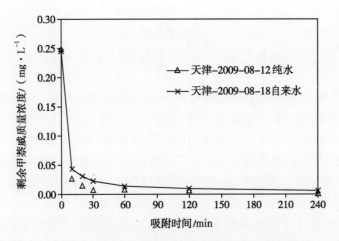

图 5-4　粉末活性炭对甲萘威的吸附速度试验(加炭量 10mg/L)

粉末活性炭对甲萘威的纯水配水的吸附容量试验和水源水配水的吸附容量试验结果,见图 5-5。

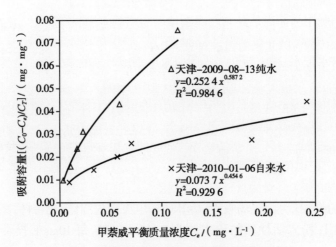

图 5-5　粉末活性炭对甲萘威的吸附容量试验

(纯水配水和水源水配水,吸附时间 2h)

采用 Freundlich 吸附等温线公式对图中数据进行回归:

$$q_e = K_F C_e^{1/n} \tag{5-10}$$

式中:q_e——吸附量,mg/mg 炭;

$\quad C_e$——平衡质量浓度,mg/L;

$\quad K_F$ 和 n——特性常数。

对于纯水配水,得到粉末活性炭吸附甲萘威的吸附等温线公式为:

$$q_e = 0.252\,4 C_e^{0.587\,2} \tag{5-11}$$

由式 5-11 的公式,可以求出对于纯水配水不同处理任务所需的加炭量。例如,对于甲萘威的原水质量浓度为标准的 5 倍(0.25mg/L),处理后质量浓度为标准的一半(0.025mg/L)的情况,所需的粉末活性炭投加量 C_T 为:

$$C_T = \frac{C_0 - C_e}{K_F C_e^{1/n}} = \frac{0.25 - 0.025}{0.252\,4 \times 0.025^{0.587\,2}} = 7.78\text{mg/L} \tag{5-12}$$

对于只能在水厂内投加粉末炭的,因吸附时间有限,只有 30 分钟左右,炭的投加量还需增加。

此外,应急净水中粉末炭的最大投炭量一般不超过 80mg/L,由此可以计算出吸附后刚能达到饮用水标准的原水最大质量浓度为:

$$C_0 = K_F C_e^{1/n} C_T + C_e = 0.252\,4 \times 0.05^{0.587\,2} \times 80 + 0.05 = 3.53\text{mg/L} \tag{5-13}$$

即,对于纯水配水,粉末活性炭吸附应对甲萘威污染的最大能力为原水超标 70 倍。

对于天津自来水配水,得到粉末活性炭吸附甲萘威的吸附等温线公式为:

$$q_e = 0.073\,7 C_e^{0.454\,6} \tag{5-14}$$

由式 5-14 的公式,可以求出对于天津自来水配水,当甲萘威的原水质量浓度为标准的 5 倍(0.25mg/L),处理后质量浓度为标准的一半(0.025mg/L)时,所需的粉末活性炭投加量为:

$$C_T = \frac{C_0 - C_e}{K_F C_e^{1/n}} = \frac{0.25 - 0.025}{0.073\,7 \times 0.025^{0.454\,6}} = 16.3\text{mg/L} \tag{5-15}$$

此外,计算出吸附后刚能达到饮用水标准的原水最大质量浓度为:

$$C_0 = K_F C_e^{1/n} C_T + C_e = 0.073\,7 \times 0.05^{0.454\,6} \times 80 + 0.05 = 1.56\text{mg/L} \tag{5-16}$$

即,对于天津自来水配水,粉末活性炭吸附应对甲萘威污染的最大能力为原水超标 30 倍。

3. 技术要点

(1)原理:采用粉末活性炭吸附水中溶解态的甲萘威,吸附后的粉末炭在水厂的混凝沉淀过滤的净水流程中,与混凝剂形成的矾花一起被去除。

(2)粉末炭的投加点:为了增加炭与水的吸附接触时间,提高炭的吸附利用率,对于取水口与水厂有一定距离的地方,粉末炭的投加点应设在取水口处;对于取水口紧挨着水厂,只能在水厂内投加的地方,炭的投加点设在混凝反应池前。

(3)粉末炭的投加量:由现场吸附试验确定,也可以先用已有资料估算。

(4)增加费用:粉末活性炭的价格约为 7 000 元/吨,每 10mg/L 投炭量的药剂费用为 0.07 元/m³ 水。

自来水厂粉末活性炭吸附法去除甲萘威应急净水的工艺流程,见图 5-6。

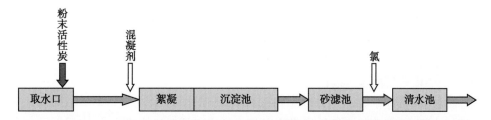

图 5-6 自来水厂粉末活性炭吸附法去除甲萘威应急净水的工艺流程图

注意事项：

（1）粉末活性炭的投加点最好设在取水口处；如在水厂内投加，需提高投加量。

（2）混凝剂投加量需要大于平时投量，以确保混凝沉淀过滤对粉末炭的去除效果。

（3）加强沉淀池排泥和滤池冲洗。

（4）注意粉末活性炭的粉尘防护和防爆问题。

（5）含有污染物的排泥水或污泥需要妥善处置。

（二）应急期居民用水建议

人体可通过饮食、刷牙、漱口等途径经口摄入水中的甲萘威；也可通过洗澡、洗手、洗菜、游泳等途径经皮肤接触水中的甲萘威。具有活性炭、反渗透膜、纳滤膜的净水器对甲萘威有一定的去除效果，在甲萘威污染事件的应急供水期，公众可选择具有上述净水组件的家用净水器，但应注意净水器说明书中注明的额定总净水量及滤芯的使用期限，超过额定总净水量或超出滤芯使用期限后，净水器对污染物的去除效果会迅速下降甚至带来二次污染，此时应及时更换滤芯。

第三节 五 氯 酚

一、基本信息

（一）理化性质

1. 中文名称：五氯酚

2. 英文名称：pentachlorophenol

3. CAS 号：87-86-5

4. 分子式：C_6Cl_5OH

5. 相对分子质量：266.34

6. 分子结构图

7. 外观与性状：白色或淡黄色粉末或晶体

8. 沸点：309~310℃

9. 熔点：191℃（无水）

10. 蒸气压：0.000 11mmHg（20℃）

11. 溶解性：1.4mg/100g 水（20℃）

（二）生产使用情况

五氯酚是一种氯酚类化合物，被用作农药（杀虫剂、除草剂等）和木材防腐剂。我国从20世纪60年代早期开始在血吸虫病流行区大量使用五氯酚用以杀灭血吸虫的中间宿主钉螺，目前五氯酚的主要用途是木材防腐剂。瑞典、德国、芬兰等一些国家已经完全禁止使用五氯酚，我国于 2008 年也已将五氯酚和五氯酚钠列入国家环保总局的第一批高污染、高环境风险产品名录,我国签署的《关于持久性有机污染物的斯德哥尔摩公约》中对五氯酚钠的限制条件是:仅用于木材防腐和作为烟剂来防松树落叶。2009 年 3 月 26 日,工信部颁布了《农药生产核准管理办法》,其中五氯酚钠为限制品种,不得新增生产能力。

(三)环境介质中质量浓度水平及饮水途径人群暴露状况

1. 环境介质中质量浓度水平　地表水和地下水中五氯酚的质量浓度都很低。工业废水中五氯酚质量浓度能达到 25 000~150 000μg/L。德国于 1986 年停止生产五氯酚,并于 1989 年禁止使用后,监测数据显示易北河中五氯酚质量浓度呈下降趋势(从 1988 年 0.07~0.17μg/L 降到 1993 年 0.01~0.02μg/L),但是在莱茵河及其支流则未观察到五氯酚质量浓度降低的趋势,1990—1991 年五氯酚质量浓度甚至高于 1980—1989 年(最高达到 0.23μg/L),导致这种情况的原因尚不清楚,但说明五氯酚的持续性环境污染。我国部分河流、湖泊水体中检出过五氯酚,但不同河流、湖泊水体中五氯酚残留状况存在明显差异。"四大湖泊"中除洪泽湖未见报道外,其余三大湖泊均存在五氯酚污染残留,平均质量浓度为 3 760ng/L;"七大河流"中松花江污染较轻,五氯酚平均质量浓度为 0.55ng/L,而长江污染最为严重,五氯酚平均质量浓度 63ng/L,约为松花江的百倍水平。

2. 饮水途径人群暴露状况　饮用水不是人体摄入五氯酚的主要途径,食物是其经口摄入的主要来源。

二、健康效应

(一)毒代动力学

1. 吸收　五氯酚可通过消化道、呼吸道和皮肤接触等方式被吸收。通过饮用水向雄性 Wistar 大鼠(100~120g)喂饲质量浓度为 320mg/L 的五氯酚钠一周,观察发现喂饲后大鼠血液中五氯酚质量浓度昼夜变化很大,最高质量浓度出现在晚上。有研究对比了五氯酚在猕猴和 SD 大鼠体内的灌胃试验结果,发现五氯酚在两种动物体内被快速吸收,猕猴和大鼠的血液中分别在灌胃后 12~24 小时内及 4~6 小时内达到峰值。

2. 分布　五氯酚一旦被吸收到体内,会分布到全身,包括肝脏、肾脏、大脑、脾脏和脂肪中。

3. 代谢　五氯酚的主要代谢反应是通过共轭形成葡糖苷酸,以及通过脱氯氧化形成四氯氢醌。在开展的所有物种上五氯酚毒理试验显示,大部分给药剂量被排泄出体外时未发生任何改变,可见五氯酚不易于被代谢。

4. 排泄　五氯酚主要的排泄途径是尿液,此外还有粪便,在呼气中只能检测出微量的代谢物。五氯酚也可以通过胆汁排泄,但是大量的肠 - 肝循环运动使得胆汁排泄无法成为主要途径。五氯酚排泄的特点是开始阶段比较快速,而后进入更快速的阶段。研究人员在大鼠和人类身上都观察到这种排泄模式,但没有在非人灵长类动物中观察到。

(二)健康效应

1. 人体资料　五氯酚中毒主要症状是大量出汗,通常会伴有发热、体重下降和胃肠不适等症状。如果涉及肝脏和肾脏则意味着是重大中毒病例。

流行病学研究显示了五氯酚对职业暴露人群的影响。其中一项研究(夏威夷的伐木工和农民 / 农药喷洒工)中人群轻度感染或炎症的发病率显著增高;另一项研究表明长期暴露于五氯酚的夏威夷伐木工人肾功能出现受抑制的情况,但这些影响有一部分是可逆的。

2. 动物资料

(1)短期暴露:急性暴露试验中,五氯酚会导致受试哺乳动物的体温和呼吸速率在初期上升,随后呼吸速率变慢,发生因呼吸困难而导致的昏迷。死亡症状表现为心脏和肌肉衰竭导致的窒息抽搐,通常会立刻观察到动物尸体明显僵直。这些试验得出经口 LD_{50} 为 27~300mg/kg。

以雄性 Wistar 大鼠为研究对象,经口给药单一剂量的五氯酚钠[五氯酚剂量质量浓度为 10mg/(kg·d)]后,发现大鼠肝脏体重比增加。该研究以大鼠肝脏体重比增加作为观察终点得出 NOAEL 值是 10mg/(kg·d)。

(2)长期暴露:以 SD 大鼠为研究对象,经口喂饲含有 3、10 和 30mg/(kg·d)工业级五氯酚的饮食 90 天。结果显示所有剂量组中大鼠肝和肾的重量均有所增加,但 3mg/(kg·d)剂量组中大鼠肝和肾的增重无统计学意义。该研究以大鼠肝脏、肾脏重量增加作为观察终点得出 NOAEL 值是 3mg/(kg·d)。

(3)生殖/发育影响:以 SD 大鼠为研究对象,在大鼠交配前、交配中及雌鼠孕期、哺乳期间经口喂饲 3、30mg/(kg·d)的五氯酚(纯品)62 天。结果显示,3mg/(kg·d)剂量组中未发现对大鼠的生殖功能和胎儿发育造成影响;30mg/(kg·d)剂量组中第二代大鼠的数量、新生体重、新生存活率和断奶后幼鼠的成长情况均受到不良影响。该研究以第二代大鼠的数量、新生体重、新生存活率和断奶后幼鼠的成长情况为观察终点得出 NOAEL 值是 3mg/(kg·d)。

(4)致突变性:五氯酚在鼠伤寒沙门氏菌、大肠杆菌、沙雷菌和果蝇致突变试验中显阴性;在正向突变和基因内重组中显阳性,在酿酒酵母基因内重组试验中显阳性。在枯草芽孢杆菌列克分析、小鼠点滴试验和人类淋巴球试验中显阳性。上述试验中的阳性结果显示均为"轻微"或"较弱"。

(5)致癌性:IARC 将五氯酚列为 2B 组,即有可能对人类致癌。基于对人的致癌作用证据不足,但有足够证据表明其对实验动物有致癌性,五氯酚可引起小鼠肝细胞腺瘤和肾上腺嗜铬细胞瘤。

USEPA 基于同样的证据将五氯酚致癌性(经口暴露)列为 L 组,即可能为人类致癌物。经口致癌斜率因子为 4×10^{-1}[mg/(kg·d)]$^{-1}$,饮用水单位致癌风险是 1×10^{-5}(μg/L)$^{-1}$,肿瘤类型为肝细胞腺瘤和肾上腺嗜铬细胞瘤。

三、饮水水质标准

(一)世界卫生组织水质准则

1984 年第一版《饮用水水质准则》中提出的五氯酚基于健康的推荐准则值为 0.01mg/L。

1993 年第二版准则将饮用水中五氯酚的基于健康的准则值调整为 0.009mg/L。

2003 年第三版、2011 年第四版及 2017 年第四版准则第一次增补版中,五氯酚的暂定准则值仍维持 0.009mg/L。

(二)我国饮用水卫生标准

1985 年版《生活饮用水卫生标准》(GB 5749—85)中未设定五氯酚的限值。

2001 年卫生部颁布的《生活饮用水水质卫生规范》(卫法监发〔2001〕161 号)中将饮用水中五氯酚的限值定为 0.009mg/L。

2006 年《生活饮用水卫生标准》(GB 5749—2006)仍然沿用 0.009mg/L 作为五氯酚的限值。

（三）美国饮水水质标准

美国一级饮水标准中规定五氯酚的 MCLG 是 0，五氯酚的 MCL 为 0.001mg/L。此值 1992 年生效，沿用至今。

四、短期暴露饮水水质安全浓度的确定

以 SD 大鼠为研究对象，经口喂饲含有 3、10 和 30mg/（kg·d）工业级五氯酚的饮食 90 天。结果显示五氯酚的所有剂量组中大鼠肝和肾的重量均有所增加，但在 3mg/（kg·d）剂量组中大鼠肝和肾的增重无统计学意义。此次研究以大鼠肝脏、肾脏重量增加作为观察终点得出 NOAEL 值是 3mg/（kg·d）。

同样以 SD 大鼠为研究对象，在大鼠交配前、交配中及雌鼠孕期、哺乳期间经口喂饲 3、30mg/（kg·d）的五氯酚（纯品）62 天。结果显示，30mg/（kg·d）剂量组中第二代大鼠的数量、新生体重、新生存活率和断奶后幼鼠的成长情况均受到不良影响。该研究以第二代大鼠的数量、新生体重、新生存活率和断奶后幼鼠的成长情况为观察终点得出 NOAEL 值同样是 3mg/（kg·d）。

短期暴露（十日）饮水水质安全浓度推导如下：

$$SWSC = \frac{NOAEL \times BW}{UF \times DWI} = \frac{3mg/（kg·d）\times 10kg}{100 \times 1L/d} = 0.3mg/L \tag{5-17}$$

式中：SWSC——短期暴露（十日）饮水水质安全浓度，mg/L；

　　　NOAEL——基于大鼠肝脏、肾脏重量增加以及第二代大鼠的数量、新生体重、新生存活率和断奶后幼鼠的成长情况为健康效应的分离点，3mg/（kg·d）；

　　　BW——平均体重，以儿童为保护对象，10kg；

　　　UF——不确定系数，100，考虑种内和种间差异；

　　　DWI——每日饮水摄入量，以儿童为保护对象，1L/d。

以大鼠肝肾脏重量增加和第二代大鼠的数量、新生体重、新生存活率及断奶后幼鼠的成长情况为健康效应推导的短期暴露（十日）饮水水质安全浓度为 0.3mg/L。

五、应急处理技术及应急期居民用水建议

（一）水厂应急处理技术

1. 概述　自来水厂的常规净水工艺（混凝—沉淀—过滤—消毒的工艺）对五氯酚的去除效果很差，臭氧生物活性炭深度处理工艺对五氯酚只有一定的去除效果。

自来水厂应急去除五氯酚技术为粉末活性炭吸附法。

2. 原理与参数　五氯酚可以被活性炭吸附。粉末活性炭试验数据如下面所示。所用的粉末活性炭是经研磨过 200 目筛的某厂颗粒活性炭，所用含五氯酚水样用纯水或是用水源水配制。

对五氯酚的纯水配水的吸附速度试验结果，见图 5-7。由图可见，粉末活性炭吸附五氯酚 30 分钟时可以达到吸附能力的 95% 左右，吸附达到基本平衡需要 1 小时以上的时间。

粉末活性炭对五氯酚的纯水配水的吸附容量试验结果，见图 5-8；用水源水配水的吸附容量试验结果，见图 5-9。由于水源水中其他污染物的竞争作用，导致水源水的吸附容量要

低于用纯水配水的吸附容量,各地在应用吸附数据时应采用本地的水源水和活性炭样进行校核试验。

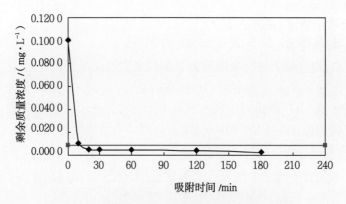

图 5-7　粉末活性炭对五氯酚的吸附速率试验

（纯水配水,加炭量 10mg/L）

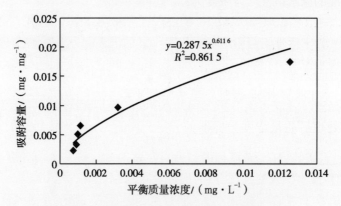

图 5-8　粉末活性炭对五氯酚的吸附容量试验

（纯水配水,吸附时间 2 小时）

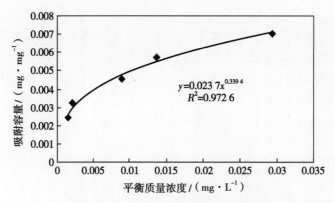

图 5-9　粉末活性炭对五氯酚的吸附容量试验

（无锡水源水配水,吸附时间 2 小时）

采用 Freundlich 吸附等温线公式对图中数据进行回归：

$$q_e = K_F C_e^{1/n} \tag{5-18}$$

式中：q_e——吸附量，mg/mg 炭；

　　C_e——平衡质量浓度，mg/L；

　　K_F 和 n——特性常数。

对于纯水配水，得到粉末活性炭吸附五氯酚的吸附等温线公式为：

$$q_e = 0.287\ 5 C_e^{0.611\ 6} \tag{5-19}$$

由式 5-19 的公式，可以求出对于纯水配水不同处理任务所需的加炭量。例如，对于五氯酚的原水质量浓度为标准的 5 倍（0.045mg/L），处理后质量浓度为标准的一半（0.004 5mg/L）的情况，所需的粉末活性炭投加量 C_T 为：

$$C_T = \frac{C_0 - C_e}{K_F C_e^{1/n}} = \frac{0.045 - 0.004\ 5}{0.287\ 5 \times 0.004\ 5^{0.611\ 6}} = 4\text{mg/L} \tag{5-20}$$

对于只能在水厂内投加粉末炭的，因吸附时间有限，炭的投加量还需增加。

此外，应急净水中粉末炭的最大投炭量一般不超过 80mg/L，由此可以计算出吸附后刚能达到饮用水标准的原水最大质量浓度为：

$$C_0 = K_F C_e^{1/n} C_T + C_e = 0.287\ 5 \times 0.009^{0.611\ 6} \times 80 + 0.009 = 1.3\text{mg/L} \tag{5-21}$$

即，对于纯水配水，粉末活性炭吸附应对五氯酚污染的最大能力为原水超标 143 倍。

对于无锡水源水配水，得到粉末活性炭吸附五氯酚的吸附等温线公式为：

$$q_e = 0.023\ 7 C_e^{0.339\ 4} \tag{5-22}$$

由式 5-22 的公式，可以求出对于无锡的水源水，当五氯酚的原水质量浓度为标准的 5 倍（0.045mg/L），处理后质量浓度为标准的一半（0.004 5mg/L）时，所需的粉末活性炭投加量为：

$$C_T = \frac{C_0 - C_e}{K_F C_e^{1/n}} = \frac{0.045 - 0.004\ 5}{0.023\ 7 \times 0.004\ 5^{0.339\ 4}} = 11\text{mg/L} \tag{5-23}$$

此外，计算出吸附后刚能达到饮用水标准的原水最大质量浓度为：

$$C_0 = K_F C_e^{1/n} C_T + C_e = 0.023\ 7 \times 0.009^{0.339\ 4} \times 80 + 0.009 = 0.392\text{mg/L} \tag{5-24}$$

即，对于无锡水源水配水，粉末活性炭吸附应对五氯酚污染的最大能力为原水超标 42 倍。

3. 技术要点

（1）原理：采用粉末活性炭吸附水中溶解态的五氯酚，吸附后的粉末炭在水厂的混凝沉淀过滤的净水流程中，与混凝剂形成的矾花一起被去除。

（2）粉末炭的投加点：为了增加炭与水的吸附接触时间，提高炭的吸附利用率，对于取水口与水厂有一定距离的地方，粉末炭的投加点应设在取水口处；对于取水口紧挨着水厂，只能在水厂内投加的地方，炭的投加点设在混凝反应池前。

（3）粉末炭的投加量：由现场吸附试验确定，也可以采用已有资料进行估算。

（4）增加费用：粉末活性炭的价格约为 7 000 元/吨，每 10mg/L 投炭量的药剂费用为 0.07 元/m³ 水。

自来水厂粉末活性炭吸附法除五氯酚应急净水的工艺流程，见图 5-10。

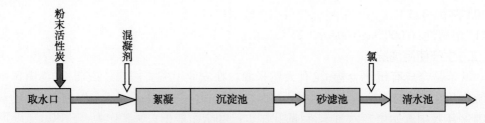

图 5-10 自来水厂粉末活性炭吸附法去除五氯酚应急净水的工艺流程图

注意事项：

（1）粉末活性炭的投加点最好设在取水口处；如在水厂内投加，需提高投加量。

（2）混凝剂投加量需要大于平时投量，以确保混凝沉淀过滤对粉末炭的去除效果。

（3）加强沉淀池排泥和滤池冲洗。

（4）注意粉末活性炭的粉尘防护和防爆问题。

（5）含有污染物的排泥水和污泥应妥善处置。

（二）应急期居民用水建议

人体可通过饮食、刷牙、漱口等途径经口摄入水中的五氯酚；也可通过洗澡、洗手、洗菜、游泳等途径经皮肤接触水中的五氯酚。具有活性炭、反渗透膜、纳滤膜的净水器对五氯酚有一定的去除效果，在五氯酚污染事件的应急供水期，公众可选择具有上述净水组件的家用净水器，但应注意净水器说明书中注明的额定总净水量及滤芯的使用期限，超过额定总净水量或超出滤芯使用期限后，净水器对污染物的去除效果会迅速下降甚至带来二次污染，此时应及时更换滤芯。

第四节 六 氯 苯

一、基本信息

（一）理化性质

1. 中文名称：六氯苯

2. 英文名称：hexachlorobenzene

3. CAS 号：118-74-1

4. 分子式：C_6Cl_6

5. 相对原子质量：284.79

6. 分子结构图

7. 外观与性状：在常温下为无色的晶状固体

8. 蒸气压（mmHg）：1.68×10^{-5}（25℃）

9. 熔点：230℃

10. 沸点：325℃

11. 溶解性：0.0005mg/100g 水（25℃）

（二）生产使用情况

六氯苯是合成有机化合物，没有天然来源。在农业上主要用作杀虫剂，也可用作生产五氯酚及五氯酚钠的原料。六氯苯属于持久性有机污染物，在《斯德哥尔摩公约》中已被禁用。1958 年我国开始生产六氯苯，目前我国也已经全面禁止六氯苯作为农药以及工业原料的直接使用和生产。1998 年以来我国六氯苯累计生产量为 79 278 吨，其中 78 323 吨用于生产五氯酚钠和五氯酚，占生产总量的 98.8%。

（三）环境介质中质量浓度水平及饮水途径人群暴露状况

1. 环境介质中质量浓度水平　环境中六氯苯主要来源于农药的生产过程及其在农业生产上的使用。六氯苯与土壤附着力强，同时由于其高持久性和低迁移性，导致我国部分环境水体中检出六氯苯，其质量浓度水平为北京通惠河（2~660ng/L）、北京官厅水库（1.43~27.3ng/L）、珠江（< 1.0~13.6ng/L）、扬子江南京流域（0.52~0.62ng/L）、黄河（1 260ng/L）、淮河（4 700~12 200ng/L）。底泥中也有六氯苯的检出，通惠河沉积物中六氯苯质量浓度为135ng/L，海河沉积物中六氯苯质量浓度均值为 11.9ng/L。现况水环境中六氯苯的主要来源是当年使用的环境残留。

2. 饮水途径人群暴露状况　饮水中六氯苯的主要污染来源是六氯苯生产过程及其在农业生产使用过程中排放的废水、废气及其使用后的残留。非职业人群从水中摄入六氯苯主要通过经口暴露途径。

二、健康效应

（一）毒代动力学

1. 吸收　六氯苯可通过肠道吸收，未见六氯苯可以通过肺和皮肤吸收的报道。动物试验表明，口服六氯苯后通过肠道的吸收情况随溶解介质不同而不同，从橄榄油（80%）中吸收六氯苯比从水的悬浊液或固体结晶态（20%）的吸收更容易。

2. 分布　六氯苯具有亲脂性，通过肠道吸收后主要分布在脂肪含量较多的组织中，如脂肪组织、肾上腺皮质、骨髓和皮肤，较少分布于肝、肾、肺、心脏、脾和血液。给恒河猴静脉注射经 ^{14}C 标记的六氯苯，在其母乳中检出了六氯苯。

3. 代谢　六氯苯被肠道吸收后，主要以母体化合物的形态存在于组织中，经缓慢代谢可产生低氯苯、氯酚及其他低级代谢产物，同时还检测到了葡萄糖苷酸和谷胱甘肽结合物。

4. 排泄　六氯苯在试验动物体内的排泄非常缓慢，大部分以母体化合物的形态从粪便排泄，小部分（5%）以代谢物的形式随尿排出。六氯苯排泄的特点是开始阶段比较快速，而后进入非常缓慢的阶段。

（二）健康效应

1. 人体资料　1955—1959 年在土耳其发生了一起人因摄入被六氯苯污染的小麦种子而导致卟啉症的事件，主要表现为皮肤病变和色素沉着过度等，据估算六氯苯的摄入量为0.05~0.2g/d。20~25 年后对上述卟啉症患者随访，10% 的患者仍处于卟啉症活跃期，超过50% 的患者表现为色素沉着过度（78%）和瘢痕（83%）以及其他皮肤、神经系统和骨骼功能问题，60% 的女性患者出现甲状腺肿大。一些患者的血液、脂肪和母乳中也发现了六氯苯的残留。

2. 动物资料

（1）短期暴露：经口摄入六氯苯的急性毒性很低，大鼠经口 LD_{50} 为 3 500~10 000mg/kg；兔子为 2 600mg/kg；猫为 1 700mg/kg；小鼠为 4 000mg/kg。啮齿动物摄入高剂量六氯苯的急性中毒症状主要是神经系统症状，包括震颤、麻痹、肌肉失调、虚弱、痉挛等。

（2）长期暴露：将六氯苯溶解于玉米油中对 COBS 大鼠（雌雄各 70 只）进行了连续 15 周的喂饲试验，共设定 0、0.5、2.0、8.0 和 32.0mg/（kg·d）五个剂量组。研究结果表明，雌性大鼠对六氯苯更敏感，在 2.0、8.0 和 32.0mg/（kg·d）剂量组检测到雌性大鼠肝卟啉水平增加和小叶中心肝细胞增大，该研究确定的 NOAEL 值为 0.5mg/（kg·d）。

给 SD 大鼠喂饲六氯苯含量为 0、75 和 150mg/kg 的饲料 2 年（94 只 / 组，纯度 > 99.5%），并且在喂饲 0、1、2、3、4、8、16、32、48 和 64 周时每组处死四只并镜检。结果显示 4 周时开始出现肝脏病变，36 周时发展成毒性肝炎、肝硬化及癌前病变，64 周时出现肝细胞瘤、胆管腺瘤和肝细胞癌（雌性）和肾腺瘤（雌性、雄性）。

给瑞士小鼠（0、100 和 200mg/kg）、SD 大鼠和叙利亚金黄地鼠（0、200 和 400mg/kg）喂饲含六氯苯饲料的试验表明，试验动物 90 天后出现淋巴造血组织的过度增生、肝脏和肾脏淋巴细胞浸润以及肝脏、脾脏的含铁血黄素沉着。SD 大鼠和叙利亚金黄地鼠还出现肝脏损伤，包括严重的退行性变、紫癜、坏死，最后发展为中毒性肝炎和肝硬化。

另一些针对哺乳动物的亚慢性经口毒性的研究结果表明，六氯苯染毒后会导致动物的肝脏和肾脏（仅大鼠）的重量显著增加；一些研究还表明其他器官的重量也会增加。慢性经口毒性研究除了得出与亚慢性经口毒性研究相似的结论外，还出现六氯苯相关的死亡率增加及肝和肾损伤，其他效应包括脱发、结痂及神经系统影响（大鼠、小鼠和犬）。

（3）生殖 / 发育影响：对猴子和猫的研究表明，六氯苯对实验动物有生殖毒性，表现为雌性猴子排卵受阻和雌激素水平下降以及猫的胎儿死亡率增加或流产。给雌性恒河猴喂饲六氯苯含量为 0.1mg/kg 的饲料 90 天后，出现卵巢生殖上皮细胞分层；喂饲更高剂量的六氯苯（1.0 和 10.0 mg/kg）时，出现了卵巢生殖上皮细胞变性。给予在孕 7 天到 16 天的小鼠 100mg/（kg·d）的六氯苯可影响仔鼠的正常发育。

以 SD 大鼠为试验对象进行了为期 130 周的研究，研究中对雄性和雌性 SD 大鼠（F_0 代）使用灌胃法给予六氯苯，共设定 0、0.32、1.6、8.0 和 40mg/kg 食物五个剂量组，从交配前 90 天一直持续到分娩后 32 天（断奶）。雌雄大鼠交配后，每个剂量组子代（F_1 代）的数量为 50 只雄性和 50 只雌性，且在 F_1 代 28 天龄时喂饲同 F_0 代相同的剂量直至死亡（F_1 代终生暴露，130 周）。对 F_1 代研究结果表明，0.32mg/kg 食物剂量组未出现不良反应；1.6mg/kg 食物剂量组，虽然 F_1 代雄性大鼠的门静脉周的糖原消耗显著增加（$p < 0.05$），但该不良反应并未在其他暴露剂量组出现；8.0 和 40mg/kg 食物剂量组均发现肝小叶中心的嗜碱性色素形成显著增加（$P < 0.05$）；此外，40mg/kg 食物剂量组中还出现胆囊周围淋巴细胞增生和纤维化，雄性大鼠出现严重的慢性肾病和甲状旁腺肿瘤，雌性大鼠肾上腺嗜铬细胞瘤的发病率显著增加（$p < 0.05$）。但是，该研究很难评估 F_1 代大鼠的终生暴露水平（mg/kg），因为 F1 代大鼠初始暴露六氯苯是在母体子宫和哺乳期间。

（4）致突变性：在一项致突变试验中，无论代谢活化或不活化，都未发现六氯苯对 5 种沙门氏菌株有致突变性影响；对大鼠的显性致死突变试验也为阴性，但对酿酒酵母菌表现出致突变性。六氯苯在 Ames 试验和姐妹染色体交换试验中的结果均为阴性。

（5）致癌性：IARC 将六氯苯列为 2B 组，即有可能对人类致癌，六氯苯对试验动物致癌性证据充分,可导致肝细胞癌、肝血管内皮瘤和甲状腺腺瘤。此外,六氯苯在人类乳腺癌中也扮演着重要角色,多项病例对照研究表明在乳腺癌患者的乳房脂肪中六氯苯的质量浓度比非乳腺癌患者高,但是六氯苯在脂肪中的累积量会随着年龄的增长而增多,由于在这些病例对照研究中年龄这一混杂因素并没有得到严格的控制,因此不能确立六氯苯导致乳腺癌的因果关系。

USEPA 将六氯苯致癌性列为 B2 组,即充足的动物证据,不充分的或根本没有人类证据。经口致癌斜率因子为 $1.6[\text{mg}/(\text{kg} \cdot \text{d})]^{-1}$,饮水单位致癌风险为 $4.6 \times 10^{-5}(\mu\text{g/L})^{-1}$,肿瘤类型为肝细胞癌、肝血管内皮瘤和甲状腺腺瘤。

三、饮水水质标准

(一)世界卫生组织水质准则

1984 年第一版《饮用水水质准则》中提出六氯苯的基于健康的准则值为 $0.01\mu\text{g/L}$。

1993 年第二版准则中 WHO 将饮用水中六氯苯准则值调整为 $1\mu\text{g/L}$。

2003 年第三版准则中 WHO 再次对六氯苯进行了评估,认为健康准则值的质量浓度水平远高于六氯苯在饮用水中的检出水平,因此认为没有必要制订六氯苯的准则值。

2011 年第四版及 2017 年第四版准则第一次增补版中,仍然维持以上要求。

(二)我国饮用水卫生标准

1985 年版《生活饮用水卫生标准》(GB 5749—85)中未设定六氯苯的限值。

2001 年卫生部颁布的《生活饮用水水质卫生规范》(卫法监发〔2001〕161 号)中将饮用水中六氯苯的限值定为 0.001mg/L。

2006 年《生活饮用水卫生标准》(GB 5749—2006)仍然沿用 0.001mg/L 作为六氯苯的限值。

(三)美国饮水水质标准

美国一级饮水标准中规定六氯苯的 MCLG 是 0,六氯苯的 MCL 值为 0.001mg/L。此值于 1994 年生效,沿用至今。

四、短期暴露饮水水质安全浓度的确定

将六氯苯溶解于玉米油中对 COBS 大鼠(雌雄各 70 只)进行了连续 15 周的喂饲试验,共设定 0、0.5、2.0、8.0 和 $32.0\text{mg}/(\text{kg} \cdot \text{d})$ 五个剂量组。研究结果表明,雌性大鼠对六氯苯更敏感,在 $2.0\text{mg}/(\text{kg} \cdot \text{d})$ 及以上剂量组,检测到雌性大鼠肝卟啉水平增加和小叶中心肝细胞增大,该研究给出的 NOAEL 值为 $0.5\text{mg}/(\text{kg} \cdot \text{d})$。

短期暴露(十日)饮水水质安全浓度推导如下:

$$SWSC = \frac{NOAEL \times BW}{UF \times DWI} = \frac{0.5\text{mg}/(\text{kg} \cdot \text{d}) \times 10\text{kg}}{100 \times 1\text{L/d}} = 0.05\text{mg/L} \quad (5\text{-}25)$$

式中:SWSC——短期暴露(十日)饮水水质安全浓度,mg/L;

NOAEL——基于雌性大鼠肝脏影响为健康效应的分离点,$0.5\text{mg}/(\text{kg} \cdot \text{d})$;

BW——平均体重,以儿童为保护对象,10kg;

UF——不确定系数,100,考虑种内和种间差异;

DWI——每日饮水摄入量,以儿童为保护对象,1L/d。

以雌性大鼠肝脏影响为健康效应推导的短期暴露(十日)饮水水质安全浓度为 0.05mg/L。

五、应急处理技术及应急期居民用水建议

（一）水厂应急处理技术

1. 概述　自来水厂常规净水工艺（混凝—沉淀—过滤—消毒的工艺）对六氯苯有一定去除效果，臭氧生物活性炭深度处理工艺对六氯苯有较好地去除效果。

自来水厂应急去除六氯苯技术为粉末活性炭吸附法。

2. 原理与参数　六氯苯属于不溶于水的疏水性物质，采用活性炭吸附有很好的去除效果。

粉末活性炭试验数据如下面所示。所用的粉末活性炭是经研磨过 200 目筛的某厂颗粒活性炭，所用含六氯苯水样用纯水配制或是用水源水配制。

对六氯苯的吸附速度试验结果，见图 5-11。由图可见，粉末活性炭吸附六氯苯，30 分钟时可以达到吸附能力的 95% 左右，吸附达到基本平衡需要 1 小时以上的时间。

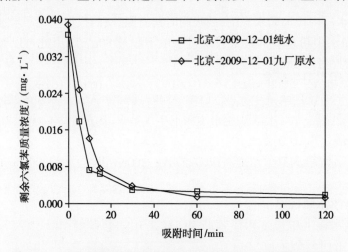

图 5-11　粉末活性炭对六氯苯的吸附速率试验（加炭量 20mg/L）

粉末活性炭对六氯苯的纯水配水和水源水配水的吸附容量试验结果，见图 5-12。

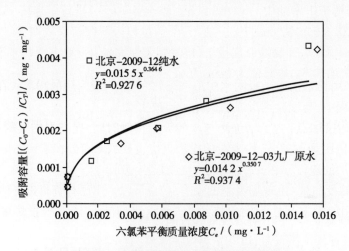

图 5-12　粉末活性炭对六氯苯的吸附容量

（纯水配水和北京九厂原水配水，吸附时间 2 小时）

采用 Freundlich 吸附等温线公式对图中数据进行回归：

$$q_e = K_F C_e^{1/n} \qquad (5\text{-}26)$$

式中：q_e——吸附量 mg/mg 炭；

C_e——平衡质量浓度 mg/L；

K_F 和 n——特性常数。

对于纯水配水，得到粉末活性炭吸附六氯苯的吸附等温线公式为：

$$q_e = 0.015\,5 C_e^{0.364\,6} \qquad (5\text{-}27)$$

由式 5-27 的公式，可以求出对于纯水配水不同处理任务所需的加炭量。例如，对于六氯苯的原水质量浓度为标准的 5 倍（0.005mg/L），处理后质量浓度为标准的一半（0.000 5mg/L）的情况，所需的粉末活性炭投加量 C_T 为：

$$C_T = \frac{C_0 - C_e}{K_F C_e^{1/n}} = \frac{0.005 - 0.000\,5}{0.015\,5 \times 0.000\,5^{0.364\,6}} = 5\text{mg/L} \qquad (5\text{-}28)$$

对于只能在水厂内投加粉末炭的，因吸附时间有限，炭的投加量还需增加。

此外，应急净水中粉末炭的最大投炭量一般不超过 80mg/L，由此可以计算出吸附后刚能达到饮用水标准的原水最大质量浓度为：

$$C_0 = K_F C_e^{1/n} C_T + C_e = 0.015\,5 \times 0.001^{0.364\,6} \times 80 + 0.001 = 0.101\text{mg/L} \qquad (5\text{-}29)$$

即，对于纯水配水，粉末活性炭吸附应对六氯苯污染的最大能力为原水超标约 100 倍。

对于北京水源水配水，得到粉末活性炭吸附六氯苯的吸附等温线公式为：

$$q_e = 0.014\,2 C_e^{0.350\,7} \qquad (5\text{-}30)$$

由式 5-30 的公式，可以求出对于北京的水源水，当六氯苯的原水质量浓度为标准的 5 倍（0.005mg/L），处理后质量浓度为标准的一半（0.000 5mg/L）时，所需的粉末活性炭投加量为：

$$C_T = \frac{C_0 - C_e}{K_F C_e^{1/n}} = \frac{0.005 - 0.000\,5}{0.014\,2 \times 0.000\,5^{0.350\,7}} = 5\text{mg/L} \qquad (5\text{-}31)$$

此外，计算出吸附后刚能达到饮用水标准的原水最大质量浓度为：

$$C_0 = K_F C_e^{1/n} C_T + C_e = 0.014\,2 \times 0.001^{0.350\,7} \times 80 + 0.001 = 0.102\text{mg/L} \qquad (5\text{-}32)$$

即，对于北京水源水配水，粉末活性炭吸附应对六氯苯污染的最大能力为原水超标约 100 倍。

3. 技术要点

（1）原理：采用粉末活性炭吸附水中溶解态的六氯苯，吸附后的粉末炭在水厂的混凝沉淀过滤的净水流程中，与混凝剂形成的矾花一起被去除。

（2）粉末炭的投加点：为了增加炭与水的吸附接触时间，提高炭的吸附利用率，对于取水口与水厂有一定距离的地方，粉末炭的投加点应设在取水口处；对于取水口紧挨着水厂，只能在水厂内投加的地方，炭的投加点设在混凝反应池前。

（3）粉末炭的投加量：由现场吸附试验确定，也可以采用已有资料进行估算。

（4）增加费用：粉末活性炭的价格约为 7 000 元 / 吨，每 10mg/L 投炭量的药剂费用为 0.07 元 /m³ 水。

自来水厂粉末活性炭吸附法除六氯苯应急净水的工艺流程，见图 5-13。

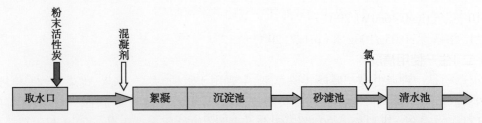

图 5-13 自来水厂粉末活性炭吸附法去除六氯苯应急净水的工艺流程图

注意事项:

（1）粉末活性炭的投加点最好设在取水口处；如在水厂内投加，需提高投加量。

（2）混凝剂投加量需要大于平时投量，以确保混凝沉淀过滤对粉末炭的去除效果。

（3）加强沉淀池排泥和滤池冲洗。

（4）注意粉末活性炭的粉尘防护和防爆问题。

（5）含有污染物的排泥水和污泥需要妥善处置。

（二）应急期居民用水建议

人体可通过饮食、刷牙、漱口等途径经口摄入水中的六氯苯；也可通过洗澡、洗手、洗菜、游泳等途径经皮肤接触水中的六氯苯。具有活性炭、反渗透膜、纳滤膜的净水器对六氯苯有一定的去除效果，在六氯苯污染事件的应急供水期，公众可选择具有上述净水组件的家用净水器，但应注意净水器说明书中注明的额定总净水量及滤芯的使用期限，超过额定总净水量或超出滤芯使用期限后，净水器对污染物的去除效果会迅速下降甚至带来二次污染，此时应及时更换滤芯。

第五节 灭 草 松

一、基本信息

（一）理化性质

1. 中文名称：灭草松

2. 英文名称：bentazone

3. CAS 号：25057-89-0

4. 分子式：$C_{10}H_{12}N_2O_3S$

5. 相对分子质量：240.28

6. 分子结构图

7. 外观与性状：纯品为无色晶体（25℃）

8. 沸点：395.7℃（760mmHg）

9. 熔点：138℃

10. 蒸气压：0.46mPa（20℃）

11. 溶解性：0.05g/100g 水（pH=7，20℃）

（二）生产使用情况

灭草松是一种苯并噻二嗪酮类除草剂，主要用于水稻、大豆、水果、蔬菜、玉米、草坪、花生和谷物等，可防除阔叶杂草和莎草科杂草，对多年生恶性杂草及抗性杂草具有较好的防效，且对作物安全。灭草松于 20 世纪 60 年代开发，1972 年上市。自 2009 年起灭草松的全球销售额保持稳步增长，2009—2014 年间复合年增长率高达 14.4%。据中国农药工业协会统计，灭草松的用量在 0.1 万 ~1 万吨 / 年。

（三）环境介质中质量浓度水平及饮水途径人群暴露状况

1. 环境介质中质量浓度水平　水环境中灭草松的主要来源是农业。灭草松在土壤中的迁移性强，蓄积性低。有研究表明，土壤对灭草松的吸附固定能力普遍较低，在施用六周之后土壤中的灭草松就会向下延伸到百米的深度，所以残留于土壤中的灭草松很可能会随着土壤中的径流进入并长期蓄积于地下水中。此外，由于灭草松具有较高的迁移率，在下雨时更容易从土壤层的裂缝穿透进入到下面的蓄水层。有报道地下水中灭草松质量浓度为 0.01~120μg/L。地表水则可能会受到工业 / 农业废水的污染。在日本大量种植水稻的区域附近的地表水经常检出灭草松，检出质量浓度达到 14μg/L。在我国，对包括井水、干渠水、河水、坑塘水、水库水和湖水在内的 62 份农村水样的检测结果显示，灭草松均未检出。

2. 饮水途径人群暴露状况　对于大多数人群而言，农药的暴露来源主要是食品，美国 EPA 认为食品中农药残留来源占 80%，而饮用水和居住环境等各占 10%。

二、健康效应

（一）毒代动力学

1. 吸收　灭草松可经口或者皮肤的途径被吸收。向大鼠灌胃给药单一剂量 4mg/kg 的灭草松，给药后 0.5~2 小时内发现血液中质量浓度达到最高值，说明灭草松可以被快速吸收，给药 10 小时后血液中灭草松质量浓度低于最高值的 10%。经皮肤吸收灭草松的量变化较大，通过尿液中母体化合物的量可确定穿透皮肤的灭草松量仅为投药量的 1%~2%，保留在皮肤上或者皮肤中的灭草松量为投药量的 6%~61%。

2. 分布　灭草松在人体中分布较为广泛。在向大鼠经口给药单一剂量 0.8mg/kg 的经 ^{14}C 标记的灭草松 1 小时后，大鼠的胃部、肝部、心脏、肾脏处均检测到放射性，脑部或脊髓中未检测到放射性。

3. 代谢　大鼠经口给药灭草松后，在其尿液中发现灭草松的母体化合物，含量为给药剂量的 77%~91%，8- 羟基灭草松含量为 6.3%，6- 羟基灭草松含量为 2%。

而向小鼠经口给药 ^{14}C 标记的灭草松，在其尿液中检出 N- 异丙基胺磺酰基邻氨基苯甲酸（5.4%），邻氨基苯甲酸（6.2%）和 2- 氨基 -N- 异丙基苯甲酰胺（6.1%），然而未检测到 6- 羟基灭草松及 8- 羟基灭草松，母体化合物大约为给药剂量的 71.3%。

4. 排泄　灭草松的主要排泄途径为尿液。向大鼠给药放射性标记的灭草松后，从尿液中以母体化合物形式排出的灭草松剂量占给药剂量的 91%，粪便仅占 0.9%。

（二）健康效应

动物资料

（1）短期暴露：有研究提出灭草松的大鼠经口 LD$_{50}$ 是 2 063mg/kg。另有研究提出灭草松的犬经口 LD$_{50}$ 是 900mg/kg；猫经口 LD$_{50}$ 是 500mg/kg；兔子经口 LD$_{50}$ 是 750mg/kg。

（2）长期暴露：以比格犬为研究对象，经口喂饲含有 0、2.5、7.5、25 和 75mg/（kg·d）灭草松的饮食 90 天。结果显示，最高剂量组中比格犬出现体重下降、瘦弱、腹泻、频繁呕吐、试验结束时便血，并普遍存在身体不健康的情况；在试验中 1/3 公犬和 2/3 母犬死亡，最高剂量组中还出现血液生化指标变化的情况，如血清白蛋白降低，转氨酶、尿素氮、谷草转氨酶和总胆红素等升高。75mg/（kg·d）剂量组中所有公犬、25 和 7.5mg/（kg·d）剂量组中 1/3 公犬出现前列腺炎。该研究中以比格犬患前列腺炎为观察终点得出 NOAEL 值为 2.5mg/（kg·d），LOAEL 值暂定为 7.5mg/（kg·d）。

以 Wistar 大鼠为研究对象（10 只/性别/剂量组），经口给药 0、400、1 200 和 3 600mg/L 工业级灭草松 [通过食物摄取量换算出雄鼠给药剂量为 0、25.3、77.8 和 243.3mg/（kg·d）；雌鼠给药剂量为 0、28.9、86.1 和 258.3mg/（kg·d）]。研究过程中给药期持续了 13 周，随后持续了 4 周的恢复期。结果显示，最高剂量组中的雌鼠体重下降大约 5%~6%，雄鼠出现前凝血酶时间延长的现象，与对照组相比从 22.5 秒延长至 30.2 秒，部分凝血活酶时间与对照组相比从 13.5 秒延长至 15.8 秒，这些变化在 4 周的恢复期中回归正常。其他血液指标无变化。此次研究中以雄鼠血液凝固时间改变和雌鼠体重下降为观察终点，得出 NOAEL 值为 1 200mg/L[雄鼠为 77.8mg/（kg·d），雌鼠为 86.1mg/（kg·d）]，LOAEL 值为 3 600mg/L[雄鼠为 243.3mg/（kg·d），雌鼠为 258mg/（kg·d）]。

以 Fischer-344 小鼠为研究对象，经口给药 0、200、800 和 4 000mg/L 工业级灭草松（纯度 93.9%）两年，通过食物摄取量换算出雄鼠给药剂量为 0、9、35 和 180mg/（kg·d），雌鼠给药剂量为 0、11、45 和 244mg/（kg·d）。该研究以凝血时间延长和肝肾临床生化改变为观察终点，得出 NOAEL 值为 200mg/L[相当于雄鼠为 9mg/（kg·d），雌鼠为 11mg/（kg·d）]。

（3）生殖/发育影响：以两代 Wistar 大鼠为研究对象，经口喂饲含有 0、15、62 和 249mg/（kg·d）灭草松的饮食。试验数据结果显示，在两个高剂量组中两代大鼠体重仅有较小的减轻，在统计学上并不显著。两个高剂量组雌雄鼠肾脏的一些肾小管细胞出现嗜碱细胞增多的现象。本次试验在最高剂量组观察到亲代毒性，据此得出的 NOAEL 值为 62mg/（kg·d）。未观察到因给药在生育力、着床位置或后代存活率方面引发的不良反应，然而在整个哺乳期内 62 和 249mg/（kg·d）剂量组幼崽的体重增加量和大鼠体重有所下降，据此得出的 NOAEL 值为 15mg/（kg·d）。

以怀孕 6~15 天的 Wistar 大鼠为研究对象，灌胃给药 0、40、100 和 250mg/（kg·d）工业级灭草松。在最高剂量组观察到灭草松的发育毒性，存活的幼鼠体重下降。基于此将 NOAEL 值定为 100mg/（kg·d），LOAEL 值定为 250mg/（kg·d）。

（4）致突变性：灭草松在 20~5 000μg/plate 沙门氏菌回复试验中显示阴性，在 10~1 000μg/plate 大肠杆菌回复试验中显示阴性。在 100~5 000μg/ml 中国仓鼠卵巢细胞/次黄嘌呤磷酸核糖转移酶（CHO/HGPRT）正向突变试验中显示阴性。在小鼠微核试验中，灭草松在 200~800mg/kg 未引发 NMRI 小鼠微核数显著增加。灭草松在小鼠肝细胞试验的 2.5 和 502μg/ml 剂量组中，对非常规 DNA 合成的影响显示阴性。总体来说，以上试验证据归纳为三类：基因突变、染色体结构畸变和其他基因毒性影响（DNA 受损和修复），均未显示灭草松有致突变性。

（5）致癌性：IARC 未对灭草松的致癌性进行评估；USEPA 将灭草松致癌性（经口暴露）列为 E 组，即证实对人类无致癌性。

三、饮水水质标准

（一）世界卫生组织水质准则

1984 年第一版《饮用水水质准则》中未提出灭草松的准则值。

1993 年第二版准则中提出灭草松以健康为基准的准则值为 0.3mg/L。

2004 年第三版准则认为没有必要考虑建立基于健康的灭草松准则值。

2011 年第四版及 2017 年第一次修订版准则中,均认为饮用水中的灭草松设定正式的准则值是不必要的。但 2017 年第四版准则第一次增补版中给出了灭草松基于健康的准则值为 0.5mg/L。

（二）我国饮用水卫生标准

1985 年版《生活饮用水卫生标准》（GB 5749—85）中未设定灭草松的限值。

2001 年卫生部颁布的《生活饮用水水质卫生规范》（卫法监发〔2001〕161 号）中将饮用水中灭草松的限值定为 0.3mg/L。

2006 年生活饮用水卫生标准（GB 5749—2006）仍然沿用 0.3mg/L 作为灭草松的限值。

（三）美国饮水水质标准

美国饮水水质标准中未制订灭草松的限值。

四、短期暴露饮水水质安全浓度的确定

以比格犬为研究对象,经口喂饲含有 0、2.5、7.5、25 和 75mg/（kg·d）灭草松的饮食 90 天。以比格犬患前列腺炎为观察终点得出 NOAEL 值为 2.5mg/（kg·d）。

短期暴露（十日）饮水水质安全浓度推导如下:

$$SWSC = \frac{NOAEL \times BW}{UF \times DWI} = \frac{2.5mg/（kg·d） \times 10kg}{100 \times 1L/d} \approx 0.3mg/L \qquad (5-33)$$

式中:SWSC——短期暴露（十日）饮水水质安全浓度,mg/L;

NOAEL——以比格犬患前列腺炎为健康效应的分离点,2.5mg/（kg·d）;

BW——平均体重,以儿童为保护对象,10kg;

UF——不确定系数,100,考虑种内和种间差异;

DWI——每日饮水摄入量,以儿童为保护对象,1L/d。

以比格犬患前列腺炎为健康效应分离点推导的短期暴露（十日）饮水水质安全浓度为 0.3mg/L。

五、应急处理技术及应急期居民用水建议

（一）水厂应急处理技术

1. 概述　自来水厂常规净水工艺（混凝—沉淀—过滤—消毒的工艺）对灭草松的去除效果很差,臭氧生物活性炭深度处理工艺只有一定去除效果。

自来水厂应急去除灭草松技术为粉末活性炭吸附法。

2. 原理与参数　灭草松属于微溶于水的疏水性物质,采用活性炭吸附有一定的去除效果。

粉末活性炭试验数据如下面所示。所用的粉末活性炭是经研磨过 200 目筛的某厂颗粒活性炭,所用含灭草松水样用纯水配制或是用水源水配制。

对灭草松的吸附速率试验结果,见图 5-14。由图可见,粉末活性炭吸附灭草松,30 分钟时可以达到吸附能力的 70% 左右,吸附达到基本平衡需要 2 小时以上的时间。

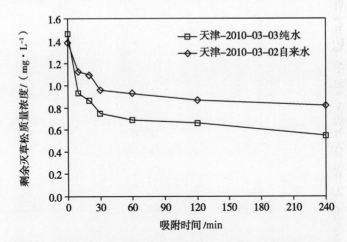

图 5-14　粉末活性炭对灭草松的吸附速率试验（加炭量 20mg/L）

粉末活性炭对灭草松的吸附容量试验结果,见图 5-15。由于水源水中其他污染物的竞争作用,对于水源水的吸附容量要低于用纯水配水的吸附容量。各地在应用吸附数据时应采用本地的水源水和活性炭样进行校核试验。

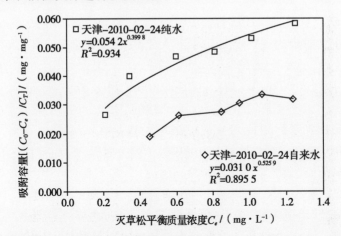

图 5-15　粉末活性炭对灭草松的吸附容量试验（吸附时间 2 小时）

采用 Freundlich 吸附等温线公式对图中数据进行回归:

$$q_e = K_F C_e^{1/n} \quad (5\text{-}34)$$

式中:q_e——吸附量,mg/mg 炭;

C_e——平衡质量浓度,mg/L;

K_F 和 n——特性常数。

对于纯水配水,得到粉末活性炭吸附灭草松的吸附等温线公式为:

$$q_e = 0.054\,2 C_e^{0.399\,8} \quad (5\text{-}35)$$

由式 5-35 的公式,可以求出对于纯水配水不同处理任务所需的加炭量。例如,对于灭草松的原水质量浓度为标准的 5 倍（1.5mg/L）,处理后质量浓度为标准的一半（0.15mg/L）的情

况,所需的粉末活性炭投加量 C_T 为:

$$C_T = \frac{C_0 - C_e}{K_F C_e^{1/n}} = \frac{1.5 - 0.15}{0.054\,2 \times 0.15^{0.399\,8}} = 53\text{mg/L} \tag{5-36}$$

对于只能在水厂内投加粉末炭的,因吸附时间有限,炭的投加量还需增加。

此外,应急净水中粉末炭的最大投炭量一般不超过 80mg/L,由此可以计算出吸附后刚能达到饮用水标准的原水最大质量浓度为:

$$C_0 = K_F C_e^{1/n} C_T + C_e = 0.054\,2 \times 0.3^{0.399\,8} \times 80 + 0.3 = 3.0\text{mg/L} \tag{5-37}$$

即,对于纯水配水,粉末活性炭吸附应对灭草松污染的最大能力为原水超标 9 倍。

对于天津自来水配水,得到粉末活性炭吸附灭草松的吸附等温线公式为:

$$q_e = 0.031 C_e^{0.525\,9} \tag{5-38}$$

由式 5-38 的公式,可以求出对于天津自来水配水,当灭草松的原水质量浓度为标准的 5 倍(1.5mg/L),处理后质量浓度为标准的一半(0.15mg/L)时,所需的粉末活性炭投加量为:

$$C_T = \frac{C_0 - C_e}{K_F C_e^{1/n}} = \frac{1.5 - 0.15}{0.031 \times 0.15^{0.525\,9}} = 118\text{mg/L} \tag{5-39}$$

此外,计算出吸附后刚能达到饮用水标准的原水最大质量浓度为:

$$C_0 = K_F C_e^{1/n} C_T + C_e = 0.031 \times 0.3^{0.525\,9} \times 80 + 0.3 = 1.6\text{mg/L} \tag{5-40}$$

即,对于天津自来水配水,粉末活性炭吸附应对灭草松污染的最大能力为原水超标 4 倍。

3. 技术要点

(1)原理:采用粉末活性炭吸附水中溶解态的灭草松,吸附后的粉末炭在水厂的混凝沉淀过滤的净水流程中,与混凝剂形成的矾花一起被去除。

(2)粉末炭的投加点:为了增加炭与水的吸附接触时间,提高炭的吸附利用率,对于取水口与水厂有一定距离的地方,粉末炭的投加点应设在取水口处;对于取水口紧挨着水厂,只能在水厂内投加的地方,炭的投加点设在混凝反应池前。

(3)粉末炭的投加量:由现场吸附试验确定,也可以采用已有资料估算。

(4)增加费用:粉末活性炭的价格约为 7 000 元/吨,每 10mg/L 投炭量的药剂费用为 0.07 元/m³ 水。

自来水厂粉末活性炭吸附法除灭草松应急净水的工艺流程,见图 5-16。

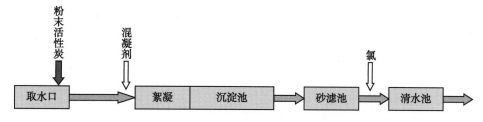

图 5-16 自来水厂粉末活性炭吸附法去除灭草松应急净水的工艺流程图

注意事项:

(1)粉末活性炭的投加点最好设在取水口处;如在水厂内投加,需提高投加量。

(2)混凝剂投加量需要大于平时投量,以确保混凝沉淀过滤对粉末炭的去除效果。

(3)加强沉淀池排泥和滤池冲洗。

（4）注意粉末活性炭的粉尘防护和防爆问题。

（5）含有污染物的排泥水和污泥需要妥善处置。

（二）应急期居民用水建议

人体可通过饮食、刷牙、漱口等途径经口摄入水中的灭草松；也可通过洗澡、洗手、洗菜、游泳等途径经皮肤接触水中的灭草松。具有活性炭、反渗透膜、纳滤膜的净水器对灭草松有一定的去除效果，在灭草松污染事件的应急供水期，公众可选择具有上述净水组件的家用净水器，但应注意净水器说明书中注明的额定总净水量及滤芯的使用期限，超过额定总净水量或超出滤芯使用期限后，净水器对污染物的去除效果会迅速下降甚至带来二次污染，此时应及时更换滤芯。

第六节 百 菌 清

一、基本信息

（一）理化性质

1. 中文名称：百菌清

2. 英文名称：chlorothalonil

3. CAS 号：1897-45-6

4. 分子式：$C_8N_2Cl_4$

5. 相对分子质量：265.89

6. 分子结构图：

7. 外观与形状：白色或结晶晶体

8. 气味：无

9. 沸点：350℃

10. 熔点：250~251℃

11. 溶解性：0.06mg/100g 水（25℃）

（二）生产使用情况

百菌清是由美国钻石制碱公司于 1963 年开发的广谱杀菌剂，广泛用于蔬菜、果树以及豆类、水稻、小麦等多种作物病害的防治。根据中国农药工业协会统计，2013 年国内百菌清原药主要生产企业的产量约为 16 587 吨，其中约 7 000 吨原药用于满足国内需求，其余大部分出口到美国、欧洲和东南亚等海外市场。

（三）环境介质中质量浓度水平及饮水途径人群暴露状况

1. 环境介质中质量浓度水平　百菌清喷洒后可随雨水进入环境水体。一般情况下水体中百菌清的含量极低。当发生百菌清的生产或运输事故时，可能引起突发水污染。研究发现,百菌清在在蒸馏水中水解较慢,在地下水和巢湖水中的水解速率显著加快。溶液温度和pH对百菌清的水解速率影响较大,即温度越高、pH越大,水解越快。在25℃、pH=4的条件下,百菌清的水解半衰期为210天;而在40℃、pH=10的条件下,百菌清的水解半衰期仅0.17天。阴离子表面活性剂十二烷基苯磺酸钠也可以显著加快百菌清的水解。

2. 饮水途径人群暴露状况 农药残留是通过饮食摄入百菌清的主要途径。饮用水中的百菌清污染可能来源为农药喷洒后,随降雨进入水体。一般情况下,饮用水中百菌清的质量浓度很低,在晋城市的5个生活饮用水样品中,均未检出百菌清。

二、健康效应

(一)毒代动力学

1. 吸收 将经 ^{14}C 标记的百菌清(剂量未明确)经口对大鼠给药,48小时内,至少有40%的剂量被吸收。对狗给予单次经口(胶囊)500mg/kg的百菌清,24小时内排泄出了总剂量的85%,表明有15%被吸收。

2. 分布 对大鼠管饲经 ^{14}C 标记的百菌清,11天后大鼠体内总残留量为摄入剂量的0.44%,其中胃肠道为0.05%,肾脏为0.01%,眼、脑、心脏、肺、肝脏、甲状腺和脾脏中也有发现。对小鼠进行单次管饲剂量为0、1.5、15和105mg/kg的经 ^{14}C 标记百菌清,胃和肾脏质量浓度最高,肝、脂肪、小肠、大肠、肺和心脏也有分布。

3. 代谢 百菌清的代谢产物是4-羟基-2,5,6-三氯异二苯腈(SDS-3701)。给犬和大鼠喂饲1 500~3 000mg/kg的百菌清2年,代谢产物SDS-3701在犬肾脏中质量浓度低于1.5mg/kg,在犬和大鼠的肝脏中质量浓度低于3.0mg/kg,研究者指出,代谢物不会在动物组织内储存。

4. 排泄 粪便是百菌清的主要排泄途径,排出量约为给药剂量的88%,尿液排出量约为5%,还有微量通过呼吸排出。

(二)健康效应

1. 人体资料 有研究报道了百菌清在木制工具中的残留造成了20名工人中的14人患接触性皮炎,这些工人所用的木头中含有由0.5%百菌清配制的防腐剂。患病工人的主要表现为眼睑红疹和水肿,特别是上眼睑,以及手腕和前臂出疹。使用丙酮中有0.1%的百菌清对14人进行了过敏性试验,其中7人结果为阳性,症状从少量红斑状丘疹到没有渗透物的棕色明显红疹。

2. 动物资料

(1)短期暴露:百菌清的急性毒性较低,大鼠和兔急性经口 LD_{50} 均大于10 000mg/kg。

以兔子为研究对象经皮肤给药,给药剂量为1、2.15、4.64和10g/kg,暴露24小时。研究表明百菌清会导致轻微或中毒皮肤过敏,特征为红疹、水肿、张力缺乏和脱皮。

以猴和兔为研究对象,使用96%的百菌清进行眼刺激,将0.1ml受试物缓慢滴入受试动物一只眼睛的结膜囊中,试验动物表现出轻微和短暂的眼刺激,症状为角膜浑浊,给药后四天症状逐渐消退。动物还表现出轻微至中度的虹膜和结膜影响,同样可恢复。清水可减轻虹膜和结膜刺激,还可以阻止角膜混浊的形成。

(2)长期暴露:以大鼠为研究对象,给药90天,经换算的给药剂量约为0、0.2、0.5、1.0、1.5、2.0和3.0mg/(kg·d)。研究结果表明,在2.0和3.0mg/(kg·d)剂量组大鼠的肾脏上皮细胞里层近侧迁回小管偶然会表现出空泡状态或水肿,与对照组相比有显著性差异,据此该研究确定的 NOAEL 为 1.5mg/（kg·d）。

通过饮食对 Charles River 大鼠（每个剂量组雄性 27 只，雌性 28 只）给药 13 周，给药质量浓度分别为 0、1.5、3.0、10 和 40mg/（kg·d）。组织病理学检查显示，3.0mg/（kg·d）及以上剂量组所有雄性大鼠均显示出肾近曲小管的胞浆内不规则的内含体数量增加。该研究确定的 NOAEL 为 1.5mg/（kg·d）。

以犬为试验对象，通过饮食摄入百菌清 104 周，剂量分别为 0、60 和 120mg/kg 食物［约为 0、1.5 和 3mg/（kg·d）］。试验结果表明，3mg/（kg·d）剂量组的雄犬肾脏发生了组织病理学的改变，包括：肾曲小管和收集小管上皮细胞空泡状态增加，以及肾曲小管上皮细胞色素增加，该研究据此确定的 NOAEL 为 60mg/kg 食物［1.5mg/（kg·d）］。一项动物试验研究中，以 CD-1 小鼠为试验对象开展了 24 个月的饮食暴露试验，共设定 0、125、250 和 550mg/（kg·d）四个剂量组。研究表明，百菌清可使小鼠前胃肿瘤发生率增加，雄性小鼠的肾小管肿瘤发生率增加，但无明确的剂量反应关系。另一项动物试验研究，同样以 CD-1 小鼠为试验对象开展了 24 个月的饮食暴露试验，共设定 1.6、4.5、21.3 和 91.3mg/（kg·d）四个剂量组。此研究未观察到肾肿瘤，但在 91.3mg/（kg·d）剂量组发现前胃肿瘤的发生率略有增加。

（3）生殖/发育影响：以妊娠期 6~18 天的兔子为研究对象，经口管饲剂量为 0，1，2.5 和 5mg/（kg·d）的百菌清，每个剂量组 10 只。研究结果表明，在 5mg/（kg·d）剂量组观察到雌性死亡（研究期间 2 例死亡）吸收胎数量（9）、雌性流产数量（4）的增加，该研究基于母体/胎儿毒性确定的 NOAEL 为 2.5mg/（kg·d）。

以 SD 大鼠为试验对象，在妊娠期的第 6~15 天管饲剂量为 0、25、100 和 400mg/（kg·d）的百菌清。未观察到与化合物相关的胎儿外观、内部或骨骼畸形；在 400mg/（kg·d）剂量组观察到了母体毒性（体现在外观变化、三例死亡、体重增长减缓和食物消耗减少）。这个研究基于致畸作用确定的 NOAEL 为 400mg/（kg·d），基于母体毒性确定的 NOAEL 为 100mg/（kg·d）。

以妊娠期第 6~18 天的日本白兔为试验对象（对照组 8 只，其他每组 9 只），灌胃给予百菌清剂量为 0、5 和 50mg/（kg·d）。50mg/（kg·d）剂量组 9 只中有 4 只流产；所有剂量组均未发现与化合物相关的生长迟缓或畸形。这个研究确定的基于致畸效应的 NOAEL 为 50mg/（kg·d），基于母体毒性的 NOAEL 为 5mg/（kg·d）。

（4）致癌性：IARC 将百菌清列为 2B 组，即可能对人类致癌。大鼠、小鼠经口暴露百菌清的研究表明会产生肾小管瘤，前胃乳头状癌发生率也有增加。

USEPA 将百菌清致癌性（经口暴露）分为 B2 组，即有充足的动物证据，不充分或根本没有人类证据。

三、饮水水质标准

（一）世界卫生组织水质准则
世界卫生组织的水质准则中始终未提出百菌清的准则值。

（二）我国饮用水卫生标准
1985 年版《生活饮用水卫生标准》（GB 5749—85）中未规定百菌清的限值。

2001 年卫生部颁布的《生活饮用水水质卫生规范》（卫法监发〔2001〕161 号）中百菌清的限值为 0.01mg/L。

2006 年《生活饮用水卫生标准》(GB 5749—2006)仍然沿用 0.01mg/L 作为百菌清的限值。

(三)美国饮水水质标准

美国饮水标准中未规定百菌清的标准限值。

四、短期暴露饮水水质安全浓度的确定

以妊娠期 6~18 天的兔子为试验对象,经口管饲剂量为 0,1,2.5,5mg/(kg·d)的百菌清,每个剂量组 10 只。研究结果表明,在 5mg/(kg·d)剂量组观察到雌性死亡(研究期间 2 例死亡)吸收胎数量(9)、雌性流产数量(4)的增加,该研究基于母体/胎儿毒性确定的 NOAEL 为 2.5mg/(kg·d)。

短期暴露(十日)饮水水质安全浓度推导如下:

$$SWSC = \frac{NOAEL \times BW}{UF \times DWI} = \frac{2.5mg/(kg \cdot d) \times 10kg}{100 \times 1L/d} \approx 0.2mg/L \qquad (5-41)$$

式中:SWSC——短期暴露(十日)饮水水质安全浓度,mg/L;

NOAEL——基于母体/胎儿毒性为健康效应的分离点,2.5mg/(kg·d);

BW——平均体重,以儿童为保护对象,10kg;

UF——不确定系数,100,考虑种内和种间差异;

DWI——每日饮水摄入量,以儿童为保护对象,1L/d。

以兔的母体/胎儿毒性为健康效应推导的短期暴露(十日)饮水水质安全浓度为 0.2mg/L。

五、应急处理技术及应急期居民用水建议

(一)水厂应急处理技术

1. 概述　自来水厂的常规净水工艺(混凝—沉淀—过滤—消毒的工艺)对百菌清的去除效果很差,臭氧生物活性炭深度处理工艺有一定去除效果。当水源发生百菌清的突发污染时,需要进行应急净水处理。

自来水厂应急去除百菌清技术为粉末活性炭吸附法。

2. 原理与参数　百菌清属于微溶于水的疏水性物质,采用活性炭吸附有很好的去除效果。

粉末活性炭试验数据如下面所示。所用的粉末活性炭是经研磨过 200 目筛的某厂颗粒活性炭,所用含百菌清水样用纯水配制或是用水源水配制。

对百菌清的无锡水源水配水的吸附速度试验结果,见图 5-17。由图可见,粉末活性炭吸附百菌清,30 分钟时可以达到吸附能力的 80% 左右,吸附达到基本平衡需要 2 小时以上的时间。

粉末活性炭对百菌清的纯水配水的吸附容量试验结果,见图 5-18;对用水源水配水的吸附容量试验结果,见图 5-19。由于水源水中其他污染物的竞争作用,对于水源水的吸附容量要低于用纯水配水的吸附容量。各地在应用吸附数据时应采用本地的水源水和活性炭样进行校核试验。

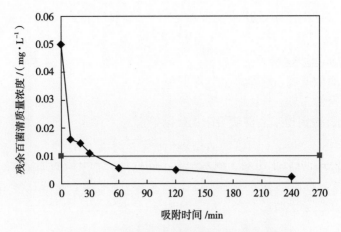

图 5-17　粉末活性炭对百菌清的吸附速率试验

（无锡水源水配水，加炭量 10mg/L）

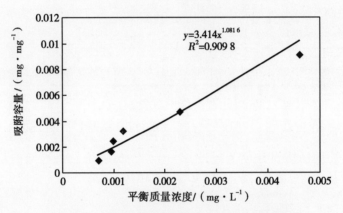

图 5-18　粉末活性炭对百菌清的吸附速率试验

（纯水配水，吸附时间 2 小时）

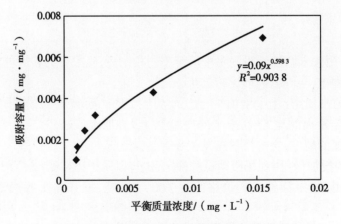

图 5-19　粉末活性炭对百菌清的吸附速率试验

（无锡水源水配水，吸附时间 2 小时）

采用 Freundlich 吸附等温线公式对图中数据进行回归：

$$q_e = K_F C_e^{1/n} \tag{5-42}$$

式中：q_e——吸附量，mg/mg 炭；

　　C_e——平衡质量浓度，mg/L；

　　K_F 和 n——特性常数。

对于纯水配水，得到粉末活性炭吸附的吸附等温线公式为：

$$q_e = 3.414 C_e^{1.081\,6} \tag{5-43}$$

由式 5-43 的公式，可以求出对于纯水配水不同处理任务所需的加炭量。例如，对于百菌清的原水质量浓度为标准的 5 倍（0.05mg/L），处理后质量浓度为标准的一半（0.005mg/L）的情况，所需的粉末活性炭投加量 C_T 为：

$$C_T = \frac{C_0 - C_e}{K_F C_e^{1/n}} = \frac{0.05 - 0.005}{3.414 \times 0.005^{1.081\,6}} = 4\text{mg/L} \tag{5-44}$$

对于只能在水厂内投加粉末炭的，因吸附时间有限，炭的投加量还需增加。

此外，应急净水中粉末炭的最大投炭量一般不超过 80mg/L，由此可以计算出吸附后刚能达到饮用水标准的原水最大质量浓度为：

$$C_0 = K_F C_e^{1/n} C_T + C_e = 3.414 \times 0.01^{1.081\,6} \times 80 + 0.01 = 1.89\text{mg/L} \tag{5-45}$$

即，对于纯水配水，粉末活性炭吸附应对百菌清污染的最大能力为原水超标 188 倍。

对于无锡水源水配水，得到粉末活性炭吸附百菌清的吸附等温线公式为：

$$q_e = 0.09 C_e^{0.598\,3} \tag{5-46}$$

由式 5-46 的公式，可以求出对于无锡的水源水，当百菌清的原水质量浓度为标准的 5 倍（0.05mg/L），处理后质量浓度为标准的一半（0.005mg/L）时，所需的粉末活性炭投加量为：

$$C_T = \frac{C_0 - C_e}{K_F C_e^{1/n}} = \frac{0.05 - 0.005}{0.09 \times 0.005^{0.598\,3}} = 12\text{mg/L} \tag{5-47}$$

此外，计算出吸附后刚能达到饮用水标准的原水最大质量浓度为：

$$C_0 = K_F C_e^{1/n} C_T + C_e = 0.09 \times 0.01^{0.598\,3} \times 80 + 0.01 = 0.47\text{mg/L} \tag{5-48}$$

即，对于无锡水源水配水，粉末活性炭吸附应对百菌清污染的最大能力为原水超标 46 倍。

3. 技术要点

（1）原理：采用粉末活性炭吸附水中溶解态的百菌清，吸附后的粉末炭在水厂的混凝沉淀过滤的净水流程中，与混凝剂形成的矾花一起被去除。

（2）粉末炭的投加点：为了增加炭与水的吸附接触时间，提高炭的吸附利用率，对于取水口与水厂有一定距离的地方，粉末炭的投加点应设在取水口处；对于取水口紧挨着水厂，只能在水厂内投加的地方，炭的投加点设在混凝反应池前。

（3）粉末炭的投加量：由现场吸附试验确定，也可以采用已有资料估算。

（4）增加费用：粉末活性炭的价格约为 7 000 元 / 吨，每 10mg/L 投炭量的药剂费用为 0.07 元 /m³ 水。

自来水厂粉末活性炭吸附法去除百菌清应急净水的工艺流程，见图 5-20。

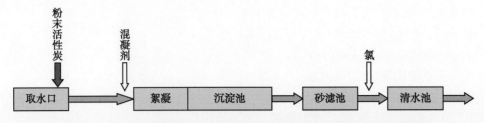

图 5-20 自来水厂粉末活性炭吸附法去除百菌清应急净水的工艺流程图

注意事项：

（1）粉末活性炭的投加点最好设在取水口处；如在水厂内投加，需提高投加量。

（2）混凝剂投加量需要大于平时投量，以确保混凝沉淀过滤对粉末炭的去除效果。

（3）加强沉淀池排泥和滤池冲洗。

（4）注意粉末活性炭的粉尘防护和防爆问题。

（5）含有污染物的排泥水或污泥需要妥善处置。

（二）应急期居民用水建议

人体可通过饮食、刷牙、漱口等途径经口摄入水中的百菌清；也可通过洗澡、洗手、洗菜、游泳等途径经皮肤接触水中的百菌清。具有活性炭、反渗透膜、纳滤膜的净水器对百菌清有一定的去除效果，在百菌清污染事件的应急供水期，公众可选择具有上述净水组件的家用净水器，但应注意净水器说明书中注明的额定总净水量及滤芯的使用期限，超过额定总净水量或超出滤芯使用期限后，净水器对污染物的去除效果会迅速下降甚至带来二次污染，此时应及时更换滤芯。

第七节 林 丹

一、基本信息

（一）理化性质

1. 中文名称：林丹、γ-六六六

2. 英文名称：lindane

3. CAS 号：58-89-9

4. 分子式：$C_6H_6Cl_6$

5. 分子量：290.83

6. 分子结构图：

7. 外观与性状：白色至黄色结晶粉末

8. 蒸气压：4.2×10^{-5} mmHg（20℃）

9. 熔点：112.5℃

10. 沸点：323.4℃（760mmHg）

11. 溶解性：0.73~0.79mg/100g 水（20℃）

（二）生产使用情况

林丹是在 20 世纪广泛使用的高效农业用杀虫剂，现已停止生产使用。我国曾经是生产和使用六六六（包含林丹）的大国，自 20 世纪 60 年代开始生产，至 1983 年停产。

（三）环境介质中质量浓度水平及饮水途径人群暴露状况

1. 环境介质中质量浓度水平　林丹一般应用于农林业，作为杀虫剂使用后进入土壤和水体。有报道地表水中林丹的质量浓度水平为 0.01~0.1μg/L，在污染的河流中可达到 12μg/L，地下水中质量浓度为 3~163μg/L。

2003 年，北京永定河中水样中检出了六六六，其中林丹的质量浓度为 1.26~6.06ng/L。2008 年北京近郊河流的水样测试结果表明，所有样品中均有六六六检出，在 6 个地表水样中的含量为 3.87~146.42ng/L，四种异构体中 δ- 六六六含量最高，为 140.27ng/L，其次为 α-六六六（40.76ng/L），γ- 六六六（林丹）含量最低（6.99ng/L）。对我国地表水十个流域水系的 17 种有毒有机物污染状况的调查结果显示，林丹在我国地表水中检出率为 83.9%，平均值为 31.3ng/L。可以看出，即使在有机氯农药大规模禁止使用几十年后，环境中仍有林丹残留。

2. 饮水途径人群暴露状况　人体主要通过饮食等途径经口摄入水中的林丹。

二、健康效应

（一）毒代动力学

1. 吸收　人体局部试验发现，含有 0.3%~1.0% 林丹的制剂能被快速吸收，在 6 个小时内可达到血液质量浓度的峰值。

2. 分布　有动物试验研究结果表明，给白鼠喂食 2.5mg/kg 的林丹，林丹优先被分布在脂肪组织中。其他动物试验表明，优先分布的器官也包括脑。另有大量的报道，在女性分泌的乳汁中也曾检出了林丹。

3. 代谢　有研究显示，林丹进入人体后代谢过程中会产生五氯苯酚、六氯化苯、1，3，4，5，6- 五氯环己烯、2，4，6- 三氯苯酚、2，3，4，6- 四氯苯酚。

4. 排泄　林丹及其代谢产物大部分通过尿液排出，在林丹的排泄过程中，只有极少量的林丹会保持原形态，大部分都会被分解代谢为其他物质。

（二）健康效应

1. 人体资料　一项对林丹致癌性的病例对照研究中，研究对象为 987 例非霍奇金淋巴瘤（NHL）患病人群和 2 895 例对照组人群，发现林丹能显著增加 NHL 的患病风险。

加拿大一项研究给出了同样的结论，其研究对象为 517 例 NHL 患病人群和 1 506 例对照组人群，OR 值为 2.05（95% CI 1.01~4.16），研究表明林丹的暴露能增加 NHL 的患病率。

2. 动物资料

（1）短期暴露：林丹比其他氯化烃类有更强的急性毒性，因为它可以被完全快速吸收，临床症状很快会出现。它的高流动性和快速吸收率导致它的 NOAEL 和致死剂量的区间范围很窄。

对 15 只 Wistar 大鼠以 1.3、12.3 和 25.4mg/（kg·d）的林丹进行喂饲试验，在 25.4mg/

（kg·d）剂量组观测到神经传导延迟症状，据此得出的 NOAEL 值为 12.3mg/（kg·d）。

对 Wistar 大鼠进行 40 天的喂饲试验，剂量组为 2.5、5、10 和 50mg/（kg·d）。2 周后，5mg/（kg·d）及以上水平剂量组的大鼠表现出了敏感兴奋，运动错乱。

一项对兔子喂饲林丹的试验研究中，林丹剂量为 1.5~12mg/（kg·d），1 周 5 次，持续 5~6 周后，研究兔子对沙门氏伤寒杆菌的反应，分处理组和对照组，每组 6 只兔子。试验结果显示，处理组表现出剂量反应关系，表示林丹会对免疫系统产生影响。

对雄性和雌性的大鼠喂饲纯林丹 84 天，剂量组为 0、0.016 5、0.066、0.33、1.65 和 8.25mg/（kg·d）。试验结果表明，在 1.65 和 8.25mg/（kg·d）剂量组均观测到肝组织增生肥大、肾小管退化等，而在 0.33mg/（kg·d）剂量组大鼠的不良反应非常少见且症状不明显，据此得出的 NOAEL 为 0.33mg/（kg·d）。

（2）长期暴露：对 10 只 Wistar 大鼠进行了林丹喂饲试验，剂量组为 5、10、50、100、400、800、1 600mg/（kg·d），持续 2 年多。在 100mg/（kg·d）水平上观测到肝组织增重和轻微肝肾损伤，50mg/（kg·d）水平上未观测到以上健康效应。

对比格犬进行了喂饲试验，剂量组为 0、25、50 和 100mg/（kg·d），持续 2 年。试验结果表明，25 和 50mg/（kg·d）剂量组未观察到影响，100mg/（kg·d）剂量组犬的血清碱性磷酸酶水平明显上升，其肝脏肥大，颜色变黑且易碎。

（3）生殖/发育影响：对怀孕的兔子和 CFY 大鼠进行相同剂量的林丹生殖试验，剂量组为 5、10 和 15mg/（kg·d），时间为怀孕后第 6 天 ~18 天，均未见其有影响。

（4）致癌性：IARC 将林丹列为 1 组，即对人类有确认的致癌性，林丹可引起人群非霍奇金淋巴瘤。

USEPA 将林丹列为 S 组，即有潜在致癌的暗示性证据，经口致癌斜率因子为 1.3[mg/（kg·d）]$^{-1}$。

三、饮水水质标准

（一）世界卫生组织水质准则

1984 年第一版《饮用水水质准则》中，提出林丹的准则值为 0.003mg/L。

1993 年第二版准则中将林丹的准则值调整为 0.002mg/L。

2004 年第三版、2011 年第四版及 2017 年第四版准则的第一次增补版中，林丹的准则值均保持为 0.002mg/L。

（二）我国饮用水卫生标准

1985 年版《生活饮用水卫生标准》（GB 5749—85）中未对林丹作出单独规定，但六六六的总量限值为 0.005mg/L。

2001 年卫生部颁布的《生活饮用水水质卫生规范》（卫法监发〔2001〕161 号）中林丹的限值定为 0.002mg/L，六六六的总量限值为 0.005mg/L。

2006 年《生活饮用水卫生标准》（GB 5749—2006）中维持了上述规定。

（三）美国饮水水质标准

美国一级饮水标准中规定林丹的 MCLG 为 0.000 2mg/L，MCL 亦为 0.000 2mg/L。此标准于 1976 年制定，沿用至今。

四、短期暴露饮水水质安全浓度的确定

对 15 只 Wistar 大鼠以 1.3、12.3 和 25.4mg/kg 的林丹进行喂饲试验,在 25.4mg/(kg·d) 剂量组观测到神经传导延迟症状,得出其 NOAEL 值为 12.3mg/(kg·d)。

短期暴露(十日)饮水水质安全浓度推导如下:

$$SWSC = \frac{NOAEL \times BW}{UF \times DWI} = \frac{12.3mg/(kg·d) \times 10kg}{100 \times 1L/d} \approx 1mg/L \qquad (5-49)$$

式中:SWSC——短期暴露(十日)饮水水质安全浓度,mg/L;

　　　NOAEL——基于大鼠神经传导延迟症状为健康效应分离点,12.3mg/(kg·d);

　　　BW——平均体重,以儿童为保护对象,10kg;

　　　UF——不确定系数,100,考虑种内和种间差异;

　　　DWI——每日饮水摄入量,以儿童为保护对象,1L/d。

以大鼠神经传导延迟症状现象为健康效应推导的短期暴露(十日)饮水水质安全浓度为 1mg/L。

五、应急处理技术及应急期居民用水建议

(一)水厂应急处理技术

1. 概述　自来水厂的常规净水工艺(混凝—沉淀—过滤—消毒的工艺)对林丹的去除效果很差,臭氧生物活性炭深度处理工艺只有一定去除效果。

自来水厂应急去除林丹的技术为粉末活性炭吸附法。

2. 原理与参数　林丹属于微溶于水的疏水性物质,采用活性炭吸附有很好的去除效果。

粉末活性炭试验数据如下面所示。所用的粉末活性炭是经研磨过 200 目筛的某厂颗粒活性炭,所用含林丹水样用纯水配制或是用水源水配制。

对林丹的广州南洲水厂水源水配水的吸附速度试验结果,见图 5-21。由图可见,粉末活性炭吸附林丹,30 分钟时可以达到吸附能力的 75% 左右,吸附达到基本平衡需要 2 小时以上的时间。

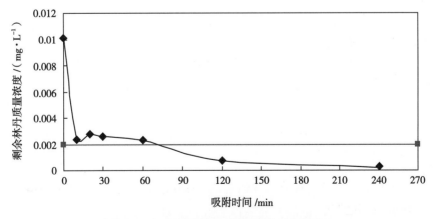

图 5-21　粉末活性炭对林丹的吸附速度试验

(广州南洲水厂水源水配水,加炭量 10mg/L)

粉末活性炭对林丹的去离子水配水的吸附容量试验结果,见图 5-22;对用水源水配水的吸附容量试验结果,见图 5-23。

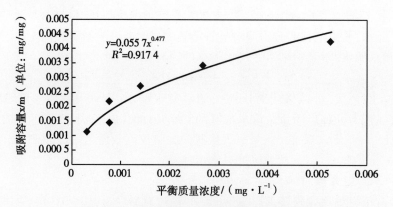

图 5-22　粉末活性炭对林丹的吸附容量试验
(去离子水配水,吸附时间 2 小时)

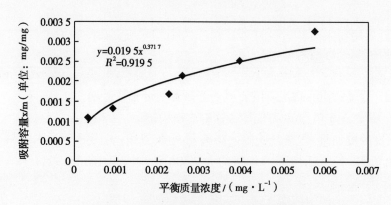

图 5-23　粉末活性炭对林丹的吸附容量试验
(广州水源水配水,吸附时间 2 小时)

采用 Freundlich 吸附等温线公式对图中数据进行回归:

$$q_e = K_F C_e^{1/n} \tag{5-50}$$

式中:q_e——吸附量,mg/mg 炭;

　　　C_e——平衡质量浓度,mg/L;

　　　K_F 和 n——特性常数。

对于去离子水配水,得到粉末活性炭吸附林丹的吸附等温线公式为:

$$q_e = 0.055\,7C_e^{0.477} \tag{5-51}$$

由式 5-51 的公式,可以求出对于纯水配水不同处理任务所需的加炭量。例如,对于林丹的原水质量浓度为标准的 5 倍(0.01mg/L),处理后质量浓度为标准的一半(0.001mg/L)的情况,所需的粉末活性炭投加量 C_T 为:

$$C_T = \frac{C_0 - C_e}{K_F C_e^{1/n}} = \frac{0.01 - 0.001}{0.055\,7 \times 0.001^{0.477}} = 4.4\text{mg/L} \tag{5-52}$$

对于只能在水厂内投加粉末炭的,因吸附时间有限,炭的投加量还需增加。

此外,应急净水中粉末炭的最大投炭量一般不超过 80mg/L,由此可以计算出吸附后刚能达到饮用水标准的原水最大质量浓度为:

$$C_0 = K_F C_e^{1/n} C_T + C_e = 0.055\ 7 \times 0.002^{0.477} \times 80 + 0.002 = 0.23\text{mg/L} \tag{5-53}$$

即,对于原水配水,粉末活性炭吸附应对林丹污染的最大能力为原水超标 115 倍。

对于广州水源水,得到粉末活性炭吸附林丹的吸附等温线公式为:

$$q_e = 0.019\ 5 C_e^{0.371\ 7} \tag{5-54}$$

由式 5-54 的公式,可以求出对于广州的水源水配水,当林丹的原水质量浓度为标准的 5 倍(0.01mg/L),处理后质量浓度为标准的一半(0.001mg/L)时,所需的粉末活性炭投加量为:

$$C_T = \frac{C_0 - C_e}{K_F C_e^{1/n}} = \frac{0.01 - 0.001}{0.019\ 5 \times 0.001^{0.371\ 7}} = 6\text{mg/L} \tag{5-55}$$

此外,计算出吸附后刚能达到饮用水标准的原水最大质量浓度为:

$$C_0 = K_F C_e^{1/n} C_T + C_e = 0.019\ 5 \times 0.002^{0.371\ 7} \times 80 + 0.002 = 0.157\text{mg/L} \tag{5-56}$$

即,对于广州水源水,粉末活性炭吸附应对林丹污染的最大能力为原水超标 77 倍。

3. 技术要点

(1)原理:采用粉末活性炭吸附水中溶解态的林丹,吸附后的粉末炭在水厂的混凝沉淀过滤的净水流程中,与混凝剂形成的矾花一起被去除。

(2)粉末炭的投加点:为了增加炭与水的吸附接触时间,提高炭的吸附利用率,对于取水口与水厂有一定距离的地方,粉末炭的投加点应设在取水口处;对于取水口紧挨着水厂,只能在水厂内投加的地方,炭的投加点设在混凝反应池前。

(3)粉末炭的投加量:由现场吸附试验确定,也可以用已有资料估算。

(4)增加费用:粉末活性炭的价格约为 7 000 元 / 吨,每 10mg/L 投炭量的药剂费用为 0.07 元 /m³ 水。

自来水厂粉末活性炭吸附法除林丹应急净水的工艺流程,见图 5-24。

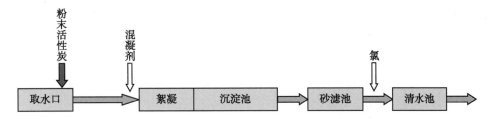

图 5-24　自来水厂粉末活性炭吸附法去除林丹应急净水的工艺流程图

注意事项:

(1)粉末活性炭的投加点最好设在取水口处;如在水厂内投加,需提高投加量。

(2)混凝剂投加量需要大于平时投量,以确保混凝沉淀过滤对粉末炭的去除效果。

(3)加强沉淀池排泥和滤池冲洗。

(4)注意粉末活性炭的粉尘防护和防爆问题。

(5)含有污染物的排泥水或污泥,需要妥善处置。

(二)应急期居民用水建议

人体可通过饮食、刷牙、漱口等途径经口摄入水中的林丹;也可通过洗澡、洗手、洗菜、游泳等途径经皮肤接触水中的林丹。具有活性炭、反渗透膜、纳滤膜的净水器对林丹有一定的去除效果,在林丹污染事件的应急供水期,公众可选择具有上述净水组件的家用净水器,但应注意净水器说明书中注明的额定总净水量及滤芯的使用期限,超过额定总净水量或超出滤芯使用期限后,净水器对污染物的去除效果会迅速下降甚至带来二次污染,此时应及时更换滤芯。

第八节　毒　死　蜱

一、基本信息

（一）理化性质

1. 中文名称:毒死蜱

2. 英文名称:chlorpyrifos

3. CAS 号:2921-88-2

4. 分子式:$C_9H_{11}Cl_3NO_3PS$

5. 相对分子质量:350.57

6. 分子结构图

7. 外观与性状:白色颗粒状晶体(25℃)

8. 沸点:160℃

9. 熔点:41~42℃

10. 蒸气压:2.02×10^{-5}mmHg(25℃)

11. 溶解性:0.2mg/100g 水(25℃)

（二）生产使用情况

毒死蜱是一种高效、安全和广谱的含氮杂环类有机磷杀虫剂,对害虫具有触杀、胃毒和熏蒸作用。由于它对人畜毒性相对较低,杀虫广谱,防效优良,是目前全世界生产和销售量最大的有机磷杀虫剂品种之一。目前,毒死蜱仍在我国生产使用,2016 年我国毒死蜱产量为 4.62 万吨。

（三）环境介质中质量浓度水平及饮水途径人群暴露状况

1. 环境介质中质量浓度水平　毒死蜱是非极性物质,易挥发,在水中溶解度较低。水环境中毒死蜱的主要来源是农业污染,一般情况下水体中毒死蜱的含量较低。报道称地表水中检出毒死蜱的大部分结果都低于 0.1μg/L,最高质量浓度为 0.4μg/L。我国农村饮用水中有毒死蜱的检出:北方某省份农村饮用井水中毒死蜱检出率为 98.2%(共 110 份),质量浓度范围为 0.35~0.6μg/L;而南方某省份农村饮用井水中未检出毒死蜱(共 57 份)。分析原因可能是北方省份地处东北地区温度较低,而南方省份地处西南地区温度较高,表明温度是影响毒死蜱降解的主要因素之一。

2. 饮水途径人群暴露状况　对于大多数人而言,毒死蜱暴露的主要来源是食品。USEPA 认为食品中农药残留来源占 80%,而饮用水和居住环境等各占 10%。

二、健康效应

（一）毒代动力学

1. 吸收　向六名男性志愿者经口给药 0.5mg/kg 的毒死蜱（99.8% 纯度），研究表明毒死蜱容易被胃肠道吸收。另一项研究给 Wistar 大鼠喂饲单一剂量 50mg/kg 的 ^{36}Cl- 毒死蜱（玉米油中），在 2~3 天后约 90% 的剂量被胃肠道吸收。

2. 分布　向六名志愿者给药单一剂量 0.5mg/kg 的毒死蜱，给药后毒死蜱及其代谢产物消除较快，在人体中无明显累积。

研究人员向雄性 Wistar 大鼠经口喂饲单一剂量经 ^{36}Cl 标记的毒死蜱（50mg/kg），在喂饲 4 小时后在肾脏、肝脏、肺和脂肪中出现放射性最高水平（分别为 0.092 4、0.069 0、0.406 和 0.317mmol 放射当量 /kg 组织）。放射性在肝脏（半衰期 10 小时）、肾脏（半衰期 12 小时）和肌肉（半衰期 16 小时）中快速消除，但在脂肪组织中（半衰期 62 小时）保留了一段时间。

3. 代谢　毒死蜱的主要代谢途径是通过氧化酶类的氧化脱硫功能形成高活性的毒死蜱氧化物。这种氧化物通过水解作用转化为磷酸二乙酯和 3，5，6- 三氯羟基吡啶，继而被水解为 3，5，6- 三氯 -2- 吡啶。向六名男性志愿者经口给药 0.5mg/kg 的毒死蜱，五天后在血液中发现未代谢的毒死蜱质量浓度很低（< 30mg/ml），尿液中未发现其母体化合物，大部分的毒死蜱被转换为 3，5，6- 三氯 -2- 吡啶。

4. 排泄　尿液是毒死蜱及其代谢产物的主要排泄途径。6 名志愿者经口摄入单一剂量毒死蜱（0.5mg/kg）后，5 天内通过尿液排出了摄入剂量的 70%，而通过尿液排出的半衰期是 27 小时。研究人员对大鼠经口给药后观察发现，放射性同位素标记的毒死蜱被快速、广泛的吸收和排泄，给药 72 小时内在尿液和粪便中可分别检测到 68%~93% 和 6%~15% 的毒死蜱及其代谢产物。

（二）健康效应

1. 人体资料　以 6 名男性志愿者为试验对象，经口给药单一剂量毒死蜱（0.5mg/kg），结果显示人体血浆胆碱酯酶活性受抑制，下降到给药前水平的 15%，酶活性在 4 周内恢复到基本正常的水平（给药前的 80%~90%），在治疗后期 30 天内没有观察到其他中毒的迹象和症状。

以 16 名男性志愿者（4 人 / 剂量组）为研究对象，经口给药剂量为 0、0.014、0.03 和 0.10mg/（kg·d）的毒死蜱（胶囊），给药时间分别为 28、28、21 和 9 天。最高剂量组 [0.10mg/（kg·d）] 在 9 天后被中止试验，因为其中一人出现流鼻涕和视力模糊的症状。作者没有表明 0.03mg/（kg·d）剂量组在 21 天中止试验的原因。研究结果表明，最高剂量组血浆胆碱酯酶的活性与对照组相比受抑制 30% 左右（P < 0.05）；与基线水平相比受抑制 65% 左右。在 0.03mg/（kg·d）剂量组中，血浆胆碱酯酶活性平均为给药前的 70%，对照组的 87%，但在统计学上没有显著差异。低剂量组和对照组个体血浆胆碱酯酶活性相当。在给药中止后 4 周内所有参与试验受影响人群的血浆胆碱酯酶活性恢复到给药前的水平。所有剂量组都未观察到红细胞胆碱酯酶活性受影响的情况发生。该研究以血浆胆碱酯酶活性受抑制为观察终点得出 NOAEL 值是 0.03mg/（kg·d），LOAEL 值是 0.10mg/（kg·d）。

以 17 名工人为研究对象进行了职业暴露的研究。工人在 2 年时间里以 5 天 / 周、8 小时 / 天的频率暴露于时间加权质量浓度为 7.54mg/m^3 的毒死蜱中。结果显示在与年龄、性别相符合的对照组进行比对时，试验组的血浆胆碱酯酶明显受到抑制（P < 0.001）。大部分工

人都出现头痛、鼻部或呼吸道问题加重的情况。普通体检显示正常,但体检中未包括红细胞胆碱酯酶活性。

2. 动物资料

(1)短期暴露:向小鼠灌胃毒死蜱(溶于豆油中)得出雌性小鼠的经口 LD_{50} 为 152mg/kg,雄性小鼠的经口 LD_{50} 为 169mg/kg。雄性和雌性大鼠的经口 LD_{50} 是 118~245mg/kg,不同性别之间未观察到显著差异。雄性豚鼠的经口 LD_{50} 为 504mg/kg。

给成对的比格犬喂饲含 0.6mg/kg 食物的毒死蜱 [相当于 0.015mg/(kg·d)] 的饮食 12 天,结果显示受试犬血浆和红细胞胆碱酯酶活性均没有变化。将喂饲剂量改为 2mg/kg 食物 [相当于 0.1mg/(kg·d)]28 天时,在试验开始的 7 天内有一只母犬的血浆胆碱酯酶活性降低 50%。在另一个研究中,研究人员向犬喂饲 6、20 和 60mg/kg 食物 [相当于 0.15、0.5 和 1.5mg/(kg·d)] 毒死蜱 35 天,结果显示血浆胆碱酯酶活性分别下降到 42%、25% 和 17%。从这两个研究中可总结出 NOAEL 值为 0.015mg/(kg·d)。

(2)长期暴露:向 7 周大的 SD 大鼠(25 只 / 性别 / 剂量组)喂饲包含 0.1、1.0、3.0mg/(kg·d)毒死蜱的饮食 2 年。研究结果表明:1.0 和 3.0mg/(kg·d)剂量组的大鼠血浆胆碱酯酶活性明显受到抑制($P < 0.05$);大脑胆碱酯酶活性仅在最高剂量组受到显著抑制(对照组的 57%)。当停止喂饲后,毒死蜱对胆碱酯酶的影响是可逆的。0.1mg/(kg·d)剂量组的大鼠胆碱酯酶活性与对照组水平相当。该研究以血浆胆碱酯酶活性受抑制为观察终点得出 NOAEL 值为 0.1mg/(kg·d)。

向四组 SD 大鼠喂饲包含 0、0.1、1.0、5.0mg/(kg·d)毒死蜱(纯度为 97.8%~98.5%)的饮食 21 周。试验结束后尸检结果表明:大脑胆碱酯酶活性仅在 5.0mg/(kg·d)剂量组受到显著抑制。该研究以大脑胆碱酯酶活性受抑制为观察终点得出 NOAEL 值为 1.0mg/(kg·d)。

(3)生殖 / 发育影响:在一个连续喂饲三代的研究中,向 SD 大鼠(每组 15 只雄鼠,15 只雌鼠)喂饲 1.0mg/(kg·d)毒死蜱,通过考察生育期、怀孕期、发育期和哺乳期相关指标可发现在生殖或产后未出现不良影响,受试动物的产仔数、幼崽重量和性别比均未受到影响。摄入毒死蜱 [第一代大鼠分别摄入 0.03、0.1 和 0.3mg/(kg·d)毒死蜱,第二代和第三代大鼠摄入 0.1、0.3 和 1.0mg/(kg·d)毒死蜱],无论对雄性还是雌性亲代在存活率、体重增长和摄食量方面都没有负面影响;摄入 1.0mg/(kg·d)毒死蜱的第三代大鼠(雌鼠和雄鼠)和摄入 0.3mg/(kg·d)的第三代雌鼠血浆和红细胞胆碱酯酶活性受到抑制。该研究基于生殖影响得出 NOAEL 值为 0.1mg/(kg·d)。此外,研究人员向第三代 SD 大鼠(每组 15 只雄鼠,15 只雌鼠)喂饲 1.0mg/(kg·d)毒死蜱,通过对第三代大鼠第二胎幼崽外部、骨骼和内脏的检查,可知毒死蜱对于大鼠无致畸作用。研究人员在生育后的雌鼠余生继续向其喂饲含有 0.1、0.3 和 1.0mg/(kg·d)的毒死蜱的饮食。结果显示母体体重、摄食量、黄体、吸收能力、胎儿生存力、幼崽体重和性别比均未受到影响。

(4)致癌性:IARC 未对毒死蜱的潜在致癌性进行评估;USEPA 将毒死蜱列为 D 组,即不能定为对人类有致癌性。

三、饮水水质标准

(一)世界卫生组织水质准则

1984 年第一版、1993 年第二版《饮用水水质准则》和 1998 年第二版补充本中都未提出毒死蜱的准则值。

2004年第三版、2011年第四版及2017年第四版准则的第一次增补版中,给出毒死蜱的准则值为0.03mg/L。

(二)我国饮用水卫生标准

1985年版《生活饮用水卫生标准》(GB 5749—85)及2001年卫生部颁布的《生活饮用水水质卫生规范》(卫法监发〔2001〕161号)中未设定毒死蜱的限值。

2006年版《生活饮用水卫生标准》(GB 5749—2006)设定毒死蜱的标准限值为0.03mg/L。

(三)美国饮水水质标准

美国饮水水质标准中未制订毒死蜱的限值。

四、短期暴露饮水水质安全浓度的确定

以男性志愿者为研究对象,经口给药剂量为0、0.014、0.03和0.10mg/(kg·d)的毒死蜱(胶囊),给药时间分别为28、28、21和9天。该研究以血浆胆碱酯酶活性受抑制为观察终点得出NOAEL值是0.03mg/(kg·d)。

短期暴露(十日)饮水水质安全浓度推导如下:

$$SWSC = \frac{NOAEL \times BW}{UF \times DWI} = \frac{0.03mg/(kg·d) \times 10kg}{10 \times 1L/d} = 0.03mg/L \qquad (5-57)$$

式中:SWSC——短期暴露(十日)饮水水质安全浓度,mg/L;

　　　　NOAEL——基于成人血浆胆碱酯酶活性受抑制为健康效应的分离点,0.03mg/(kg·d);

　　　　BW——平均体重,以儿童为保护对象,10kg;

　　　　UF——不确定系数,10,只考虑种内差异;

　　　　DWI——每日饮水摄入量,以儿童为保护对象,1L/d。

以血浆胆碱酯酶活性受抑制为观察终点推导的短期暴露(十日)饮水水质安全浓度为0.03mg/L。

五、应急处理技术及应急期居民用水建议

(一)水厂应急处理技术

1. 概述　自来水厂的常规净水工艺(混凝 — 沉淀 — 过滤 — 消毒的工艺)对毒死蜱的去除效果很差,臭氧生物活性炭深度处理工艺对有一定去除效果。当水源发生毒死蜱的突发污染时,需要进行应急净水处理。

自来水厂应急去除毒死蜱技术为粉末活性炭吸附法。

2. 原理与参数　毒死蜱属于难溶于水的疏水性物质,采用活性炭吸附有很好的去除效果。

粉末活性炭试验数据如下面所示。所用的粉末活性炭是经研磨过200目筛的某厂颗粒活性炭,所用含毒死蜱水样用纯水配制或是用水源水配制。

对毒死蜱的吸附速度试验结果,见图5-25。由图可见,粉末活性炭吸附毒死蜱,30分钟时可以达到吸附能力的85%左右,吸附达到基本平衡需要2小时以上的时间。

粉末活性炭对毒死蜱的纯水配水的吸附容量试验结果,见图5-26;对用水源水配水的吸附容量试验结果,见图5-27。由于水源水中其他污染物的竞争作用,对于水源水的吸附容量要低于用纯水配水的吸附容量。各地在应用吸附数据时应采用本地的水源水和活性炭样进行校核试验。

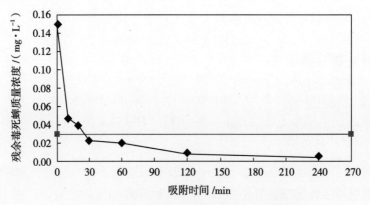

图 5-25　粉末活性炭对毒死蜱的吸附速度试验

（济南黄河水源水配水，加炭量 10mg/L）

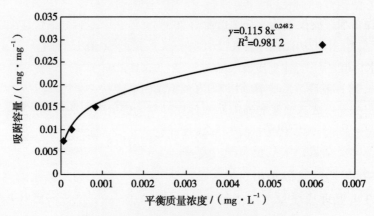

图 5-26　粉末活性炭对毒死蜱的吸附容量试验

（纯水配水，吸附时间 2 小时）

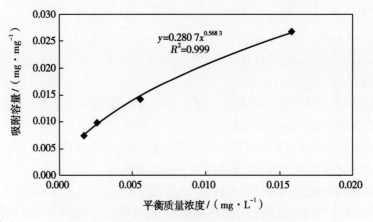

图 5-27　粉末活性炭对毒死蜱的吸附容量试验

（济南黄河水源水配水，吸附时间 2 小时）

采用 Freundlich 吸附等温线公式对图中数据进行回归：

$$q_e=K_F C_e^{1/n} \tag{5-58}$$

式中：q_e——吸附量，mg/mg 炭；

　　　C_e——平衡质量浓度，mg/L；

　　　K_F 和 n——特性常数。

对于纯水配水，得到粉末活性炭吸附毒死蜱的吸附等温线公式为：

$$q_e=0.115\,8C_e^{0.248\,2} \tag{5-59}$$

由式 5-59 的公式，可以求出对于纯水配水不同处理任务所需的加炭量。例如，对于毒死蜱的原水质量浓度为标准的 5 倍（0.15mg/L），处理后质量浓度为标准的一半（0.015mg/L）的情况，所需的粉末活性炭投加量 C_T 为：

$$C_T=\frac{C_0-C_e}{K_F C_e^{1/n}}=\frac{0.15-0.015}{0.115\,8\times0.015^{0.248\,2}}=3.8\text{mg/L} \tag{5-60}$$

对于只能在水厂内投加粉末炭的，因吸附时间有限，炭的投加量还需增加。

此外，应急净水中粉末炭的最大投炭量一般不超过 80mg/L，由此可以计算出吸附后刚能达到饮用水标准的原水最大质量浓度为：

$$C_0=K_F C_e^{1/n}C_T+C_e=0.115\,8\times0.03^{0.248\,2}\times80+0.03=3.45\text{mg/L} \tag{5-61}$$

即，对于纯水配水，粉末活性炭吸附应对毒死蜱污染的最大能力为原水超标 114 倍。

对于济南水源水，得到粉末活性炭吸附毒死蜱的吸附等温线公式为：

$$q_e=0.280\,7C_e^{0.568\,3} \tag{5-62}$$

由式 5-62 的公式，可以求出对于济南的水源水，当毒死蜱的原水质量浓度为标准的 5 倍（0.15mg/L），处理后质量浓度为标准的一半（0.015mg/L）时，所需的粉末活性炭投加量为：

$$C_T=\frac{C_0-C_e}{K_F C_e^{1/n}}=\frac{0.15-0.015}{0.280\,7\times0.015^{0.568\,3}}=5\text{mg/L} \tag{5-63}$$

此外，计算出吸附后刚能达到饮用水标准的原水最大质量浓度为：

$$C_0=K_F C_e^{1/n}C_T+C_e=0.280\,7\times0.03^{0.568\,3}\times80+0.03=3.09\text{mg/L} \tag{5-64}$$

即，对于济南水源水，粉末活性炭吸附应对毒死蜱污染的最大能力为原水超标 102 倍。

3. 技术要点

（1）原理：采用粉末活性炭吸附水中溶解态的毒死蜱，吸附后的粉末炭在水厂的混凝沉淀过滤的净水流程中，与混凝剂形成的矾花一起被去除。

（2）粉末炭的投加点：为了增加炭与水的吸附接触时间，提高炭的吸附利用率，对于取水口与水厂有一定距离的地方，粉末炭的投加点应设在取水口处；对于取水口紧挨着水厂，只能在水厂内投加的地方，炭的投加点设在混凝反应池前。

（3）粉末炭的投加量：由现场吸附试验确定，也可采用已有资料进行估算。

（4）增加费用：粉末活性炭的价格约为 7 000 元/吨，每 10mg/L 投炭量的药剂费用为 0.07 元/m³ 水。

自来水厂粉末活性炭吸附法除毒死蜱应急净水的工艺流程，见图 5-28。

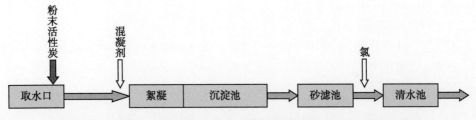

图 5-28　自来水厂粉末活性炭吸附法去除毒死蜱应急净水的工艺流程图

注意事项：

（1）粉末活性炭的投加点最好设在取水口处；如在水厂内投加，需提高投加量。

（2）混凝剂投加量需要大于平时投量，以确保混凝沉淀过滤对粉末炭的去除效果。

（3）加强沉淀池排泥和滤池冲洗。

（4）注意粉末活性炭的粉尘防护和防爆问题。

（5）含有污染物的排泥水或污泥需要妥善处置。

（二）应急期居民用水建议

人体可通过饮食、刷牙、漱口等途径经口摄入水中的毒死蜱；也可通过洗澡、洗手、洗菜、游泳等途径经皮肤接触水中的毒死蜱。具有活性炭、反渗透膜、纳滤膜的净水器对毒死蜱有一定的去除效果，在毒死蜱污染事件的应急供水期，公众可选择具有上述净水组件的家用净水器，但应注意净水器说明书中注明的额定总净水量及滤芯的使用期限，超过额定总净水量或超出滤芯使用期限后，净水器对污染物的去除效果会迅速下降甚至带来二次污染，此时应及时更换滤芯。

第九节　草　甘　膦

一、基本信息

（一）理化性质

1. 中文名称：草甘膦

2. 英文名称：glyphosate

3. CAS 号：1071-83-6

4. 分子式：$C_3H_8NO_5P$

5. 相对分子质量：169.07

6. 分子结构图

7. 外观与性状：白色晶体

8. 气味：无味

9. 熔点：185℃

10. 溶解性：1.01g/100g 水（22℃）

11. 蒸气压: $< 10^{-5}Pa$(25℃)

（二）生产使用情况

草甘膦是一种除草剂,主要用于喷杀一年生草本植物,并在我国大量使用。草甘膦的使用已有 25 年,目前世界上尚无可以替代草甘膦的同类除草剂品种。近年来,全球对草甘膦的需求持续增加,刺激和拉动了草甘膦的生产与消费,草甘膦已连续多年占据世界农药销售额首位。

（三）环境介质中质量浓度水平及饮水途径人群暴露状况

1. 环境介质中质量浓度水平　草甘膦在水中的溶解度较高,不容易受到光降解的影响。但草甘膦在土壤中的流动性较差,从而污染地下水的可能性较小。不过,草甘膦可通过地表径流或浸出进入地表水体中,已有报道显示因草甘膦过度喷洒、地表径流和沟渠灌溉,林场附近水体中有草甘膦的残留。水体中草甘膦依靠悬浮颗粒物的负荷及水流中微生物活性,可运送到下游几公里外。

2. 饮水途径人群暴露状况　在生产或使用草甘膦的过程中,职业工人和园丁可能通过吸入和皮肤接触草甘膦,也可能通过接触土壤和施用草甘膦的植物而产生暴露。在草甘膦的生产、运输、储存和处置过程中也可能发生皮肤接触。一般人群可能通过饮用水和皮肤接触含草甘膦的消费品接触草甘膦。

二、健康效应

（一）毒代动力学

1. 吸收　一项以雄性 SD 大鼠为试验对象的研究中,草甘膦的给药剂量为 10mg/kg,结果发现,给药剂量的 35%~40% 被胃肠道吸收。另一项研究发现,以 Fischer-344 大鼠为对象,经口给药 5.6mg/kg 后,根据草甘膦经大鼠尿液排泄数据推断大约 30% 的给药剂量被吸收。对 SD 大鼠经口给药 10mg/kg,雄性和雌性大鼠草甘膦的吸收率分别为 30% 和 36%。

2. 分布　一项以 Wistar 大鼠为试验对象的 14 天喂饲试验中,草甘膦喂饲剂量为 100mg/kg,喂饲至第 6 天血液中草甘膦质量浓度趋于稳定,在各组织中分布顺序为: 肾脏＞脾脏＞脂肪＞肝脏。停药后,各组织中草甘膦质量浓度迅速下降。

3. 代谢　研究发现,草甘膦可以被微生物代谢为氨甲基膦酸（AMPA）和二氧化碳。据报道,在一位农药中毒的患者血液中检出了微量的 AMPA（15.1mg/L）,提示草甘膦在人体内可能存在与环境微生物相同的代谢途径;在经口给药的大鼠（给药剂量为 100mg/kg）血浆中也检出了微量 AMPA。另有研究以雄性 SD 大鼠为试验对象,经口给药剂量为 10mg/kg 的草甘膦,给药 2 小时后在结肠检出了微量 AMPA,这可能是由肠道微生物代谢生成的。

4. 排泄　单次经口或腹腔注射草甘膦 120 小时后,体内残留剂量不到总摄入剂量的 1%。给大鼠喂饲剂量为 1、10 和 100mg/kg 食物经 ^{14}C 标记的草甘膦 14 天,在 8 天时间内摄入量与排泄量可达到稳定平衡状态;停止给药后,尿中放射性标记草甘膦的质量浓度下降明显,停药 10 天后,给药剂量 10mg/kg 食物和 100mg/kg 食物组大鼠的尿液、粪便和其他组织中可检出残留的草甘膦,最低残留剂量约为 0.1mg/kg 食物。一项研究中,以 Fischer-344 大鼠为试验对象,单次经口给药,经 ^{14}C 标记的草甘膦的给药剂量为 5.6 和 56mg/kg,结果显示 90% 以上的经 ^{14}C 标记的草甘膦在 72 小时内通过尿液和粪便排出。研究发现,SD 大鼠经口给药剂量为 10mg/kg 和 1 000mg/kg 经 ^{14}C 标记的草甘膦后,60%~70% 给药剂量通过粪便排出,其他的通过尿液排出。不管哪种排泄途径,98% 给药剂量的草甘膦以未代谢的母体形式排出体外,少量以代谢产物 AMPA 形式排出,仅有不到 0.3% 的剂量以二氧化碳排出。

(二)健康效应

1. 人体资料　一项研究建立了草甘膦对人体暴露的剂量-效应关系。当暴露量分别为 17、58、128 和 184ml 时,草甘膦对人体的健康效应分别为无症状、轻度、中度和重度中毒,对应的草甘膦剂量分别为 87、297、650 和 942mg/kg。

某农药产品由草甘膦和表面活性剂的混合物组成,据报道,摄入该产品后会导致严重的毒性反应,包括恶心、呕吐、口腔和腹部疼痛,肾、肝损害和肺水肿也可能发生,后遗症有意识障碍和脑病,但关于中枢神经系统综合毒性效应的数据有限。一名 71 岁男性企图用草甘膦表面活性剂自杀,导致了一种长期但可逆的脑病,显示出急性中枢神经系统毒性。

2. 动物资料

(1)短期暴露:草甘膦经口摄入和皮肤暴露的急性毒性均较低。有报道指出,大鼠的经口 LD_{50} 为 5 600mg/kg,兔子的经皮肤暴露 LD_{50} 大于 5 000mg/kg。

(2)长期暴露:一项以 15 只雌雄 CD-1 小鼠为试验对象的 13 周喂饲试验中,喂饲质量浓度为 0、0.5%、1.0% 和 5.0% 的草甘膦。结果显示,5.0% 剂量组出现脑、心脏和肾脏的生长迟缓和重量增加现象,组织病理学检查未发现毒性反应。该研究得出草甘膦 NOAEL 值为 1.0% 的草甘膦相当于 1 890mg/(kg·d)。

另外一项以 SD 大鼠为试验对象的 13 周喂饲研究中,喂饲质量浓度为 0.1%、0.5% 和 2% 的草甘膦。结果显示,从大鼠外形、存活和生长情况等方面均未观察到有害效应;给药结束后进行血检、尿检、肝、肾重量的测量以及组织学检查,也均未发现异常变化。该研究得出的 NOAEL 值为 2% 的草甘膦[相当于 1 267mg/(kg·d)]。

有学者分别以 6 只雌雄比格犬为试验对象,以胶囊形式喂饲剂量为 0、20、100 和 500mg/(kg·d)的草甘膦,喂饲时间为 52 周。结果发现,在临床指标、体重、食物摄入量、眼科检查、血液检查、尿液检查、组织病理学检查等方面,均未发现异常改变。该研究得出的 NOAEL 值为 500mg/(kg·d)。

用草甘膦喂饲 CD-1 小鼠(每组雌雄各 50 只)2 年,质量浓度分别为 0、0.1%、0.5% 和 3.0%。结果显示,3.0% 剂量组的小鼠体重降低,肝脏组织病理学发现肝小叶细胞过度增大和肝细胞坏死现象,该研究基于此得出的 NOAEL 值为 0.5% 的草甘膦[相当于 814mg/(kg·d)]。

以 SD 大鼠为试验对象开展喂饲试验,草甘膦剂量分别为 0、3、10 和 32mg/(kg·d),持续 26 个月。结果发现,在存活情况、外观、血液检查、尿液检查、器官重量等方面,均未发现异常改变;高剂量组大鼠出现轻微生长迟缓现象。该研究经评估最终给出的 NOAEL 值为 32mg/(kg·d)。

一项 SD 大鼠 2 年的喂饲试验中,草甘膦剂量分别为 0、100、410 和 1 060mg/(kg·d)。结果显示,1 060mg/(kg·d)剂量组雌性大鼠出现生长迟缓现象,血液检查未发现异常,雄性大鼠尿比重和尿 pH 增加,出现晶状体退行性变和肝重量增加现象,该研究给出的 NOAEL 值为 410mg/(kg·d)。

(3)生殖/发育影响:通过灌胃方式对雌性 CD-1 大鼠给药,给药剂量分别为 0、300、1 000 和 3 500mg/(kg·d),给药时间为大鼠怀孕的 6~19 天。结果发现,3 500mg/(kg·d)剂量组出现以下效应:软便、腹泻、呼吸急促、胎鼠死亡率增加、生长迟缓、着床数和活胎数减少以及胸骨骨化不完全的胎数增加等,其他剂量组均未出现上述效应,此研究据此得出草甘膦的 NOAEL 值为 1 000mg/（kg·d）。

通过灌胃方式对雌性荷兰兔给药，给药剂量分别为 0、75、175 和 350mg/（kg·d），给药时间为荷兰兔怀孕的 6~27 天。研究结果显示，在 350mg/（kg·d）剂量组出现腹泻、软便及流鼻涕等效应。该研究基于以上结果给出的 NOAEL 值为 175mg/（kg·d）。

在一项三代大鼠研究中，以 SD 大鼠为对象，喂饲草甘膦的剂量分别为 0、3、10 和 30mg/（kg·d），喂饲时间为 60 天。结果发现，唯一可观察到的现象是 30mg/（kg·d）剂量组雄性第三代胎鼠的肾小管扩张（中剂量组发病数未知；前两代胎鼠未检测）。作者认为肾小管扩张的胎鼠数量较少，不足以作为草甘膦生殖毒性的观察终点，因此给出的 NOAEL 值为 30mg/（kg·d）。尽管罹患肾小管扩张的胎鼠数量较少，但 USEPA 经过评估后仍将其作为观察终点，USEPA 给出的草甘膦 NOAEL 值为 10mg/（kg·d）。

（4）致突变性：据报道，在一项 8 菌株（5 株沙门氏菌、1 株枯草杆菌、1 株大肠杆菌和 1 株酵母菌）微生物致突变试验中，没有观察到草甘膦的任何致突变效应。后期的体外和体内致突变试验也未发现草甘膦致突变性。

（5）致癌性：IARC 将草甘膦列为 2A 组，即对人类很可能有致癌性。草甘膦的动物致癌证据较为充分，人体致癌证据有限。草甘膦可导致雄性小鼠肾小管癌、肾小管腺瘤或癌（混合）等罕见肿瘤以及血管肉瘤的发病率增加，而对雌性小鼠的肿瘤发病率没有影响；可导致雄性大鼠胰腺癌、肝细胞腺瘤及雌性大鼠的甲状腺癌发病率增加；有研究称草甘膦可能导致人患非霍奇金淋巴瘤。

USEPA 将草甘膦列为 D 组，即不能定为对人类有致癌性。

三、饮水水质标准

（一）世界卫生组织水质准则

1984 年第一版和 1993 年第二版《饮用水水质准则》中均未提出草甘膦的准则值。

2004 年第三版、2011 年第四版及 2017 年第四版第一次增补版准则中，认为没有必要制定准则值。给出草甘膦基于健康的准则值为 0.9mg/L。

（二）我国饮用水卫生标准

1985 年版《生活饮用水卫生标准》（GB 5749—85）和 2001 年卫生部颁布的《生活饮用水水质卫生规范》（卫法监发〔2001〕161 号）中均未规定饮用水中草甘膦的限值。

2006 年《生活饮用水卫生标准》（GB 5749—2006）规定饮用水中草甘膦的限值为 0.7mg/L。

（三）美国饮水水质标准

美国一级饮水标准中规定草甘膦的 MCLG 为 0.7mg/L。草甘膦的 MCL 也为 0.7mg/L，此值于 1989 年生效，沿用至今。

四、短期暴露饮水水质安全浓度的确定

通过灌胃方式对雌性荷兰兔给药，给药剂量分别为 0、75、175 和 350mg/（kg·d），给药时间为荷兰兔怀孕的 6~27 天。研究结果显示，350mg/（kg·d）剂量组出现腹泻、软便及流鼻涕等效应。该研究基于以上结果给出的 NOAEL 值为 175mg/（kg·d）。

短期暴露（十日）饮水水质安全浓度推导如下：

$$SWSC = \frac{NOAEL \times BW}{UF \times DWI} = \frac{175mg/(kg \cdot d) \times 10kg}{100 \times 1L/d} \approx 20mg/L \qquad (5\text{-}65)$$

式中：SWSC——短期暴露（十日）饮水水质安全浓度，mg/L；

　　　NOAEL——基于雌性荷兰兔腹泻、软便及流鼻涕等健康效应的分离点，175mg/（kg·d）；

　　　BW——平均体重，以儿童为保护对象，10kg；

　　　UF——不确定系数，100，考虑种内和种间差异；

　　　DWI——每日饮水摄入量，以儿童为保护对象，1L/d。

以雌性荷兰兔腹泻、软便及流鼻涕等健康效应推导的短期暴露（十日）饮水水质安全浓度为20mg/L。

五、应急处理技术及应急期居民用水建议

（一）水厂应急处理技术

草甘膦是一种有机磷农药，水溶性很好，不能被吸附、化学沉淀或吹脱去除。采用高锰酸钾氧化或臭氧氧化对草甘膦有较好地去除效果。

自来水厂应急去除草甘膦技术为高锰酸钾预氧化法和臭氧氧化法。

（二）应急期居民用水建议

人体可通过饮食、刷牙、漱口等途径经口摄入水中的草甘膦；也可通过洗澡、洗手、洗菜、游泳等途径经皮肤接触水中的草甘膦。具有反渗透膜、纳滤膜的净水器对草甘膦有一定的去除效果，在草甘膦污染事件的应急供水期，公众可选择具有上述净水组件的家用净水器，但应注意净水器说明书中注明的额定总净水量及滤芯的使用期限，超过额定总净水量或超出滤芯使用期限后，净水器对污染物的去除效果会迅速下降甚至带来二次污染，此时应及时更换滤芯。

第十节　莠　去　津

一、基本信息

（一）理化性质

1. 中文名称：莠去津

2. 英文名称：atrazine

3. CAS号：1912-24-9

4. 分子式：$C_8H_{14}ClN_5$

5. 相对分子质量：215.68

6. 分子结构图

7. 气味：无味

8. 沸点：205℃（101kPa）

9. 熔点：173℃

10. 溶解性：3.47mg/100g 水（26℃）

（二）生产使用情况

1952 年 Gast A 在瑞士巴塞尔合成并筛选出第 1 个三氮苯除草剂可乐津，1956 年发现了西玛津与草达津，1957 年发现了广谱、高活性的莠去津，从而开创了均三氮苯类除草剂新领域，其后相继又出现了一系列新品种。莠去津，西玛津等是玉米田应用的最重要的除草剂品种，在世界各地广泛应用。

（三）环境介质中质量浓度水平及饮水途径人群暴露状况

1. 环境介质中质量浓度水平　地表水和地下水中均有检出莠去津的报道。美国一项来自 1 468 个地表水采样点和 2 123 个地下水采样点的研究报告表明，8 804 份地表水水样中共有 4 551 份检出莠去津，2 750 份地下水水样中共有 366 份检出莠去津，这些水样来自美国 36 个州。我国地表水中也有莠去津的检出报道，东辽河流域旱田分布区地表水中莠去津的平均值为 9.71µg/L，非旱田区地表水中莠去津的平均值为 8.85µg/L，从时空分布来看，东辽河流域水体中的莠去津形成了以干流下游为中心的集中高值分布区，7 月份是流域地表水中莠去津质量浓度最高的时期，最大值可达 18.93µg/L。

2. 饮水途径人群暴露状况　在生产或使用莠去津的工作场所，职业暴露莠去津的方式是吸入和皮肤接触。一般人群可能通过吸入环境空气、摄入食物和饮用水而暴露于莠去津。有研究报道了我国农村饮用水中莠去津的检出情况和质量浓度水平，北方某省农村饮用井水中莠去津检出率为 20.9%（共 110 份），质量浓度范围为 0.1~1.5µg/L；南方某省农村饮用井水中莠去津检出率为 3.51%（共 57 份），质量浓度范围为 0.029~0.055µg/L。

二、健康效应

（一）毒代动力学

1. 吸收　研究发现，莠去津易被动物的胃肠道吸收。将经 ^{14}C 标记的莠去津采用灌胃的方式对大鼠进行单一剂量给药，剂量为 0.53mg。给药 72 小时后，给药剂量的 20.3% 通过粪便直接排出；65.5% 最终通过尿液排出，另外还有 15.8% 残留在大鼠组织内。说明至少有 80% 的莠去津被大鼠吸收。

2. 分布　将 ^{14}C 标记的莠去津采用灌胃的方式对大鼠进行单一剂量给药，剂量为 0.53mg。给药后，肝、肾和肺显示有大量的放射性物质，而脂肪和肌肉的放射性低于其他组织。将经 ^{14}C 标记的莠去津经皮肤对 SD 大鼠进行染毒，剂量为 0.25mg/kg，仅有很少的一部分莠去津分布在大鼠组织内；在所有时间点的检测中，肝脏和肌肉组织中分布的莠去津水平最高；在染毒 8 小时后，两个组织中的莠去津的分布量分别为染毒剂量的 0.5% 和 2.1%。另有研究发现，莠去津的羟基代谢产物主要集中分布在小鸡的肝脏、肾脏、心脏和肺部，剩余的 2- 氯基和 2- 羟基部分主要分布在胃、肠、腿部肌肉、胸肌和腹部脂肪。

3. 代谢　在莠去津的代谢中，主要反应是碳 -4 和碳 -6 位置的脱烷基反应，此外就是碳 -2 位置的脱氯反应。将 0.53mg 经 ^{14}C 标记的莠去津采用灌胃的方式对大鼠给药后，在大鼠的二氧化碳呼气中仅有小于 0.1% 的标记物，大多数的放射性（65.5%，72 小时）都存在于尿液中,经检测其中含有19种放射性的化合物。这些放射性化合物中,大约47%为2-羟基莠去津及其两种单脱烷基的代谢物,并没有含2-氯基的代谢物,可能的原因是在离心过程中由于水解作用将氯基分解或者存在一种脱氯酶。另有研究从大鼠尿液中分离出五种尿液代谢产物,两种单脱烷基代谢物及其羧酸衍生物和一种完全脱烷基的代谢物。五种代谢物均含有2-氯基。还有研究采用4种不同的剂量(50、5、0.5和0.005mg/d)对雄性CR大鼠进行给药,连续3天。结果发现,尿液中的主要代谢物为完全脱烷基的代谢物(2-氯-4,6氨基-莠去津)和少量的单脱烷基代谢物。而采用0.1g剂量的莠去津对小猪进行灌胃给药的结果显示,尿液中的主要代谢物为莠去津本体和乙基化的莠去津(含有2-氯基的取代基)。有学者认为莠去津的代谢产物可根据其碳-6位的取代基而分为两类:一类是毒性与莠去津相似的脱烷基代谢产物DEA(Deethylatrazine)、DIA(Deisopropylatrazine)和DACT(Diaminochlorotriazine);另一类是毒性很小的羟基取代代谢物HA(Hydroxyatrazine)、DEHA(Deethylatrazyne-2-OH)、DIHA(Deisopropylhydroxy-atrazine)。

4. 排泄　尿液是莠去津的主要排泄途径。研究发现,将0.53mg经^{14}C标记的莠去津采用灌胃的方式对大鼠给药后,65.5%的放射性莠去津通过尿液排出,20.3%通过粪便排出,另外不到0.1%的莠去津经呼吸道呼出。将经^{14}C标记的莠去津溶于四氢呋喃,对SD大鼠经皮肤接触染毒,剂量分别为0.025、0.25、2.5、5mg/kg。染毒后的144小时内,每隔24小时收集一次大鼠的尿液和粪便进行检测。结果显示,莠去津易被吸收,所吸收的莠去津绝大部分在48小时内排出,主要通过尿液,少量通过粪便的形式排出。通过尿液和粪便的累积排泄量与给药剂量呈正比,大约在53%~80%的区间内。

(二)健康效应

1. 人体资料　一位40岁农场工人暴露莠去津后罹患严重接触性皮炎,主要的临床症状是手掌红、肿、伴有水泡及手指之间有出血性大泡。

通过分析暴露于莠去津除草剂的农业工人淋巴细胞中的染色体发现,与农闲季节(不喷洒农药)的工人相比,处在农忙季节的工人的淋巴细胞中,具有更多的染色体畸变。这些畸变包括染色体间距增加,染色体断裂等。另外,作者还发现与从事不暴露除草剂的其他行业工人相比(对照组),处在农闲季节的农业工人,其具有畸变(间距增加、断裂等)的染色体数较少,产生这一现象的原因可能是增强的染色体修复功能引起的补偿保护作用。

在三项三嗪类农药(Triazines)暴露与非霍奇金淋巴瘤(NHL)的病例对照研究中,研究对象分别为170名男性和948名对照、622名男性和1 245名对照、134名女性和707名对照,结果分别为OR=1.9(95%CI:0.4~8.0),OR=1.1(95%CI:0.8~1.6),OR=1.2(95%CI:0.6~2.6)。三项研究均发现,农药暴露会导致NHL的患病风险增加,但无法将这些患病风险的增加归因于莠去津。

在一项包括莠去津在内的45种农药与前列腺癌相关性的前瞻性队列研究中,人群队列由55 332名男性组成,按照农药的暴露情况分为6组(没有暴露为0组,低暴露为I组,以此类推,最高暴露为V组),随访时间2~6年,结果发现莠去津暴露I组~V组的OR值分别为1.02(95%CI:0.79~1.31)、0.91(95%CI:0.71~1.18)、0.89(95%CI:0.65~1.23)、0.82(95%CI:0.54~1.25)、0.97(95%CI:0.63~1.48),可见莠去津暴露不会导致前列腺癌的患病风险增加。

2. 动物资料

（1）短期暴露：研究发现，成年雄性大鼠的经口 LD_{50} 为 737mg/kg，成年雌性大鼠经口 LD_{50} 为 672mg/kg，小狗经口 LD_{50} 为 2 310mg/kg，该研究同时发现成年大鼠经皮 LD_{50} 远远大于 2 500mg/kg。有学者报道兔子急性经皮 LD_{50} 为 7 550mg/kg。

以绵羊为研究对象，开展 24 小时喂食试验，绵羊的染毒剂量分别为 5、10、25、50 和 100mg/（kg·d）。研究结果表明，绵羊在 5mg/（kg·d）剂量组出现心外膜出血（心脏边缘的微小出血点）和肝、肾、肺的淤血堵塞等特征，该研究得出羊的 LOAEL 值为 5mg/（kg·d）。

（2）长期暴露：采用比格犬作为研究对象，开展莠去津饲养试验，共设定 0、0.35、3.5 和 35mg/（kg·d）四个剂量组，为期 2 年。研究结果表明，在 3.5mg/（kg·d）和 35mg/（kg·d）的暴露剂量下，试验动物出现食物摄入减少、体重减轻、肾上腺重量增加、血细胞减少及后肢偶尔震颤和僵直等症状（$P < 0.05$）；在 0.35mg/（kg·d）剂量组未出现以上中毒特征。该研究据此给出的 NOAEL 值为 0.35mg/（kg·d）。

以 SD 大鼠为研究对象，开展为期两年的莠去津喂饲试验，共设定 0、0.5、3.5、25 和 50mg/（kg·d）五个剂量组，为期 2 年。研究结果表明，在两个高剂量组大鼠有明显的体重减轻（$P < 0.05$），而在 3.5mg/（kg·d）剂量组未出现体重减轻。该研究据此给出的 NOAEL 值为 3.5mg/（kg·d）。

一项大鼠 24 个月羟基莠去津喂饲试验研究以肾毒性为观察终点得出的羟基莠去津的 NOAEL 值为 1.0mg/（kg·d）。

（3）生殖/发育影响：以 SD 大鼠为研究对象，开展 6 个月的莠去津（纯度 97.1%）喂饲试验，共设定 0、1.8、3.65 和 29.44mg/（kg·d）四个剂量组。研究结果表明，在 3.65mg/（kg·d）和 29.44mg/（kg·d）剂量组出现促黄体激素增长抑制和发情周期紊乱现象（$P < 0.05$），而在 1.8mg/（kg·d）剂量组未出现上述现象。该研究据此给出的 NOAEL 值为 1.8mg/（kg·d）。

另有研究在 CR 大鼠怀孕 6~15 天内将莠去津以灌胃的方式给药，给药剂量分别为 0、10、70 和 700mg/（kg·d）。结果发现，在 700mg/（kg·d）剂量组中，观察到母代大鼠超额死亡率（21/27），其他剂量组未观察到母代大鼠死亡；70 和 700mg/（kg·d）剂量组中，观察到大鼠体重减轻和食物摄入有所减少；除此之外，摄入莠去津的剂量组均观察到发育毒性：700mg/（kg·d）剂量组中胎儿体重严重降低，10mg/（kg·d）以上的剂量组均出现与剂量相关的发育不全现象。该研究给出的莠去津母体毒性的 NOAEL 值为 10mg/（kg·d），同样这也是发育影响的 LOAEL 值。

以受孕新西兰白兔为研究对象，在受孕 7~19 天内，开展莠去津灌胃试验，共设定 0、1、5 和 75mg/（kg·d）四个剂量组。试验结果显示，在 5 和 75mg/（kg·d）及以上剂量组中均观察到了母体毒性，如体重减轻、食物摄入减少等；在 75mg/（kg·d）剂量组中观察到了发育毒性，如胚胎吸收率增加、胎儿体重降低及骨骼钙化迟缓等（$P < 0.05$）；在 1mg/（kg·d）剂量组未观察到上述毒性效应。该研究给出的 NOAEL 值为 1mg/（kg·d）。

（4）致癌性：IARC 将莠去津列为 3 组，即尚不能确定其是否对人类致癌。莠去津的致癌性具有动物试验数据，SD 大鼠经口暴露莠去津会导致乳腺纤维肿瘤和乳腺癌，但缺乏莠去津对人类致癌数据；USEPA 将莠去津列为 N 组，即不是人类致癌物。

（三）本课题相关动物实验

以雌性成熟新西兰家兔为实验对象，设置一个溶剂对照组，3 个剂量组和 1 个阳性对照组,每组 20 只。对于溶剂对照组、剂量组,在妊娠雌兔孕期第 7~19 天进行灌胃染毒实验,3 个实验组分别灌胃给予 1、5 和 75mg/kg 莠去津原药混悬液,溶剂对照组灌胃给予等容量的溶剂(含有 0.5% 吐温 –80 的 3% 玉米淀粉水溶液)。每天灌胃 1 次,连续灌胃 13 天,家兔灌胃给药容积为 6ml/kg。阳性对照组在家兔孕期第 12 天腹腔注射环磷酰胺 15mg/(kg·d) 1 次,腹腔注射给药容积为 1ml/kg。每天上午、下午两次观察兔子的外观及行为的总体变化。记录在整个妊娠期间饲料消耗和体重。母兔在妊娠第 29 天处死后进行剖检,开展生殖指标与胎仔检查。母兔解剖后取肝脏、肾脏、卵巢分别称重,计算脏器体重系数并取肝左中叶及左肾固定于中性甲醛溶液中,进行组织病理学检查。

实验结果表明,在 5mg/(kg·d) 与 75mg/(kg·d) 剂量组分别有 1 只与 2 只母兔出现流产。75mg/(kg·d) 剂量组在孕期第 14~19 天母兔体重增长降低($P < 0.01$),以母兔体重增长降低为健康效应,确定的 NOAEL 值为 5mg/(kg·d),LOAEL 值为 75mg/(kg·d)。各剂量组孕兔体重、肾重、卵巢重、肾体比、卵巢体比与溶剂对照组相比均无明显变化。5mg/(kg·d) 和 75mg/(kg·d) 剂量组的窝平均胎仔重显著降低($P < 0.01$),1mg/(kg·d) 剂量组平均胎仔重略有上升,但差异没有统计学意义。以窝平均胎仔重降低为健康效应,确定的 NOAEL 值为 1mg/(kg·d),LOAEL 值为 5mg/(kg·d)。

综合以上实验研究结果,以窝平均胎仔重降低作为效应指标,确定 NOAEL 值为 1mg/(kg·d),由此推导出的短期暴露(十日)饮水水质安全浓度为 0.1mg/L。

三、饮水水质标准

(一)世界卫生组织水质准则

1984 年第一版《饮用水水质准则》中未提出莠去津的准则值。

1993 年第二版准则中提出莠去津的准则值 0.002mg/L。

2004 年第三版准则仍然将 0.002mg/L 作为莠去津的准则值。

2011 年第四版及 2017 年第四版第一次增补版准则中将莠去津及其与氯 -s- 三嗪代谢产物的准则值调整为 0.1mg/L,羟基莠去津为 0.2mg/L。

(二)我国饮用水卫生标准

1985 年版《生活饮用水卫生标准》(GB 5749—85)和 2001 年卫生部颁布的《生活饮用水水质卫生规范》(卫法监发〔2001〕161 号)中均未规定饮用水中莠去津的限值。

2006 年《生活饮用水卫生标准》(GB 5749—2006)中规定饮用水中莠去津的限值为 0.002mg/L。

(三)美国饮水水质标准

美国一级饮水标准中规定莠去津的 MCLG 为 0.003mg/L,MCL 也为 0.003mg/L。此值 1989 年生效,沿用至今。

四、短期暴露饮水水质安全浓度的确定

基于两项莠去津毒性研究,研究对象分别是大鼠和兔子。以大鼠为对象的研究发现,莠去津母体毒性的 NOAEL 值和发育毒性的 LOAEL 值均为 10mg/(kg·d);以兔为研究对象的研究发现莠去津发育毒性的 NOAEL 值为 5mg/(kg·d),母体毒性 NOAEL 值为 1mg/(kg·d)。可见,相比于大鼠,兔子对莠去津的毒性更加敏感,因此选择以莠去津对兔母体毒性 NOAEL 值 1mg/(kg·d)进行计算。

短期暴露（十日）饮水水质安全浓度推导如下：

$$SWSC = \frac{NOAEL \times BW}{UF \times DWI} = \frac{1mg/(kg \cdot d) \times 10kg}{100 \times 1L/d} = 0.1mg/L \qquad (5-66)$$

式中：SWSC——短期暴露（十日）饮水水质安全浓度，mg/L；

　　　NOAEL——基于兔母体毒性为健康效应分离点，1mg/（kg·d）；

　　　BW——平均体重，以儿童为保护对象，10kg；

　　　UF——不确定系数，100，考虑种内和种间差异；

　　　DWI——每日饮水摄入量，以儿童为保护对象，1L/d。

以兔母体毒性为健康效应推导的短期暴露（十日）饮水水质安全浓度为0.1mg/L。本课题动物实验中以窝平均胎仔重降低作为健康效应推导出的短期暴露（十日）饮水水质安全浓度也为0.1mg/L。可以看出，本课题实验推导值与文献资料推导值数值相一致。推荐将0.1mg/L作为莠去津的短期暴露（十日）饮水水质安全浓度。

五、应急处理技术及应急期居民用水建议

（一）水厂应急处理技术

1. 概述　自来水厂的常规净水工艺（混凝—沉淀—过滤—消毒的工艺）对莠去津的去除效果很差，臭氧生物活性炭深度处理工艺有一定去除效果。当水源发生莠去津的突发污染时，需要进行应急净水处理。

自来水厂应急去除莠去津技术为粉末活性炭吸附法。

2. 原理与参数　莠去津属于微溶于水的疏水性物质，采用活性炭吸附有很好的去除效果。

粉末活性炭试验数据如下面所示。所用的粉末活性炭是经研磨过200目筛的某厂颗粒活性炭，所用含莠去津水样用纯水配制或是用水源水配制。

对莠去津的吸附速度试验结果，见图5-29。由图可见，粉末活性炭吸附莠去津，30分钟时可以达到吸附能力的50%左右，吸附达到基本平衡需要2小时以上的时间。

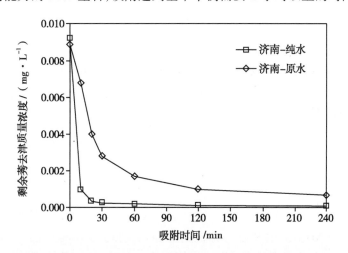

图5-29　粉末活性炭对莠去津的吸附速度试验（加炭量20mg/L）

粉末活性炭对莠去津的纯水配水的吸附容量试验结果,见图 5-30;对用水源水配水的吸附容量试验结果,见图 5-31。

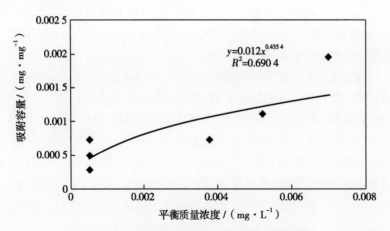

图 5-30 粉末活性炭对莠去津的吸附容量试验
(纯水配水,吸附时间 2 小时)

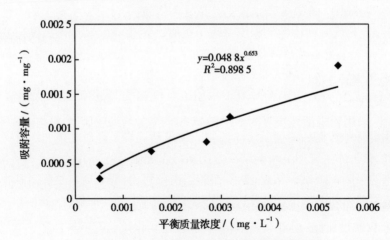

图 5-31 粉末活性炭对莠去津的吸附容量试验
(上海水源水配水,吸附时间 2 小时)

采用 Freundlich 吸附等温线公式对图中数据进行回归:

$$q_e = K_F C_e^{1/n} \tag{5-67}$$

式中:q_e——吸附量,mg/mg 炭;

C_e——平衡质量浓度,mg/L;

K_F 和 n——特性常数。

对于纯水配水,得到粉末活性炭吸附莠去津的吸附等温线公式为:

$$q_e = 0.012 C_e^{0.435\,4} \tag{5-68}$$

由式 5-68 的公式,可以求出对于纯水配水不同处理任务所需的加炭量。例如,对于莠去津的原水质量浓度为标准的 5 倍(0.01mg/L),处理后质量浓度为标准的一半(0.001mg/L)的情况,所需的粉末活性炭投加量 C_T 为:

$$C_T = \frac{C_0 - C_e}{K_F C_e^{1/n}} = \frac{0.01 - 0.001}{0.012 \times 0.001^{0.4354}} = 15\text{mg/L} \tag{5-69}$$

对于只能在水厂内投加粉末炭的,因吸附时间有限,炭的投加量还需增加。

此外,应急净水中粉末炭的最大投炭量一般不超过80mg/L,由此可以计算出吸附后刚能达到饮用水标准的原水最大质量浓度为:

$$C_0 = K_F C_e^{1/n} C_T + C_e = 0.012 \times 0.002^{0.4354} \times 80 + 0.002 = 0.066\text{mg/L} \tag{5-70}$$

即,对于纯水配水,粉末活性炭吸附应对莠去津污染的最大能力为原水超标32倍。

对于上海水源水,得到粉末活性炭吸附莠去津的吸附等温线公式为:

$$q_e = 0.0488 C_e^{0.653} \tag{5-71}$$

由式5-71的公式,可以求出对于上海的水源水配水,当莠去津的原水质量浓度为标准的5倍(0.01mg/L),处理后质量浓度为标准的一半(0.001mg/L)时,所需的粉末活性炭投加量为:

$$C_T = \frac{C_0 - C_e}{K_F C_e^{1/n}} = \frac{0.01 - 0.001}{0.0488 \times 0.001^{0.653}} = 17\text{mg/L} \tag{5-72}$$

此外,计算出吸附后刚能达到饮用水标准的原水最大质量浓度为:

$$C_0 = K_F C_e^{1/n} C_T + C_e = 0.0488 \times 0.002^{0.653} \times 80 + 0.002 = 0.0695\text{mg/L} \tag{5-73}$$

即,对于上海水源水配水,粉末活性炭吸附应对莠去津污染的最大能力为原水超标34倍。(注:水源水配水的结果略高于纯水配水的原因是试验误差,实际上,对纯水配水与原水配水的最大应对倍数基本相同。)

3. 技术要点

(1)原理:采用粉末活性炭吸附水中溶解态的莠去津,吸附后的粉末炭在水厂的混凝沉淀过滤的净水流程中,与混凝剂形成的矾花一起被去除。

(2)粉末炭的投加点:为了增加炭与水的吸附接触时间,提高炭的吸附利用率,对于取水口与水厂有一定距离的地方,粉末炭的投加点应设在取水口处;对于取水口紧挨着水厂,只能在水厂内投加的地方,炭的投加点设在混凝反应池前。

(3)粉末炭的投加量:由现场吸附试验确定,也可以用已有资料估算。

(4)增加费用:粉末活性炭的价格约为7 000元/吨,每10mg/L投炭量的药剂费用为0.07元/m³ 水。

自来水厂粉末活性炭吸附法除莠去津应急净水的工艺流程,见图5-32。

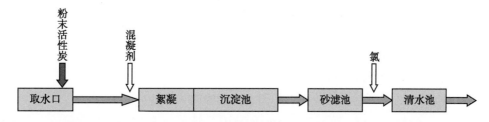

图5-32　自来水厂粉末活性炭吸附法去除莠去津应急净水的工艺流程图

注意事项:

(1)粉末活性炭的投加点最好设在取水口处;如在水厂内投加,需提高投加量。

（2）混凝剂投加量需要大于平时投量,以确保混凝沉淀过滤对粉末炭的去除效果。

（3）加强沉淀池排泥和滤池冲洗。

（4）注意粉末活性炭的粉尘防护和防爆问题。

（5 含有污染物的排泥水或污泥需要妥善处置。

（二）应急期居民用水建议

人体可通过饮食、刷牙、漱口等途径经口摄入水中的莠去津;也可通过洗澡、洗手、洗菜、游泳等途径经皮肤接触水中的莠去津。具有活性炭、反渗透膜、纳滤膜的净水器对莠去津有一定的去除效果,在莠去津污染事件的应急供水期,公众可选择具有上述净水组件的家用净水器,但应注意净水器说明书中注明的额定总净水量及滤芯的使用期限,超过额定总净水量或超出滤芯使用期限后,净水器对污染物的去除效果会迅速下降甚至带来二次污染,此时应及时更换滤芯。

第六章

消毒副产物

第一节 三 氯 甲 烷

一、基本信息

（一）理化性质

1. 中文名称：三氯甲烷

2. 英文名称：trichloromethane，chloroform

3. CAS 号：67-66-3

4. 分子式：$CHCl_3$

5. 相对分子质量：119.38

6. 分子结构图

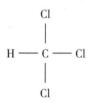

7. 外观与性状：无色透明重质液体，极易挥发

8. 气味：有特殊气味

9. 沸点：61.3℃

10. 熔点：–63.5℃

11. 溶解性：不溶于水，溶于醇、醚、苯

12. 蒸气压：13.33kPa（10.4℃）

（二）生产使用情况

三氯甲烷主要用于化工原料，还可用作清洗剂和生产医药、农药等。

（三）环境介质中质量浓度水平及饮水途径人群暴露状况

1. 环境介质中质量浓度水平　水环境中三氯甲烷的来源包括纸浆漂白、娱乐用水氯化消毒、冷却水和废水。地下水中的三氯甲烷质量浓度变化范围很大，主要取决于是否接近危险废物贮存点，美国内华达州皮特曼的一个地下水污染场地监测点测得的质量浓度范围为11~866μg/L。我国对滹沱河冲积平原390组浅层地下水样品分析结果表明，研究区浅层地下水三氯甲烷检出率为15.64%，三氯甲烷集中检出区域均位于工业集散地及排污河流沿线。

2. 饮水途径人群暴露状况 饮用水中存在的三氯甲烷主要来自于水源的直接污染,以及天然存在的有机化合物在氯化消毒过程中形成的消毒副产物。三氯甲烷在氯化消毒过程中的生成速度和生成量受氯的投加量、腐殖酸质量浓度、水温及 pH 等因素的影响。三氯甲烷的质量浓度水平有季节性变化,夏季质量浓度一般比冬季高。饮用水通过氯化处理,三氯甲烷质量浓度通常为 10~100μg/L。2000—2007 年英格兰西北部联合公用事业水域中三氯甲烷平均质量浓度范围为 18.3~43.3μg/L。西班牙末梢水中三氯甲烷的质量浓度中位数为 9.4μg/L。我国珠三角某市出厂水中三氯甲烷平均质量浓度为 14.6μg/L。

二、健康效应

(一)毒代动力学

1. 吸收 动物研究表明,三氯甲烷可被胃肠道迅速吸收,约 1 小时血液质量浓度可达到峰值,吸收比例高达 64%~98%。有限的数据表明,人体胃肠道对三氯甲烷的吸收也很迅速,吸收程度也较高。另有研究表明,人体还可以通过皮肤接触和吸入途径摄入三氯甲烷,该研究测定了 6 名受试者在正常淋浴(正常淋浴包括吸入和皮肤接触)前后呼出气体中三氯甲烷的质量浓度,以及仅吸入暴露于淋浴后的质量浓度。研究结果显示,暴露后 5 分钟的呼出气体中三氯甲烷的质量浓度水平与饮用水中三氯甲烷的水平相关,仅吸入暴露后的呼出气体中三氯甲烷的质量浓度水平为正常淋浴后的一半。

2. 分布 三氯甲烷可广泛分布在整个身体。动物研究表明,向雄性小鼠腹腔注射 150mg/kg 经 ^{14}C 标记的三氯甲烷,10 分钟内,肝、肾和血液放射性水平达到峰值,3 小时内恢复至背景水平。也有研究通过灌胃的方式给予小鼠三氯甲烷(玉米油或水为溶剂),10 分钟内三氯甲烷在肝脏中达到最大吸收质量浓度,1 小时内在肾脏中达到最大质量浓度。

3. 代谢 三氯甲烷代谢主要有两种途径,氧化产生光气和还原产生二氯甲基自由基,其中以氧化途径为主。几乎所有的身体组织都能够代谢三氯甲烷,代谢率最高的是肝、肾皮质和鼻黏膜;这些组织也是三氯甲烷毒性作用的主要部位,说明了代谢作用在三氯甲烷毒性作用中的重要性。三氯甲烷在低质量浓度时,主要通过细胞色素 P450-2E1(CYP2E1)代谢;在高质量浓度时,由细胞色素 P450-2B1/2(CYP2B1/2)催化代谢。三氯甲烷的代谢依赖于酶,在低剂量条件下,几乎所有的三氯甲烷都被代谢,然而随着剂量的增加,代谢能力会达到饱和,排泄过程中未代谢三氯甲烷的比例随之增加。

4. 排泄 三氯甲烷的排泄主要是通过肺部呼出。人体研究结果表明,约 90% 口服剂量的三氯甲烷会被呼出(以三氯甲烷或二氧化碳形式),小于 0.01% 的剂量从尿中排出。小鼠和大鼠试验也表明,45%~88% 三氯甲烷口服剂量通过肺部以三氯甲烷或二氧化碳形式排出体外,1%~5% 从尿中排出。

(二)健康效应

1. 人体资料 三氯甲烷引起的人类毒性症状与动物一致。三氯甲烷麻醉人体会产生呼吸衰竭和心律失常,可能导致死亡。三氯甲烷具有肝肾毒性,某研究表明三氯甲烷职业暴露产生肝毒性的最低水平为 80~160mg/m³(暴露时间少于 4 个月);在另一项研究中,此范围为 10~1 000mg/m³(暴露时间 1~4 年);在别的人体研究中也观察到肾小管坏死和肾功能不全。成人平均致死剂量约为 45g,易感个体差异较大。

此外,在美国威斯康星、纽约和爱荷华分别进行了关于消毒后的氯化饮用水与结肠癌和直肠癌潜在关联的流行病学研究。研究结果表明,在纽约包括三氯甲烷在内的三卤甲烷

（THMs）的累积暴露量比威斯康星略高，但与 THMs 暴露相关的结肠癌的风险没有增加；而在爱荷华进行的研究表明，结肠癌与氯化消毒副产物暴露量无关，同时该研究表明，水中 THMs 暴露和直肠癌之间的关联证据是不确定的。

2. 动物资料

（1）短期暴露：研究表明，三氯甲烷可导致肝肾损害。以小鼠为试验对象，单次给药三氯甲烷的剂量为 35mg/kg。研究结果显示，小鼠只出现轻度肝脏脂肪堆积，无明显肝损伤。此研究以肝损伤为观察终点得出 NOAEL 为 35mg/kg。

（2）长期暴露：以比格犬（8 只 / 组 / 性别）为研究对象，三氯甲烷经牙膏基明胶胶囊给药，剂量组为 0、15 和 30mg/（kg·d），每周 6 天，给药 7.5 年。研究结果表明，给药 6 周后，30mg/（kg·d）剂量组犬谷丙转氨酶（SGPT）水平增加；15mg/（kg·d）剂量组 34 周后也观察到 SGPT 显著增加；在介质对照组（16 只 / 性别）或未给药的对照组（8 只 / 性别）中没有观察到类似的效果；本研究结束时，15 和 30mg/（kg·d）两个剂量组均观察到肝囊肿。该研究以 SGPT 水平增加和肝囊肿为健康效应终点确定的 LOAEL 为 15mg/（kg·d）。

（3）生殖 / 发育影响：以孕兔为研究对象，以油为介质给药 6~15 天，三氯甲烷剂量为 35 和 50mg/（kg·d）。试验结果显示，在 50mg/（kg·d）剂量组观察到母体毒性（体重下降和脂肪肝）；在 35mg/（kg·d）剂量组未观察到明显母体毒性、胎儿毒性和致畸性。该研究以产生母体毒性为观察终点确定的 LOAEL 值为 50mg/（kg·d），NOAEL 值为 35mg/（kg·d）。

（4）致突变性：在密封条件下进行的三项单独研究中，三氯甲烷 Ames 试验结果均为阴性。在沙门氏菌和大肠杆菌的验证系统中，无论是否有代谢活化，结果都是阴性的。只有一个发光磷常见试验结果报告呈阳性。

（5）致癌性：IARC 将三氯甲烷列为 2B 组，即有可能对人类致癌，表明对人类致癌的证据不充分，但对实验动物致癌的证据充分，三氯甲烷可诱导动物产生肾小管和肝细胞肿瘤。

USEPA 将三氯甲烷列为 L/N 组，即高于规定剂量可能致癌，低于此剂量不致癌。三氯甲烷吸入单位致癌风险为 2.3×10^{-5}（μg/m3）$^{-1}$，肿瘤类型为肝细胞癌。

三、饮水水质标准

（一）世界卫生组织水质准则

1984 年第一版《饮用水水质准则》中提出三氯甲烷基于健康的准则值为 0.03mg/L。

1993 年第二版准则将三氯甲烷的准则值调整为 0.2mg/L。

2004 年第三版、2011 年第四版及 2017 年第四版第一次增补版准则中，三氯甲烷的准则值进一步调整为 0.3mg/L。

（二）我国饮用水卫生标准

1985 年版《生活饮用水卫生标准》（GB 5749—85）中规定饮用水中三氯甲烷限值为 0.06mg/L。

2001 年卫生部颁布的《生活饮用水水质卫生规范》（卫法监发〔2001〕161 号）及 2006 年《生活饮用水卫生标准》（GB 5749—2006）仍然沿用 0.06mg/L 作为三氯甲烷的限值。

（三）美国饮水水质标准

美国一级饮水标准中规定三氯甲烷的 MCLG 为 0.07mg/L。基于消毒剂和消毒副产物规则，包括一溴二氯甲烷、三溴甲烷、二溴一氯甲烷和三氯甲烷四种三卤甲烷的综合年平均质量浓度的 MCL 为 0.08mg/L。

四、短期暴露饮水水质安全浓度的确定

以孕兔为研究对象,以油为介质给药 6~15 天,三氯甲烷剂量为 35 和 50mg/(kg·d)。试验结果显示,在 50mg/(kg·d) 剂量组观察到母体毒性(体重下降和脂肪肝);在 35mg/(kg·d) 剂量组未观察到明显母体毒性、胎儿毒性和致畸性。该研究以产生母体毒性为观察终点确定的 LOAEL 值为 50mg/(kg·d),NOAEL 值为 35mg/(kg·d)。

短期暴露(十日)饮水水质安全浓度推导如下:

$$SWSC = \frac{NOAEL \times BW}{UF \times DWI} = \frac{35mg/(kg·d) \times 10kg}{100 \times 1L/d} \approx 4mg/L \qquad (6-1)$$

式中:SWSC——短期暴露(十日)饮水水质安全浓度,mg/L;

NOAEL——基于孕兔产生母体毒性为健康效应的分离点,35mg/(kg·d);

BW——平均体重,以儿童为保护对象,10kg;

UF——不确定系数,100,考虑种内和种间差异;

DWI——每日饮水摄入量,以儿童为保护对象,1L/d。

以孕兔产生母体毒性为健康效应推导的短期暴露(十日)饮水水质安全浓度为 4mg/L。

五、应急处理技术及应急期居民用水建议

(一)水厂应急处理技术

1. 概述　自来水厂的常规净水工艺(混凝—沉淀—过滤—消毒的工艺)对三氯甲烷基本没有去除作用。三氯甲烷难于吸附和氧化,臭氧生物活性炭深度处理工艺对三氯甲烷的去除效果也很有限,只有刚投入使用(三个月以内)的新的颗粒活性炭滤池对三氯甲烷有一定去除效果。对于水源发生三氯甲烷的突发污染,水厂净水时需要采用应急处理。

自来水厂应急去除三氯甲烷技术的选择:

(1)曝气吹脱法:曝气吹脱法是水源突发三氯甲烷污染应急净水的首选技术。具有处理效果好、费用适宜、可以快速实施等优点。

(2)粉末活性炭吸附法:该法只适用于水源三氯甲烷轻微超标的情况,一般不建议采用。由于活性炭对三氯甲烷的吸附能力很弱,即使是对于水源水三氯甲烷仅超标 1 倍的情况,依靠粉末活性炭吸附,所需投加量约为 50mg/L,投加量极大。

2. 原理与参数　曝气吹脱法去除三氯甲烷的原理是:三氯甲烷的挥发性强,易于被曝气吹脱去除。通过设置曝气吹脱设施,向水中曝气,把水中溶解的三氯甲烷转移到气相中从水中排出,使水得到净化。

曝气吹脱的方式是:在取水口外的河道中设置曝气吹脱设施(鼓风机、微孔曝气管等),鼓风机输出的空气用管道送到设在水中一定深度的微孔曝气管或曝气头,在水中曝气,吹脱去除水中的三氯甲烷。

对于曝气吹脱工艺,关键的因素是物质的挥发性和吹脱的气水比。对于其他因素,如气泡大小和是否达到传质平衡,可以不用考虑。对于工程上常用的微孔曝气头或微孔曝气管的曝气方式,由于热力学稳定的原因,尽管曝气孔的孔口很小,但在水中形成的气泡直径一般都在 2~3mm 大小。对于常见的挥发性污染物的曝气吹脱,气泡内气相质量浓度与气泡外水相质量浓度达到传质平衡的气泡上升高度一般在几十厘米,实测三氯甲烷的曝气吹脱的相平衡高度在 35~45cm。一般情况下实际曝气深度都在 2m 以上,因此都已经达到了传质平衡。

物质的挥发性可以用亨利定律表示:

$$c_L = Hc_G \quad\quad (6\text{-}2)$$

式中:c_L——该物质在水中质量浓度,mg/L;

$\quad\quad c_G$——该物质在空气中的质量浓度,mg/L;

$\quad\quad H$——该物质的无量纲亨利常数。

注意,这里使用的是无量纲亨利常数。由于物质含量有多种表达方式,亨利常数也需采用相应的量纲,例如当物质在气相的含量用分压表示时,亨利常数的量纲为 mol/(L·Pa)。不同表达方式的亨利常数可以相互换算。

三氯甲烷的无量纲亨利常数:$H=0.126$。此值是 20℃条件的,温度升高时挥发性增加,对 H 还需进行调整。不同温度下的无量纲亨利常数的计算公式为:

$$1gH = A - B/T \quad\quad (6\text{-}3)$$

式中:A、B——温度修正系数;

$\quad\quad T$——绝对温度,K。

对于三氯甲烷,$A=5.343$,$B=1\,830$。

采用曝气吹脱的方式,污染物去除效果的计算公式为:

$$\frac{c_L}{c_{L0}} = e^{-Hq} \quad\quad (6\text{-}4)$$

式中:c_L——物质在水中处理后的质量浓度,mg/L;

$\quad\quad c_{L0}$——物质在水中的初始质量浓度,mg/L;

$\quad\quad q$——曝气吹脱的气水比,$m^3_{气}/m^3_{水}$。

该曝气吹脱计算公式对实验室静态试验和在河道中的实际应用均适用。在实际应急处置中,曝气吹脱多设置在取水口前的引水河道处,在水流横向流动的河道里设置多条曝气管,吹脱污染物。该系统吹脱效果的计算模型与实验室静态批次试验的计算模型完全相同,都采用公式(6-4),用无量纲亨利常数和总的气水比计算吹脱效果。

曝气吹脱去除三氯甲烷应急处理的试验结果,见下面各图。

对于三氯甲烷纯水配水的曝气吹脱试验,理论去除曲线与实际测试曲线(共 11 条)的比较,见图 6-1。由图可见,很多条试验曲线与理论曲线重合,理论模型可以很好地反映去除特性。

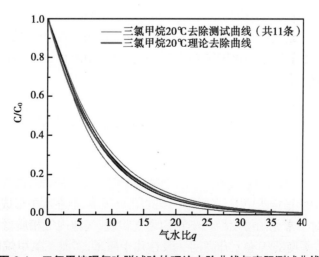

图 6-1 三氯甲烷曝气吹脱试验的理论去除曲线与实际测试曲线

图 6-2 是用实际水源水配水的三氯甲烷去除试验结果。试验中采用了不同强度的曝气流量（0.4~1.4L/min），结果显示，去除率只与气水比相关，符合理论模型。

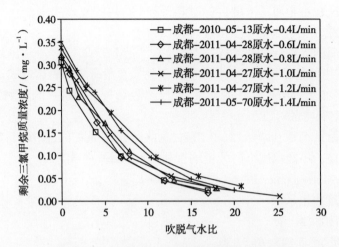

图 6-2 三氯甲烷水源水配水的曝气吹脱试验

根据式（6-4），可以计算出不同三氯甲烷去除率所需的气水比。例如，对于 50% 的去除率，所需气水比 q=5.5；对于 80% 的去除率，所需气水比 q=13；对于 90% 的去除率，所需气水比 q=18。

3. 技术要点　自来水厂三氯甲烷曝气吹脱应急净水处理的技术要点：

（1）在取水口外的河道中设置应急曝气吹脱设施，把水中溶解性的三氯甲烷吹脱到空气中，以实现安全供水。

（2）建议采用鼓风机和微孔曝气管的方式，设备安装快，可以迅速实施。

（3）根据去除率要求，可以用式（6-4）计算得出所需的气水比。

（4）曝气吹脱法应急处理的主要缺点是需要设置曝气设备，应用受到现场条件限制；污染物并未去除，只是从水中转移到空气中，对局部地区空气质量有影响。

（5）曝气吹脱的费用：电耗费用约为 0.01~0.015 元 /m³ 空气。

自来水厂曝气吹脱法去除三氯甲烷的工艺流程，见图 6-3。

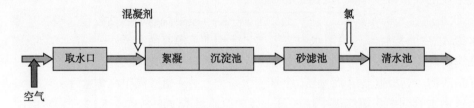

图 6-3 曝气吹脱法去除三氯甲烷的工艺流程图

（二）应急期居民用水建议

人体可通过饮食、刷牙、漱口等途径经口摄入水中的三氯甲烷；也可通过洗澡、洗手、洗菜、游泳等途径经皮肤接触水中的三氯甲烷；还可通过洗澡等途径吸入暴露水中挥发的三氯甲烷。具有活性炭、反渗透膜、纳滤膜的净水器对三氯甲烷有一定的去除效果，在三氯甲烷污染事件的应急供水期，公众可选择具有上述净水组件的家用净水器，但应注意净水器说明书中注明的额定总净水量及滤芯的使用期限,超过额定总净水量或超出滤芯使用期限后,净水器对污染物的去除效果会迅速下降甚至带来二次污染,此时应及时更换滤芯。由于三氯甲烷具有一定的挥发性,也可用煮沸并保持沸腾若干分钟的方式去除。

第二节 一氯二溴甲烷

一、基本信息

(一)理化性质

1. 中文名称:一氯二溴甲烷

2. 英文名称:dibromochloromethane,chlorodibromomethane

3. CAS 号:124-48-1

4. 分子式:$CHBr_2Cl$

5. 相对分子质量:208.29

6. 分子结构图:

7. 沸点:116℃

8. 溶解性:0.105mg/100g 水(10℃)

9. 蒸气压:15mmHg(10℃)

(二)生产使用情况

一氯二溴甲烷是制造灭火剂、气溶胶推进剂、制冷剂和杀虫剂的化学中间体。

(三)环境介质中质量浓度水平及饮水途径人群暴露状况

1. 环境介质中质量浓度水平 一般情况下,环境水体中一氯二溴甲烷的质量浓度很低。有文献报道,欧洲 Elbe 河中两个监测点的一氯二溴甲烷的质量浓度范围分别为 2.6~17ng/L 和 2~12.1ng/L,质量浓度中位值分别为 4ng/L 和 2.3ng/L;美国特拉华州和纽约地下水样品中一氯二溴甲烷的质量浓度范围为 20~55μg/L。

2. 饮水途径人群暴露状况 一般人群对一氯二溴甲烷的暴露途径包括吸入环境空气、饮用水摄入、皮肤接触等。饮用水中一氯二溴甲烷的来源有两大类:一个是水源水受到含有一氯二溴甲烷的工业废水污染;另一个是在饮用水净化的氯消毒过程中氯与水中污染物生成的消毒副产物。有报道显示,欧洲 10 个饮用水采样点的一氯二溴甲烷含量为 4.5~20.0μg/L;希腊城市饮用水管网中一氯二溴甲烷占总三卤甲烷质量浓度的 8.3%~35.1%;深圳市出厂水和部分末梢水中一氯二溴甲烷质量浓度中位数为 2.3μg/L。另外也有文献报道在某市的市政供水中一氯二溴甲烷平均质量浓度达到 10.2μg/L。

二、健康效应

(一)毒代动力学

1. 吸收 研究显示,三卤甲烷(氯仿、一溴二氯甲烷、一氯二溴甲烷、溴仿)都很容易被胃肠道吸收。对雄性大鼠和雄性小鼠的暴露试验研究中,以玉米油为溶剂给予大鼠和小

鼠单剂量口服经 ^{14}C 标记的化合物,剂量分别为 100mg/kg(大鼠)和 150mg/kg(小鼠)。在 8 小时内呼吸、尿液或组织中四种化合物的总回收率为 62%~94%。

2. 分布 在三卤甲烷(氯仿、一溴二氯甲烷、一氯二溴甲烷、溴仿)对雄性大鼠和雄性小鼠的暴露试验研究中,以玉米油为溶剂给予大鼠和小鼠单剂量口服经 ^{14}C 标记的化合物,剂量分别为 100mg/kg(大鼠)和 150mg/kg(小鼠)。8 小时后,在大鼠脏器中各种化合物含量为 1.4%~3.6%,胃、肝和肾比其他组织(膀胱、脑、肺、肌肉、胰腺和胸腺)含有更高的水平;小鼠脏器中的检测结果与大鼠相似(总剂量的 4%~5%)。

3. 代谢 三卤甲烷主要有两个代谢途径,一个是在有氧情况下(氧化途径),另一个是在无氧(还原途径)情况下,两种途径都是由细胞色素 P450 和吡啶核苷酸辅因子 NADPH(或 NADH)介导的。有氧条件下,最初产物为三卤甲烷醇(CX_3OH),自发分解产生相应的二卤代羰基(CX_2O);这些二卤代羰基物质(例如光气)比较活泼,并且可以参与细胞分子的各种反应。在细胞内氧水平较低的条件下,三卤甲烷通过还原途径代谢,产生高活性的二卤甲基自由基($\cdot CHX_2$),也可能与细胞分子形成共价加合物。

在三卤甲烷(氯仿、一溴二氯甲烷、一氯二溴甲烷、溴仿)对雄性大鼠和雄性小鼠的暴露试验研究中,以玉米油为溶剂给予大鼠和小鼠单剂量口服经 ^{14}C 标记的化合物,剂量分别为 100mg/kg(大鼠)和 150mg/kg(小鼠)。对于大鼠,排出的二氧化碳占总剂量的 4.5%~18.2%,表明母体化合物已经经历了有限的代谢和氧化。对于小鼠,以二氧化碳形式排出的标记物含量较高,从 40% 到 81% 不等。这些数据表明,小鼠三卤甲烷的氧化代谢比大鼠更迅速和广泛(4~9 倍)。

4. 排泄 包括一氯二溴甲烷在内的三卤甲烷主要通过呼气排出,其中二氧化碳或母体化合物形式占所给剂量的 45%~88%,少量(1.1%~4.9%)通过尿液排出。

(二)健康效应

1. 人体资料 人类志愿者(非吸烟者)暴露试验等研究结果表明,二卤代和三卤代甲烷衍生物都能提高血液中高铁血红蛋白的水平,碘、溴和氯代化合物作用能力依次降低。二卤代和三卤代甲烷衍生物能造成中枢神经系统功能紊乱,包括抑制快速眼动睡眠。

2. 动物资料

(1)短期暴露:溴化三卤甲烷的经口 LD_{50} 值范围为 450~1 550mg/kg。三卤甲烷导致大鼠或者小鼠死亡的剂量为 310~2 500mg/(kg·d),对雄性小鼠的致死效应比雌性更敏感。

以雄性大鼠为试验对象,将一氯二溴甲烷做成微胶囊进行喂饲,共设定 0、18、56 和 173mg/(kg·d)四个剂量组,暴露时间 1 个月。该研究以雄性大鼠肝脏病变和胆固醇水平增加为健康效应终点确定的 NOAEL 值为 56mg/(kg·d),LOAEL 值为 173mg/(kg·d)。以上研究结果得到了其他研究的支持,这些研究确定的 NOAEL 值范围为 50~250mg/(kg·d)。

(2)长期暴露:在一氯二溴甲烷亚慢性暴露研究中,以 F344 大鼠(10 只/剂量组/性别)为试验对象,通过玉米油进行灌胃,共设定 0、15、30、60、125 和 250mg/(kg·d)六个剂量组,5 天/周,共 13 周。每周对动物称重,对所有动物进行组织学检查,在高剂量组中只有一个雄性和一个雌性存活,大多数死亡发生在 8~10 周。组织学检查显示肾脏、肝脏和唾液腺中有严重的病变和坏死。在雄性中观察到明显的细胞质空泡增加,在 60mg/(kg·d)及更高的剂量组,这种效应具有统计学意义。该研究以肝脏组织损伤为观察终点确定的 LOAEL 为 60mg/(kg·d),NOAEL 为 30mg/(kg·d)。

(3)生殖/发育影响:在 Swiss 小鼠两代生殖研究中,以 9 周龄的小鼠(每剂量组 10 只雄性和 30 只雌性）为试验对象,连续饮用含一氯二溴甲烷的水,剂量组设置为 0、17、171 和 685mg/（kg·d）。35 天后,随机交配产生 F/1a 代。断奶 2 周后,产生 F/1b 代和 F/1c 代。F/0 代小鼠暴露 27 周后处死尸检。685mg/（kg·d）剂量组的雄性、雌性和 171mg/（kg·d）剂量组的雌性小鼠体重增加显著减少;高剂量组 F/1c 代生育率（交配指数）降低;F/1 代的妊娠指数在高剂量组显著降低,而低剂量组则无显著性差异。

（4）致癌性:IARC 将一氯二溴甲烷列为 3 组,即尚不能确定其是否对人体致癌。一氯二溴甲烷可诱导雌性小鼠产生肝脏肿瘤,雄性小鼠也可能发生,但不诱导大鼠产生肝脏肿瘤。

USEPA 将一氯二溴甲烷列为 S 组,即有潜在致癌的暗示性证据。经口致癌斜率因子为 $8.4 \times 10^{-2}[mg/（kg·d）]^{-1}$,饮用水单位致癌风险为 $2.4 \times 10^{-6}（\mu g/L）^{-1}$,肿瘤类型为雌性小鼠肝细胞瘤或癌。

三、饮水水质标准

（一）世界卫生组织水质准则

1984 年第一版《饮用水水质准则》中未提出三氯甲烷以外的三卤甲烷的准则值。

1993 年第二版准则中提出了一氯二溴甲烷基于健康的准则值为 0.1mg/L,同时要求氯仿、溴仿、一氯二溴甲烷和二氯一溴甲烷四种三卤甲烷的实测质量浓度与其各自准则值的比值总和 ≤ 1。

2004 年第三版、2011 年第四版及 2017 年第四版第一次增补版准则中,一氯二溴甲烷的准则值保持 0.1mg/L。

（二）我国饮用水卫生标准

1985 年版《生活饮用水卫生标准》（GB 5749—85）中未规定一氯二溴甲烷的限值。

2001 年卫生部颁布的《生活饮用水水质卫生规范》（卫法监发〔2001〕161 号）中一氯二溴甲烷的限值为 0.1mg/L,同时要求氯仿、溴仿、一氯二溴甲烷和二氯一溴甲烷四种三卤甲烷的实测质量浓度与他们各自限值的比值总和不得超过 1。

2006 年《生活饮用水卫生标准》（GB 5749—2006）仍然沿用 0.1mg/L 作为一氯二溴甲烷的限值,同时维持了氯仿、溴仿、一氯二溴甲烷和二氯一溴甲烷四种三卤甲烷的实测质量浓度与他们各自限值的比值总和不得超过 1 的要求。

（三）美国饮水水质标准

美国一级饮水标准中规定一氯二溴甲烷的 MCLG 是 0.06mg/L。同时规定三卤甲烷的 MCL 为 0.08mg/L,包括一溴二氯甲烷、三溴甲烷、二溴一氯甲烷和三氯甲烷四种三卤甲烷的综合年平均质量浓度。此值于 1998 年生效,沿用至今。

四、短期暴露饮水水质安全浓度的确定

以雄性大鼠为试验对象,将一氯二溴甲烷做成微胶囊进行喂饲,共设定 0、18、56 和 173mg/（kg·d）四个剂量组,暴露时间 1 个月。该研究以雄性大鼠肝脏病变和胆固醇水平增加为健康效应终点确定的 NOAEL 值 56mg/（kg·d）,LOAEL 值为 173mg/（kg·d）。

短期暴露（十日）饮水水质安全浓度推导如下:

$$SWSC = \frac{NOAEL \times BW}{UF \times DWI} = \frac{56mg/（kg·d）\times 10kg}{1\,000 \times 1L/d} \approx 0.6mg/L \qquad （6-5）$$

式中：SWSC——短期暴露（十日）饮水水质安全浓度，mg/L；

NOAEL——基于雄性大鼠肝脏病变和胆固醇水平增加，56mg/（kg·d）；

BW——平均体重，以儿童为保护对象，10kg；

UF——不确定系数，1 000，考虑种内、种间差异及数据不充分；

DWI——每日饮水摄入量，以儿童为保护对象，1L/d。

以雄性大鼠肝脏病变和胆固醇水平增加为健康效应推导的短期暴露（十日）饮水水质安全浓度为 0.6mg/L。

五、应急处理技术及应急期居民用水建议

（一）水厂应急处理技术

1. 概述 自来水厂的常规净水工艺（混凝—沉淀—过滤—消毒的工艺）对一氯二溴甲烷基本没有去除作用。一氯二溴甲烷难于吸附和氧化，臭氧生物活性炭深度处理工艺对一氯二溴甲烷的去除效果也很有限。如果水源发生一氯二溴甲烷的突发污染，水厂净水时需要进行应急处理。

自来水厂应急去除一氯二溴甲烷技术主要是曝气吹脱法，对一氯二溴甲烷有一定去除效果。

2. 原理与参数 曝气吹脱法去除一氯二溴甲烷的原理是：一氯二溴甲烷有挥发性，可以用曝气吹脱法去除。通过设置曝气吹脱设施，向水中曝气，把水中溶解的一氯二溴甲烷转移到气相中从水中排出，使水得到净化。

曝气吹脱的方式是：在取水口外的河道中设置曝气吹脱设施（鼓风机、微孔曝气管等），鼓风机输出的空气用管道送到设在水中一定深度的微孔曝气管或曝气头，在水中曝气，吹脱去除水中的一氯二溴甲烷。

对于曝气吹脱工艺，关键的因素是物质的挥发性和吹脱的气水比。对于其他因素，如气泡大小和是否达到传质平衡，可以不用考虑。对于工程上常用的微孔曝气头或微孔曝气管的曝气方式，由于热力学稳定的原因，尽管曝气孔的孔口很小，但在水中形成的气泡直径一般都在 2~3mm 大小。对于常见的挥发性污染物的曝气吹脱，气泡内气相质量浓度与气泡外水相质量浓度达到传质平衡的气泡上升高度一般在几十厘米，实测一氯二溴甲烷的相平衡高度约为 20cm。一般情况下实际的曝气深度都在 2m 以上，因此都已经达到了传质平衡。

物质的挥发性可以用亨利定律表示：

$$c_L = Hc_G \tag{6-6}$$

式中：c_L——该物质在水中质量浓度，mg/L；

c_G——该物质在空气中的质量浓度，mg/L；

H——该物质的无量纲亨利常数。

注意，这里使用的是无量纲亨利常数。由于物质含量有多种表达方式，亨利常数也需采用相应的量纲，例如当物质在气相的含量用分压表示时，亨利常数的量纲为 mol/（L·Pa）。不同表达方式的亨利常数可以相互换算。

一氯二溴甲烷的无量纲亨利常数：$H = 0.035$。此值是 20℃条件的，温度升高时挥发性增加，对 H 还需进行调整。不同温度下的无量纲亨利常数的计算公式为：

$$\lg H = A - B/T \tag{6-7}$$

式中：A、B——温度修正系数；

T——绝对温度，K。

对于一氯二溴甲烷，$A=6.296$，$B=2\,273$。

采用曝气吹脱的方式，污染物去除效果的计算公式为：

$$\frac{c_L}{c_{L0}} = e^{-Hq} \tag{6-8}$$

式中：c_L——物质在水中处理后的质量浓度，mg/L；

$\quad\ c_{L0}$——物质在水中的初始质量浓度，mg/L；

$\quad\ q$——曝气吹脱的气水比，$m^3_{气}/m^3_{水}$。

该曝气吹脱计算公式对实验室静态试验和在河道中的实际应用均适用。在实际应急处置中，曝气吹脱多设置在取水口前的引水河道处，在水流横向流动的河道里设置多条曝气管，吹脱污染物。该系统吹脱效果的计算模型与实验室静态批次试验的计算模型完全相同，都采用公式（6-8），用无量纲亨利常数和总的气水比计算吹脱效果。

一氯二溴甲烷的曝气吹脱理论去除曲线，见图6-4。

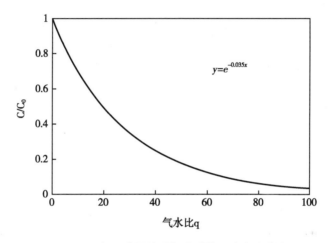

图 6-4 一氯二溴甲烷曝气吹脱的理论去除曲线

图6-5是用一氯二溴甲烷配水的去除试验结果。试验中采用了不同强度的曝气流量（0.4~1.4L/min），结果显示，影响吹脱效果的关键参数是气水比，气水比相同但曝气流量不同时去除效果基本一致，符合理论模型。

根据式（6-8），可以计算出不同一氯二溴甲烷去除率所需的气水比。例如，对于50%的去除率，所需气水比$q=20$；对于80%的去除率，所需气水比$q=46$；对于90%的去除率，所需气水比$q=66$。由于一氯二溴甲烷的挥发性不够强，曝气吹脱处理所需的气水比相对较大。对于采用气水比为15的曝气量，可应对一氯二溴甲烷的原水超标倍数不到1倍。

3. 技术要点　自来水厂一氯二溴甲烷曝气吹脱应急净水处理的技术要点：

（1）在取水口外的河道中设置应急曝气吹脱设施，把水中溶解性的一氯二溴甲烷吹脱到空气中，以实现安全供水。

（2）建议采用鼓风机和微孔曝气管的方式，设备安装快，可以迅速实施。

（3）根据去除率要求，可以用式（6-8）计算得出所需的气水比。

（4）曝气吹脱法应急处理的主要缺点是需要设置曝气设备，应用受到现场条件限制；污染物并未去除，只是从水中转移到空气中，对局部地区空气质量有影响。

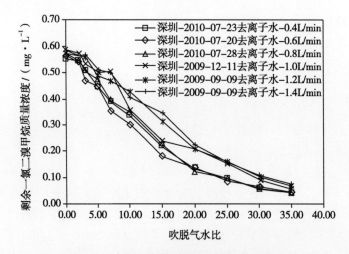

图 6-5 一氯二溴甲烷配水的曝气吹脱试验

（5）曝气吹脱的费用：单位曝气量的电耗费用约为 0.01~0.015 元 /m³ 空气。
自来水厂曝气吹脱法去除一氯二溴甲烷的工艺流程，见图 6-6。

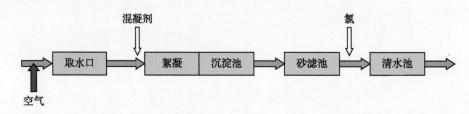

图 6-6 曝气吹脱法去除一氯二溴甲烷的工艺流程图

（二）应急期居民用水建议

人体可通过饮食、刷牙、漱口等途径经口摄入水中的一氯二溴甲烷；也可通过洗澡、洗手、洗菜、游泳等途径经皮肤接触水中的一氯二溴甲烷；还可通过洗澡等途径吸入暴露水中挥发的一氯二溴甲烷。具有活性炭、反渗透膜、纳滤膜的净水器对一氯二溴甲烷有一定的去除效果，在一氯二溴甲烷污染事件的应急供水期，公众可选择具有上述净水组件的家用净水器，但应注意净水器说明书中注明的额定总净水量及滤芯的使用期限，超过额定总净水量或超出滤芯使用期限后，净水器对污染物的去除效果会迅速下降甚至带来二次污染，此时应及时更换滤芯。由于一氯二溴甲烷具有一定的挥发性，也可用煮沸并保持沸腾若干分钟的方式去除。

第三节　二 氯 乙 酸

一、基本信息

（一）理化性质

1. 中文名称：二氯乙酸

2. 英文名称：dichloroacetic acid（DCA）

3. CAS 号：79-43-6

4. 分子式: CHCl$_2$COOH

5. 相对分子质量: 128.94

6. 分子结构图

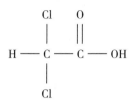

7. 外观与性状: 无色液体

8. 气味: 刺鼻臭味

9. 沸点: 194℃

10. 熔点: 13.5℃

11. 腐蚀性: 可散发出酸性雾气的强腐蚀性液体

12. 溶解性: 易溶于水、乙醇和醚,可溶于丙酮,微溶于四氯化碳

13. 蒸气压: 23.9Pa(25℃)

（二）生产使用情况

二氯乙酸是卤乙酸类化合物,于1864年通过氯化一氯乙酸首次被合成出来。二氯乙酸是有机物合成的中间体,用于生产乙醛酸、磺胺类化合物,也用于农业螯合铁肥的生产。二氯乙酸在医疗中是一种烧灼剂,能够迅速渗透和腐蚀皮肤及角质,用于治疗老茧、鸡眼、黄斑瘤、脂溢性角化病和囊肿。同时,二氯乙酸可用于医用消毒,此外二氯乙酸还可被用于治疗乳酸酸中毒、家族性高胆固醇血症和糖尿病,还有提议将二氯乙酸用于癌症的靶向治疗。

（三）环境介质中质量浓度水平及饮水途径人群暴露状况

1. 环境介质中质量浓度水平　多处水源水中检出过二氯乙酸。我国8家典型供水系统水源水中二氯乙酸的质量浓度范围在29.3~155.7μg/L。

2. 饮水途径人群暴露状况　饮水和食品是人群暴露二氯乙酸的主要途径。饮用水中二氯乙酸主要来源于两个方面:一个是水源水受到上游含有二氯乙酸污染物的工业废水的污染,另一个是在自来水净化的氯消毒过程中氯与水中污染物生成的消毒副产物。日本氯化消毒的饮用水中二氯乙酸的质量浓度为4.5μg/L,澳大利亚氯化消毒的饮用水中二氯乙酸的最大质量浓度为200μg/L。美国饮用水供水数据表明,以地下水为水源水的供水系统,水中二氯乙酸的平均质量浓度为6.9μg/L,质量浓度范围为0~71μg/L;以地表水为水源水的供水系统,水中二氯乙酸的平均质量浓度为17μg/L,质量浓度范围0~99μg/L。中国以地下水为水源水的水厂,出厂水中二氯乙酸的平均质量浓度为1.22μg/L,质量浓度范围0~5.36μg/L;以湖库水为水源水的水厂,出厂水中二氯乙酸的平均质量浓度为3.89μg/L,质量浓度范围0~17.3μg/L;以河流水为水源水的水厂,出厂水中二氯乙酸的平均质量浓度为3.66μg/L,质量浓度范围0~26.5μg/L。

二、健康效应

（一）毒代动力学

1. 吸收　小鼠和大鼠可通过胃肠道迅速吸收二氯乙酸到血液中。给大鼠和小鼠口服二氯乙酸的放射性标记物,仅有约 1%~2% 的标记物在粪便中发现,表明服用的二氯乙酸几乎全被胃肠道吸收。人类受试者口服二氯乙酸后 15~30 分钟内,血浆二氯乙酸质量浓度出现峰值。

2. 分布　将大鼠口服灌胃给药经 ^{14}C 标记的二氯乙酸 48 小时后,从器官中回收到 21%~36% 的标记物,大部分标记物分布在肝、肌肉、皮肤、血液和肠中,少量标记物分布在肾、脂肪、胃、睾丸、肺、脾、心脏、脑和膀胱中。

3. 代谢　二氯乙酸的主要代谢途径为氧化脱氯形成乙醛酸,该反应主要发生在细胞溶质中。研究表明,大鼠肝细胞溶质酶—谷胱甘肽 S- 转移酶 Zeta(GST Zeta)催化二氯乙酸转化为乙醛酸。不同物种之间,GST Zeta 的活性存在差异,小鼠肝细胞溶质中二氯乙酸的转化速度大于大鼠,大鼠肝细胞溶质中二氯乙酸的转化速度大于人。此外,同一物种在不同年龄段下 GST Zeta 的活性也存在差异,幼年小鼠二氯乙酸的转化速度大于老年小鼠。

由于二氯乙酸是治疗新陈代谢紊乱的实验性药物,因此可以得到人体二氯乙酸代谢的数据。患者通过二氯乙酸治疗,尿液中出现草酸,这表明二氯乙酸被氧化脱氯形成乙醛酸,然后转化成草酸盐。一位患有先天性乳酸酸中毒的儿童在用药治疗后的 4 小时内,血浆中除了存在草酸盐和乙醛酸外,还存在一氯乙酸,表明在一些个体中,暴露二氯乙酸后的初期阶段,还可能存在二氯乙酸还原脱氯反应。另有研究显示,甘氨酸、CO_2、乙醇酸盐和硫代二甘酸也是二氯乙酸的代谢物。

4. 排泄　动物研究表明,仅有一小部分二氯乙酸(约 1%~2%)在粪便中发现,有极少量的二氯乙酸(约 1%)通过尿液排泄,并且尿液中二氯乙酸的含量很低;但是,随着二氯乙酸给药剂量的增加,尿液中二氯乙酸的含量也会增加。

(二)健康效应

1. 人体资料　二氯乙酸是用于治疗代谢紊乱的治疗剂,通常通过口服或者静脉注射给药,治疗剂量通常为 25~50mg/(kg·d)。在该治疗剂量下,有 50% 的病人经口服或者静脉注射后会出现镇静作用,该作用通常会在二氯乙酸给药治疗的 60 分钟内出现,并且持续几个小时。

一位 21 岁的男子接受二氯乙酸治疗,给药剂量为 50mg/(kg·d)。16 周后,男子自诉手指和脚趾有刺痛感,对他进行身体检查,发现其脸部和手指的肌肉力量轻微减小,深部腱反射减弱或消失,下肢所有肌肉群的力量降低;在停止治疗 8 周后,病人刺痛感消退,面部肌肉的力量恢复正常,腿和脚的力量略有改善;停止治疗 6 个月后,病人肌肉强度恢复正常。

2. 动物资料

(1)短期暴露:在雄性 B6C3F1 小鼠的试验研究中,通过饮水给药,暴露时长为 14 天,共设定 0、57、190 和 380mg/(kg·d)四个剂量组。研究结果表明,在 190 和 380mg/(kg·d)剂量组,小鼠肝脏重量和肝细胞直径增加,肝脏表面观察到白色条纹,偶尔有离散的圆点分布在白色条纹外。该研究基于肝毒性的组织学证据确定 LOAEL 为 190mg/(kg·d),NOAEL 为 57mg/(kg·d)。

另一项对雄性 B6C3F1 小鼠的试验研究中,通过饮水给药,暴露时长为 21 天,共设定 0、25、125 和 500mg/(kg·d)四个剂量组。研究结果表明,在 125mg/(kg·d)和 500mg/(kg·d)剂量组,均观察到小鼠绝对和相对肝重量增加。由此确定 LOAEL 为 125mg/(kg·d),NOAEL 为 25mg/(kg·d)。

(2)长期暴露:在雄性 SD 大鼠的试验研究中,通过饮水给药,暴露时长为 90 天,共设定

0、3.9、35.5 和 345mg/（kg·d）四个剂量组。研究结果表明,在 35.5 和 345mg/（kg·d）剂量组,大鼠饮水量显著降低（$P < 0.05$）,体重显著减少（$P < 0.05$）,肝脏和肾脏比重显著增加（$P < 0.05$）;在 345mg/（kg·d）剂量组,大鼠脾脏比重显著增加。该研究基于二氯乙酸对雄性大鼠肝和肾的影响确定 NOAEL 为 3.9mg/（kg·d）,LOAEL 为 35.5mg/（kg·d）。

在刚断奶的 LE 大鼠和刚断奶的 F344 大鼠的试验研究中,通过饮水给药,暴露时长均为 13 周,分别设定 0、17、88、192mg/（kg·d）四个剂量组和 0、16、89、173mg/（kg·d）四个剂量组。研究结果显示,两种大鼠在所有暴露剂量均呈现出步态的变化,由此得到 LE 大鼠的 LOAEL 为 17mg/（kg·d）,F344 大鼠的 LOAEL 为 16mg/（kg·d）。

在比格幼犬的试验研究中,通过明胶胶囊口服给药,暴露时长为 90 天,共设定 0、12.5、39.5 和 72mg/（kg·d）四个剂量组。研究结果表明,所有剂量组犬肝脏的相对重量均显著增加;病理检查发现了多个器官的变化,包括肝脏中存在轻微空泡的变化、炎症、含铁血黄素淀积,胰腺中存在慢性炎症和腺泡衰退,肾脏褪色苍白;显微镜检查显示,大脑和小脑的白色有髓神经束形成轻微空泡,也观察到睾丸病变。该研究基于对器官的影响和肝脏重量增加确定 LOAEL 为 12.5mg/（kg·d）。

以雄性 B6C3F1 小鼠为试验对象,通过饮水给药,暴露时长为 60 周,共设定 0、7.6、77、410 和 486mg/（kg·d）五个剂量组。研究结果显示,410 和 486mg/（kg·d）剂量组小鼠体重下降;77、410 和 486mg/（kg·d）三个剂量组相对肝脏重量增加。另有小鼠在 7.6 和 77mg/（kg·d）剂量组暴露 75 周,观察到 77mg/（kg·d）剂量组小鼠的相对肝重量增加。该研究基于相对肝脏重量增加确定 LOAEL 为 77mg/（kg·d）,NOAEL 为 7.6mg/（kg·d）。

以雄性 B6C3F1 小鼠为试验对象,通过饮水给药,暴露时长约为 2 年,设定 0、8、84、168、315 和 429mg/（kg·d）六个剂量组。研究结果显示,84mg/（kg·d）剂量组小鼠肝脏重量增加,由此确定 LOAEL 为 84mg/（kg·d）,NOAEL 为 8mg/（kg·d）。与对照组（肝细胞癌发生率为 26%）相比,168、315 和 429mg/（kg·d）剂量组小鼠肝细胞癌发生率（分别为 71%、95% 和 100%）显著增加。对照组肝细胞腺瘤发生率为 10%,168、315 和 429mg/（kg·d）剂量组小鼠肝细胞腺瘤发生率也显著增加（分别为 51.4%、42.9% 和 45%）。

（3）生殖/发育影响:以雄性 Long-Evans 大鼠为试验对象,通过灌胃给药,暴露时长为 10 周,共设定 0、31.25、62.5 和 125mg/（kg·d）四个剂量组。研究结果表明,31.25mg/（kg·d）剂量组大鼠体重减少,相对肝重量增加;62.5 和 125mg/（kg·d）剂量组大鼠相对肾脏和脾脏重量以及绝对肝脏重量均有升高;在所有剂量组,包皮腺和附睾的绝对重量均显著减少（$P < 0.05$）。该研究基于包皮腺和附睾重量的变化确定 LOAEL 为 31.25mg/（kg·d）。

与大鼠的研究不同,二氯乙酸对小鼠的潜在生殖影响的研究一直局限于体外方法。小鼠配子的试验研究中发现,二氯乙酸抑制了 B6D2F1 小鼠配子的体外受精,在 100mg/L 和 1 000mg/L 的暴露质量浓度下,受精配子的百分比分别从 87.0%（对照组）下降到 67.3% 和 71.8%。

在小鼠胚胎的试验研究中,将 CD-1 小鼠全胚胎培养于 0~14.7mmol/L 的二氯乙酸中 24 小时。研究发现,二氯乙酸浓度 ≥ 5.9mmol/L 时,神经管缺陷显著增加;二氯乙酸浓度 ≥ 7.3mmol/L 时,出现心脏和咽弓缺陷;二氯乙酸浓度 ≥ 11mmol/L 时,观察到眼睛缺陷和体节畸形。

在大鼠的试验研究中,以怀孕的 Long-Evans 大鼠为试验对象,通过灌胃给药,暴露时长为妊娠期的 6~15 天,共设定 0、14、140 和 400mg/（kg·d）四个剂量组。研究结果显示,在

140、400mg/（kg·d）剂量组,母体体重的增加显著降低;在 400mg/（kg·d）剂量组,母体脾脏和肾脏重量增加;在 140、400mg/（kg·d）剂量组,胎儿软组织异常（主要是心血管异常）的发生率增加;在 400mg/（kg·d）剂量组,胎儿心脏异常的发生率显著增加。该研究基于二氯乙酸对母体和胎儿的影响确定 NOAEL 为 14mg/（kg·d）,LOAEL 为 140mg/（kg·d）。

（4）致突变性:体外研究表明,二氯乙酸只在高剂量或长时间暴露后具有基因毒性。存在／不存在代谢活化的情况下,大多数体外实验的结果是阴性的,或者既存在阴性结果也存在阳性结果。

体内研究呈现的结果比较复杂,在小鼠微核试验、小鼠和大鼠细胞中的 DNA 链断裂、DNA 加合物的形成等方面的研究中,还没有得出一致的阳性或阴性结果。

（5）致癌性:IARC 将二氯乙酸列为 2B 组,即有可能对人类致癌。二氯乙酸可诱导雄性和雌性小鼠、雄性大鼠肝细胞腺瘤和肝细胞癌的发病率增加。

USEPA 将二氯乙酸列为 L 组,即可能为人类致癌物。对啮齿类动物的多项研究表明,暴露于二氯乙酸会增加肝脏腺瘤和肝癌的发生率,但没有研究可以确定二氯乙酸的暴露会增加人的致癌风险,经口暴露单位致癌风险为 1.4×10^{-3}（mg/L）$^{-1}$,肿瘤类型为肝癌和肝腺瘤。

三、饮水水质标准

（一）世界卫生组织水质准则

1984 年第一版《饮用水水质准则》中未提出二氯乙酸的准则值。

1993 年第二版准则中提出了二氯乙酸的暂行准则值为 0.05mg/L。

2004 年第三版、2011 年第四版及 2017 年第四版第一次增补版准则中,仍然沿用 0.05mg/L 作为二氯乙酸的暂行准则值。

（二）我国饮用水卫生标准

1985 年版《生活饮用水卫生标准》（GB 5749—85）中未规定二氯乙酸的限值。

2001 年卫生部颁布的《生活饮用水水质卫生规范》（卫法监发〔2001〕161 号）将饮用水中二氯乙酸的限值定为 0.05mg/L。

2006 年《生活饮用水卫生标准》（GB 5749—2006）仍然沿用 0.05mg/L 作为二氯乙酸的限值。

（三）美国饮水水质标准

美国一级饮水标准中规定二氯乙酸的 MCLG 为 0。1998 年颁布的消毒剂和消毒副产物条例中规定了五种卤乙酸（一氯乙酸、二氯乙酸、三氯乙酸、一溴乙酸、二溴乙酸）的总量限值（MCL）为 0.060mg/L。

四、短期暴露饮水水质安全浓度的确定

以雄性 B6C3F1 小鼠为试验对象,开展了 21 天饮水暴露试验,共设定 0、25、125 和 500mg/（kg·d）四个剂量组。研究结果表明,在 125mg/（kg·d）和 500mg/（kg·d）剂量组,均观察到小鼠绝对和相对肝重量增加。由此确定 NOAEL 为 25mg/（kg·d）。

短期暴露（十日）饮水水质安全浓度推导如下:

$$\text{SWSC} = \frac{\text{NOAEL} \times \text{BW}}{\text{UF} \times \text{DWI}} = \frac{25\text{mg/（kg·d）} \times 10\text{kg}}{100 \times 1\text{L/d}} \approx 3\text{mg/L} \tag{6-9}$$

式中: SWSC——短期暴露（十日）饮水水质安全浓度, mg/L;

NOAEL——基于雄性小鼠绝对和相对肝重量增加为健康效应的分离点, 25mg/（kg·d）;

BW——平均体重, 以儿童为保护对象, 10kg;

UF——不确定系数, 100, 考虑种内和种间差异;

DWI——每日饮水摄入量, 以儿童为保护对象, 1L/d。

以小鼠绝对和相对肝重量增加为健康效应推导的短期暴露（十日）饮水水质安全浓度为 3mg/L。

五、应急处理技术及应急期居民用水建议

（一）水厂应急处理技术

自来水厂的常规净水工艺（混凝 — 沉淀 — 过滤 — 消毒的工艺）对二氯乙酸基本没有去除作用。二氯乙酸难于吸附、氧化或吹脱, 臭氧生物活性炭深度处理工艺对二氯乙酸的去除效果也很有限。

应急净水试验表明, 对二氯乙酸目前没有可行的自来水厂应急处理技术。当发生水源突发二氯乙酸污染时, 自来水厂只能采取更换水源、停水等规避措施。

（二）应急期居民用水建议

人体可通过饮食、刷牙、漱口等途径经口摄入水中的二氯乙酸; 也可通过洗澡、洗手、洗菜、游泳等途径经皮肤接触水中的二氯乙酸。具有反渗透膜、纳滤膜的净水器对二氯乙酸有一定的去除效果, 在二氯乙酸污染事件的应急供水期, 公众可选择具有上述净水组件的家用净水器, 但应注意净水器说明书中注明的额定总净水量及滤芯的使用期限, 超过额定总净水量或超出滤芯使用期限后, 净水器对污染物的去除效果会迅速下降甚至带来二次污染, 此时应及时更换滤芯。

第四节 二氯甲烷

一、基本信息

（一）理化性质

1. 中文名称: 二氯甲烷

2. 英文名称: dichloromethane

3. CAS 号: 75-09-2

4. 分子式: CH_2Cl_2

5. 相对分子质量: 84.93

6. 分子结构图

7. 外观与性状: 无色透明液体, 具有类似醚的刺激性气味

8. 蒸气压：349mmHg（20℃）

9. 熔点：–95~–97℃

10. 沸点：40℃

11. 溶解性：难溶于水，溶于乙醇和乙醚

（二）生产使用情况

二氯甲烷是氯代烃化合物，大量用于制造电影胶片、聚碳酸酯等，也可用作涂料溶剂、金属脱脂剂，气烟雾喷射剂、聚氨酯发泡剂、脱模剂、脱漆剂等。

（三）环境介质中质量浓度水平及饮水途径人群暴露状况

1. 环境介质中质量浓度水平　二氯甲烷属于易挥发性物质，有研究对沈阳地区主要河流（浑河、蒲河、细河、沈抚灌渠）地表水及其沿岸地下水进行分析，结果表明，在浑河和蒲河河水中检出了二氯甲烷，检出率为33.3%。

2. 饮水途径人群暴露状况　饮用水中二氯甲烷主要来源于两个方面，一是氯化消毒过程中产生的消毒副产物；二是水源污染。人群除可通过饮水途径摄入二氯甲烷外，还可能在沐浴过程中经过呼吸吸入从水中挥发到空气中的二氯甲烷，此外，沐浴、洗衣和洗菜时皮肤接触也是摄入途径。

二、健康效应

（一）毒代动力学

1. 吸收　二氯甲烷可被大鼠的胃肠道完全吸收，它对细胞膜磷脂壁有很好的穿透效果，在组织内扩散一般遵循一级动力学。二氯甲烷也可通过呼吸道吸入人体内，其血液内的质量浓度与空气暴露的质量浓度直接相关，在暴露1~2小时后，血液中二氯甲烷的质量浓度会达到一个稳定值，体内脂肪指数与二氯甲烷的吸收呈正相关性。

2. 分布　二氯甲烷是脂溶性物质，在人体中易分布于脂肪组织。短时间内，二氯甲烷的质量浓度（每克组织）与体脂百分比呈负相关；但暴露4小时后，越肥胖的人其体内二氯甲烷的总量越高。另有动物试验表明，二氯甲烷分布的主要器官依次是肝脏、肾脏和肺。

3. 代谢　二氯甲烷主要有两种代谢途径。在低暴露水平时，由细胞色素P450氧化（CYP途径）成CO、CO_2；在高暴露水平，CYP途径变得饱和，谷胱甘肽S-转移酶（GST）-谷胱甘肽（GSH）系统开始起催化反应，使其H^+和Cl^-得到释放，最终代谢为CO_2。

4. 排泄　二氯甲烷主要通过肺直接呼出，或经组织代谢后生成CO、CO_2再经呼吸排出。

（二）健康效应

1. 人体资料　有报道工人在急性吸入含二氯甲烷的空气后，二氯甲烷及其代谢产物CO可降低血液中血红蛋白的载氧能力。有研究发现人吸入二氯甲烷会增加其血液中血清胆红素的水平。有研究发现工人在吸入二氯甲烷后有眩晕、恶心、头痛的表现。另有研究发现人群经呼吸暴露于0.8‰剂量的二氯甲烷10~14小时后，其精神活动显著下降。

一起二氯甲烷被用作脱漆剂致命的中毒案例中，尸检发现肝脏（14.4mg/100g组织）、血液（510mg/L）和脑（24.8mg/100g组织）中有二氯甲烷的存在。

2. 动物资料

（1）短期暴露：动物试验表明，小鼠经口LD_{50}为1 987mg/kg，大鼠经口LD_{50}为2 121mg/kg。以SD大鼠为对象，经口服给予单剂量二氯甲烷，试验确定1.3g/kg剂量是诱导大鼠产生

中毒反应的最低剂量,暴露在此剂量及以上的大鼠会出现呼吸困难、共济失调、发绀或昏迷症状。

一项雄性 CD-1 小鼠二氯甲烷经口喂食试验中,剂量组分别为 0、133、333 和 665mg/(kg·d),周期为 14 天,观察终点为肝部空泡。试验得出 NOAEL 值为 133mg/(kg·d),LOAEL 值为 333mg/(kg·d)。

一项 F344 雌性大鼠二氯甲烷经口暴露试验中,剂量组分别为 0、34、101、337 和 1 012mg/(kg·d),周期为 14 天,观察终点为肝细胞坏死。试验得出 NOAEL 值为 101mg/(kg·d),LOAEL 值为 337mg/(kg·d)。

以 F344 雌性大鼠为试验对象,开展二氯甲烷经口暴露试验,剂量组分别为 0、34、101、337 和 1 012mg/(kg·d),周期为 14 天。该研究以行为异常、轻度神经系统损伤为健康效应终点得出 NOAEL 值为 101mg/(kg·d),LOAEL 值为 337mg/(kg·d)。

(2)长期暴露:以雌雄 Wistar 大鼠(30 只雄性和 30 只雌性)为研究对象,使每只大鼠每天饮用 10ml 质量浓度为 125mg/L 的二氯甲烷染毒水,相当于给予 15mg/(kg·d)的剂量,染毒 13 周,对动物进行了行为改变、体重、血、尿生化、生殖功能、脏器/体重比和组织学的检查。虽然在其尿液中检测到二氯甲烷,但没有观察到重要的变化,该研究确定的 NOAEL 为 15mg/(kg·d)。

一项为期两年包括 344 只大鼠的二氯甲烷喂饲试验研究了毒理学特性和致癌作用,该研究基于大鼠肝脏损伤和对血液的影响得出的 NOAEL 为 5mg/(kg·d),未观察到致癌结果。

另一项 F344 大鼠经口暴露试验,剂量组分别为 0、166、420 和 1 200mg/(kg·d),周期为 90 天,观察终点为肝组织空腔或坏死,得出的 LOAEL 值为 166mg/(kg·d)。同时对 B6C3F1 小鼠也进行经口暴露试验,剂量组分别为 0、226、587 和 1 911mg/(kg·d),周期同样为 90 天,观察终点为肝组织空腔或坏死。该研究得出的 NOAEL 值为 226mg/(kg·d),LOAEL 值为 587mg/(kg·d)。

一项长达 104 周的 F344 大鼠经口暴露试验中,剂量组分别为 0、6、52、125 和 250mg/(kg·d),观察终点为肝组织坏死、脂肪肝。该研究得出的 NOAEL 值为 6mg/(kg·d),LOAEL 值为 52mg/(kg·d)。以 B6C3F1 小鼠为试验对象进行了 104 周的经口暴露试验,剂量组分别为 0、60、125、185 和 250mg/(kg·d),观察终点为肝组织异常、脂肪肝。该研究得出的 NOAEL 值为 185mg/(kg·d),LOAEL 值为 250mg/(kg·d)。

(3)生殖/发育影响:对 CD1 大鼠进行了 90 天经口暴露试验,剂量组分别为 0、25、75 和 225mg/(kg·d),观察终点为第一代鼠的生育能力、第二代鼠的组织生理异常。该研究得出的 NOAEL 值为 225mg/(kg·d)。

对 Swiss-Webster 雄性小鼠进行了 8 周的经口暴露试验,剂量组分别为 0、250 和 500mg/(kg·d)。观察终点为睾丸病变和其生育能力。该研究得出的 LOAEL 值为 500mg/(kg·d)。

对 F344 怀孕雌鼠进行经口暴露试验,在其妊娠的 6~19 天给药,剂量组分别为 0、337.5 和 450mg/(kg·d),在小鼠出生后,给小鼠同样剂量的二氯甲烷,观察终点为母鼠的体重异常和仔鼠的生存率降低、重量降低。该研究得出母鼠的 NOAEL 值为 337.5mg/(kg·d),LOAEL 值为 450mg/(kg·d),仔鼠的 NOAEL 值为 450mg/(kg·d)。

(4)致突变性:二氯甲烷在一些细菌或酵母试验中表现出有致突变作用,在哺乳动物细胞转化试验中二氯甲烷也有阳性表现。

（5）致癌性：IARC 将二氯甲烷列为 2A 组，即对人类很可能有致癌性，研究已观察到人类二氯甲烷暴露与胆道癌和非霍奇金淋巴瘤之间的正相关性。有充分的试验证据表明二氯甲烷对动物具有致癌性。

USEPA 将二氯甲烷列为 L 组，即可能为人类致癌物。二氯甲烷可导致小鼠肝细胞瘤、肝细胞癌发生率升高。经口致癌斜率因子为 $2 \times 10^{-3}[\mathrm{mg}/(\mathrm{kg} \cdot \mathrm{d})]^{-1}$，吸入单位致癌风险为 $1 \times 10^{-11}(\mathrm{mg}/\mathrm{m}^3)^{-1}$。

（三）本课题相关动物实验

以 Wistar 大鼠为实验对象，雌雄各半。设置一个阴性对照组，1 个剂量组，适应性饲养 2 周，剂量组给予二氯甲烷灌胃剂量为 20mg/（kg·d），灌胃 28 天。观察大鼠的生殖影响，检测血清中总蛋白（TP）、白蛋白（ALB）、球蛋白（GLO）、总胆固醇（TC）、甘油三酯（TG）、碱性磷酸酶（ALP）、肌酐（CREA）、谷丙转氨酶（ALT）、谷草转氨酶（AST）、血尿素（UREA）和葡萄糖（GLU）等血生化指标，检测体重、脏体比和组织病理学改变。

在 20mg/（kg·d）剂量组，没有观察到大鼠生殖影响、血清生化指标变化、体重、脏体比和组织病理学变化，以此为健康效应确定的 NOAEL 值为 20mg/（kg·d），由此推导的短期暴露（十日）饮水水质安全浓度为 2mg/L。

三、饮水水质标准

（一）世界卫生组织水质准则

1984 年第一版《饮用水水质准则》中未提出二氯甲烷的准则值。

1993 年第二版准则提出了饮用水中二氯甲烷的准则值为 0.02mg/L。

2004 年第三版、2011 年第四版及 2017 年第四版第一次修订版准则中，二氯甲烷的准则值仍保持为 0.02mg/L。

（二）我国饮用水卫生标准

1985 年版《生活饮用水卫生标准》（GB 5749—85）中未规定二氯甲烷的限值。

2001 年卫生部颁布的《生活饮用水水质卫生规范》（卫法监发〔2001〕161 号）中将饮用水中二氯甲烷的限值定为 0.02mg/L。

2006 年《生活饮用水卫生标准》（GB 5749—2006）中仍然沿用 0.02mg/L 的限值。

（三）美国饮水水质标准

二氯甲烷的 MCLG 是 0。MCL 为 0.005mg/L，此值于 1992 年生效，沿用至今。

四、短期暴露饮水水质安全浓度的确定

在饮用水中加入 125mg/L 的二氯甲烷来喂饮雌雄 Wistar 大鼠 13 周，检测大鼠的生化指标，观察生殖能力变化、体重、脏体比和组织病理学改变，虽然在大鼠尿液中检出二氯甲烷，但未观察到重要变化，该研究据此得出的 NOAEL 为 15mg/（kg·d）。

短期暴露（十日）饮水水质安全浓度推导如下：

$$\mathrm{SWSC} = \frac{\mathrm{NOAEL} \times \mathrm{BW}}{\mathrm{UF} \times \mathrm{DWI}} = \frac{15\mathrm{mg}/(\mathrm{kg} \cdot \mathrm{d}) \times 10\mathrm{kg}}{100 \times 1\mathrm{L/d}} = 2\mathrm{mg/L} \qquad （6\text{-}10）$$

式中：SWSC——短期暴露（十日）饮水水质安全浓度，mg/L；

　　　NOAEL——以大鼠未观察到生殖能力改变，生化指标，体重、脏体比和组织病理学改变为健康效应的分离点，15mg/（kg·d）；

BW——平均体重,以儿童为保护对象,10kg;

UF——不确定系数,100,考虑种内和种间差异;

DWI——每日饮水摄入量,以儿童为保护对象,1L/d。

以大鼠未观察到生殖能力改变,生化指标,体重、脏体比和组织病理学改变为健康效应推导的短期暴露(十日)饮水水质安全浓度值为2mg/L。课题动物实验中以大鼠生殖影响、血清生化指标变化、体重、脏体比和组织病理学变化为健康效应确定的NOAEL值为20mg/(kg·d),由此推导二氯甲烷的十日饮水水质安全浓度为2mg/L。可以看出,本课题实验推导值和文献资料推导值数值一致,因此推荐短期暴露(十日)饮水水质安全浓度值为2mg/L。

五、应急处理技术及应急期居民用水建议

(一)水厂应急处理技术

1. 概述 自来水厂的常规净水工艺(混凝 — 沉淀 — 过滤 — 消毒的工艺)对二氯甲烷基本没有去除作用。二氯甲烷难于吸附和氧化,臭氧生物活性炭深度处理工艺对二氯甲烷的去除效果也很有限

自来水厂应急去除二氯甲烷技术为曝气吹脱法。

2. 原理与参数 曝气吹脱法去除二氯甲烷的原理是:二氯甲烷具有挥发性,可以用曝气吹脱法去除。通过设置曝气吹脱设施,向水中曝气,把水中溶解的二氯甲烷转移到气相中从水中排出,使水得到净化。

曝气吹脱的方式是:在取水口外的河道中设置曝气吹脱设施(鼓风机、微孔曝气管等),鼓风机输出的空气用管道送到设在水中一定深度的微孔曝气管或曝气头,在水中曝气,吹脱去除水中的二氯甲烷。

对于曝气吹脱工艺,关键的因素是物质的挥发性和吹脱的气水比。对于其他因素,如气泡大小和是否达到传质平衡,可以不用考虑。对于工程上常用的微孔曝气头或微孔曝气管的曝气方式,由于热力学稳定的原因,尽管曝气孔的孔口很小,但在水中形成的气泡直径一般都在2~3mm大小。对于常见的挥发性污染物的曝气吹脱,气泡内气相质量浓度与气泡外水相质量浓度达到传质平衡的气泡上升高度一般在几十厘米。一般情况下实际的曝气深度都在2m以上,因此都已经达到了传质平衡。

物质的挥发性可以用亨利定律表示:

$$c_L = Hc_G \tag{6-11}$$

式中:c_L——该物质在水中质量浓度,mg/L;

c_G——该物质在空气中的质量浓度,mg/L;

H——该物质的无量纲亨利常数。

注意,这里使用的是无量纲亨利常数。由于物质含量有多种表达方式,亨利常数也需采用相应的量纲,例如当物质在气相的含量用分压表示时,亨利常数的量纲为mol/(L·Pa)。不同表达方式的亨利常数可以相互换算。

二氯甲烷的无量纲亨利常数:$H=0.0904$。此值是20℃条件的,温度升高时挥发性增加,对H还需进行调整。不同温度下的无量纲亨利常数的计算公式为:

$$\lg H = A - B/T \tag{6-12}$$

式中:A、B——温度修正系数;

T——绝对温度，K。

对于二氯甲烷，A=4.561，B=1 644。

采用曝气吹脱的方式，污染物去除效果的计算公式为：

$$\frac{c_L}{c_{L0}} = e^{-Hq} \tag{6-13}$$

式中：c_L——物质在水中处理后的质量浓度，mg/L；

　　　c_{L0}——物质在水中的初始质量浓度，mg/L；

　　　q——曝气吹脱的气水比，$m^3_{气}/m^3_{水}$。

该曝气吹脱计算公式对试验室静态试验和在河道中的实际应用均适用。在实际应急处置中，曝气吹脱多设置在取水口前的引水河道处，在水流横向流动的河道里设置多条曝气管，吹脱污染物。该系统吹脱效果的计算模型与试验室静态批次试验的计算模型完全相同，都采用公式（6-13），用无量纲亨利常数和总的气水比计算吹脱效果。

二氯甲烷的曝气吹脱理论去除曲线，见图6-7。

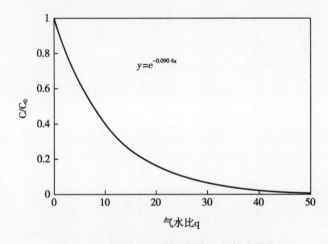

图 6-7　二氯甲烷的曝气吹脱理论去除曲线

图6-8是用实际水源水配水的二氯甲烷去除试验结果。试验中采用了不同强度的曝气流量（0.4~1.4L/min），结果显示，去除率只与气水比相关，符合理论模型。

根据式（6-13），可以计算出不同二氯甲烷去除率所需的气水比。例如，对于50%的去除率，所需气水比q=8；对于80%的去除率，所需气水比q=18；对于90%的去除率，所需气水比q=25。二氯甲烷的挥发性不够强，曝气吹脱处理所需的气水比相对较大。对于采用气水比为10的曝气量，可应对二氯甲烷的原水超标倍数约为1倍。

3. 技术要点　自来水厂二氯甲烷曝气吹脱应急净水处理的技术要点：

（1）在取水口外的河道中设置应急曝气吹脱设施，把水中溶解性的二氯乙烷吹脱到空气中，以实现安全供水。

（2）建议采用鼓风机和微孔曝气管的方式，设备安装快，可以迅速实施。

（3）根据去除率要求，可以用式（6-13）计算得出所需的气水比。

（4）曝气吹脱法应急处理的主要缺点是需要设置曝气设备，应用受到现场条件限制；污染物并未去除，只是从水中转移到空气中，对局部地区空气质量有影响。

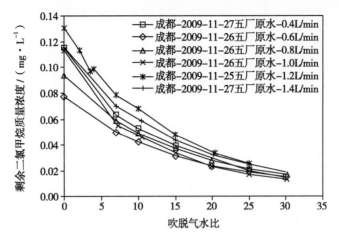

图 6-8　二氯甲烷水源水配水的曝气吹脱试验

（5）曝气吹脱的费用：单位曝气量的电耗费用约为 0.01~0.015 元 /m³ 空气。
自来水厂曝气吹脱法去除二氯甲烷的工艺流程，见图 6-9。

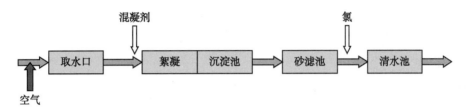

图 6-9　曝气吹脱法去除二氯甲烷的工艺流程图

（二）应急期居民用水建议

人体可通过饮食、刷牙、漱口等途径经口摄入水中的二氯甲烷；也可通过洗澡、洗手、洗菜、游泳等途径经皮肤接触水中的二氯甲烷；还可通过洗澡等途径吸入暴露水中挥发的二氯甲烷。具有活性炭、反渗透膜、纳滤膜的净水器对二氯甲烷有一定的去除效果，在二氯甲烷污染事件的应急供水期，公众可选择具有上述净水组件的家用净水器，但应注意净水器说明书中注明的额定总净水量及滤芯的使用期限，超过额定总净水量或超出滤芯使用期限后，净水器对污染物的去除效果会迅速下降甚至带来二次污染，此时应及时更换滤芯。由于二氯甲烷具有一定的挥发性，也可用煮沸并保持沸腾若干分钟的方式去除。

第五节　三 氯 乙 酸

一、基本信息

（一）理化性质

1. 中文名称：三氯乙酸

2. 英文名称：trichloroacetic acid（TCA）

3. CAS 号：76-03-9

4. 分子式：CCl₃COOH

5. 相对分子质量：163.39

6. 分子结构图：

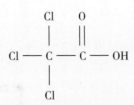

7. 外观与性状：无色到白色,菱形晶体

8. 气味：强烈的刺激性气味

9. 沸点：195.5℃

10. 熔点：57.5℃

11. 腐蚀性：对铁、锌、铝有腐蚀性,对皮肤有腐蚀性

12. 溶解性（25℃）：1 000g/100g 水；2 143g/100g 甲醇；617g/100g 二乙醚；850g/100g 丙酮；201g/100g 苯；110g/100g 邻二甲苯

13. 蒸气压：6.0×10⁻²mmHg（25℃）

（二）生产使用情况

三氯乙酸是卤乙酸类化合物,其钠盐（三氯乙酸钠）可被用作除草剂。1989 年德国和瑞士已禁止销售和进口三氯乙酸钠,1992 年美国也取消了含有三氯乙酸的除草剂产品的注册。三氯乙酸可被用于金属表面处理的腐蚀剂、塑料工业中的膨松剂和溶剂、改善矿物润滑油高压性能的添加剂。三氯乙酸还可作为皮肤或黏膜的腐蚀剂,用于治疗各种皮肤问题,有报道称三氯乙酸可被用于去除刺青、治疗生殖器疣、进行去皮治疗。三氯乙酸在化学分析中还可被用作蛋白质的沉淀剂和显微镜样品的固定剂。

（三）环境介质中质量浓度水平及饮水途径人群暴露状况

1. 环境介质中质量浓度水平　水体中的有机物通过氯化作用可以产生氯代乙酸。水源水、地下水、地表水中均有检出三氯乙酸的报道。中国五个主要水系的 8 个典型供水的水源水中,三氯乙酸的质量浓度范围为 33.6~488.5μg/L。德国地下水中三氯乙酸的质量浓度为 0.05μg/L,赫姆尼茨河水中三氯乙酸的平均质量浓度为 1.88μg/L。

2. 饮水途径人群暴露状况　饮水和食品是人群暴露三氯乙酸的主要途径。饮用水中三氯乙酸主要来源于两个方面：一个是水源受到上游含有三氯乙酸的工业废水的污染；另一个是在饮用水净化的氯消毒过程中氯与水中污染物生成的消毒副产物。对中国 8 个典型供水系统的调查显示,饮用水中三氯乙酸的质量浓度范围为 8.4~30.9μg/L。调查显示,以地下水为水源水的水厂,出厂水中三氯乙酸的平均质量浓度为 0.45μg/L,质量浓度范围为 0~4.48μg/L；以湖库水为水源水的水厂,出厂水中三氯乙酸的平均质量浓度为 5.08μg/L,质量浓度范围为 0~30.8μg/L；以河流水为水源水的水厂,出厂水中三氯乙酸的平均质量浓度为 2.68μg/L,质量浓度范围为 0~15.0μg/L。澳大利亚 7 个城市饮用水中三氯乙酸的质量浓度范围为 0~14μg/L。英格兰饮用水中三氯乙酸质量浓度中位值为 9.8μg/L,质量浓度范围为 4.1~18.5μg/L。西班牙 7 省饮用水中三氯乙酸质量浓度中位值为 3.1μg/L,质量浓度范围为 1.5~5μg/L。美国饮用水供水系统的数据表明,以地下水为水源水的饮用水中三氯乙酸的平均质量浓度为 5.3μg/L,质量浓度范围为 0~80μg/L;以地表水为水源水的饮用水中三氯乙酸的平均质量浓度为 16μg/L,质量浓度范围为 0~174μg/L。

二、健康效应

(一)毒代动力学

1. 吸收　大鼠可通过胃肠道迅速吸收三氯乙酸。人体也可通过皮肤和经口途径迅速吸收三氯乙酸。

2. 分布　大鼠通过口服或者静脉注射给药后,三氯乙酸可与血浆蛋白结合,也可分布在肝脏。给雄性 B6C3F1 小鼠口服 500mg/kg 的经 ^{14}C 标记的三氯乙酸,24 小时后,在肝脏中发现 43% 的放射性物质。给雄性 B6C3F1 小鼠服用三氯乙酸,剂量为 5、20 和 100mg/kg,于给药后 1、2、4、6、9、12、18、24 小时采集小鼠血样。分析结果表明,随着三氯乙酸给药剂量的增加,血液和肝脏中三氯乙酸的浓度峰值都不断增加,血液中 5、20 和 100mg/kg 三个剂量组对应的浓度峰值分别约为 50、250 和 475nmol/ml,肝脏中三氯乙酸的浓度峰值分别约为 50、125 和 175nmol/ml。三氯乙酸与血浆蛋白结合的程度与血液中三氯乙酸的浓度有关,血浆中三氯乙酸浓度低于 306nmol/ml 时,约 50%~57% 的三氯乙酸与血浆成分结合;血浆中三氯乙酸浓度高于 306nmol/ml 时,与血浆成分结合的三氯乙酸的比例下降。

3. 代谢　大鼠和小鼠口服三氯乙酸后,可在其体内生成二氧化碳、乙醛酸、草酸、乙醇酸、二氯乙酸和一氯乙酸。

4. 排泄　尿液是啮齿类动物排泄三氯乙酸的主要途径,通过呼出二氧化碳和粪便排泄三氯乙酸的量要小得多。同时,尿液也是人排泄三氯乙酸的重要途径。

(二)健康效应

1. 人体资料　三氯乙酸在临床上可用于化学脱皮治疗,质量浓度范围为 16.9%~50%。在治疗后的最初几天,会出现轻微的红斑和肿胀,随后死皮剥落。组织学上,三氯乙酸诱发的皮肤损伤表现为表皮脱落、早期炎症反应和胶原变性。此外,在使用三氯乙酸治疗尖锐湿疣的两个病例中,患者外阴前庭出现明显的红肿和疼痛。

2. 动物资料

(1)短期暴露:以雄性 B6C3F1 小鼠为试验对象,通过饮用含有 0、100、500 和 2 000mg/L 三氯乙酸的水给药,暴露时长为 21 天,根据雄性 B6C3F1 小鼠的饮水值为 0.25L/(kg·d),经换算相当于 0、25、125 和 500mg/(kg·d)四个剂量组。研究结果表明,在 125mg/(kg·d)剂量组,小鼠相对肝重量增加,同时,棕榈酰辅酶 a 氧化酶的活性显著增加,而 12- 羟基化的月桂酸没有增加。在 500mg/(kg·d)剂量组,以上效应的严重程度更大。该研究以相对肝重量的增加以及棕榈酰辅酶 a 氧化酶活性增加为健康效应终点,确定 LOAEL 为 125mg/(kg·d),NOAEL 为 25mg/(kg·d)。

以雄性 B6C3F1 小鼠为试验对象,饮用含有 1 000mg/L 三氯乙酸的水,暴露时长为 14 天,根据雄性 B6C3F1 小鼠饮水摄入量 0.25L/(kg·d),经换算相当于 250mg/(kg·d)。研究结果表明,小鼠的相对肝脏重量增加了 29%,水消耗量和体重无变化。该研究根据相对肝重量的增加确定 LOAEL 为 250mg/(kg·d)。

以雄性 B6C3F1 小鼠为试验对象,通过饮水暴露三氯乙酸,暴露时长为 14 天,共设定 0、75、250 和 500mg/(kg·d)四个剂量组。研究结果表明,250mg/(kg·d)剂量组小鼠肝重增加、肝细胞增殖,由此确定 NOAEL 为 75mg/(kg·d),LOAEL 为 250mg/(kg·d)。

（2）长期暴露：在雄性 SD 大鼠的试验研究中，通过饮水暴露三氯乙酸，暴露时长为90 天，设定 0、825mg/（kg·d）两个剂量组。研究结果表明，825mg/（kg·d）剂量组大鼠体重增加被抑制，肝脏形态学有轻微改变，胶原蛋白沉积，肺部的血管周围出现炎症，由此估算 LOAEL 为 825mg/（kg·d）。

以雄性 F344 大鼠为试验对象，通过饮水给药，暴露时长为 104 周，共设定 0、3.6、32.5 和 364mg/（kg·d）四个剂量组。研究结果表明，364mg/（kg·d）剂量组大鼠的体重明显下降，绝对肝重量减少，绝对和相对肾、脾、睾丸重量没有变化；肝坏死的严重程度有微小增加，没有肾脏、脾，或睾丸的组织病理学变化；丙氨酸转氨酶（ALT）显著增加，棕榈酰辅酶 a 氧化酶活性显著增加。由此确定 LOAEL 为 364mg/（kg·d），NOAEL 为 32.5mg/（kg·d）。

以雄性 SD 大鼠为试验对象，通过饮水给药，暴露时长为 90 天，共设定 0、4.1、36.5 和 355mg/（kg·d）四个剂量组。355mg/（kg·d）剂量组大鼠绝对脾脏重量增加；相对肝脏和肾脏重量增加；肝脏、肾脏和脾脏尺寸增加；肝脏病理学改变。由此确定 LOAEL 为 355mg/（kg·d），NOAEL 为 36.5mg/（kg·d）。

在雄性 B6C3F1 小鼠的试验研究中，通过饮用含有 0、0.05、0.5 和 5g/L 三氯乙酸的水给药，暴露时长为 60 周，经换算相当于 0、8、68 和 602mg/（kg·d）四个剂量组。研究结果表明，在 68、602mg/（kg·d）剂量组，小鼠绝对和相对肝重量显著增加且与剂量相关；60 周试验终止时，观察到在肝脏和睾丸产生的非肿瘤性病变与暴露剂量相关，肝脏的病变包括肝细胞胞质蚀变、肝坏死和炎症，睾丸病变为睾丸管状变性；给药 30 周时观察到剂量相关的血清乳酸脱氢酶（LDH）活性增加。该研究基于三氯乙酸对肝脏（肝脏重量增加、肝坏死、30 周时血清 LDH 活性增加）和睾丸（睾丸管状变性）的影响，确定 LOAEL 为 68mg/（kg·d），NOAEL 为 8mg/（kg·d）。

（3）生殖/发育影响：以怀孕的近亲繁殖的 Charles Foster 大鼠为试验对象，通过灌胃给药，暴露时长为妊娠期的 6~15 天，共设定 0、1 000、1 200、1 400、1 600 和 1 800mg/（kg·d）六个剂量组，在妊娠 19 天时处死怀孕大鼠，收集胎儿和胎盘进行检测。研究结果表明，1 000mg/（kg·d）剂量组母鼠着床失败的比例（22%）与对照组（3%）相比显著增加，胎儿平均体重和胎儿脑重量显著降低，胎儿大脑长度显著增加；1 200mg/（kg·d）剂量组母鼠体重显著增加，胎儿睾丸的平均重量较对照组显著降低，睾丸细精管直径显著减少；1 400mg/（kg·d）剂量组胎儿卵巢的平均重量显著降低，卵巢尺寸减小，卵巢中的卵母细胞数量减少。

（4）致突变性：研究发现，缺乏代谢活性的 TA100 菌株的 Ames 试验呈阴性结果。另有研究发现，存在或者不存在 S9 的 TA100、TA98、RSJ100 菌株的试验均呈现阴性。在改进的 Ames 试验中，既有阴性结果也有阳性结果，在小鼠淋巴瘤细胞的研究中，报道了弱阳性的致突变性。DNA 链断裂的研究同样是既有阳性结果也有阴性结果。有研究发现，不存在 pH 变化时，三氯乙酸暴露不会对染色体产生损害；但也有研究在没有 pH 变化下发现了在小鼠淋巴瘤细胞中三氯乙酸诱导染色体断裂的证据。

（5）致癌性：IARC 将三氯乙酸列为 2B 组，即有可能对人类致癌。目前没有充分的证据表明三氯乙酸对人类具有致癌性，在动物试验中有证据表明三氯乙酸对试验动物具有致癌性，可诱发小鼠肝脏肿瘤。

USEPA 将三氯乙酸列为 S 组，即有潜在致癌的暗示性证据。认为三氯乙酸可诱发小鼠的肝脏肿瘤，但不会引起大鼠的肝脏肿瘤。

（三）本课题相关动物实验

以雄性 B6C3F$_1$ 小鼠为实验对象,设置一个阴性对照组,5 个剂量组,每组 6 只。阴性对照组按体重给予相应容量的蒸馏水,剂量组通过灌胃给予不同剂量的三氯乙酸,剂量分别为25、50、125 和 500mg/（kg·d）;每天染毒一次,连续染毒 21 天。染毒期间小鼠自由摄食饮水。染毒结束后,先进行小鼠称重,随后脱颈处死小鼠,解剖取肝脏、肾脏并称重,计算肝脏和肾脏的脏器体重系数;取肝左中叶及双肾进行组织病理学检查;取肝右中叶,检测肝组织内中链和长链脂酰辅酶 A 氧化酶的活性。

实验结果表明,从 50mg/（kg·d）剂量组开始,小鼠出现肝脏重量增加,肝组织内中链酯酰辅酶 A 氧化酶活性增加（$P < 0.05$）。以小鼠肝重增加,肝组织内中链酯酰辅酶 A 氧化酶活性增加为健康效应,确定的 NOAEL 值为 25mg/（kg·d）,LOAEL 值为 50mg/（kg·d）。从 125mg/（kg·d）剂量组开始,小鼠肝组织内长链脂酰辅酶 A 氧化酶活性逐渐升高（$P < 0.05$）,以小鼠肝组织内长链脂酰辅酶 A 氧化酶活性升高为健康效应,确定的 NOAEL值为 50mg/（kg·d）,LOAEL 值为 125mg/（kg·d）。500mg/（kg·d）剂量组小鼠出现肝脏病理组织学变化,所有小鼠均出现肝细胞核大小不均和大量双核肝细胞现象,病变分级被定为4 级,对照组以及其他各剂量组的小鼠未见上述病理改变。以小鼠肝脏病理学变化为健康效应,确定的 NOAEL 值为 125mg/（kg·d）,LOAEL 值为 500mg/（kg·d）。肾脏未出现明显的病理学变化。

综合全部实验结果,以小鼠肝重和肝组织内中链酯酰辅酶 A 氧化酶活性增加为健康效应确定的 NOAEL 值为 25mg/（kg·d）,由此推导短期暴露（十日）饮水水质安全浓度为 3mg/L。

三、饮水水质标准

（一）世界卫生组织水质准则

1984 年第一版《饮用水水质准则》中未提出三氯乙酸的准则值。

1993 年第二版准则中提出了三氯乙酸的暂行准则值为 0.1mg/L。

2004 年第三版准则中,三氯乙酸的准则值被调整为 0.2mg/L。

2011 年第四版及 2017 年第四版第一次增补版准则中,三氯乙酸的准则值仍为0.2mg/L。

（二）我国饮用水卫生标准

1985 年版《生活饮用水卫生标准》（GB 5749—85）中未制定三氯乙酸的限值。

2001 年卫生部颁布的《生活饮用水水质卫生规范》（卫法监发〔2001〕161 号）中三氯乙酸的限值为 0.1mg/L。

2006 年《生活饮用水卫生标准》（GB 5749—2006）仍然沿用 0.1mg/L 作为三氯乙酸的限值。

（三）美国饮水水质标准

美国一级饮水标准中规定三氯乙酸的 MCLG 是 0.02mg/L。1998 年颁布的消毒剂和消毒副产物条例中规定了五种卤乙酸（一氯乙酸、二氯乙酸、三氯乙酸、一溴乙酸、二溴乙酸）的 MCL 为 0.060mg/L。

四、短期暴露饮水水质安全浓度的确定

以雄性 B6C3F1 小鼠为试验对象,经饮水暴露三氯乙酸 21 天,设定 0、25、125 和 500mg/

（kg·d）四个剂量组。研究结果表明，125mg/（kg·d）和500mg/（kg·d）剂量组小鼠相对肝重量增加，棕榈酰辅酶 A 氧化酶活性增加，由此得到 NOAEL 为 25mg/（kg·d）。

短期暴露（十日）饮水水质安全浓度推导如下：

$$SWSC = \frac{NOAEL \times BW}{UF \times DWI} = \frac{25mg/（kg·d）\times 10kg}{100 \times 1L/d} \approx 3mg/L \qquad （6-14）$$

式中：SWSC——短期暴露（十日）饮水水质安全浓度，mg/L；

　　　NOAEL——基于雄性小鼠相对肝重量和棕榈酰辅酶 A 氧化酶活性增加为健康效应的分离点，25mg/（kg·d）；

　　　BW——平均体重，以儿童为保护对象，10kg；

　　　UF——不确定系数，100，考虑种内和种间差异；

　　　DWI——每日饮水摄入量，以儿童为保护对象，1L/d。

以小鼠相对肝重量和棕榈酰辅酶 A 氧化酶活性增加为健康效应推导的短期暴露（十日）饮水水质安全浓度为 3mg/L。本课题动物实验中以小鼠肝重和肝组织内中链酯酰辅酶 A 氧化酶活性增加为健康效应确定的 NOAEL 值为 25mg/（kg·d），由此推导短期暴露（十日）饮水水质安全浓度为 3mg/L。可以看出，本课题实验推导值与文献资料推导值相一致。因此，建议将 3mg/L 作为三氯乙酸的短期暴露（十日）饮水水质安全浓度。

五、应急处理技术及应急期居民用水建议

（一）水厂应急处理技术

自来水厂的常规净水工艺（混凝—沉淀—过滤—消毒的工艺）对三氯乙酸基本没有去除作用。三卤乙酸难于吸附和氧化，臭氧生物活性炭深度处理工艺对三卤乙酸的去除效果也很有限。

三氯乙酸难于被吸附，不能被氧化，不能被吹脱，不能被化学沉淀，根据已有研究，目前尚无有效的自来水厂应急净水技术。对于此类突发污染，只能采取规避措施，改换水源，或是停止供水。

（二）应急期居民用水建议

人体可通过饮食、刷牙、漱口等途径经口摄入水中的三氯乙酸；也可通过洗澡、洗手、洗菜、游泳等途径经皮肤接触水中的三氯乙酸。具有反渗透膜、纳滤膜的净水器对三氯乙酸有一定的去除效果，在三氯乙酸污染事件的应急供水期，公众可选择具有上述净水组件的家用净水器，但应注意净水器说明书中注明的额定总净水量及滤芯的使用期限，超过额定总净水量或超出滤芯使用期限后，净水器对污染物的去除效果会迅速下降甚至带来二次污染，此时应及时更换滤芯。

第六节　甲　　醛

一、基本信息

（一）理化性质

1. 中文名称：甲醛

2. 英文名称：formaldehyde

3. CAS 号：50-00-0

4. 分子式：CH_2O

5. 分子量：30.03

6. 分子结构图：

7. 外观与性状：无色气体

8. 气味：有强烈刺激性气味

9. 沸点：–19.5℃

10. 熔点：–92℃

11. 辛醇 - 水分配系数 log 值：0.35

12. 溶解性：与水任意混溶

13. 蒸气压：13.33kPa（–57.3℃）

（二）生产使用情况

甲醛是目前全球大规模生产并使用的工业产品，主要用于合成各种类型的树脂、尿素、塑料、人造纤维等，常使用于木材生产的粘合剂、商业涂料等。据报道，2006 年中国甲醛生产量占全球总产量的 34%，是美国的 2.4 倍，是德国的 4 倍，是全球甲醛最大的生产国。2007 年中国甲醛生产量达到 1200 万吨，而全国当年甲醛消费量也达到了 1199 万吨。

（三）环境介质中质量浓度水平及饮水途径人群暴露状况

1. 环境介质中质量浓度水平 环境水体中的甲醛主要来自于工业废水的排放。此外，汽车行驶过程中汽油的不完全燃烧也会产生甲醛。火灾中或者燃烧杂物、烹饪、吸烟等同样会释放少量甲醛。福建的一项调查研究表明，雨水中甲醛浓度的均值为 2.19μmol/L。

2. 饮水途径人群暴露状况 除水源污染外，饮用水中的甲醛还可来自于所接触的输配水管、蓄水容器、供水设备和漆酚、环氧（酚醛）树脂为涂料、内衬等防护材料中甲醛的溶出。美国的一项调查发现家用聚甲醛管道装置中水里的甲醛质量浓度接近 100μg/L。此外，甲醛也是饮用水进行臭氧消毒时的消毒副产物之一。

研究指出加热会使水中甲醛含量增加，煮沸前甲醛质量浓度为未检出至 24.0μg/L，煮沸后甲醛质量浓度增加至 18.0~73.5μg/L；而经臭氧处理的地表水，煮沸前甲醛质量浓度为 10.0~110μg/L，煮沸后甲醛质量浓度增至 21.0~243μg/L。另有一项研究表明，在使用臭氧消毒的饮用水中，甲醛的第 90 百分位质量浓度为 13.7μg/L。

二、健康效应

（一）毒代动力学

1. 吸收 甲醛可通过呼吸道、消化道以及皮肤被人体吸收，其中，呼吸道是最主要的吸收途径。甲醛化学性质比较活泼，易发生羰基加成、氧化、还原、聚合反应，因其水溶性和与生物大分子反应性较高，甲醛主要在直接接触部位被吸收。例如，由呼吸道吸入的甲醛主要在上呼吸道吸收，经消化道进入体内的甲醛主要在口腔黏膜和胃肠道吸收。

2. 分布 甲醛经消化道摄入体内，主要分布于肌肉中，其次分布于肠、肝和其他组织中。甲醛经呼吸道吸入体内,可溶解于呼吸道黏膜表面的黏液中,并迅速进入血循环,经血液运送到体内各组织。鼻腔是甲醛的主要沉积器官,对其他组织而言,有研究显示大鼠吸入甲醛后以肺组织中最高,其次是血、脑、肝、肾。

3. 代谢　甲醛进入人体后可以直接与黏液或大分子细胞成分包括蛋白质和核酸反应,形成加合物。甲醛的生物转化可使甲醛解毒,不与大分子反应的甲醛可迅速被酶系统氧化成甲酸盐。同时在水溶液或体液中,甲醛一部分会快速转换为二醇的形式(水合甲醛),并保持动态平衡。甲醛及其代谢物在体内可以参与到碳代谢循环中,在所有新陈代谢活跃的细胞和组织均可检测到。

4. 排泄　甲醛及其代谢物主要随尿、粪便和呼气排出,排出的相对数量主要依赖于吸收途径。

（二）健康效应

1. 人体资料　甲醛是一种已知的过敏性接触性皮炎的原因,长期接触甲醛的工人鼻活检显示慢性炎症、纤毛轻微发育不良和鳞状上皮增生。

一项关于美国产业工人的甲醛暴露致癌人群队列的研究报道结果显示,暴露组的鼻咽癌死亡率高于对照组,其中鼻咽癌死亡人数为 8 例,所有暴露病例都在高暴露组($\geq 0.004‰$)中,其相对风险 RR=1.83(SMR: 2.10; 95%CI: 1.05~4.21; $P < 0.001$)。

对一家能源工厂中接触甲醛的工人(从事防腐蚀作业)进行巢式病例对照研究,通过和工人及其同事和亲戚进行面谈来了解其作业细节。最后发现甲醛的暴露与致白血病或死亡有正相关,OR=13.6(95%CI: 1.6~119.7; P=0.020);后期又进行了跟踪研究和补充数据,结果变小,但仍然有统计学意义,OR=3.9(95%CI: 1.2~12.5)。

一项关于甲醛暴露和白血病的 Meta 分析表明,各种职业有一定的差异,普通工人的 mRR=0.9(95%CI: 0.8~1.0),防腐蚀工人(暴露人群)的 mRR=1.6(95%CI: 1.2~2.0),从事病理解剖工作人员(暴露人群)的 mRR=1.4(95%CI: 1.0~1.9),总的 mRR=1.1(95%CI: 1.0~1.2)。

2. 动物资料

（1）短期暴露:有报道大鼠经口摄入甲醛的 LD_{50} 为 800mg/kg,豚鼠的 LD_{50} 为 260mg/kg。动物急性接触吸入甲醛体积浓度大于 0.1‰(> 120mg/m³)可导致呼吸困难、呕吐、多涎、肌肉痉挛甚至死亡。

由于啮齿动物和灵长类动物之间呼吸模式方面的差异,短期吸入甲醛后,啮齿动物通常局限于鼻腔,而灵长类动物可深入到呼吸道,在同样总剂量时,啮齿动物的鼻腔和呼吸道的组织病理学改变与甲醛暴露剂量更加密切相关。对 Wistar 大鼠进行了 3 天的短期甲醛吸入试验,每天吸入 6 小时,剂量为 0、1.2、3.8 和 7.7mg/m³,观察终点为鼻腔内细胞组织增生和组织病理学改变。得出的 NOAEL 为 1.2mg/m³, LOAEL 为 3.8mg/m³。

对 Wistar 大鼠进行了 4 周的甲醛经口摄入试验(饮水),喂饲剂量为 0、5、25 和 125mg/(kg·d),观察终点为肾脏体重增加和组织病理学改变。得出的 NOAEL 为 25mg/(kg·d),LOAEL 为 125mg/(kg·d)。

（2）长期暴露:对雄性 Wistar 大鼠进行了 28 个月的慢性甲醛吸入试验,每天 6 小时,每周 5 天,剂量为 0、0.12、1.2 和 11.8mg/m³,观察终点为鼻腔内细胞组织增生。得出的 NOAEL 为 1.2mg/m³, LOAEL 为 11.8mg/m³。

对 SD 大鼠进行了 13 周的甲醛经口摄入试验(饮水),喂饲剂量为 0、50、100 和 150mg/

(kg·d),观察终点为体重增速降低。得出的 NOAEL 为 50mg/(kg·d),LOAEL 为 100mg/(kg·d)。

对 Wistar 雄性大鼠进行了 2 年的甲醛经口摄入的类似试验(饮水),喂饲剂量为 0、1、2、15 和 82mg/(kg·d),观察终点为胃部组织病理学改变和体重增速降低。得出 NOAEL 为 15mg/(kg·d),LOAEL 为 82mg/(kg·d)。

另有许多大鼠的甲醛吸入试验结果表明,甲醛质量浓度与鼻腔肿瘤发病率呈剂量反应关系。

(3)生殖/发育影响:对 SD 大鼠进行了甲醛吸入的生殖发育试验,从妊娠的第 6 天到产后 20 天给大鼠吸入甲醛,每天 6 小时,剂量分别为 0、6.2、11.9、24.0 和 46.8mg/m³,除了高剂量组出现平均体重减轻 21%、少数大鼠胸骨发育迟缓外,其他组并未出现流产、异常妊娠等明显变化。

有研究在多个哺乳动物细胞甲醛诱导 DNA 试验中,发现甲醛能有效抑制细胞分裂,造成 DNA 链断裂。

(4)致癌性:IARC 将甲醛列为 1 组,即对人类有确认的致癌性(吸入途径)。甲醛会引起肺癌和鼻咽癌。

USEPA 将甲醛列为 B1 组,即有限的人类证据。甲醛的吸入致癌斜率因子为 1.3×10^{-5} $(\mu g/m^3)^{-1}$,肿瘤类型为鼻腔鳞状细胞癌。

(三)本课题相关动物实验

以 Wistar 大鼠为实验对象,设置 1 个阴性对照组和 3 个剂量组,每组 20 只(雌雄各半)。阴性对照组经口给予去离子水,剂量组通过灌胃给予甲醛,剂量为 15、45 和 135mg/(kg·d)(以甲醛计)。每天灌胃一次,连续染毒 14 天,处死大鼠,取肝脏、肾脏、胃进行病理检测。

实验结果表明,染毒 14 天,15、45 和 135mg/(kg·d)剂量组大鼠肝脏中观察到门静脉周围分布极少量的小空泡,病变程度最高为 1 级,由于该病变在对照组中也有发现,且未见明显的剂量关系,经分析与阴性对照组相比无统计学差异。各剂量组大鼠肾脏未见异常。雄性大鼠在 45mg/(kg·d)和 135mg/(kg·d)剂量组病理检验发现前胃上皮增生和角化过度现象,且随着染毒剂量的增加,出现该病变的受试动物数量及病变等级增加($P < 0.05$);雌性大鼠在 135mg/(kg·d)剂量组与阴性对照组相比有显著性差异($P < 0.01$)。以雄性大鼠前胃出现上皮增生及角化过度现象为健康效应,确定的 NOAEL 值 15mg/(kg·d),LOAEL 值为 45mg/(kg·d)。

综合全部实验结果,以雄性 Wistar 大鼠前胃出现上皮增生及角化过度现象为健康效应,大鼠甲醛染毒 14 天的 NOAEL 值为 15mg/(kg·d),由此推导短期暴露(十日)饮水水质安全浓度为 2mg/L。

三、饮水水质标准

(一)世界卫生组织水质准则

1984 年第一版《饮用水水质准则》中未提出甲醛的准则值。

1993 年第二版准则中提出甲醛的准则值为 0.9mg/L。

2004 年第三版准则中,甲醛的准则值仍保持 0.9mg/L。

2011 年第四版及 2017 年第四版第一次增补版准则中,由于饮水中甲醛的质量浓度远低于其对健康有不利影响的质量浓度,WHO 认为没有必要制订甲醛的正式准则值,故取消了此值。

（二）我国饮用水卫生标准

1985年版《生活饮用水卫生标准》（GB 5749—85）中未规定甲醛的限值。

2001年卫生部颁布的《生活饮用水水质卫生规范》（卫法监发〔2001〕161号）中提出饮用水中甲醛的限值为0.9mg/L。

2006年《生活饮用水卫生标准》（GB 5749—2006）仍然沿用0.9mg/L作为甲醛的限值。

（三）美国饮水水质标准

美国一级饮水标准中未规定甲醛的MCLG值和MCL值。

四、短期暴露饮水水质安全浓度的确定

以雄性大鼠前胃出现上皮增生及角化过度现象为健康效应推导的短期暴露（十日）饮水水质安全浓度为2mg/L。

五、应急处理技术及应急期居民用水建议

（一）水厂应急处理技术

甲醛不能被氧化、吸附、化学沉淀或吹脱，现有的各种自来水净水技术无法去除甲醛。对于水源的甲醛突发污染，只能采取规避措施，改换水源或是停止供水。

（二）应急期居民用水建议

人体可通过饮食、刷牙、漱口等途径经口摄入水中的甲醛；也可通过洗澡、洗手、洗菜、游泳等途径经皮肤接触水中的甲醛。具有反渗透膜的净水器对甲醛有一定的去除效果，在甲醛污染事件的应急供水期，公众可选择具有上述净水组件的家用净水器，但应注意净水器说明书中注明的额定总净水量及滤芯的使用期限，超过额定总净水量或超出滤芯使用期限后，净水器对污染物的去除效果会迅速下降甚至带来二次污染，此时应及时更换滤芯。

附录

污染物终生和短期暴露饮用水安全质量浓度及健康效应列表

中文名称	英文名称	CAS 号	《生活饮用水卫生标准》(GB 5749—2006)限值 / (mg·L⁻¹)	健康效应依据	短期（十日）暴露饮用水安全质量浓度 / (mg·L⁻¹)	健康效应依据
镉	cadmium	7440-43-9	0.005	肾脏毒性	0.04	呕吐
砷	arsenic	7440-38-2	0.01	皮肤癌、膀胱癌	0.01	皮肤癌、膀胱癌
铬	chromium	7440-47-3	0.05	致癌性、遗传毒性	1	皮肤粗糙
铅	lead	7439-92-1	0.01	神经系统影响	0.01	神经系统影响
汞	mercury	7439-97-6	0.001	肾脏损伤	0.002	肾脏损伤
锰	manganese	7439-96-5	0.1	感官效应	1	儿童适宜摄入量上限
钡	barium	7440-39-3	0.7	高血压	0.7	高血压
铍	beryllium	7440-41-7	0.002	—	30	体重减轻、长骨钙化和发育变慢
硼	boron	7440-42-8	0.5	生殖发育毒性	3	睾丸毒性
钼	molybdenum	7439-98-7	0.07	尿钼高、尿酸低、铜蓝蛋白高	0.08	体重减轻及骨头变形

续表

中文名称	英文名称	CAS 号	《生活饮用水卫生标准》(GB 5749—2006)限值/(mg·L⁻¹)	健康效应依据	短期(十日)暴露饮用水安全质量浓度/(mg·L⁻¹)	健康效应依据
镍	nickel	7440-02-0	0.02	过敏性接触性皮炎	1	血液参数和细胞色素氧化酶活性改变
铊	thallium	7440-28-0	0.000 1	改变血液化学组成,损伤肝、胃、肠和睾丸组织以及毛发脱落	0.007	毛囊萎缩、脱发
四氯化碳	carbon tetrachloride	56-23-5	0.002	肝脏毒性	0.2	肝脏毒性
2,4-二硝基甲苯	2,4-dinitrotoluene	121-14-2	0.000 3(地表水)	—	1	体重增长率降低
苯酚	phenol	108-95-2	0.002	加氯后的嗅觉阈值	2	胎仔体重及胎盘质量减轻
1,2-二氯乙烷	1,2-dichloroethane	107-06-2	0.03	血管肉瘤	0.7	实验动物高死亡率和不同病理现象
1,1,1-三氯乙烷	1,1,1-trichloroethane	71-55-6	2	肝病变	40	血清酶水平和器官重量变化,肝肾组织病变
1,1-二氯乙烯	1,1-dichloroethylene	75-35-4	0.03	肝损伤	1	肝细胞质液泡化
1,2-二氯乙烯	1,2-dichloroethylene	540-59-0	0.05	血清碱性磷酸酶的水平增高(反式1,2-二氯乙烯)	2	肝脏影响(反式1,2-二氯乙烯)
1,2-二氯苯	1,2-dichlorobenzene	95-50-1	1	肾小管变性	9	肝脏损伤

续表

中文名称	英文名称	CAS 号	《生活饮用水卫生标准》(GB 5749—2006) 限值/(mg·L⁻¹)	健康效应依据	短期（十日）暴露饮用水安全质量浓度/(mg·L⁻¹)	健康效应依据
1,4-二氯苯	1,4-dichlorobenzene	106-46-7	0.3	肾脏损伤	8	血清尿素水平、总胆固醇水平和肝脏体比水平显著增加
六氯丁二烯	hexachloro butadiene	87-68-3	0.000 6	肾脏损伤	0.3	食物消耗量减少、体重增长降低、血红蛋白质量浓度增加
丙烯酰胺	acrylamide	79-06-1	0.000 5	乳腺、甲状腺和子宫的恶性肿瘤	0.3	末梢外周神经轴突退化
甲苯	toluene	108-88-3	0.7	肝脏影响	2	肝脏重量增加
环氧氯丙烷	epichlorohydrin	106-89-8	0.000 4	呼吸困难、体重减轻、白细胞减少、前胃增生	0.1	生殖毒性
苯	benzene	71-43-2	0.01	白血病	0.2	白细胞减少症
苯乙烯	styrene	100-42-5	0.02	体重减轻	2	肝脏损伤、血液学改变
氯乙烯	vinyl chloride	75-01-4	0.005	肝癌、肝血管肉瘤、肝细胞癌	3	血液生化指标、脏器重值改变
二(2-乙基己基)己二酸酯	bis（2-ethylhexyl）adipate	103-23-1	0.4	—	20	大鼠胎仔体重水平、雄鼠和雌鼠体重增长水平、雄鼠 AST 水平降低；大鼠的肝、肾脏体比水平升高，雌鼠 TC 和 GLO 水平、雄鼠 CREA 水平升高

续表

中文名称	英文名称	CAS 号	《生活饮用水卫生标准》(GB 5749—2006)限值/(mg·L⁻¹)	健康效应依据	短期(十日)暴露饮用水安全质量浓度/(mg·L⁻¹)	健康效应依据
1,2-二溴乙烷	1,2-dibromoethane	106-93-4	0.000 05	—	0.008	生殖影响
异丙苯	cumene	98-82-8	0.25(GB 3838—2002)	—	11	肾脏重量增加
七氯	heptachlor	76-44-8	0.000 4	肝脏毒性	0.01	肝脏组织损伤、功能异常
甲萘威	carbaryl	63-25-2	0.05(GB 3838—2002)	—	1	胆碱酯酶活性抑制
五氯酚	pentachlorophenol	87-86-5	0.009	肝肾重量增加及肝细胞腺瘤和肾上腺嗜铬细胞瘤	0.3	肝肾影响、生殖影响
六氯苯	hexachlorobenzene	118-74-1	0.001	肝癌	0.05	肝脏影响
灭草松	bentazone	25057-89-0	0.3	血液指标及肝肾临床生化改变	0.3	前列腺炎
百菌清	chlorothalonil	1897-45-6	0.01	肾脏病变	0.2	母体/胎儿毒性
林丹	lindane	58-89-9	0.002	腺泡周围肝细胞增生率增加,肝脾重量增加,死亡率增加	1	神经传导延迟
毒死蜱	chlorpyrifos	2921-88-2	0.03	血浆胆碱酯酶活性下降	0.03	血浆胆碱酯酶活性下降
草甘膦	glyphosate	1071-83-6	0.7	肾小管扩张	20	腹泻、软便及流鼻涕
莠去津	atrazine	1912-24-9	0.002	—	0.1	发育毒性
三氯甲烷	trichloromethane	67-66-3	0.06	—	4	母体毒性

294

续表

中文名称	英文名称	CAS 号	《生活饮用水卫生标准》(GB 5749—2006)限值 / (mg·L^{-1})	健康效应依据	短期（十日）暴露饮用水安全质量浓度 / (mg·L^{-1})	健康效应依据
一氯二溴甲烷	dibromochloromethane	124-48-1	0.1	肝脏损伤	0.6	肝脏病变和胆固醇水平增加
二氯乙酸	dichloroacetic acid	79-43-6	0.05	肝重增加和肝癌	3	肝重量增加
二氯甲烷	dichloromethane	75-09-2	0.02	肝脏毒性	2	生殖能力改变、生化指标、体重、脏体比、组织病理学改变
三氯乙酸	trichloracetic acid	76-03-9	0.1	肝重增加、肝脏肿瘤	3	肝重量增加和棕榈酰辅酶A氧化酶活性增加
甲醛	formaldehyde	50-00-0	0.9	口腔和胃黏膜损害	2	胃出现上皮增生及角化过度现象

常用缩写词中英文对照表

英文缩写	英文全称	中文
ADI	allowable daily intake	每日容许摄入量
ALB	albumin	白蛋白
ALP	alkaline phosphatase	碱性磷酸酶
ALT	alanine aminotransferase	谷丙转氨酶
AST	aspartate aminotransferase	谷草转氨酶
BMD	benchmark dose	基准剂量
BMDL	benchmark dose lower	基准剂量下限
BUN	blood urea nitrogen	尿素氮
BW	body weight	体重
CREA	creatinine	肌酐
DALY	disability adjusted of life	伤残调整寿命年
DWEL	drinking water equivalent level	饮水等效水平
DWI	drinking water intake	饮水摄入量
EU	European Union	欧盟
FAO	Food and Agriculture Organization	联合国粮食及农业组织
GL	guidance level	指导水平
GLO	globulin	球蛋白
IARC	International Agency for Research on Cancer	国际癌症研究机构
ICRP	International Commission on Radiological Protection	国际辐射防护委员会
IDC	personnel dosimetry criteria	个人剂量标准
IRIS	integrated risk information system	综合风险信息系统

英文缩写	英文全称	中文
JECFA	Joint FAO/WHO Expert Committee on Food Additives	食品添加剂联合专家委员会
LC_{50}	lethal concentration, 50%	半数致死质量浓度
LD_{50}	lethal dose, 50%	半数致死量
LOAEL	lowest-observed-adverse-effect level	最小观察到有害作用剂量
MCL	maximum contaminant level	污染物最大质量浓度
MCLG	maximum contaminant level goal	污染物最大质量浓度目标值
NOAEL	no-observed-adverse-effect level	未观察到有害作用剂量
NTP	national toxicology program	美国国家毒理学计划
OCT	ornithine carbamyltransferase	鸟氨酸氨甲酰转移酶
POD	point of departure	健康效应分离点
PTMI	provisional tolerable monthly intake	暂定每月耐受摄入量
PTWI	provisional tolerable weekly intake	暂定每周耐受摄入量
QMRA	quantitative microbial risk assessment	定量风险评估
RfD	reference dose	参考剂量
RR	relative risk	相对危险度
RSC	relative source contribution	饮水相对贡献率
RSD	risk-specific dose	特定风险剂量
SDH	sorbitol dehydrogenase	山梨醇脱氢酶
SF	slope factor	致癌斜率因子
SWSC	short term wsc	短期饮水水质安全浓度
TAD	total absorption dose	总吸收剂量
TC	total cholesterol	总胆固醇
TDI	daily tolerable intake	每日可耐受摄入量
TG	triglyceride	甘油三酯
TP	total phosphorus	总磷
TWA	time-weighted average	时间加权平均
UF	uncertainty factor	不确定系数

英文缩写	英文全称	中文
USEPA	United States Environmental Protection Agency	美国环境保护局
WHO	World Health Organization	世界卫生组织
WSC	safe concentration of drinking water	饮水水质安全浓度

主要参考文献

[1] 张岚. 城市饮水安全面临的主要问题及对策研究. 环境卫生学杂志, 2011(1): 48-50.

[2] 中华人民共和国住房和城乡建设部. 全国自来水厂出厂水质达标率为83%[EB/OL]. http://news.sina. com.cn/c/2012-05-11/013424398384.shtml, 2012-05-11/2019-07-12.

[3] 中国灌溉排水发展中心, 水利部农村饮水安全中心. 2015年中国灌溉排水发展研究报告[EB/OL]. http://www.jsgg.com.cn/Files/PictureDocument/20170905134816386752209796.pdf, 2017-09-05/2019-07-12.

[4] 中华人民共和国水利部. 2017年中国水资源公报[EB/OL]. http://www.mwr.gov.cn/sj/tjgb/szygb/201811/ t20181116_1055003.html, 2018-11-16/2019-07-12.

[5] 中华人民共和国生态环境部. 2006—2018年中国(生态)环境状况公报[EB/OL]. http://www.mee.gov. cn/hjzl/zghjzkgb/lnzghjzkgb/, 2019-05-29/2019-07-12.

[6] 蔡璇. 饮用水深度处理技术研究进展及应用现状 //2015中国环博会污泥论坛与膜法论坛论文集. 2015.

[7] 王占生, 刘文君. 我国给水深度处理应用状况与发展趋势. 中国给水排水, 2005, 21(9): 29-33.

[8] 刘文君, 王占生. 积极推动我国给水深度处理技术的研究和应用. 给水排水, 2009, 35(3): 1-3.

[9] 马军, 冯琦, 刘勇. 给水处理面临的主要问题与技术发展对策. 哈尔滨建筑大学学报, 2000, 33(2): 49-52.

[10] 朱娟, 洪家俊, 陈猛, 等. 传统自来水处理工艺对农药和兽药的削减效率. 厦门大学学报: 自然科学版, 2016, 55(5): 724-732.

[11] 张土乔, 邵煜. 城镇供水管网漏损监测与控制技术及应用. 中国环境管理, 2017, 9(2): 109-110.

[12] 赵志领, 赵洪宾, 何文杰, 等. 城市给水管网水质安全保障研究. 哈尔滨商业大学学报(自然科学版), 2006, 22(6): 102-105.

[13] 中华人民共和国环境保护部. HJ 837-2017 人体健康水质基准制定技术指南.

[14] Donohue J M, Lipscomb J C. Health advisory values for drinking water contaminants and the methodology for determining acute exposure values. Science of the Total Environment, 2002, 288(1-2): 43-49.

[15] USEPA. Methodology for deriving ambient water quality criteria for the protection of human health(2000)U. S. Environmental Protection Agency Washington, DC, EPA 822-B-00-004 October 2000.

[16] Lauwerys, R. Cadmium in man. In: Webb, ed. The chemistry, biochemistry and biology of cadmium. Elsevier/North Holland Biomedical Press, 1979, 433-453.

[17] Cross W G, Heller V G. Chromates in animal nutrition. Journal of Industrial Hygiene & Toxicology, 1946, 28: 52.

[18] Druet P, Druet E, Potdevin F, et al. Immune type glomerulonephritis induced by HgCl2 in the Brown Norway rat. Annales Dimmunologie, 1978, 129 C(6): 777.

[19] Medicine I O. Dietary Reference Intakes for Vitamin A, Vitamin K, Arsenic, Boron, Chromium, Copper,

Iodine, Iron, Manganese, Molybdenum, Nickel, Silicon, Vanadium, and Zinc// DRI, dietary reference intakes for vitamin A, vitamin K, arsenic, boron, chromium, copper, iodine, iron, manganese, molybdenum, nickel, silicon, vanadium, and zinc.

[20] Dixon R L, Sherins R J, Lee I P. Assessment of environmental factors affecting male fertility. Environmental Health Perspectives, 1979, 30: 53-68.

[21] Miller R F, Price N O, Engel R W. Added dietary inorganic sulfate and its effect upon rats fed molybdenum. Journal of Nutrition, 1956, 60(4): 539.

[22] Whanger P D. Effects of dietary nickel on enzyme activities and mineral contents in rats. Toxicology & Applied Pharmacology, 1973, 25(3): 323-331.

[23] Bruckner J V, Mackenzie W F, Muralidhara S, et al. Oral Toxicity of Carbon Tetrachioride: Acute, Subacute, and Subchronic Studies in Rats. Toxicological Sciences, 1986, 6(1): 16-34.

[24] Heppel L A, Neal P A. The Toxicology of 1, 2-dichloroethane (ethylene dichloride); the effects of daily inhalations. J Ind Hyg Toxicol, 1946, 28: 113-120.

[25] Hofmann H T, Birnstiel H, Jobst P. On the inhalation toxicity of 1, 1-and 1, 2-dichloroethane. Arch Toxikol, 1971, 27(3): 248-265.

[26] Spencer H C, Rowe V K, Adams E M, et al. Vapor Toxicity of Ethylene Dichloride determined by Experiments on Laboratory Animals. Ama Arch Ind Hyg Occup Med, 1951, 4(5): 482-493.

[27] Bruckner, J. V et al. Acute and subacute oral toxicity studies of 1, 1, 1-trichloroethane (TRI) in rats. Toxicologist, 1985, 5(1): 100.

[28] Rampy L W, Quast J F, Humiston C G, et al. Interim results of two-year toxicological studies in rats of vinylidene chloride incorporated in the drinking water or administered by repeated inhalation. Environmental Health Perspectives, 1977, 21: 33-43.

[29] Barnes, DW, Sanders, VM; White, KL, Jr, et al. Toxicology of trans-1, 2-dichloroethylene in the mouse. Drug Chem Toxicol, 1985, 8(5): 373-392.

[30] Program N T. NTP Toxicology and Carcinogenesis Studies of Toluene (CAS No. 108-88-3) in F344/N Rats and B6C3F1 Mice (Inhalation Studies). National Toxicology Program Technical Report, 1990, 371: 1.

[31] Deichmann W B, Macdonald W E, Bernal E. The hemopoietic tissue toxicity of benzene vapors. Toxicology & Applied Pharmacology, 1963, 5(2): 201-224.

[32] Quast, J. F., R. P. Kalnins, K. J. Olson, et al. Results of a toxicitystudy in dogs and teratogenicity studies in rabbits and rats administered monomeric styrene. Toxicol. Appl. Pharmacol, 1978, 45: 293-294.

[33] Feron V J, Hendriksen C F M, Speek A J, et al. Lifespan oral toxicity study of vinyl chloride in rats. Food & Cosmetics Toxicology, 1981, 19(none): 317-333.

[34] Eljack A H, Hrudka F. Pattern and dynamics of teratospermia induced in rams by parenteral treatment with ethylene dibromide. Journal of Ultrastructure Research, 1979, 67(2): 124-134.

[35] Wolf M A.Toxicological studies of certain alkylated benzenes and benzene.Ame Arch Ind Health, 1956, 14(4): 387.

[36] McGown, E. L., J. J. Knudsen, G. T. Makovec, et al. Fourteen-day feeding study of 2, 4-dinitrotoluene in male and female rats. U. S. Army Medical Research and Development Command, Division of Research Support, Letterman Army Institute of Research. institute report No. 138, 1983, 2-3.

[37] Enan, E. E., A. H. El-Sebae, O. H. Enan. Effects of some chlorinated hydrocarbon insecticides on liver

function in white rats. Meded. Fae. Iandbouwwet., Rijksuniv. Gent. 1982, 47(1): 447-457.

[38] Johnson R L, Gehring P J, Schwetz R J K A. Chlorinated Dibenzodioxins and Pentachlorophenol. Environmental Health Perspectives, 1973, 5: 171-175.

[39] Schwetz B A, Quast J F, Keeler P A, et al. Results of Two-Year Toxicity and Reproduction Studies on Pentachlorophenol in Rats// Pentachlorophenol. Springer US, 1978.

[40] Kuiper-Goodman T, Grant D L, Moodie C A, et al. Subacute toxicity of hexachlorobenzene in the rat. Toxicology & Applied Pharmacology, 1977, 40(3): 529-549.

[41] D M ü ller, Klepel H, Macholz R M, et al. Electroneurophysiological studies on neurotoxic effects of hexachlorocyclohexane isomers and gamma-pentachlorocyclohexene. Bulletin of Environmental Contamination and Toxicology, 1981, 27(5): 704-706.

[42] Thompson D J, Warner S D, Robinson V B. Teratology studies on orally administered chloroform in the rat and rabbit. Toxicology & Applied Pharmacology, 1974, 29(3): 348-357.

[43] Aida Y, Takada K, Uchida O, et al. Toxicities of microencapsulated tribromomethane, dibromochloromethane and bromodichloromethane administered in the diet to wistar bats for one month. The Journal of Toxicological Sciences, 1992, 17(3): 119-133.

[44] Parrish J M, Austin E W, Stevens D K, et al. Haloacetate-induced oxidative damage to DNA in the liver of male B6C3Fl mice. Toxicology, 1996, 110(1-3): 103-111.

[45] Renner H W, Reichelt D. Zur Frage der gesundheitlichen Unbedenklichkeit hoher Konzentrationen von freien Radikalen in bestrahlten Lebensmitteln. Journal of Veterinary Medicine, 1973, 20(8): 648-660.

[46] Parrish J M, Austin E W, Stevens D K, et al. Haloacetate-induced oxidative damage to DNA in the liver of male B6C3Fl mice. Toxicology, 1996, 110(1-3): 103-111.